现代化节水生态型灌区建设科技专著系列

灌区水盐多源遥感诊断和数值模拟

王少丽　陈皓锐　张智韬　陈俊英　金银龙　常晓敏　栗现文　著

中国水利水电出版社
www.waterpub.com.cn
·北京·

内 容 提 要

本书基于国家重点研发计划"多尺度水盐诊断与预测技术及方法"等重点科研课题、"科技兴蒙"行动重点专项等研究工作的成果编写而成,介绍土壤含盐量诊断、土壤盐渍化治理的科学方法和先进技术。全书内容共10章,第1章介绍盐渍化土地治理研究现状、遥感反演土壤盐渍化研究进展和灌区水盐运动模拟的最新研究进展;第2章介绍河套灌区概况和水盐监测情况,并分析土壤盐分动态及影响因素;第3章至第5章提出基于卫星、无人机和高光谱三种遥感数据的土壤含盐量诊断方法,并揭示河套灌区土壤盐渍化的历史演变规律;第6章介绍基于卫星遥感、无人机遥感和土壤水盐运动模型,利用多源数据融合同化开展土壤含盐量诊断的方法;第7章介绍基于水盐均衡方程和基于水动力学过程的灌区水盐分布式模型原理和结构;第8章和第9章介绍水盐运动模型在灌域尺度和灌区尺度的应用,并分析不同水管理措施对水盐运动的影响;第10章在揭示河套灌区土地利用变化的基础上,利用土地利用格局模型CLUE-S分析不同种植结构对灌区尺度盐分积累的影响。

本书内容翔实,可供从事盐碱地治理、农业水土工程研究与管理的人员以及灌区管理人员阅读使用,还可供高等院校农业水利等相关专业的师生参考。

图书在版编目(CIP)数据

灌区水盐多源遥感诊断和数值模拟 / 王少丽等著
. -- 北京 : 中国水利水电出版社,2024.3
(现代化节水生态型灌区建设科技专著系列)
ISBN 978-7-5226-1375-8

Ⅰ.①灌… Ⅱ.①王… Ⅲ.①卫星遥感-应用-灌区
-土壤盐渍度-数值模拟 Ⅳ.①S155.2

中国国家版本馆CIP数据核字(2023)第237354号

书 名	现代化节水生态型灌区建设科技专著系列 **灌区水盐多源遥感诊断和数值模拟** GUANQU SHUIYAN DUOYUAN YAOGAN ZHENDUAN HE SHUZHI MONI
作 者	王少丽 陈皓锐 张智韬 陈俊英 金银龙 常晓敏 栗现文 著
出版发行	中国水利水电出版社 (北京市海淀区玉渊潭南路1号D座 100038) 网址:www.waterpub.com.cn E-mail:sales@mwr.gov.cn 电话:(010)68545888(营销中心)
经 售	北京科水图书销售有限公司 电话:(010)68545874、63202643 全国各地新华书店和相关出版物销售网点
排 版	中国水利水电出版社微机排版中心
印 刷	北京中献拓方科技发展有限公司
规 格	184mm×260mm 16开本 20.25印张 530千字 8插页
版 次	2024年3月第1版 2024年3月第1次印刷
定 价	**129.00元**

前　言

　　耕地不足、土地退化是中华民族生存与发展的重大问题。多年来，我国维持粮食安全的压力持续攀升，而盐碱地开发治理与管控的理论、技术、产品亟待重大突破。我国有 10 亿亩盐碱土地，科学开发 2 亿亩宜垦盐碱土地、有效治理 1 亿亩盐碱化耕地、显著提升盐碱地开发治理与管控的科技水平、缩短与世界先进水平的差距具有重大科学意义，对保障区域资源安全、粮食安全、生态安全具有重大战略意义。

　　随着全球暖化趋势的日益加剧，土壤盐渍化问题将日趋明显，特别是干旱区灌溉农田盐渍化问题越趋严重。虽然国内外对土壤盐渍化治理的研究已有一定的历史，但直到 21 世纪，土壤盐渍化问题才受到人们的重视。2010 年，联合国粮食与农业组织、西班牙瓦伦西亚大学和世界土壤学联合会盐渍土工作组等在西班牙瓦伦西亚联合召开全球盐渍化与气候变化论坛，呼吁不同领域、不同部门、不同组织联合起来共同应对盐渍化和气候变化问题，此后，盐渍化土地防治与利用相关研究被越来越多的国家和地区所重视。2011 年我国原农业部在全国范围内开展了盐碱地治理调查，2014 年 5 月国家发展改革委联合科技部、财政部等十部委共同颁布实施《关于加强盐碱地治理的指导意见》，2016 年中央一号文件提出要"加快改造盐碱地"，《"十三五"国家科技创新规划》专栏 4"现代农业技术"中明确提出要"加强盐碱地水盐运移机理与调控"，盐碱地治理与管控已成为保障国家粮食安全的战略性问题。

　　自 2016 年起，我们承担了"十三五"国家重点研发计划课题"多尺度水盐诊断与预测技术及方法"（2017YFC0403302）和"一湖两海地区农牧业高效节水与面源污染防控技术"（2019YFC0409203），还承担了专题"河套平原多尺度水盐均衡模拟分析与预测"（2016YFC0501301－3），"科技兴蒙"行动重点专项课题"典型灌区高效节水控盐和集约利用关键技术"（2022EEDSKJXM004）和"基于生态安全的毛乌素沙地水资源承载力评估与调控"（2021EEDSCXSFQZD010），以及国家自然科学基金项目"作物覆盖度及其热点效应对无人机遥感诊断土壤含盐量的影响及模型"（52279047）等重点研究课题，对灌区土壤盐渍化的卫星/无人机/高光谱遥感诊断技术和多源数据融合方法、灌区不同尺度分布式水盐模拟及水管理调控模式、灌区土地利用演变和种植结构调整对盐渍化影响开展了较为系统的研究，取得以下创新成果：一是提出裸土、裸土覆膜和不同植被覆盖条件下卫星遥感和无人机诊断方法以及基于高光谱数据的盐基离子诊断模型，分析了河套灌区耕地盐渍化时空演变规律，并通过多源数据融合使卫星遥感反演数据的时空分辨率得到提升；二是耦合渠道水流推进和输配水过程、地表积水消退、土壤水盐、根系吸水和水盐胁迫、地下水分运动、沟道水分运动等多介质物理过程，并充分考虑田埂拦蓄、灌排调控、不同作物种植和土地利用分布、水工建筑物等人工影响，构建了灌区分布式水盐预测模拟模型；三是分析了节水、排水、咸淡水混合灌溉、种植结构调整等措施对河套灌区水盐动态的影响，提出合理的区域水管理调控策略；四是利用宏观的土地优化配置模型分析河套灌区土地利用格局变化规律，预测河套灌区不同发展模式下未来土壤盐渍化空间分布格局。基于上述成果撰写而成本书。

在试验研究和数据收集过程中，我们得到了内蒙古河套灌区管理总局、解放闸灌域管理局、沙壕渠试验站、内蒙古农业大学、武汉大学、中国农业大学等单位的大力支持与帮助。中国水利水电科学研究院博士研究生米博宇、郭姝姝、樊煜等，西北农林科技大学硕士研究生王海峰、王新涛、劳聪聪、杨宁、杜瑞麒、张珺锐、韩佳、魏广飞、姚志华、廖海、台翔、陈策、项茹、贺玉洁、贾江栋等参与了部分试验与研究工作，为本研究贡献了心血与智慧，在此一并感谢！

由于作者水平有限，书中可能存在疏漏和不当之处，敬请读者批评指正，不吝赐教。

作者

2023 年秋

目 录

前言

第1章 绪论 ……………………………………………………………… 1

1.1 盐渍化土地治理研究现状 ………………………………………… 1

1.1.1 水利调控 ………………………………………………………… 1

1.1.2 化学改良 ………………………………………………………… 3

1.1.3 生态改良 ………………………………………………………… 5

1.1.4 生物治理 ………………………………………………………… 6

1.2 遥感反演土壤盐渍化研究进展 …………………………………… 7

1.2.1 盐渍化土壤光谱变化特征 ……………………………………… 8

1.2.2 遥感信息提取和增强方法 ……………………………………… 9

1.2.3 常用的盐渍化土壤光谱指数 …………………………………… 10

1.2.4 盐渍化土壤遥感反演模型构建方法 …………………………… 11

1.3 灌区水盐运动模拟研究进展 ……………………………………… 12

1.3.1 土壤水盐运移模型 ……………………………………………… 13

1.3.2 区域水盐运移模型 ……………………………………………… 14

1.4 本书主要研究内容 ………………………………………………… 16

第2章 河套灌区概况和试验监测 ………………………………… 17

2.1 河套灌区概况 ……………………………………………………… 17

2.1.1 自然地理 ………………………………………………………… 17

2.1.2 地下水 …………………………………………………………… 19

2.1.3 灌溉排水 ………………………………………………………… 21

2.1.4 作物种植 ………………………………………………………… 23

2.2 不同尺度的水盐监测 ……………………………………………… 24

2.2.1 灌区尺度 ………………………………………………………… 24

2.2.2 解放闸灌域 ……………………………………………………… 25

2.2.3 沙壕渠分干灌域 ………………………………………………… 25

2.2.4 典型田块 ………………………………………………………… 27

2.3　盐分动态及影响因素分析···27
　　2.3.1　盐分变化···27
　　2.3.2　土壤含盐量主控因子分析···29

第3章　卫星遥感诊断土壤含盐量方法···32
3.1　裸土条件下 Sentinel‒2 卫星遥感诊断土壤含盐量方法·······························32
　　3.1.1　数据收集及样点的采集···32
　　3.1.2　数据相关性分析···33
　　3.1.3　评价指标···34
　　3.1.4　回归建模分析···34
　　3.1.5　模型验证分析及盐分反演···35
3.2　植被覆盖条件下高分一号卫星遥感诊断土壤含盐量方法·······························36
　　3.2.1　数据获取及处理方法···36
　　3.2.2　基于植被覆盖条件下的土壤含盐量反演方法·································37
　　3.2.3　基于不同植被覆盖度的土壤含盐量反演方法·································43
3.3　雷达卫星遥感诊断土壤含盐量方法···50
3.4　水盐交互作用对卫星遥感诊断土壤含盐量的影响·····································53
3.5　河套灌区土壤盐分时空动态变化···55
3.6　小结···58

第4章　无人机遥感诊断土壤含盐量方法···59
4.1　裸土条件下无人机多光谱遥感诊断土壤含盐量方法···································59
　　4.1.1　采样点土样、光谱图像采集与处理···59
　　4.1.2　光谱信息与土壤含盐量的相关分析···60
　　4.1.3　基于光谱信息的土壤盐分估算模型···61
　　4.1.4　模型的综合评价···63
4.2　植被覆盖条件下无人机多光谱遥感诊断土壤含盐量方法·······························65
　　4.2.1　光谱指数的构建及二维指数的确定···65
　　4.2.2　建模集和验证集的划分···66
　　4.2.3　土壤含盐量的描述性统计分析···66
　　4.2.4　光谱指数与土壤含盐量的相关性分析·······································67
　　4.2.5　敏感变量的筛选···67
　　4.2.6　盐分估算模型的建立与比较···69
4.3　基于改进光谱指数的无人机遥感诊断土壤含盐量方法·································71
　　4.3.1　试验数据采集与预处理···71
　　4.3.2　光谱指数的提取···72
　　4.3.3　弹性网络（ENET）算法筛选光谱变量·······································73
　　4.3.4　基于机器学习方法的土壤含盐量估算模型···································74

  4.3.5 土壤含盐量估算模型的精度评价与分析 ·· 75

 4.4 小结 ·· 78

第5章 高光谱遥感诊断土壤水盐方法 ·· 79

 5.1 不同盐分条件下高光谱遥感诊断土壤含水率方法 ···································· 79

  5.1.1 建模集与验证集的划分 ·· 79

  5.1.2 土壤含水率、含盐量及光谱曲线特征分析 ·································· 79

  5.1.3 分数阶微分光谱特征分析 ·· 80

  5.1.4 基于全波段 FOD 光谱的 ELM 模型对比分析 ·························· 82

  5.1.5 筛选光谱变量 ·· 82

  5.1.6 基于不同筛选算法和 FOD 的 ELM 模型对比 ·························· 83

 5.2 不同水分条件下高光谱遥感诊断土壤含盐量方法 ···································· 86

  5.2.1 数据处理与模型建立 ·· 86

  5.2.2 建模集和验证集的划分 ·· 86

  5.2.3 相关性分析 ·· 87

  5.2.4 灰色关联度分析 ·· 88

  5.2.5 逐步回归分析 ·· 89

  5.2.6 变量投影重要性分析 ·· 90

  5.2.7 偏最小二乘回归模型的建立与验证 ·· 90

  5.2.8 支持向量机回归模型的建立与验证 ·· 92

 5.3 基于分数阶微分光谱指数的土壤盐分信息诊断方法 ······························ 94

  5.3.1 数据处理及建模集与验证集的划分 ·· 94

  5.3.2 光谱指数构建 ·· 94

  5.3.3 分数阶微分光谱 ·· 95

  5.3.4 最佳分数阶微分光谱筛选 ·· 98

  5.3.5 一维、二维及三维光谱指数的构建 ·· 100

  5.3.6 模型的构建与对比 ·· 101

 5.4 小结 ·· 106

第6章 多源数据融合诊断土壤含盐量方法 ·· 108

 6.1 基于集合卡尔曼滤波和 HYDRUS‒1D 模型数据同化的遥感诊断土壤含盐量
    方法 ·· 108

  6.1.1 数据采集、处理及评价方法 ·· 108

  6.1.2 同化结果及敏感性分析 ·· 111

 6.2 无人机多光谱和热红外遥感数据融合诊断土壤含盐量方法 ················ 114

  6.2.1 数据获取及处理方法 ·· 114

  6.2.2 葵花冠层温度与土壤盐分的相关性分析 ···································· 115

  6.2.3 不同光谱指数与土壤盐分的灰色关联度筛选分析 ·················· 115

6.2.4 偏最小二乘回归模型的建立与分析 ·· 118

6.2.5 机器学习模型的建立与分析 ··· 119

6.2.6 模型的综合评价 ·· 122

6.3 基于无人机-卫星遥感升尺度的土壤含盐量诊断方法 ···················· 124

6.3.1 数据的采集及处理 ·· 124

6.3.2 空间升尺度原理与评价方法 ··· 125

6.3.3 实测盐分数据与光谱波段和光谱指数相关性分析 ······················ 126

6.3.4 不同数据源含盐量回归模型分析 ·· 128

6.3.5 升尺度定性和定量分析 ·· 130

6.4 小结 ··· 131

第7章 灌区水盐运动分布式模拟模型 ·· 132

7.1 基于水盐均衡方程的灌区水盐分区模型 ····································· 132

7.1.1 模型概况 ··· 132

7.1.2 水量平衡方程 ··· 134

7.1.3 水平衡要素计算 ·· 135

7.1.4 盐分平衡方程 ··· 140

7.1.5 农业水管理措施 ·· 141

7.1.6 模型输入和输出 ·· 141

7.2 基于水动力学过程的土壤水盐分布式模型 ································· 141

7.2.1 IDWS 模型总体架构 ··· 141

7.2.2 空间离散和流向判别方法 ·· 144

7.2.3 沟渠水分运动方程和求解 ·· 155

7.2.4 土壤水盐运动方程和求解 ·· 160

7.2.5 地下水运动方程和求解 ·· 165

7.2.6 模块构成和耦合 ·· 168

7.2.7 IDM 模型输入和输出 ·· 170

第8章 中小尺度水盐运动分布式模拟分析 ··· 173

8.1 沙壕渠分干灌域空间离散和水盐运动模型构建 ···························· 173

8.1.1 空间离散 ··· 173

8.1.2 气象、作物和土壤数据 ·· 174

8.1.3 灌溉和排水 ·· 174

8.1.4 初始条件 ··· 175

8.1.5 其他 ·· 176

8.2 模型参数率定验证 ··· 176

8.2.1 参数率定和模型验证 ··· 176

8.2.2 现状水盐均衡分析 ·· 181

8.3　农业水管理方案设置 ·· 182

8.4　不同管理措施对作物生育期水盐均衡的影响 ·· 183

　　8.4.1　对灌溉排水的影响 ··· 183

　　8.4.2　对总体水均衡的影响 ·· 186

　　8.4.3　对地下水位的影响 ··· 189

　　8.4.4　对根层土壤水分的影响 ··· 199

　　8.4.5　对根层土壤盐分的影响 ··· 210

8.5　小结 ·· 220

第9章　河套灌区尺度水盐均衡模拟分析 ·· 222

9.1　河套灌区空间离散和水盐运动模型构建 ·· 222

　　9.1.1　研究区网格划分 ·· 222

　　9.1.2　模型参数概化 ··· 223

　　9.1.3　模型网格输入数据确定 ··· 223

　　9.1.4　模型季节输入数据确定 ··· 233

9.2　参数率定和模型验证 ·· 237

　　9.2.1　主要参数确定 ··· 237

　　9.2.2　根层/过渡层淋洗率 F_{lr} 和 F_{lx} 的确定 ·· 239

　　9.2.3　含水层水平渗透系数确定 ·· 244

　　9.2.4　含水层淋洗率确定 ··· 245

9.3　现状灌排模式下灌区水盐动态模拟 ·· 250

9.4　总引水量减少对灌区水盐动态影响 ·· 252

9.5　不同节水方案对灌区水盐动态影响 ·· 254

　　9.5.1　不同渠系水利用系数 ·· 254

　　9.5.2　不同灌溉和秋浇定额 ·· 256

9.6　不同排水沟深对灌区水盐动态影响 ·· 259

9.7　方案对比分析 ··· 261

　　9.7.1　不同方案水盐引排量与积盐量对比 ·· 261

　　9.7.2　不同方案水盐定量分析 ··· 264

9.8　小结 ·· 266

第10章　土地利用演变和种植结构调整对灌区盐渍化格局的影响 ······························ 268

10.1　基于遥感的河套灌区土地利用格局时空演变 ·· 268

　　10.1.1　数据来源和处理 ·· 268

　　10.1.2　土地利用分类和时空演变分析方法 ··· 269

　　10.1.3　灌区土地利用动态分析 ··· 272

10.2　基于CLUE-S模型的河套灌区土地利用格局模拟 ·· 275

　　10.2.1　CLUE-S模型介绍 ··· 275

　　10.2.2　土地利用变化驱动因子分析 ·· 276

　　10.2.3　CLUE‐S模型构建和验证 ···················· 281

10.3　种植结构调整对土壤盐渍化空间格局的影响 ················· 287

　　10.3.1　种植结构调控情景设置 ·························· 287

　　10.3.2　土壤盐渍化面积预测方法 ······················ 288

　　10.3.3　不同种植结构调整对盐渍化空间分布的影响 ········· 289

　　10.3.4　主要作物种植空间布局 ·························· 298

10.4　小结 ·· 300

参考文献 ·· 302

第 1 章

绪　论

1.1　盐渍化土地治理研究现状

国外对盐碱地改良的研究起步较早。早在 20 世纪 40 年代，苏联就对盐碱地造林植物选择、造林技术、植物耐盐性、选育耐盐植物、地下水位与盐碱地的关系、树木对盐碱土壤的改良作用、土壤次生盐渍化等问题进行了深入细致的研究，并取得了一系列的研究成果。一些欧美国家在关于盐害机理和植物耐盐机理方面做出了比较突出的研究贡献，提出了原生盐害和次生盐害的理论，并从分子生物学角度探讨了植物耐盐机制（石元春，1986）。在我国，盐碱地改良工作起步较晚，但大体上依次经历了农业水利改良、生物化学改良、综合改良三个阶段。至今，盐碱地改良技术的发展已经日趋成熟，这些技术措施可具体分为水利调控、化学改良、生态改良和生物治理等。

1.1.1　水利调控

由于水盐的分布特征和运移方式随着农业灌溉、淋洗等会发生较大的改变，所以对于盐渍化土壤的水利改良需要从不同空间尺度全面考虑，运用不同的灌溉管理、排水管理、田间和耕作管理等措施与方法调控土壤水盐动态，减少耕地土壤盐分。

在农田尺度上，可以通过降低农田地下水位，使农田土壤盐分在垂向剖面运移，将盐分带到土壤剖面的更深层。在灌区尺度上，可利用"干排盐"技术，将灌区农田盐分排到灌区内部非农田区域，如灌区下游或灌区内部低洼盐荒地等。在流域尺度上，可将流域上、中游的盐分排至流域下游的盐洼地。王学全等（2006）认为灌区荒地和低洼地有排水积盐的作用，通过蒸发可集聚进入灌区 65％ 的盐分，从而减轻耕地盐渍化。Wu et al.（2009）以河套灌区为研究区，基于水盐平衡，证实在过去 30 年"干排盐"对耕地可持续发展起了关键作用。于兵等（2016）建立了基于遥感蒸散发的灌溉地-非灌溉地水盐平衡模型，并将其应用于内蒙古河套灌区，分析得出灌区内排水和干排盐对于灌溉地土壤盐渍化控制具有重要的作用。

灌溉排水管理对区域水盐调控具有重要的作用。陈小兵等（2007）以水盐生产函数为依据，计算了塔里木灌区不同相对产量下的土壤含盐量，初步量化了不同时期的临界地下水埋深，并提出通过排水系统和减少灌溉定额使作物生长期的地下水埋深控制在 1.6～

2.1m内，强调改善灌排系统、提高水资源的利用率、加强生物改良的综合治理措施。闫侃等（2010）以青铜峡灌区为例，从土壤盐碱化防治与水资源高效利用两方面考虑，对灌区进行水盐平衡计算和排水分析，并根据灌区积、脱盐状态及排水效果分析灌区灌排系统的合理性。

明沟排水是根据"盐随水来，盐随水去"的水盐运移特点，沟底深度低于地下水位的明沟，排灌相结合，即土壤水溶性盐随灌溉水下渗、侧渗进入沟渠，并由沟渠排出农田，使地下水位下降到临界返盐深度以下，从而达到脱去适量土壤水溶性盐的目的。它能迅速排走洗盐水，提高冲洗效果，防止冲洗地段及其周围地下水位升高。输水沟道应有必要的深度和间距，为在允许的时间内达到适宜的地下水埋深，排水沟的间距越大，需要的沟深也越大；反之，排水沟间距越小，要求沟深也越小。李开明等（2018）通过明沟排水条件下的土壤水盐运移模拟，发现明沟对0～80cm浅层土壤的排盐效率较高，而对80～200cm深层土壤的排盐效果不太明显。同时，研究表明与明沟的距离越近，排盐的效率越高，明沟排水降盐效果最佳范围为40m左右（张开祥等，2018）。此外，明沟排水结合田间分区灌溉能够取得较好的洗盐效果，最好采用二分区或者三分区。要达到配水最优的目标，对于二分区模式来说，分区间隔位于距排水沟1/3～1/2间距处；而对于三分区，分区间隔分别位于距排水沟间距1/2和1/4处（谭丹等，2009）。明沟排水一般只能降低沟渠附近的地下水位，欲使地下水位较均匀地降至防渍防盐深度以下，则需减小每条排水沟控制的面积，这样需要占用更多的耕地。

随着专业化施工设备、轻型柔性暗管材料的相继研发，暗管排水以其不占用耕地、便于机械化操作、降渍排盐效果好等优势，越来越受到国内外的关注，并得到广泛应用，研究主要集中在暗管工程设计参数及对排盐效果、土壤特性、生态环境的影响以及如何进行水管理等问题。暗管的布置形式及参数均对排水排盐效果产生影响。而暗管设计参数与当地降水、土壤质地、灌溉和淋洗量、地下水位控制标准等因素有关，排盐负荷过小达不到盐碱地改良的预期效果，因此，需要优化排水系统布局，实现节灌与排水的协同调控，达到土壤水盐均衡、水肥高效利用目的。此外，淤堵问题是影响暗管长期安全稳定运行的主要问题之一，也是暗管排水推广应用中亟须解决的问题。常规暗管排水主要依靠外包滤料作为防淤堵措施，以预防和减少土壤随水流进入暗管产生淤堵。除防淤堵的作用外，外包滤料还可增大暗管周围土体的渗透性，减小水流进入暗管的阻力，并为暗管提供支撑，防止暗管受到过大的土荷载而发生破坏（Ritzema，2006）。常用的暗管外包滤料包括砂砾石滤料、有机物滤料、合成滤料三种。其中，砂砾石滤料是使用时间最长、理论研究相对比较完善的一种外包滤料；有机物滤料主要包括谷壳、秸秆、树枝、木屑、泥炭、玉米棒、椰子纤维等（Framji et al.，1987；Juusela，1958），这种外包滤料在比利时、德国以及荷兰均有成功的应用案例；合成滤料是最晚发展起来的，也是现阶段普遍采用的暗管外包滤料形式之一，具有价格低廉、易于运输储存、便于机械化施工等特点。随着合成滤料的不断发展，以其为对象的研究也不断增加（Stuyt et al.，2006），我国在这方面也开展了相关的研究，但水平较低，实用经验尚不多。

竖井排水降盐技术是通过控制地下水位与高效利用降水或灌溉水资源将土壤盐分从竖井中随水排出，从而改变土壤盐分分布规律和土壤性质，达到改良盐碱地的效果。竖井排水除可形成较大地下水位降深、有效控制地下水位外，还具有减少田间排水系统和土地平整的土方工程量，占地少和便于机耕等优点。通过竖井抽排地下水进行排水排盐，相应地降低地下水位，加强土壤水分垂直向下运动，淋洗了土壤表层的盐分，从而有效地调节与控制土壤水盐动态变化。张开祥等（2018）在新疆地区研究发现，竖井排水降盐最佳范围为 60m 左右，盐基离子在 0～20cm 和 80～100cm 土层出现聚集现象。部分研究表明，井排措施可以降低土壤中钠离子和氯离子的含量，从而降低土壤的盐害。竖井排水系统的布置与灌溉系统一样，需要全面规划、合理布局。

井渠结合在排水降盐、合理调控地下水位方面也有较为突出的效果。毛威等（2018）发现在实施井渠结合膜下滴灌后，膜下滴灌生育期灌溉定额和井灌区地下水水位对灌溉用地根系层盐分的积累影响较小，地下水电导率与秋浇频率对灌溉用地根系层土壤盐分累积的影响较大。杨洋等（2018）建立了河套灌区三维地下水数值模型，并发现井渠结合后全灌区地下水埋深较原来有所增加，入渗补给量与潜水蒸发量都有不同程度的减少。伍靖伟等（2018）对季节性冻融灌区——内蒙古河套灌区的研究表明，井渠结合后地下水埋深变化与井渠结合区地下水开采利用的矿化度上限和渠井结合比有关，井渠结合区地下水矿化度上限越大，渠井结合比越小，地下水埋深增加越多，并且灌区生育期、秋浇期、冻融期平均地下水埋深都有所增加。据此，伍靖伟等（2018）建立了灌区冻融期地下水补排模型，与三维地下水数值模型相结合，构建了适用于季节性冻融灌区的生育期至冻融期全周年地下水动态模拟模型。

在水资源紧缺地区，节水可缓解水资源紧缺的危机，但节水灌溉在缓解水资源供需矛盾的同时，也会使灌区水量分配、农业种植结构、地下水位等发生相应的变化，这些变化可能会对灌区水盐环境及下游生态环境产生一定的影响，目前还缺少有关节水灌溉及不同排水措施对区域水循环的影响以及生态环境效应等方面的定量研究。

1.1.2 化学改良

化学改良措施一般用于重度碱性土壤的改良，主要是通过向土壤中添加改良剂，调节土壤酸碱度，改变土壤溶液的反应，改善土壤的营养状况及土壤胶体吸附性阳离子的组成，变亲水胶体为疏水胶体，促进团粒结构形成，进一步改善土壤结构，增加土壤通透性，加速土壤脱盐，防止积盐、返盐，从而达到改良土壤的目的。化学改良剂利用化学酸碱中和原理改良盐碱土的理化性质和土壤团粒结构，以含有钙离子的化合物为主。目前研究较多的化学改良剂大体上可以分为两类：一类是钙剂，如石膏、过磷酸钙等含钙物质，往往与钙活化剂联合施用效果更好；另一类是腐殖酸肥料、土壤结构改良剂以及炉渣、工矿副产品等。有的改良剂改善植物的生长状况，通过植物的生命活动起到改良土壤的作用；有的改良剂直接改善土壤理化性质。

石膏是钙离子含量最高的改良剂，施用石膏改良盐碱化土壤所产生的良好效果是公认的。在我国，石膏广泛应用于建筑市场，偏高的价格是其不适合在改良盐碱地上大范围施用的重要原因。与天然石膏相比，施用含有钙离子的工业废弃物来改良土壤，不仅可以降低成本，还可以解决工业废料处理问题。将适宜的工业废弃物作为土壤改良剂也是一种普遍做法。常用于土壤盐碱改良的工业废弃物有磷石膏、脱硫石膏、粉煤灰、糠醛渣等。但是，由于没有深耕机器将含钙离子改良剂与深层土壤混合，并且深耕对土壤结构也是一种破坏，施用改良剂对深层盐渍土改良在实施上存在一定困难（Sumner et al.，1986；吕二福良等，2003）。

磷石膏是磷肥或者磷酸生产过程中用硫酸处理磷矿时所产生的工业副产物。磷石膏呈酸性，施入碱性土壤能降低土壤 pH 值，有助于改良碱性土壤（张丽辉等，2001）。但随着施用年限的增加，磷石膏中的镉会累积在番茄的枝干和果实中（Enamorado et al.，2009），氟和砷在菠菜、上海青和白菜中有累积（李金娟等，2013）。

脱硫石膏是燃煤电厂为减少 SO_2 排放所生成的烟气脱硫副产物。利用脱硫石膏改良盐碱土壤始于 20 世纪 90 年代，对酸性土壤和碱性土壤改良均有效益。将脱硫石膏施于酸性土壤中，对植物生长起促进作用（Clark et al.，1997），主要原因是脱硫石膏含有大量营养元素（郎丹丽等，2010），同时，可提高土壤持水性、阳离子交换量和土壤 pH 值，降低酸性土壤中的有害离子（Wendell et al.，1996）。在我国，脱硫石膏主要用于碱性土壤改良。研究发现，施脱硫石膏于碱性土壤，可有效降低土壤 pH 值、钠吸附比（SAR）和碱化度（ESP）（李玉波等，2015）。脱硫石膏改良 SAR 较低的碱土比 SAR 较高的碱土效果相对较好（石懿等，2005）。但是，施加脱硫石膏会使土壤电导率增大（李玉波等，2015），因此，需要合理适量地施加脱硫石膏，并配合淋洗来控制土壤电导率。

粉煤灰是火力发电厂排出的工业废弃物，可以调节盐碱土的土壤 pH 值，促进土壤钠离子淋洗，增加钙离子、镁离子、钾离子和硫酸根离子含量（关红飞等，2017）。由于粉煤灰含有毒性物质和重金属，大量或过量施用会对植物生长产生副作用。段信德等（2016）试验研究结果表明，利用粉煤灰改良碱性土壤，在作用时间、温度、土水比和粉煤灰占混合物总重分别为 60min、20℃、1∶1 和 20% 时，改良碱性土壤效果较佳。赵旭等（2011）采用盆栽试验发现，基质中加入粉煤灰，对提高柽柳发芽率及提高萌发枝条成活时间均具有促进作用。

糠醛渣是由以玉米芯、玉米秆、花生壳等农副产品的下脚料为原料，硫酸或磷酸钙等为辅料，在一定条件下发生化学反应，提取糠醛后剩下的工业废渣。糠醛渣含有植物所需的氮、磷、钾、镁、铁等营养元素，有机质含量可达 76%，pH 值为 2.5～4.5，是一种强酸性物质（王擎等，2004）。以糠醛渣作为碱性土壤改良剂，可明显改善土壤碱性，增加土壤肥力，提高作物产量（蔡阿兴等，1997）。施 7.5～22.5t/hm^2 糠醛渣可实现小麦、玉米等农作物增产（秦嘉海等，1994）。罗成科等（2008）研究发现：在碱化度 26% 的水田施用糠醛渣随着施量的增加，土壤 pH 值下降幅度逐渐减缓，但脱盐量幅度效果明显；施用约 30t/hm^2 的糠醛渣促进土壤脱盐和水稻幼苗生长效果明显。

一般地，施用单一改良剂会造成如土壤碱度过大致使植物难成活等弊端。配比组合改良剂可以优势互补、相互促进，改良效果优于施用单一改良剂。杜伟光等（2010）采用 10 种以糠醛渣为主的复合改良剂，通过土壤培养试验得出，在 1500g 重盐碱土中加入 60g 糠醛渣、25g 石膏和 5g 硅酸铝的复合改良剂对盐碱土理化性质的改良效果较好。李茜等（2018）采用小区实验，得出用 3.0kg/坑的燃煤烟气脱硫废弃物和 1.0kg/坑的糠醛渣配制的碱化土壤改良剂对降低土壤 pH 值、碱化度和全盐有显著效果，在改良后土壤中种植的红柳的成活率和保存率分别达到了 91.66% 和 83.33%。蒋武燕和宋世杰（2011）认为粉煤灰与污泥（城市污水处理过程中的沉淀物）配施、粉煤灰与牲畜粪便混合、粉煤灰与石灰配施对提高盐碱化土壤的肥力均有良好效果。

总体来说，可用于改良盐碱化土壤的化学物有很多种，化学改良剂的施用量、配施比例不是一成不变的，需要根据各地区土壤、种植作物种类以及气候条件进行原料配比，从而达到对改良当地盐碱化土壤最有效的组合。

1.1.3 生态改良

通过种植耐盐植物和植被等生态方法修复盐碱化土壤一直是研究热点。许多研究表明，应用耐盐植物改良盐碱化土壤可以有效降低土壤盐分，减少土壤地表蒸发，改善土壤理化性质和增加土壤肥力。Greenway et al.（2003）定义耐盐植物为可以生长在至少含 3.3×10^5 Pa（相当70mmol/L单价盐）渗透压盐水环境下的自然植物。采用耐盐植物改良盐碱地具有较高经济和生态效益、节省能源和淡水、改良效果持久、可推广应用面积大等诸多优点（张永宏等，2009）。

耐盐植物分为真盐生植物、泌盐耐盐植物和假盐生植物，盐碱地改良先锋植物多使用真盐生植物。真盐生植物也称稀盐盐生植物，是一类超富集NaCl的盐生植物，具有摄取、积累和忍耐大量盐分的能力，通常被作为改良盐碱土壤的先锋植物。我国常见的叶肉质化的真盐生植物有碱蓬属（Suaeda）、滨藜属（Atriplex）和猪毛菜属（Salsola），常见的茎肉质化的有盐穗木属（Halostachys）、盐节木属（Halocnemum）、盐爪爪属（Kalidium）和盐角草属（Salicornia）。真盐生植物在生长过程中能从土壤中吸收大量盐分并积累在地上部分的植物体内，可以通过种植-收割-转移的方式带走土壤中大量盐分，降低土壤含盐量。对于盐碱灾害严重的土壤，可以使用"梯次推进"原则，即先种植耐盐能力强的真盐生植物作为先锋植物，随后逐渐引种多年生草本和小型灌木，当小型灌木能良好生长后，再引种耐盐的大型灌木，实现彻底改造盐碱地（马超颖等，2010）。但是这种改良方式所需时间较长，比较适合盐碱地景观生态的改善。因此，合理的种植技术是提高真盐生植物生物量、增加真盐生植物移盐效果的关键。植树造林改良盐碱地是重要的生态措施之一。树木在强大蒸腾作用下将土壤中水分输送到空气中，盐分被留在地表；森林可以改善区域小气候，降低林内风速和气温，减少林地土壤大量蒸发，从而达到抑制土壤盐分向上运动、降低地表盐分的效果。植树造林可以直接或间接地改良盐碱地，直接改良是通过使用恰当的栽种技术在盐碱地上种植耐盐树木，从而起到改良土壤理化环境和改善生态、提高经济效益的作用。季洪亮等（2017）研究发现，通过运用蜂巢格网、陂塘系统、梯级台地等结构模式种植乡土耐盐植物可有效改善潍坊滨海盐碱地的脆弱生态环境。对于乡土耐盐植被稀少、树种较为单一的盐碱地地区，可以根据需求引种具有观赏性、经济价值高的树种，进而改善盐碱地生态环境、加快盐碱地治理。但是，需要注意引种树种对当地生态环境的不良影响，如耐盐耐淹且繁殖快的大米草对黄河三角洲盐碱地的侵害问题（杨光等，2005）。植树造林间接改良盐碱地是通过在需要改良的盐碱地外围种植深根树木来调节盐碱地地区地下水水位，这种方法也可以被视为生物排水，对因地下水水位抬高而引起的次生盐渍化土壤能起到良好的改良作用，从而有效保护农业生产。关于林地对地下水水位的影响辐射范围存在一定的争议（Kumar et al.，2011）。值得注意的是，在地下水水位较深的干旱内陆盐碱地，造林会加剧当地生态环境的恶化，降低生物多样性，反过来威胁到树木本身的生存。虽然植树造林在树种选择、影响范围上有一定局限，但是随着现代生物技术的发展，培育、筛选耐盐植物新品种将在盐碱地生态治理中发挥更多的作用。总体而言，植树造林对改良盐碱地和提高盐碱地地区经济效益有着重要意义。

牧草具有适应性广、抗盐性强等特点，通过选育优良牧草、种植人工草地，可以恢复土壤植被、改善盐碱地生态环境。牧草具有茂盛强大的根系，可以穿透盐渍化土壤的不透水层，不仅可以提高土壤渗透性，还可以为其他植被的生长和繁殖提供良好环境。此外，牧草还可以提高盐碱化土壤的团粒结构，加强盐分向深层土壤淋洗，并平衡土壤中作物所需离子。牧草属于经济型作物，许多品种适合用作绿肥。绿肥对盐渍化土壤改良、增产也起到重要作用。我国绿肥种类繁多，一年四季均可以栽培，可在旱地和水域生存，豆科绿肥种类最多，占总类别的 73%（曾莎等，2017）。李燕青等（2013）研究表明，沙打旺、毛叶苕子、二月兰可在 2～4g/kg 的中度氯化物-硫酸盐盐渍土上种植，高丹草、田菁可在 4～6g/kg 的重度氯化物-硫酸盐盐渍土上种植。赵秋等（2010）研究发现，越冬绿肥二月兰种子在浓度为 4.0g/kg 的 NaCl 溶液中可正常发芽，田间耐盐极限为 4.53g/kg，翻压二月兰能有效降低土壤表层含盐量。蔺海明等（2003）研究发现种植翻压毛叶苕子有十分明显的抑盐效果，覆盖度与抑盐效果成正比，此外，毛苕子还可以减少土壤盐离子含量，调节离子和可溶性盐分分布，对次生盐碱土壤治理有明显效果。种植耐盐绿肥改良盐渍化已被广泛应用，并在滨海盐土、西北硫酸盐盐化土、内蒙古河套灌区盐碱土和东北苏打碱土实验中取得良好抑盐效果。也有学者提出"能源牧草"概念，它是一种可作为重要的生物能源原料，具有多功效、多用途的牧草（程序，2008），特点是抗逆性强、产量高，如抗旱、耐盐碱、耐贫瘠的甜高粱，抗逆性强、环境友好、分布广的柳枝稷，抗逆性强、速生性强、生物量大的巨菌草，抗旱强、抗盐碱、耐贫瘠、世界上分布最广的苜蓿，等等。能源牧草对推进盐碱地生态治理和农业可持续发展具有重要意义。

1.1.4　生物治理

土壤微生物种群中，细菌占绝对优势，其次是放线菌和真菌，土壤全盐量越高，微生物数量越少（康贻军等，2007），此外，细菌和放线菌的数量峰值在夏季，真菌的数量峰值在秋季和冬季（牛世全等，2011），不同改良年限对土壤微生物类别数量呈非线性关系（柯英等，2014）。近年来，运用微生物缓解盐碱化土壤、抑制植物生长得到越来越多的关注。

根系有菌根真菌依附的植物在盐碱地的生长状况优于根系无菌根细菌依附的植物（Alkaraki，2000）。菌根真菌通过两种机理促进植物在盐碱化土壤中的生长。第一种称为营养过程。菌根真菌具有营养选择性吸收功能，可以促进宿主植物吸收土壤中氮、磷、钾、钙等微量元素，同时抑制钠、镁、氯元素的吸收。第二种称为生长过程。Sheng et al.（2008）研究发现，在盐胁迫条件下，菌根真菌可以促进玉米根系的生长，增加根系活力。Gamal et al.（2012）通过盆栽实验分析三种丛枝菌根真菌（*Glomus mosseae*，*G. deserticola* 和 *Gigaspora gergaria*）对小麦在盐碱土壤中的生长与耐盐的影响，发现接种丛枝菌根真菌的小麦在生长状况、养分含量、脯氨酸含量等方面比未接种的小麦有很大提高，其中，接种 *Glomus mosseae* 效果最好。

除了菌根真菌，活跃在植物根层的有益菌也可以促进植物在盐碱地的生长。研究表明，接种内生菌的植物可减轻土壤盐胁迫对植物生长的不利条件。例如，在土壤含盐量较高的环境下，接种固氮螺菌（*Azospirillum*）的生菜籽的发芽率好于未接种的生菜籽（Barassi et al.，2006），接种 *Azospirillum* 的玉米的钾离子与钠离子的比值较高，*Azospirillum* 对钠离子、钾离子和钙离子有选择性吸收（Hamdia et al.，2004）。Noori et al.（2018）选取了 3 种菌株，经 16SrRNA 基因测序，发现分别与克锡勒氏菌（*Kushneria sp.*）、考氏科萨克氏菌（*Kosakonia cowanii*）和草木樨中华根瘤菌种（*Sinorhizobium meliloti*）的 RNA 接近，将三者混合接种于苜蓿中可提高苜蓿在盐碱地的生长。可以促进植物生长的细菌被统称为促生细菌（plant growth promoting bacteria，PGPB），促生细菌通过不同机理促进植物生长，如直接或间接产生植物激素，矿化和分解有机物，提高矿物质营养元素的吸收等（Numan et al.，2018）。

盐碱化土壤的土壤结构较差，土壤微生物对土壤结构稳定和团聚体形成起促进作用。细菌对土壤微团聚体的形成起到稳定作用（<250μm），其原理主要通过细菌荚膜的碳水化合物将黏土颗粒胶结在一起。由于土壤中有机物的生物量很低，含有细菌的壤质土颗粒大小的团聚物通常是新形成的团聚体，因此，在细菌作用下形成的团聚体只占微生物残骸聚集土壤颗粒的小部分。真菌对土壤团聚的促进作用大于细菌，主要是因为真菌次生的代谢物（以多糖为主）可以更牢固地胶结黏土颗粒，形成大团聚体（>250μm），此外，真菌通过菌丝将土壤中细小的颗粒物嵌入到大团聚体中，产生的有机基质将土壤与大团聚体绑在一起。土壤团聚体的增加可以加快水分入渗，减少土壤毛细管结构，抑制水盐上移，缓解盐分在地表的累积。

蓝藻是一种原核生物，可以生存在高温、高盐、干燥、低温等极端环境中，这种能在极端环境下生存的能力对盐碱地生物改良技术提供新思路。Singh（1950）首先提出使用蓝藻改良盐碱地。随后的研究发现，蓝藻可以降低盐碱地土壤含盐量（Thomas et al.，1984），增强土壤团聚体稳定和土壤通透性（Rogers et al.，1994），提高土壤中碳、氮、磷及土壤水分的含量（Aziz et al.，2003）。Roychoudhury et al.（1985）认为一些耐盐菌株会在体外分泌大量多糖物质以抵御体外过高的盐分，这些多糖还可以螯合有害阳离子。此外，一些耐盐固氮蓝藻菌株可以释放有机酸和碱性磷酸酶，溶解土壤中的 $CaCO_3$，溶解产生的钙离子置换土壤中的钠离子，从而改善土壤物理性质（Singh et al.，2010）。以上研究表明，蓝藻对改良盐碱化土壤的物理化学性质和促进植物在盐碱化土壤生长是可行的。

国内外研究已充分证实菌根真菌、细菌、蓝藻在提高土壤理化性质、增强植物的抗盐碱能力等方面的作用。但是，每种植物都有最适合的真菌或细菌与之共生，所以筛选最佳组合对提高植物抗盐碱性和改良盐碱化土壤具有重要意义。

1.2 遥感反演土壤盐渍化研究进展

土壤盐分主要监测方法包括田间采样和定点监测、电磁感应式大地表观电导率测量以及遥感图像解译等。传统田间采样及室内分析方法比较费时、费力，特别是对于深层土壤样品的采集更加不易，在土壤盐渍化动态监测中受到限制。随着土壤盐渍化监测技术的发展，从定点的土壤水盐监测到区域土壤盐渍化的监测，都形成了较为先进的技术体系，并开发了许多用于土壤水盐监测的先进仪器设备。在定点土壤水盐监测方面，国际上目前最为先进的水盐监测方法为采用盐分探头中产生的高频电信号，测量土壤的电导与电容量特性，从而计算出土壤不同深度的含盐量，实现定点土壤盐分的精确测量。在区域土壤水盐监测方面，遥感、电磁感应技术成为盐渍土评价、监测与预报新的发展趋势。随着 3S（GPS，GIS，RS）技术的发展，GPS 和 RS 的应用推动了土壤盐渍化监测技术的发展。电磁感应测量土壤性质的技术出现于 20 世纪 70 年代末，近年来受到普遍关注，成为国际上一项热门技术，并在农业领域得到较为广泛的应用。电磁感应式大地电导率测量方法由于其无须电极插入、测量速度快，在土壤盐分含量和盐渍化调查、监测与评估研究中有广阔应用前景。电磁感应仪为非接触式直读式，直接测量土壤表观电导率，运用电磁感应式大地电导率仪、高精度 GPS、数据采集器、动力牵引平台等构建的移动磁感式测定系统，可在田间快速进行大地电导率测量，运用数据解译模式结合 GIS 分析手段可快速进行较高测量精度和较丰富信息解译量的田间大尺度土壤质量测量、分析、解译和评估。目前，国际上利用电磁感应技术进行的土壤性质测定研究主要有土壤水分、土壤盐分、土壤质地等。

国外利用卫星遥感进行土壤盐渍化监测始于 20 世纪 70 年代，随着技术的不断发展，遥感数据源更加丰富，Terra、MSS、TM、ETM＋、RADARSAT 和 IRS 等卫星遥感数据及 HyMap、AME 等高光谱数据均被应用于土壤盐渍化的监测分析。国内外的研究表明，定点土壤盐分监测过程中采用盐分传感器是一种精确测定农田土壤盐分分布的技术，而 RS 则是区域土壤盐渍化监测的有效手段，这种技术在国际上已成为盐渍化监测非常重要的手段。

1.2.1 盐渍化土壤光谱变化特征

土壤盐分含量的变化导致土壤理化性质发生变化，进而导致其光谱反射率的改变。盐渍土在可见光和近红外波段的反射率明显高于非盐渍土（郭姝姝，2018）。在 400～1300nm 光谱区间，不同程度盐渍土的光谱反射率大致呈现随波长的增加而增大的趋势，随后在中红外波段，反射率曲线随波长增加而逐步下降（陈皓锐等，2014；张贤龙等，2018）。盐渍化导致土壤光谱反射率曲线在 600nm、800nm、1000nm、2100nm 和 2200nm 附近出现明显吸收谷，且吸收谷深度和宽度随土壤含盐量的增加而变大。在土壤含水量低时，盐分在可见光范围（尤其在蓝光的范围）的反射率较强（谢经荣等，1988）。在干旱半干旱地区，土壤盐渍化在一定程度上会影响地表植被长势，因此，植被生长状况可以作为研究土壤盐渍化的间接指标。植被的叶片构造、化学特性等决定了植被有着不同于其他地物的光谱特征。Allbed et al.（2014）的研究表明，当土壤含盐量超过植被生长阈值时，植被叶绿素吸收光谱能量进行光合作用的能力受到抑制，导致植被在可见光波段反射率增加，近红外波段反射率降低，"红边"现象减弱。可见，在可见光及近红外波段，尤其是"红边"附近，植被反射光谱对土壤含盐量的响应可作为利用遥感技术研究土壤含盐量的重点波段。土壤盐分敏感波段的选择主要围绕以下三个基本原则：信息量、相关性与可分性。研究表明：信息量越大的数据，其单个波段的标准差越大，波段所蕴含的信息离散度越高；波段间的相关性越小，进行波段组合后相似度越低，可以避免波段相叠加造成信息的抵消或信息的遗漏，使图像信息越丰富；由于地物具有自身的光谱特性，则地物光谱特性差异越大越容易区分（张金龙等，2015）。因此，标准差大、相关系数小、地物光谱特性差异大的波段组合即为监测盐渍土的敏感波段组合。选取敏感波段组合的方法主要包括信息量比较法（张金龙等，2015）、相关系数法（李石华等，2005）、最佳指数法（赵庆展等，2016）和典型地物光谱特征分析法（Harti et al.，2016）等。

1.2.2　遥感信息提取和增强方法

遥感数据中"纯"土壤像素很少，经常包含植被和落叶信息。应用光谱混合分解模型，一方面可把遥感数据分解为土壤、植被以及非光合作用植被；另一方面，对于那些植被极度稀疏的地区，光谱混合分解模型还可以模拟土壤地球化学属性（湿度、铁氧化物、有机质、矿物光谱成分）。光谱混合分解的模型有线性和非线性两种，其中，线性光谱混合模型建立在像元内相同地物都有相同的光谱特征以及植被指数线性可加性的基础上。线性光谱混合模型用来计算各种地物在一个像元内所占的百分比。利用线性光谱混合模型分解遥感影像需要经过以下五个步骤：①最小噪声分离变换；②纯净像元指数计算；③端元收集；④线性光谱模型分解；⑤精度评价。非线性混合分解技术可以更真实地模拟像素端元组分。

为了增加遥感图像的辨识度，方便盐渍化光谱信息的快速提取，已有研究发展了很多遥感信息增强方法。由于遥感多光谱影像波段多，一些波段的遥感数据之间有不同程度的相关性，采用主成分变换可保留主要信息，降低数据量，从而达到增强或提取某些有用信息的目的。Dehaan（2002）运用主成分分析方法对盐渍化土壤高光谱影像进行了研究，在图像上有效地提取了与盐分相关的纯像元。K-T变换又称"缨帽变换"，由Kauth et al.（1976）提出，是一种经验性多光谱波段的线性变换的影像增强方法，它是根据多光谱遥感中土壤、植被等信息在多维光谱空间中的信息分布结构对图像做的检验线性正交变换，能消除多光谱图像的相对光谱响应相关性，可以更好地提取植被信息，对全色图像可视化和自动特征提取都很有效。HIS变换是常用的光谱域遥感图像像素级融合方法，是从其他色彩模式变换到HIS色彩模式或将HIS色彩模式变换到其他色彩模式的一种方法（Josepg et al.，1990）。HIS变换有两个显著的特点：第一是它能有效地把一幅彩色影像的红（R）、绿（G）、蓝（B）成分变换成代表空间信息的强度分量和代表光谱信息的色度（H）分量、亮度（I）分量、饱和度（S）分量，这一过程称为HIS正变换。第二是它具有可逆性，即能将H、I、S变换成R、G、B，这一过程称为逆变换或反变换。此变换可用于相关资料的色彩增强、地质特征增强、空间分辨率的改善、分类精度的提高以及不同性质数据源的融合等。Dwivedi et al.（1992）运用不同的图像变换方法（如PCA、HIS、影像差值和比值法等）对土壤盐渍化的动态变化进行研究并取得了较好的效果。决策树分类法是以各像元的特征值为设定的基准位，分层逐次进行比较的分类方法。比较中所采用的特征的种类及基准值是按照地面实况数据及与目标物有关的知识等确定的。基于专家知识的决策树分类方法是基于遥感图像数据及其他空间数据，通过专家经验总结、简单的数学统计和归纳方法等获得分类规则并进行遥感分类。分类规则易于理解，分类过程也符合人的认识过程，最大的特点是利用多源数据。何祺胜等（2006）利用 TM 遥感影像，采用决策树分类方法较高精度地提取了库车河绿洲的土壤盐渍地信息。

含盐土壤光谱数据处理方法有很多，例如一阶微分、二阶微分、连续统去除、倒数、倒数的对数、对数的倒数、归一化处理等（Yu et al.，2010；Volkan et al.，2010；Abbas et al.，2013）。归一化处理的目的就是降低所有样品土壤高光谱数据的随机误差，确定所有土壤样品的高光谱数据在同一个水平上。连续统去除也就是去包络线法，通过对原始的反射率进行数据变化以提高反射率和波长之间的相关性。研究发现，通过对原始光谱数据的一系列数据变换建立的高光谱预测模型的预测精度有了明显的提高（张智韬等，2020）。传统的整数阶微分变换会忽略其中渐变的光谱信息，容易遗漏关键数据，损失模型精度（王敬哲等，2016）；而分数阶微分拓宽了整数阶微分的概念，并在系统的控制、信号滤波、图像处理等领域应用较为广泛（Roy et al.，2018）。目前，分数阶微分主要形式有以下三种：Riemann - Liouville、Grünwald - Letnikov 和 Caputo。张东等（2017）对盐渍土高光谱数据进行分数阶微分预处理，发现分数阶微分可以挖掘干旱荒漠区土壤光谱数据的潜在信息，基于此建模可以较为有效地估测土壤盐分。Wang et al.（2018）利用经过分数阶微分预处理的旱区土壤高光谱数据建立了基于偏最小二乘回归（Partial Least Squares Regression，PLSR）和随机森林（Random Forest，RF）模型方法的土壤盐分估算模型，发现分数阶微分结合 RF 模型可以有效实现对土壤盐分含量的定量估计。

1.2.3　常用的盐渍化土壤光谱指数

目前，土壤盐渍化遥感监测方法主要利用遥感影像中提取的各类光谱指数构建特征空间，进行土壤盐分信息的反演和监测。常用的指数有干旱指数、植被指数 VI（Vegetation Index）、盐分指数 SI（Salinity Index）、亮度指数 BI（Brightness Index）、湿度指数 MI（Moisture Index）、水体指数、组成物指数等（Wang et al.，2013；陈红艳等，2015）。不同的光谱指数又包含多种形式。植被指数是植被生长状况和空间分布的指示因子，包括多种形式，如归一化植被指数 NDVI（Normalized Difference Vegetation Index）、差值植被指数 DVI（Difference Vegetation Index）、比值植被指数 RVI（Ratio Vegetation Index）、土壤调节植被指数 SAVI（Soil - Adjusted Vegetation Index）、增强型植被指数 EVI（Enhanced Vegetation Index）等（陈红艳等，2015）。盐分指数包含 SI_1、SI_2、SI_3、SI_4、SI_5、SI_6、归一化盐分指数 NDSI（Normalized Difference Salinity Index）等（Khan et al.，2005；姚远等，2013）。还有研究显示，使用单一光谱指数所建立模型的适用性较差（Li et al.，2012），多个指数综合建模或多个指数比较建模可以提高模型精度（Wang et al.，2013）。李艳丽等（2014）研究表明归一化植被指数 NDVI 的变化与土壤有机质变化及土壤全氮变化呈显著正相关；张同瑞等（2016）在黄河三角洲典型地区利用近地 ADC 多光谱相机，通过 NDVI、SAVI 和绿色归一化植被指数 GND-VI（Green Normalized Difference Vegetation Index）三种植被指数分别与实测土壤含盐量构建线性、指数、对数、乘幂、二次和三次函数共 18 种模型，优选出了最佳估测模型，

其决定系数 R^2 达到了 0.797。Shrestha（2006）分析了泰国东南部土壤电导率与 ETM+数据之间的相关性，实验结果表明中红外波段、近红外波段与近地表的电导率值相关性最高；Allbed et al.（2014）对比分析了不同光谱波段和盐分指数组合下的土壤盐分反演精度，指出利用盐分指数和红光波段的回归方程精度最高。随着此类研究的不断进展，光谱指数也衍生出许多新形式，比如引入短波红外数据对传统植被指数进行扩展得到改进植被指数（陈红艳等，2015），为消除近红外波段中无法准确辨识盐渍土和植被的问题而只利用可见光波段建立的盐分指数 $OLI-SI$（Harti et al.，2016）等；Konstantin et al.（2018）使用归一化植被指数进行建模，结果表明多光谱指数并不能很好地判别盐分对藜麦的影响，高光谱生理反射指数 PRI 表现最佳，能显著区分受盐分胁迫植株和不受盐分胁迫的对照组植株。

1.2.4 盐渍化土壤遥感反演模型构建方法

遥感监测土壤盐分的核心就是反演模型的构建，传统的模型方法包括一元线性回归、指数回归、多元逐步回归等，由于计算机算法的普及，机器学习更是被引进到回归模型中，神经网络、随机森林回归、支持向量机近年来大量地被使用，并取得了不错的效果。逐步多元线性回归是一种由多个自变量的最优组合共同来预测或估计因变量的线性建模方法。逐步多元线性回归模型不仅能够把隐藏在大规模原始数据群体中的重要信息提炼出来，把握住数据群体的主要特征，还可以利用关系式，由一个或多个变量值去预测和控制另一个因变量的取值，从而知道这种预测和控制达到的程度，并进行因素分析。Bouaziz et al.（2011）针对巴西东北部土壤盐化问题，在最佳相关指数的基础上进行了多元线性回归，建立了评价半干旱区土壤盐化的线性波谱分离（Linear Spectral Unmixing，LSU）模型。偏最小二乘法（Partial Least Squares，PLS）最早于 16 世纪晚期在计量经济学领域被提出，是最常用的一种光谱建模方法。从广义上讲，偏最小二乘法相当于主成分分析、多元线性回归和典型相关分析的组合，其数学基础为主成分分析，但它比主成分回归更进了一步。主成分回归只对自变量矩阵进行主成分分解，而偏最小二乘法将因变量矩阵和自变量矩阵同时进行主成分分解。代希君等（2015）对阿克苏地区土壤光谱数据进行多种变换后运用偏最小二乘回归法建立相应的土壤水溶性盐基离子预测模型，结果发现偏最小二乘回归法建立的光谱预测模型具有快速估算土壤离子的潜力。王海江等（2014）利用偏最小二乘回归法分析土壤反射光谱特征值与水分、盐分含量间的关系，建立盐渍化土壤水、盐含量的高光谱预测模型，并对模型的稳定性和预测能力进行检验，结果表明，当含水率小于 15％时，模型预测精度较好。人工神经网络（ANN）具有很强的非线性映射能力，因而为土壤盐分含量的反演提供了一种新的方法和手段，它是一种非参数非线性方法，结合了神经网络和回归两方面的优势，具有强大的功能。扶卿华等（2006）在河北省黄骅市尝试运用 BP 人工神经网络方法来反演土壤盐分含量。研究表明，BP 人工神经网络模型具有很强的非线性拟合能力，与统计模型相比，其土壤盐分含量的反演精度有显著提高；吐尔逊·艾山等（2011）以新疆渭干河-库车河三角洲绿洲作为研究区，利用实测的盐碱土光谱数据和地下水埋深、地下水矿化度和表层土壤盐分等因子构建了基于 BP 神经网络的土壤盐分反演模型，得到的相关系数是 0.807；张成雯等（2013）以黄河三角洲地区为研究区，分别应用传统的多元线性回归模型和 BP 人工神经网络模型，构建土壤含盐量反演模型，并对两种模型的精度进行比较，结果表明，应用 BP 人工神经网络建模明显改善了反演精度。支持向量机回归是 Corinna Cortes 和 Vapnik et al. 于 1995 年首先提出的，它在解决小样本、非线性及高维模式识别中表现出许多特有的优势。支持向量机模型根据统计学习理论，以结构风险最小化为理论基础，从线性可分扩展到线性不可分，能有效地进行分类和回归。陈红艳等（2015）基于改进植被指数，采用支持向量机等方法对黄河口区盐碱土盐分进行遥感反演。二维特征空间分析通过两种不同的光谱指数构建面状信息，以便对盐渍化进行实时监测预报。Wang et al.（2013）利用 Landsat 8 数据同时考虑土壤与植被信息，分析归一化差值植被指数与盐分指数间的关系，基于两者特征空间构建了土壤盐渍化遥感监测指数 SDI 模型，结果表明，SDI 能反映盐渍化土壤地表盐量组合及其变化。相较于传统的监督与非监督分类方法，SDI 具有明确的生物物理意义，并且指标简单，易获取，有利于盐渍化定量分析与监测。目前遥感诊断土壤盐渍化的数学模型很多，但需要对模型的结果进行更深入的物理解释，以便增加模型的普适性。

遥感技术已经经历了 50 多年的发展历程，随着遥感技术、GPS 技术和 GIS 技术的不断发展，运用遥感技术对盐渍化土壤进行监测评价，经历了从静态到动态、从定性到定量的发展阶段，分类方法经历了从人工目视解译到计算机自动分类的发展阶段。虽取得了一定进展，但主要存在以下两个问题：①只能剖析到土壤表层的盐分动态变化，难以监测更深层次的盐分特征；②土壤盐分的时空变异性很大，利用遥感获取的盐分反演模型很难达到理想的预测精度。对于盐渍土遥感调查与动态监测，应结合区域实际情况，引进国内外先进理论与技术，以遥感影像数据分析为依托，以传统的野外调查为辅助，综合运用影像光谱信息、空间信息和时间信息，利用数字图像处理和计算机自动分类方法不断探索寻找新的与土壤盐度高度相关的光谱指标，提高反演模型的预测精度。建立各类盐碱化土壤和不同含盐量土壤的光谱库，加强对盐碱化土壤的光谱特征及其与土壤盐分含量之间关系机理的研究，深入研究如何更好排除植被、土壤水分、土壤有机质等干扰因素的影响，以提高模型反演土壤盐分含量的精度。进一步研究更深层次的土壤盐分动态变化特点，探索利用遥感反演不同层次的土壤盐渍化变化趋势。改进遥感器的性能，增加波段数量，开发新的软硬件，以提高遥感信息存储和处理速度，为土壤盐渍化的治理与农业可持续发展提供及时可靠的信息保障。

1.3　灌区水盐运动模拟研究进展

由于灌区水盐运动的复杂性，传统的试验监测法又难以获取大量细节数据，更多地需要借助计算机数值模拟来进行相关研究，目前，试验监测和数值模拟相结合已成为灌区水盐运动研究的主流方法。但是灌区水盐运动多介质、多尺度、多影响因素的特点，使得简单的数值模型难以描述灌区水盐的实际运动状况。针对不同介质中的水盐运动，学者们已经开发出了许多功能相对单一的数值模型，并在此基础上将这些模型进行耦合，得到适用范围更广的组合模型。还有学者通过改编现有模型或直接从灌区的角度出发重新构建，得到适用于灌区的水盐运动模型。然而这些模型在描述灌区水盐运动时仍有不足之处，对于灌区各类复杂影响因素的考虑不够全面，有的只考虑了水分运动而忽略盐分运动，有的只考虑部分介质中的水盐运动而忽略或者简化了其他介质中的水盐运动，有的只考虑区域尺度的水盐运动而忽略田间尺度的影响，有的未能考虑作物生长与土壤水盐之间的相互作用。这些不足导致现有许多模型只能对灌区水盐运动过程进行片面描述，难以从根本上模拟和解释灌区水盐运动的真实过程，进而对掌握灌区水盐运动规律造成一定的阻碍。

1.3.1　土壤水盐运移模型

土壤水盐动态是土壤水分和盐分随时间变化和空间分布的过程，研究土壤水盐运动规律及特征，建立水盐运移数学模型对于土壤盐渍化防治与治理、灌溉管理策略等有重要的指导意义。王遵亲等（1993）根据地形地貌对地表水和地下径流的影响将水盐运动大致划分为下渗-水平运动型、上升-下渗-水平型、下渗-上升交替垂直运动型和逆向水平-上升型四种类型。土壤盐分和土壤水分的运移规律有密切的关系，两者息息相关，互相影响。土壤水盐运移的基本方程由水分运动方程和盐分运移方程组成，从数学建模角度来看，要研究盐分运移规律，必须同时建立水分运动方程和盐分运移方程，求解盐分运移问题须同时求解水分运动方程和盐分运移这两个方程。水分运动方程即 Richards 方程，盐分运移方程即土壤溶质运移方程。土壤水盐运移模型起源于 Darcy 定律，Richards（1931）以偏微分方程描述非饱和土壤水的运移情况，建立了多孔介质中水流运动的基本方程。

目前国内外土壤水盐运动研究主要是在土体尺度和田间尺度开展，应用较多的模型有HYDRUS-1D、HYDRUS-2D（张化等，2011；徐存东等，2015）、SWAP（Zeng et al.，2014）、SHAW（李瑞平等，2009）等。HYDRUS 模型以土壤水动力学模型为基础，可以模拟土壤水盐运移的动态变化过程。Qi et al.（2018）在河套灌区曙光试验站采用 HYDRUS-2D 模型模拟了不同灌溉量下覆膜滴灌土壤水盐的空间分布，并探讨了耕作和覆盖方式对河套灌区覆膜滴灌土壤水盐运移的综合影响。李亮等（2014）分别采用HYDRUS-1D 和 HYDRUS-2D 模型研究了河套灌区盐荒地及耕地间的水盐运移规律。SWAP 模型是适用于田间尺度量化分析的开源模拟模型，主要应用于不同灌溉水平下的土壤水分运动、溶质运移及作物生长等过程的模拟，是一个确定性一维水、热、盐运移模型，已被应用于世界各地的不同地区（Jiang et al.，2011）。Xu et al.（2013）利用SWAP 模型，将不同地下水埋深与灌溉策略方案相结合，评估了青铜峡灌区节水灌溉与盐分控制措施对区域土壤盐分、作物生长和产量等的影响，提出了适宜的灌溉管理措施，并将 SWAP 模型与 EPIC 作物生长模型相耦合，构建了改进的农田尺度土壤水盐动态与作物生长模型 SWAP-EPIC，通过模拟研究得出该模型能够很好地应用于干旱区农田尺度土壤水盐与作物生长耦合模拟（徐旭等，2013）。Khorsand et al.（2014）采用 SWAP和 AquaCrop 农业水文模型评估了水盐胁迫下冬小麦生长季节的水盐迁移效果，得出SWAP 模拟结果优于 AquaCrop 的结论，可能原因是 SWAP 模型是基于 Richards 公式，同时模型考虑了溶质运移的物理关系，如对流、扩散、根系吸收等。与 SWAP 模型相比，SHAW 模型不仅能模拟非冻季节大气层、作物冠层、土壤层之间的能量、水量和溶质通量交换过程，而且涉及土壤的冻结和融化，将冠层、雪被、凋落物层、冻土层及非冻土层组成一个多层体系，可对土壤-植物-大气连续体（SPAC）水热传输过程进行更为详细的模拟。李瑞平等（2009）运用水热耦合模型 SHAW 对内蒙古河套灌区三种土壤冻融期水热盐的动态变化进行了模拟研究。然而，这些模型需要输入的土壤特性数据较多，如非饱和土壤含水量、水张力、水力传导率和分散性等，且模型模拟时间步长较短，通常至少需要逐日时间序列的水文气象等数据，这些数据信息在短时间内较大空间尺度上又存在显著变化并且不易获取，因此这类模型多适用于实验室土柱模拟实验及田间等尺度研究中。同时模型由于其边界条件和源汇项处理的限制，不能在同一模型构建中给定不同类型的大气边界，也不能考虑不同土地利用类型、植被覆盖等，且根系不能跨区，因此它们在较大的空间尺度或长期预测地下水位和盐度的模拟研究中具有一定的限制。

　　此外，应用较多的模型还包括基于水盐均衡法开发的 DRAINMOD-S、SaltMod 等。这些模型通常将整个田块看作均一的研究对象，模拟结果通常反映的是整个田块水盐运移的整体情况，而没有局部细节，适用于土壤质地、种植制度、农田管理措施等比较一致的区域。DRAINMOD 模型以水平衡理论为基础，可用于研究排水系统对作物生长和各水文要素的影响。王少丽等（2006）采用 DRAINMOD 模型对加拿大安大略省南部 Eugene F. Whelan 试验站地下水埋深、地表径流和地下排水量进行了模拟，模拟值与观测值拟合度较好，该模型对加拿大安大略省南部湿润地区的地下排水及水环境影响的研究有较大价值。张展羽等（2012）采用 DRAINMOD-S 模型对滨海盐碱地地下水位及土壤含盐量进行了模拟，结果表明该模型模拟精度较高，是改良盐碱地暗管排水工程设计和水管理的科学工具。SaltMod 模型是 Oosterbaan et al.（2005）以水盐均衡原理为基础开发的用于模拟和预测土壤水盐、地下水盐、排水排盐等的模型，已被成功应用于中国江苏（Yao et al.，2017）和内蒙古（Mao et al.，2017）以及印度（Singh，2016）、土耳其（Bah et al.，2007）、突尼斯（Ferjani et al.，2018）等地区的水盐模拟预测分析中。研究表明，SaltMod 模型能够较好地模拟田间尺度长期土壤水盐的动态变化，但是由于 SaltMod 模型不能处理多种灌溉水源的情况，且只有一个平均的地下水位，不能区分不同位置的地下水位差，限制了其在多种分区区域的使用。但对于较大的尺度，由于区域作物种植制度、土壤水盐变化、气候特征等存在空间变异性，因此，这些模型在土壤水盐、种植结构、灌溉制度、气候特征等存在较大空间变异性的区域尺度上的应用有一定的局限性。

1.3.2　区域水盐运移模型

　　区域水盐运移研究，是指在一个流域内，对土壤水盐运动的过程和规律进行研究。研究区域水盐运动规律需要基于大量的野外定点观测实验数据，来描述土壤水盐的动态变化，相对于室内控制条件下土壤水盐运动的研究，其难度相对要大。区域水盐运移研究多是基于水盐平衡理论，1930 年，Tepacnmog 最早提出了利用水盐平衡法研究区域水盐动态运移，此后，水盐平衡法逐渐成为区域水盐运动的基本理论和方法。水盐均衡法概念明确，方法简单，各观测要素较为简单，是研究区域水文循环、水分转化和消耗的重要手段，可对水盐的各平衡项进行定性定量的研究，以实现大区域水盐运动的宏观把控和定量化认识，对节水灌溉、盐渍化调控与防治以及灌区生态可持续发展具有重要的研究意义。

　　区域尺度水盐模拟目前普遍采用如下三种模式：

（1）不考虑地下水的侧向交换和地表水流运动过程（如沟渠水分流动），借助 GIS 数据处理和空间分析功能辨别提取地形地貌、土壤、土地利用、地下水文和土地覆被等因子的空间变异特征，将研究区划分为多个"均质模拟单元"，直接利用 GIS 技术将田间/土柱尺度的水盐模型扩展到区域尺度，实现区域尺度土壤水盐的一/二维模拟，如 Drainmod - GIS、GSWAP、Hydyrus - GIS 等。Singh et al.（2006）将 SWAP 模型与 GIS 结合对印度 Sirsa 灌区进行了土壤水盐分布式模拟，并对其灌溉水管理和水分生产力状况进行了评价。Noory et al.（2011）将研究区划分为 10 个均一的模拟区域，将 SWAP 模型以分布式方式应用于研究区，分析了量化的灌溉水管理对伊朗水盐平衡的影响，采用此方法得到的地下水位和水量模拟值与实测值较为一致。郝远远等（2015）采用 GIS 与 HYDRUS - EPIC 模型相结合的方法，评估了河套灌区解放闸灌域 4m 深度内的土壤水盐动态和作物生长空间分布特征。Xue et al.（2016）采用分布式的 SWAP 模型研究了河套灌区喷灌条件下，地下微咸水与黄河水联合灌溉情况下作物水分生产力和土壤积盐情况。分布式模拟可以提供研究区详尽的水文信息空间动态分布，但也存在数据需求量较大、模型率定验证相对烦琐等问题。

（2）考虑地下水的侧向交换，将土壤在垂向上分为饱和及非饱和带，然后耦合田间/土柱尺度的水盐模型与分布式地下水-溶质运移模型，实现区域饱和-非饱和水盐运动的准三维模拟，如 SahysMod、SWAP - Modflow、Hydyrus - Modflow 等，但这类模型仍然无法考虑地表水流运动过程。杨树清（2005）通过 SWAP 和 Visual MODFLOW 模型耦合，开展了河套灌区红卫试验区地下水与土壤水动态模拟研究。Xu et al.（2012）采用 SWAP 和 MODFLOW 耦合的模型对河套灌区永联观测区土壤水盐动态和地下水流进行了模拟研究。SahysMod 模型是荷兰土地开垦与改良国际研究所（ILRI）以水量平衡和盐分平衡原理为基础，集成 SaltMod 和 SGMP 形成的三维水盐平衡模型（Oosterbaan，2005），该模型可进行区域土壤水盐、地下水盐、排水排盐、地下水埋深等的模拟与预测研究，其优点是考虑了地下水在含水层流动的连续性，以及不同网格之间土壤水盐运动。针对地下水的水盐运动模拟问题，目前已经开发了一系列独立的溶质运移模型。MT3D/MT3DMS 是由郑春苗主导研发的一款三维地下水溶质运移模型（Zheng et al.，1999），模型本身不包含地下水流模拟程序，常与 MODFLOW 联合使用，美国地调局（USGS）将两者融合成新的 SEAWAT 模型（Langevin，2009），模拟地下水流和溶质运移。RT3D 也是一款三维地下水溶质运移模型（Clement，1999），该模型依赖于 MODFLOW 模型的流场格式，在地下溶质运移方面的应用较为广泛，常与其他模型联合使用（Li et al.，2005）。SEAM3D 与 RT3D 类似，在 MODFLOW 格式流场下模拟地下水中的溶质运移（Dan et al.，2000）。MODPATH 则是基于 MODFLOW 的粒子示踪模型（Pollock，2012）。这些三维地下水溶质模型与 MODFLOW 类似，缺少对土壤及地表介质的描述。

（3）综合考虑灌区各种人工调控措施，构建地表-土壤-地下全过程的区域水盐运动综合性模型，并根据需要融合作物、温度、肥料等要素的影响。这种综合性模型若是基于原有自然流域的水文模型发展得到，则需要根据灌排措施的影响进行相应模块的改造，或者联合土壤水/地下水模型才能适应人工深度干扰条件下的灌区水盐运动模拟。若是基于田间尺度模型扩展而来，则需要耦合相应沟渠和地下水分及溶质运移模型才能实现灌区全介质的模拟，需要考虑如何融合 GPU 并行计算、人工智能、深度学习等技术手段，以提高模型计算速度，势必会带来计算成本的提高。此外，由于灌区内部田块出入口多且流向复杂，基于 DEM 的模型空间离散方式难以真实刻画人类活动影响强烈灌区的实际情况（Lagacherie et al.，2010），其原因在于 DEM 分辨率的限制，模型对沟渠系统则难以细致刻画，从而造成灌排网络失真，使得排水通过沟道系统逐级排入河道的过程被刻画成直接通过田块排入河道的坡面汇流过程，影响汇流时间和过程的准确模拟，也影响了回归水量的量化。另外，虽然灌区各级河沟分布、田块分布、田块排水点分布等矢量数据比较容易获取，但这些数据在空间离散和水流方向识别过程中却没有被充分利用。因此，如何针对人工-自然综合作用形成的地貌条件，利用容易获取的灌区空间信息数据，自动提取以田块、沟渠为基本单元的空间离散结果以及单元间水力连接的空间拓扑联系，并在此基础上充分耦合所有水分迁移过程和人工干预环节，从而构建区域水盐运动综合性模型是需要进一步研究的内容。目前区域尺度模型趋向于开展灌区复杂地貌条件下，考虑灌、引、耗、排、提水利工程等多种因素影响下的地表水-土壤水-地下水-盐-肥-作物分布式模拟系统研发，其特点主要体现在考虑要素更为全面、人工调控更为复杂、空间分辨率更为细致、计算速度更为快捷等。

1.4　本书主要研究内容

本书针对灌区水盐多源遥感诊断和数值模拟的需求，以内蒙古河套灌区为例，介绍了基于不同遥感平台和数据源的土壤盐渍化诊断方法，构建和开发了基于水盐均衡和动力学过程的灌区分布式水盐模拟模型，分析了不同水管理措施和种植结构调整对区域水盐动态的影响，提出了河套灌区土地利用演变和结构调整对盐渍化发展格局的宏观影响。全书共分为 10 章，各章内容如下：

第 1 章分别从盐渍化土地治理研究现状、遥感诊断土壤含盐量方法和灌区水盐模拟三个方面阐述了国内外研究进展。

第 2 章对研究区概况和不同尺度水盐监测数据获取进行了介绍，并分析了研究区土壤盐分变化的影响因素。

第 3~5 章分别探讨了卫星、无人机和高光谱三种遥感平台的土壤含盐量诊断方法，并分析了河套灌区土壤盐渍化历史演变规律。

第 6 章探讨了利用卫星遥感数据同化、无人机-卫星遥感数据尺度转换的土壤含盐量诊断方法。

第 7 章介绍了基于水盐均衡方程的灌区水盐分区模型（SahysMod）和基于水动力学过程自主开发的灌区分布式模拟模型 IDM。

第 8 章和第 9 章分别利用 SahysMod 和 IDM 模型模拟了灌区不同尺度土壤水盐动态，分析了不同调控方案对土壤水盐（地下水盐）的影响。

第 10 章在揭示了河套灌区历史土地利用变化的基础上，利用宏观的土地利用格局模型 CLUE-S 分析了不同种植结构对灌区尺度土壤盐渍化演变的影响，并基于作物耐盐性优化主要作物空间布局。

河套灌区概况和试验监测

2.1 河套灌区概况

2.1.1 自然地理

2.1.1.1 地理位置

内蒙古河套灌区是全国三个特大型灌区之一,是我国最大的引黄河水自流灌区之一,也是我国重要的优质绿色农业产业基地和西北干旱半干旱地区最大的人工生态绿洲。河套灌区位于内蒙古自治区西部,是黄河北岸的冲积、洪积平原,地理位置介于东经 106°20′~109°19′、北纬 40°19′~41°18′之间,在行政划上横跨巴彦淖尔市的磴口县、临河区、杭锦后旗、五原县和乌拉特前旗共五个旗(县、区)。河套灌区的西边界与乌兰布和沙漠相接,东边界紧挨包头市,南部为黄河,北部为阴山山脉的狼山、乌拉山洪积扇,东西跨度约 250km,南北宽度达 50km,总土地面积为 118 万 hm²,引黄河水灌溉面积57.4 万 hm²。按地貌特征及习惯自西向东将其依次分为一干灌域、解放闸灌域、永济灌域、义长灌域和乌拉特灌域共五个灌域(图 2.1)。灌区地势较为平坦,海拔介于 938~

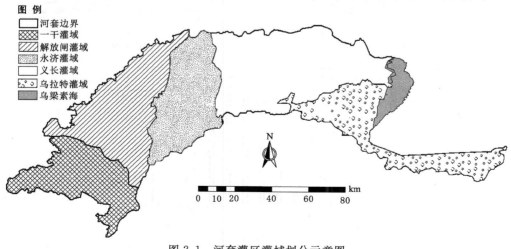

图 2.1 河套灌区灌域划分示意图

1154m，西部偏高，东部略低，东西向坡降为 1/5000～1/8000；南部偏高，北部略低，南北向坡降为 1/4000～1/8000。

2.1.1.2　气象条件

1. 降水及蒸发

研究区气象数据主要来自磴口县、杭锦后旗、临河区、五原县、乌拉特前旗气象站。数据主要包括平均气温、最高气温、最低气温、平均水汽压、平均相对湿度、平均风速、平均气压、降水量、水面蒸发量等。降水量采用气象站实测数据，作物蒸散发量基于气象数据采用 FAO-56PM 计算的参考作物腾发量 ET_0 乘以研究区综合作物系数 K_c 求得。图 2.2 为河套灌区 5 个气象站 2000—2016 年多年月平均降水量及蒸发量。

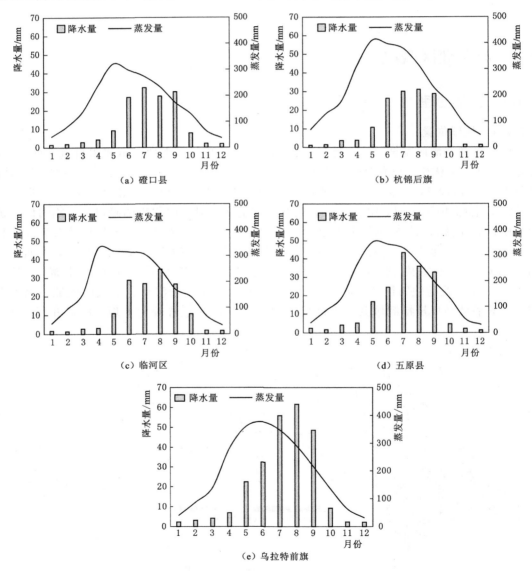

图 2.2　河套灌区各气象站 2000—2016 年多年月平均降水量及蒸发量

2. 气温

图 2.3 所示为 1986—2016 年河套灌区年平均气温及多年月平均气温变化。从多年月平均气温变化来看，冬季低温寒冷，平均气温仅为 −7.56℃，其中 1 月平均气温达到最低值 −10.21℃；夏季温度偏高，平均气温为 22.59℃，其中 7 月平均气温达到最高值 23.92℃。从年际气温变化来看，1986—2016 年平均气温为 8.49℃，其中，1986—1995 年平均气温为 7.81℃，1996—2005 年平均气温为 8.76℃，2006—2016 年平均气温达到 8.86℃，可见，年平均气温呈现不断升高的趋势，平均每年上升 0.05℃。其中，1996—1998 年为气温急剧升高期，逐年增加 1.10℃；2008 年之后，气温总体趋于稳定。气温的升高，使得蒸发量增大，土壤水盐输移速率加快。

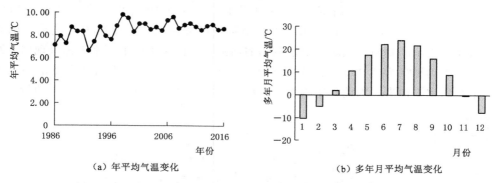

(a) 年平均气温变化　　　　　　　　(b) 多年月平均气温变化

图 2.3　1986—2016 年河套灌区年平均气温及多年月平均气温变化

2.1.1.3　土壤植被

河套平原系黄河冲积而成，灌区北部边缘地带为山前冲积、洪积土。土壤平面分布具有带状特征，表土主要由第四系全新统冲洪积砾石、中细砂、粉细砂、粉砂质黏土组成。靠黄河地带主要为砂土及砂性土，远离黄河地带主要为黏土及黏性土，两者之间的过渡带主要为砂壤土及轻砂壤土。其中砂土主要分布在总干渠沿线及灌区上游一带，而黏土主要分布在总排干沟两侧及灌区下游。剖面深 1~2m 处主要分布粉细砂夹层，该层粉细砂层的存在为灌区水平排水创造了有利条件。河套灌区土地利用种类主要分为八大类，即耕地、草地、盐碱地、林地、居民用地、水域、沙地、沟渠路。灌区天然植被主要包括碱草、猪毛草、针茅等，耕地主要种植小麦、玉米、葵花、瓜菜等（黄大全等，2017）。

2.1.2　地下水

在大气-土壤-地下水自然系统中，地下水为影响土壤盐渍化的关键环节。研究区地下水主要靠灌溉水入渗及渠系渗漏损失补给，灌溉水在向下运移的同时，将灌溉水中的盐分及表层土壤盐分带入地下水中，在灌溉期将盐分存储于地下水中，使得地下水盐分含量增加，土壤盐渍化得以缓解；在非灌溉期，尤其是作物生长初期，干旱的气候导致潜水蒸发强烈，地下水及深层土壤中的盐分易随潜水蒸发而向地表聚集，加重土壤盐渍化程度。因此，地下水位波动是土壤盐渍化周期性波动的主要动力。地下水埋深和矿化度是影响土壤盐渍化的重要水文地质因素。

2.1.2.1　土壤质地

河套灌区地处河套平原，是黄河沿岸的冲积平原，整体地势由西向东微倾。潜水含水层主要由全新统（Q4）和上更新统（Q3）组成，平面上具有带状特征，靠近黄河地带主要为砂性土壤，远离黄河地带则以黏性土为主。在表层约2m范围内的土质主要为粉砂和砂黏土，往下1～5m有一层黏土，再往下为黏砂土和粉砂土，砂性土壤为地下侧向排水提供了便利。

2.1.2.2　地下水埋深

图2.4所示为在河套灌区均匀分布的219眼地下水观测井，图2.5为1986—2016年地下水埋深年际变化和多年月平均地下水埋深变化情况，地下水埋深为观测井测量数据的平均值。从年际变化来看，研究区平均地下水埋深呈现增大的趋势，多年平均值为1.87m，其中，1986—1999年地下水埋深较稳定，保持在1.69m；2000年之后，随着研究区节水灌溉措施的实施以及农民节水意识的增强，灌区年平均地下水埋深呈现出不断变深的趋势，平均埋深为2.02m。河套灌区地下水补给的主要来源为田间灌溉水的入渗以及各级渠系的渗漏损失，因此，年内地下水埋深受灌溉水量影响呈现波动变化的特征。在

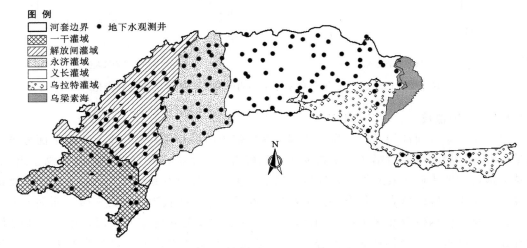

图2.4　河套灌区地下水观测井分布图

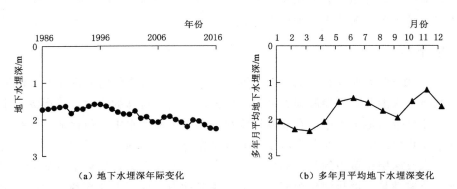

（a）地下水埋深年际变化　　　　　　（b）多年月平均地下水埋深变化

图2.5　1986—2016年河套灌区平均地下水埋深变化

作物生育期内，由于灌溉频繁，地下水埋深较浅，5—11月平均地下水埋深为1.56m，其中，9—11月由于秋浇灌溉用水量大，灌溉水对地下水补给量较大，这段时期内地下水位迅速上升，11月平均埋深仅1.20m；待11月底秋浇结束之后，地下水位开始下降，非灌溉期平均地下水埋深为2.08m；到翌年3月，地下水埋深达到最大，多年平均埋深为2.32m。

2.1.2.3　地下水矿化度

图2.6所示为1990—2016年河套灌区地下水矿化度年际变化情况，数据来源于研究区83眼地下水水质观测井实测数据的逐年平均值。研究区地下水矿化度呈现增加趋势，多年平均矿化度为3.87g/L。其中，1990—1996年地下水矿化度持续升高，1996年达到4.12g/L；1996—2008年矿化度波动下降，2008年矿化度出现最小值3.57g/L；2009—2012年为地下水矿化度快速升高时期，到2012年矿化度达到最大值4.65g/L，2013年之后，矿化度又进入下降阶段。地下水中含有的可溶性盐分是研究区土壤盐分的来源之

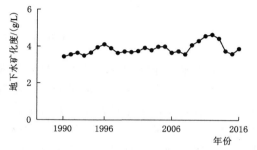

图2.6　1990—2016年河套灌区地下水矿化度年际变化

一，随着地下水埋深的变化，地下水矿化度对土壤盐渍化的影响也表现出一定的周期性。

2.1.3　灌溉排水

黄河是河套灌区的主要灌溉水源，此外灌区内还有部分中小河流，排泄灌区涝水、退水及流域径流，但是，当地地表径流量很小，且季节性强，基本不能利用。研究区灌溉水量从总干渠自西向东分配至各级干渠，再由干渠分配至各级分干渠进行灌溉田间供水。灌溉产生的排水流经各级分干沟汇入干沟，经干沟最后流入总排干沟，农田退水经总排干沟及其他排干沟将水排入乌梁素海，经过调节，最后泄入黄河，乌梁素海是河套灌区水循环系统稳定的重要组成部分。研究区灌溉渠系分为总干渠、干渠、分干渠、支渠、斗渠、农渠和毛渠共七个等级。研究区共有1条总干渠，13条干渠，48条分干渠，300多条支渠，1000多条斗渠，斗渠以上渠道长度达到0.7万km，农毛渠2万余条，渠道长约4.4万km。排水系统有1条总排干沟，12条干沟，近60条分干沟，支、斗、农、毛沟达1.7万多条。

2.1.3.1　引排水量和盐量

图2.7所示为1986—2016年河套灌区引黄河水灌溉量和排水量的逐年变化情况。随着灌区的发展，引水量呈现减少的趋势，多年平均引黄灌溉水量达48.93亿 m³。其中，1986—2000年渠首总引水量较大，维持在51.68亿 m³ 左右；随着节水改造工程的实施，研究区引水量明显减少，2001—2016年平均引水量为46.36亿 m³。

河套灌区是一个下沉的封闭式盆地，存在地下水水平流动缓慢以及排水不畅的问题，每年引黄灌溉水中只有很少量的农田退水经由各级排水沟排入乌梁素海，1986—2016年研究区平均每年排入乌梁素海的灌溉退水量仅为5.46亿 m³，随着研究区灌排系统的逐步完善，排水量呈现微弱增加的趋势，但多年平均排灌比仅维持在11%左右。由于盐分在

研究区随水流运移，偏低的排灌比对于可溶性盐分排出研究区极为不利。

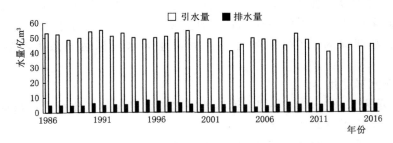

图 2.7　1986—2016 年河套灌区引黄河水灌溉量和排水量年际变化

黄河来水量年际间变化较大，且在年内分配很不均衡，黄河干流中上游各主要控制站的最大年径流量为最小年径流量的 4 倍左右，黄河下游最大年径流量可达到最小年径流量的 7 倍左右，在极端年份甚至达到 9 倍。黄河来水量在年内具有夏季和秋季来水量丰富、冬季和春季水量偏少的特性。河套灌区淋盐保墒需要较高的秋浇或冬灌定额，大幅提升了灌区农业用水量。灌区传统秋浇一般从 9 月中下旬开始，持续到 11 月上旬。据 1986—2016 年灌溉水量的年内分布，秋浇引水量占全年引水量的 29.0％，排水量占全年排水量的 37.5％。

1990—2016 年灌区的年均引盐量约为 290 万 t/a，排盐量约为 132 万 t/a，整个灌区积盐量约为 158 万 t/a，引黄灌溉引入的盐分只有 45.6％左右可通过排水排出，有 54.4％则积累在灌区内部。整体来看，随着引水量减小，灌区引盐量减小，而灌区排盐量整体呈略微增大的变化趋势，因此，灌区积盐速率整体呈缓慢减小趋势。

2.1.3.2　引排水矿化度

由于气候干旱，河套灌区农业的持续发展长期以来主要依靠引黄河水灌溉。然而，引黄灌溉在为区域农业发展提供水源保障的同时，将黄河水中溶解的盐分也带入研究区，进入灌区的盐分周而复始地随着水分在水平和垂直方向上运移。由于黄河上游分布有大量工业、种植业等排污产业，在社会经济发展的同时，也将大量工业废水以及农业污水排入黄河，导致黄河水水质变差，矿化度有所增加，从 1986 年的年平均 0.55g/L 上升为近年来的年平均 0.65g/L，上升幅度为 0.1g/L。黄河水中含有的可溶性盐分是河套灌区土壤盐分的重要来源之一，由于黄河水矿化度增加而导致引黄灌溉带入研究区的盐分在年际间呈增加的趋势。

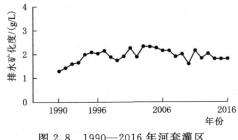

图 2.8　1990—2016 年河套灌区
排水矿化度年际变化

图 2.8 所示为 1990—2016 年河套灌区排水矿化度年际变化情况，由图 2.8 可见，排水矿化度年际变化幅度较小，在 1.29～2.33g/L 之间变化，且呈现略微增加的趋势，排水矿化度多年平均值为 1.93g/L。其中，1990—1997 年为排水矿化度持续升高期，由 1990 年的 1.29g/L 迅速增加至 1997 年的 2.15g/L，增加幅度为 66.7％；1998—2003 年排水矿化度波动变化，

平均值为 2g/L；2003 年之后，排水矿化度进入持续降低阶段，由 2.33g/L 逐步降至 2016 年的 1.81g/L。

2.1.4　作物种植

河套灌区种植作物可分为小麦、玉米、葵花、瓜菜、油料等，粮食作物主要包括小麦、玉米等，经济作物主要包括葵花、甜菜等，图 2.9 为 1990—2014 年河套灌区及五大灌域种植结构面积变化情况。

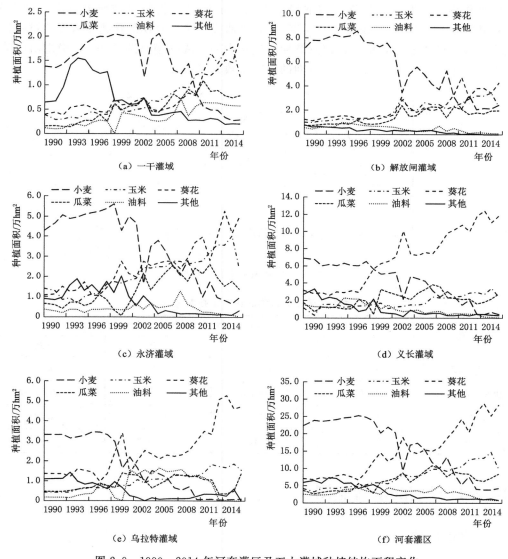

图 2.9　1990—2014 年河套灌区及五大灌域种植结构面积变化

由图 2.9 可知，2003 年以来高耗水作物的种植面积快速减小，如小麦种植面积由 1997 年的 25.2 万 hm²，降为 2016 年的 4.20 万 hm²；而低耗水作物面积逐渐增加，如

1998年葵花种植面积约为8.8万hm²，之后各灌域大幅度增加葵花种植面积，到2016年整个河套灌区的葵花种植面积达到28.3万hm²。解放闸灌域位于河套灌区上游，引水相对便利，灌溉次数较多，高耗水作物小麦种植面积较大，而灌区下游区域灌水次数较少，农田种植结构相对单一，主要以葵花为主。义长灌域和乌拉特灌域的葵花种植面积增加速度明显高于其他灌域。根据调研及采集现场数据，得到盐分分布在不同作物田块的差异也较为明显，从整体趋势来看，含盐量最大的为葵花地，而小麦、果蔬田块的盐分平均含量较低。

各种作物不同生育期作物系数取值参考河套灌区已有作物系数研究成果（闫浩芳，2008；戴佳信等，2017；Miao et al.，2016），将研究区全生育期的作物系数变化过程概化为四个阶段，即初始生长期、快速发育期、生长中期、成熟期（图2.10），确定出引黄灌区小麦、玉米、葵花等作物不同生育期的作物系数，见表2.1。

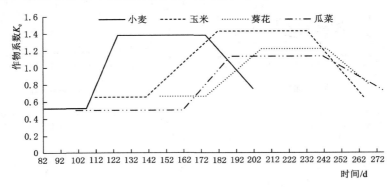

图2.10　作物系数变化过程图

表2.1　　　　　　　　　河套灌区主要作物的作物系数参考值

生育阶段	作 物 系 数 K_c			
	小麦	玉米	葵花	瓜菜
初始生长期	0.52	0.65	0.66	0.50
快速发育期	0.52～1.37	0.65～1.43	0.66～1.22	0.50～1.13
生长中期	1.37	1.43	1.22	1.13
成熟期	0.75～1.37	0.65～1.43	0.80～1.22	0.73～1.13

2.2　不同尺度的水盐监测

2.2.1　灌区尺度

在灌区尺度开展了水盐监测试验和资料收集工作，主要用来进行卫星遥感诊断土壤盐分技术研发。河套灌区表层土壤盐分监测点分布如图2.11所示。收集的数据包括骨干渠系灌溉水量、干沟和总干沟排水量、地下水位和矿化度（219眼）、土壤表层盐分（214个点)、Landsat8、GF-1、GF-2、GF-5、Sentinel-2等光学卫星遥感数据,以及Senti-nel-1雷达卫星遥感数据。

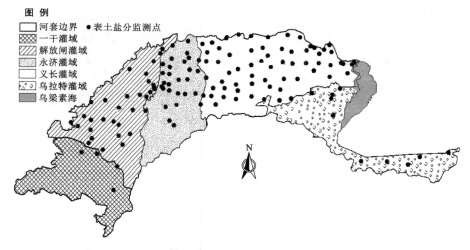

图2.11 河套灌区表层土壤盐分监测点分布图

2.2.2 解放闸灌域

解放闸灌域位于河套灌区上游,总控制面积21.57万hm²,灌域内共有3条干渠,分别为乌拉河干渠、杨家河干渠和黄济干渠,16条分干渠,灌溉面积14.21万hm²。在解放闸灌域尺度开展了水盐监测试验和资料收集,主要用于区域盐分快速预报技术研发,所需数据主要包括地下水位、地下水矿化度、土壤墒情和电导率、引排水量和矿化度、分干以上渠沟逐次灌排水量和矿化度、气象数据,以及高分系列和哨兵系列卫星遥感数据等。解放闸灌域监测计划详见表2.2,监测点布置和分干以上沟渠分布如图2.12所示。

表2.2 解放闸灌域监测计划

监测项目	测点数/个	监测频率	深度/cm
地下水位	57	每5d监测1次	—
地下水矿化度	27	单月和秋浇前监测	—
土壤墒情和电导率	22	每次灌溉前监测	0~100

2.2.3 沙壕渠分干灌域

沙壕渠分干灌域位于解放闸灌域中部偏东北方向,介于东经107°05′~107°10′、北纬40°52′~41°00′,东西跨度约7km,南北跨度约15km,占地面积约5300hm²。整个区域呈南北向狭长形,且由南向北逐渐展宽,地势南高北低。在沙壕渠分干灌域开展了种植结构调查、灌溉排水量、地下水位和矿化度、土壤墒情和盐分、土壤颗粒组成等数据监测工作,主要用于水盐精准预报模型和卫星遥感诊断盐分技术研发。监测和搜集的数据包括引水量和矿化度、地下水位和矿化度、土壤水盐监测(地下水观测井边上同步监测)、地质

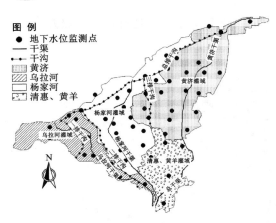

（a）地下水埋深观测点布置

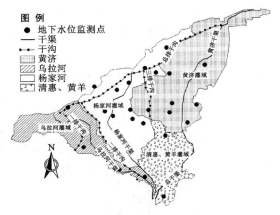

（b）地下水水质监测点布置

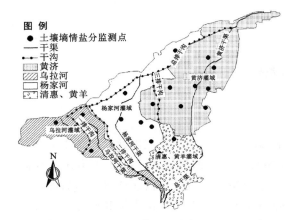

（c）土壤水盐监测点布置

（d）分干以上沟渠分布

图 2.12　解放闸灌域监测点布置和分干以上沟渠分布图

钻孔、土壤颗粒组成、种植结构分布、边界沟道水位、地下水测点地面高程、气象数据、土壤水盐和作物生长普测的高分一号 GF－1（16m）和资源三号卫星 ZY－3（6m）遥感数据等，具体见表 2.3。

表 2.3　　　　　　　　　　　　沙壕渠分干灌域监测数据统计表

监　测　项　目	测点数/个	监测频率	深度/cm
引水量和矿化度	21	每 10d 1 次	—
地下水位和矿化度	21	每 10d 1 次	—
土壤水盐监测	13	每 10d 1 次	0～100
地质钻孔	4	—	30000
土壤颗粒组成	77	—	100
种植结构分布	—	每 12h 1 次	—
边界沟道水位	—	每 12h 1 次	—
地下水测点地面高程、气象数据、土壤水盐和作物生长普测	82	共 5 次	60

2.2.4 典型田块

在沙壕渠分干灌域选择了不同作物种植结构和不同土壤盐渍化程度的 4 块典型田块，开展了无人机多光谱、无人机热红外和高光谱土壤盐分数据监测，主要用于无人机和高光谱反演盐分技术研究。无人机多光谱和热红外飞行试验于 2018—2020 年 4—9 月进行，采用 Micro - MCA 多光谱相机和禅思 XT 热红外相机在上述 4 块农田中进行了 6 次飞行试验（每月 1 次），每个典型田块面积约 $16hm^2$，涵盖了灌区典型农作物（小麦、玉米、葵花和西葫芦）。同时在每块区域取 30 个地面土壤样品采集点，每个采集点深度为 20cm、40cm、60cm，并测定土壤样品的含水率和可溶性总盐 S、电导率 EC、土壤盐分八大离子（Na^+、K^+、Ca^{2+}、Mg^{2+}、HCO_3^-、CO_3^{2-}、SO_4^{2-}、Cl^-）等理化数据，记录每个点的作物长势、位置、土壤等信息，并利用 ASD Field Spec 3 型高光谱仪（光谱范围为 350～2500nm）测定土壤样品的原始光谱。

2.3 盐分动态及影响因素分析

2.3.1 盐分变化

图 2.13 所示为 1990—2016 年河套灌区年引盐量、年排盐量、年积盐量的变化，1990—2016 年灌区年均引盐量为 290 万 t/a，年均排盐量为 132 万 t/a，年均积盐量为 158 万 t/a，引黄灌溉引入的盐分只有 45.6% 左右可通过排水排出，有 54.4% 则积累在灌区内部。整体来看，随着引水量减小，灌区引盐量减小，而灌区排盐量整体呈略微增大的变化趋势，因此，灌区积盐速率整体呈缓慢减小趋势。

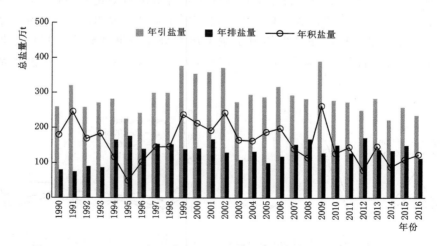

图 2.13 1990—2016 年河套灌区年引盐量、年排盐量、年积盐量的变化

图 2.14 所示为 2007—2016 年解放闸灌域年引盐量、年排盐量及年积盐量的变化，2007—2016 年解放闸灌域引盐量、排盐量、积盐量年均值分别为 71.36 万 t/a、14.27 万

t/a、57.12万t/a，但引进的盐分只有20％左右可通过排水排出，有80％左右的盐分滞留在灌域土壤深层及低洼荒地，灌域总体呈积盐趋势。灌区灌排发展条件下的水量排引比及引黄水矿化度会对灌区积盐量产生较大的影响。

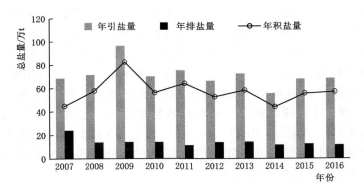

图2.14 2007—2016年解放闸灌域年引盐量、年排盐量、年积盐量的变化

人类活动对灌区土壤含盐量的影响，不仅表现在空间变化上，也反映在时间序列变化上。图2.15和图2.16所示为解放闸灌域耕地和盐荒地4月（一水前）及9月（秋浇前）不同层平均土壤含盐量变化图，其中2006年和2013年4月土壤盐分数据缺失。可看出，在4月，耕地不同层土壤含盐量除2012年发生急剧增加外，其余整体呈减小趋势；9月呈缓慢增加趋势。而4月，盐荒地土壤含盐量呈先缓慢减小后急剧增加趋势，9月呈增加趋势。整体上来看，随着时间的推移，研究区耕地土壤含盐量增加较少，而盐荒地上含盐量增加较大。同时可看出耕地土壤剖面盐分变化呈现表土盐分大，土壤下层盐分小的现象，秋浇前土壤含盐量受灌溉、降水等影响较大，含盐量值变化波动较大，特别是表土含盐量不稳定，且9月土壤含盐量总体上略高于同年4月。说明虽然春季是土壤返盐高峰期，但前一年大量的秋浇灌溉可能将土壤上层部分盐分淋洗到更深层的土壤或地下水中，而作物生育期间的灌溉引进了较多的盐分，从而导致当年9月含盐量略高于4月。

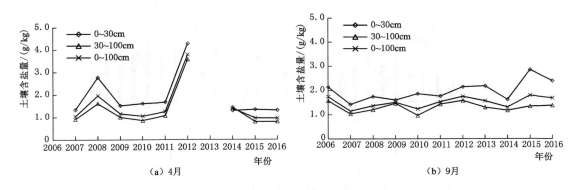

图2.15 耕地4月及9月不同层平均土壤含盐量变化图

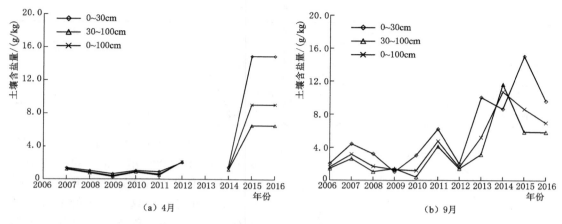

图 2.16　盐荒地 4 月及 9 月不同层平均土壤含盐量变化图

2.3.2　土壤含盐量主控因子分析

采用主成分分析法判定土壤含盐量变化的主控因子。选取地下水埋深、地下水矿化度、引水量、排水量、降水量及蒸发量 6 个影响因子，分别命名为 X_1，X_2，…，X_6，采用主成分分析法提取影响土壤含盐量的主要因素。通过对数据进行 KMO 检验和 Bartlett 检验，得 KMO 值大于 0.6，且 Bartlett 的球形度检验为显著性水平 0，表明土壤含盐量影响因子之间有一定的相关性，可进行主成分分析。

由于各影响因子的量纲不同，在计算之前将原始数据进行标准化以消除量纲的影响，并计算各变量的初始特征值、方差贡献率和累积贡献率（表 2.4），根据特征值大于 1.0 的提取原则，提取出两个主成分，且仅前两个主成分能反映 6 个影响因素的 77.0% 的信息，可以接受。其中第一主成分 F_1 可以解释 46.88% 原变量的信息，包含的信息最多，第二主成分 F_2 可解释 30.14% 原变量的信息。

表 2.4　　　　　　　　　　初始特征值、方差贡献率、累积贡献率

主成分	初始特征值	方差贡献率/%	累积贡献率/%
F_1	2.81	46.88	46.88
F_2	1.81	30.14	77.02

根据中心化后的特征向量值列出土壤含盐量主成分表达式：

$$F_1 = -0.578x_1 + 0.191x_2 + 0.312x_3 + 0.536x_4 + 0.256x_5 - 0.424x_6 \tag{2.1}$$

$$F_2 = -0.038x_1 - 0.510x_2 + 0.591x_3 + 0.251x_4 - 0.504x_5 + 0.269x_6 \tag{2.2}$$

式中：x_1，x_2，…，x_6 为影响因子 X_1，X_2，…，X_6 的标准化变量。

分析上述线性表达式和主成分荷载矩阵（表 2.5）可知，第一主成分在地下水埋深 X_1、灌区排水量 X_4 及灌区年蒸发量 X_6 的荷载较大，说明灌区地下水埋深、排水量及蒸发量对第一主成分 F_1 的影响较大，可解释为灌区排泄项影响因子。第二主成分 F_2 在地下水矿化度 X_2、灌区引水量 X_3 及灌区年降水量 X_5 上的荷载较大，可解释为灌区补给项影响因子。

表 2.5   主 成 分 荷 载 矩 阵

变　量	主 成 分		变　量	主 成 分	
	F_1	F_2		F_1	F_2
地下水埋深 X_1	−0.970	−0.052	灌区排水量 X_4	0.899	0.337
地下水矿化度 X_2	0.320	−0.686	灌区年降水量 X_5	0.430	−0.677
灌区引水量 X_3	0.521	0.795	灌区年蒸发量 X_6	−0.711	0.362

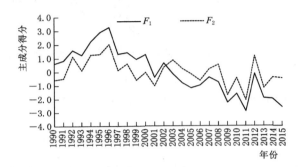

图 2.17　主成分得分时间变化

图 2.17 为主成分得分时间变化图，从中可看出：2000 年以前，第一主成分 F_1 得分整体相对较大，2000 年以后，F_1 得分呈减小趋势，这与灌区的灌排发展等有较大的关系。随着人类认识的不断深入，灌区科学合理的灌溉引水，以及节水改造的推进，灌区引水量减小，地下水埋深增大，蒸发作用引起的土壤返盐将减弱，使得灌区排水量、地下水埋深及蒸量对土壤含盐量的影响也趋于减弱。由于自然条件下年降水量的随机性，第二主成分 F_2 得分年际波动较大，如 2009—2015 年 F_2 得分整体上较小，但 2012 年 F_2 得分突然增大，这是由于 2012 年河套灌区发生特大暴雨所致，从图 2.17 也可看出，1995 年、1996 年、2004 年、2007 年降水量也较大，对应的 F_2 得分也较大，说明受自然气候变化的影响，较强降水量直接引起的土壤盐分淋洗以及间接引起的地下水埋深、排水排盐量等变化对土壤含盐量产生较大的影响。同时可看出，2000—2008 年，F_2 得分整体大于 F_1 得分，原因是此期间灌区引水量较大，地下水埋深较小，非饱和带土壤水盐与饱和带土壤水盐关联交互密切，地下水矿化度与土壤含盐量存在显著的交互作用，因此这段时期内，地下水矿化度对土壤盐分含量影响的贡献率较大，F_2 得分较高。2008 年以后，除 2012 年外，F_1 和 F_2 得分整体均呈减小趋势，原因是随着节水改造逐渐发挥作用，灌区引水量减少，地下水位下降，地下水埋深增大，土壤水盐与地下水盐关联度减小，土壤中盐分与地下水中可溶性盐的交互作用随之减小，地下水埋深及地下水矿化度对土壤含盐量的贡献率均减小，F_1 和 F_2 得分均减小。

采用逐步回归分析方法，以上述 X_1～X_6 6 个主要影响因子作为自变量，将灌区耕地上土壤含盐量监测点 0～100cm 土层含盐量均值作为因变量 Y_1，建立灌区耕地 1m 深土层含盐量线性回归预测模型，以便为灌区 1m 深土层盐分含量演变提供相关依据。

从表 2.6 可看出，X_1 单变量移入 1m 土层含盐量模型，Pearson 相关系数为 0.738，说明 73.8% 的 0～100cm 土壤含盐量变化可由本模型所解释，且通过了 95% 的信度水平显著性检验，说明回归方程显著，即 0～100cm 土壤含盐量与灌区地下水埋深显著相关，灌区 1m 深土层土壤含盐量线性回归模型为

$$Y_1 = 4.836 - 1.155 X_1 \tag{2.3}$$

应用建立的回归模型对 1m 深土层含盐量进行模拟，并将预测与实测盐分值进行比较

（图 2.18 和图 2.19），得出 1m 深土层含盐量平均绝对误差 MAE 为 0.21g/kg，平均相对误差为 11％，均方根误差 $RMSE$ 为 0.26g/kg。总体来看，土壤含盐量预测值与实测值变化趋势较为一致，可见经过逐步回归筛选出的地下水埋深是具有代表性的，其回归方程可作为研究区 1m 深土层土壤含盐量预测的参考依据。

随着灌区引水量逐渐减小，灌溉引入的盐分量也趋于减小，因此灌区排盐量越大，灌域积盐量越小，区域土壤含盐量也相对较小，这也和前面的主成分分析结果相一致，灌域引排水量引起的地下水埋深对第一主因子影响较大，随着灌区的发展，灌区排水改造对盐渍化有较大的影响，在发展过程中应予以重视。

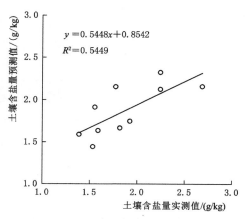

图 2.18 解放闸灌域 0～100cm
土层土壤含盐量预测值与实测值对比

表 2.6　　　　　　　　　　　　　　　　模型参数及回归系数表

模型	输入变量	非标准化系数 B	标准误差	标准系数	统计量 T	显著系数 $Sig.$	相关系数 R	判定系数 R^2	标准估计的误差
0～100cm 土层	常数项	4.836	0.610		5.033	0.001	0.738	0.545	0.2901
	X_1	−1.155	0.373	−0.738	−3.095	0.015			

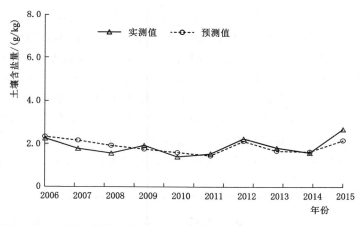

图 2.19　解放闸灌域 0～100cm 土层土壤含盐量预测值与实测值比较

卫星遥感诊断土壤含盐量方法

卫星遥感技术可以对盐渍化土壤进行大范围的长期动态监测。本章采集河套灌区内不同盐渍化程度的土样，在实验室内分析获取土壤含盐量。结合不同的卫星遥感数据，利用不同的特征光谱筛选方法和数学建模方法，对裸土期和植被覆盖期建立基于实测光谱数据的土壤含盐量反演模型，并根据不同的评价指标对模型进行综合评价，最后探讨水盐交互作用对卫星遥感诊断土壤含盐量的影响以及灌区土壤盐分时空动态变化。

3.1 裸土条件下 Sentinel–2 卫星遥感诊断土壤含盐量方法

3.1.1 数据收集及样点的采集

本节试验样点采集时间分别为 2017 年 3 月下旬和 5 月上旬，其中采样点均为 0～20cm 内的无植被覆盖的裸土地，采样方法为五点法，在定位的地点进行土样采集后，在该地点的四周五点也进行采样，编号后带回实验室，对样品测试数据进行分析。样品以土水比 1∶5 的比例配置溶液，静置沉淀后采用电导率仪（DDS–307A，上海佑科仪器公司）测定电导率。3 月下旬采集的数据只进行了电导率的测量，故灌水前（土壤盐分含量不会发生较大的变化）以电导率数据为因变量进行建模。5 月上旬采集的数据进行了电导率和含盐量的测定，由于电导率数据较少，故灌水后（在一定的时间范围内表层盐分含量变化较大）以含盐量数据为因变量进行建模。采样点分布情况如图 3.1 所示，采样点数据统计情况见表 3.1。

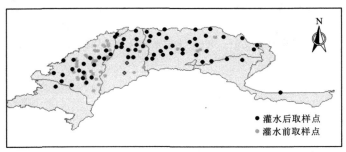

图 3.1 采样点分布图

表 3.1 <center>采 样 点 数 据 统 计</center>

月份	样本类型	样本数	最小值/%	最大值/%	平均值/%	标准偏差/%	变异系数/%
3	总体	59	0.08	4.58	0.61	0.81	133
	建模	40	0.08	4.58	0.65	0.90	139
	验证	19	0.11	1.15	0.36	0.27	76
5	总体	78	0.029	4.475	0.349	0.765	219.2
	建模	52	0.029	4.475	0.335	0.735	219.4
	验证	26	0.035	3.95	0.378	0.821	217.2

3.1.2 数据相关性分析

经过图像预处理之后，提取特定点的地表反射率并进行数学变换。灌水前和灌水后的各个波段（B1～B7，对应的波段范围依次是 433～453nm、458～523nm、543～578nm、650～680nm、698～713nm、733～748nm、773～793nm）及其不同数学变换值与土壤电导率之间的相关性分析结果见表 3.2 和表 3.3。

表 3.2 灌水前单波段反射率的不同形式数值和土壤电导率的相关系数表

波段	B1	B2	B3	B4	B5	B6	B7
R	0.786**	0.791**	0.770**	0.764**	0.674**	0.400**	0.222
$\ln R$	0.741**	0.740**	0.726**	0.715**	0.618**	0.342	0.184
$\sqrt{R}$	0.772**	0.774**	0.754**	0.743**	0.647**	0.373**	0.203
R^2	0.762**	0.774**	0.767**	0.783**	0.720**	0.443**	0.326**
$1/R$	−0.656**	−0.655**	−0.650**	−0.647**	−0.557**	−0.273*	−0.148
$1/\ln R$	−0.784**	−0.791**	−0.773**	−0.777**	−0.701**	−0.424**	−0.242
R^3	0.718**	0.730**	0.738**	0.775**	0.752**	0.470**	0.289*
$R/\ln R$	−0.766**	−0.778**	−0.765**	−0.782**	−0.725**	−0.447**	−0.263*

注　1. R 为反射率。
　　2. B1：海岸波段；B2：蓝波段；B3：绿波段；B4：红波段；B5：植被红边1波段；B6：植被红边2波段；B7：植被红边3波段。
*　在 0.05 水平上显著相关。
**　在 0.01 水平上显著相关。

表 3.3 灌水后单波段反射率的不同形式数值和土壤电导率的相关系数表

波段	B1	B2	B3	B4	B5	B6	B7
R	−0.477**	−0.516**	−0.601**	−0.640**	−0.599**	−0.650**	−0.674**
$1/R$	0.570**	0.620**	0.685**	0.716**	0.669**	0.760**	0.830**
$\ln R$	−0.525**	−0.571**	−0.650**	−0.683**	−0.636**	−0.711**	−0.759**
$1/R^2$	0.604**	0.654**	0.695**	0.731**	0.697**	0.786**	0.867**
$1/R^3$	0.621**	0.664**	0.674**	0.725**	0.719**	0.786**	0.683**
R^2	−0.428**	−0.461**	−0.548**	−0.591**	−0.560**	−0.586**	−0.593**
$\sqrt{R}$	−0.501**	−0.544**	−0.626**	−0.662**	−0.618**	−0.682**	−0.717**

*　在 0.05 水平上显著相关。
**　在 0.01 水平上显著相关。

3.1.3　评价指标

通过决定系数 R^2（Coefficient of Determination）、均方根误差 $RMSE$（Root Mean Square Error）、赤池信息准则 AIC（Akaike Information Criterion）和施瓦茨信息准则 SIC（Schwarz Information Criterion）来综合评价全子集筛选的效果。通过决定系数 R^2、平均绝对百分比误差 $MAPE$（Mean Absolute Percentage Error）、均方根误差 $RMSE$ 综合评价土壤含盐量拟合效果。其计算公式如式（3.1）～式（3.6）所示。其中 R^2 越接近 1，表示土壤含盐量拟合效果较好；$RMSE$ 表示预测值和实测值的偏差度，可判断模型的准确性，$RMSE$ 值越小，表示预测值和实测值越接近；AIC 和 SIC 是基于熵的概念基础上建立的衡量统计模型拟合优良性的一种标准，通过控制其值的大小可有效地避免过拟合现象的发生，AIC 和 SIC 值越小，表示该模型能够以最少自由变量最好地解释含盐量；$MAPE=0$ 表示完美模型，$MAPE>100\%$ 则表示劣质模型。

$$R^2 = \frac{\sum_{i=1}^{n}(\hat{y}_i - \bar{y})}{\sum_{i=1}^{n}(y_i - \bar{y})} \tag{3.1}$$

$$RMSE = \sqrt{\frac{\sum_{i=1}^{n}(\hat{y}_i - y_i)^2}{n}} \tag{3.2}$$

$$AIC = -\frac{2L}{n} + \frac{2k}{n} \tag{3.3}$$

$$SIC = -\frac{2L}{n} + \frac{k\ln n}{n} \tag{3.4}$$

$$MAPE = \frac{100\%}{n}\sum_{i=1}^{n}\left|\frac{\hat{y}_i - y_i}{y_i}\right| \tag{3.5}$$

$$L = -\frac{2}{n}\left[1 + \ln(2\pi) + \ln\left(\frac{RSS}{n}\right)\right] \tag{3.6}$$

$$RPIQ = \frac{IQ}{RMSE} \tag{3.7}$$

式中：$\hat{y}_i$ 为土壤含盐量实测值；y_i 为土壤含盐量预测值；$\bar{y}$ 为土壤含盐量平均值；n 为样本数；k 为自变量数目；L 为似然函数；RSS 为残差平方和；IQ 为样本观测值第三四分位数（$Q3$）与第一四分位数（$Q1$）的差。

3.1.4　回归建模分析

当不考虑灌水前后情况，对样本进行统一分析时，通过统计软件的相关性分析得出，波段 1 反射率的二次方 R_1^2、波段 2 反射率的二次方 R_2^2、波段 3 反射率的二次方 R_3^2、波段 4 反射率的二次方 R_4^2 与盐分相关性较好，以总样本随机抽选的 2/3 进行建模分析，见表 3.4。决定系数 R^2 采用式（3.1）计算。

将样本分为灌水前后两种情况时，其回归模型、相关系数和检验值见表 3.5 和表

3.6。由表3.5和表3.6中可以看出，灌水前的三种模型均达到显著性要求，逐步回归法的决定系数最高，多元线性回归法次之，岭回归法的决定系数最低。灌水后的三种模型中，逐步回归法的决定系数最高，岭回归法次之，多元线性回归法最低。

结合表3.4～表3.6可以看出，将采集的样本分为灌水前后两种情况时，模型的决定系数均有明显的提高。

表 3.4 总样本回归模型精度统计

回归方法	回 归 模 型	R^2	F	P
多元线性回归	$Y=-799.098R_1^2+995.187R_2^2+179.870R_3^2-214.021R_4^2+2.574$	0.552	28.763	<0.01
逐步回归	$Y=-793.844R_1^2+1117.521R_2^2-134.159R_4^2+1.931$	0.539	36.101	<0.01
岭回归	$Y=-196.23R_1^2+270.82R_2^2+138.81R_3^2-116.98R_4^2+1.133$	0.470	20.560	<0.01

注　R_1 为波段1反射率；R_2 为波段2反射率；R_3 为波段3反射率；R_4 为波段4反射率；R^2、F、P 为模型常用精度评价指标。

表 3.5 灌水前回归模型精度统计

回归方法	回 归 模 型	R^2	F	P
多元线性回归	$Y=197.168R_1-102.917R_2+48.486/\ln R_3+395.586R_4^2+19.482R_5^3+35.118$	0.610	13.224	<0.01
逐步回归	$Y=49.048R_2-3.094$	0.618	16.139	<0.01
岭回归	$Y=27.47R_1+19.87R_2+7.6/\ln R_3+66.61R_4^2+44.63R_5^3+2.41$	0.591	12.013	<0.01

注　R_1 为波段1反射率；R_2 为波段2反射率；R_3 为波段3反射率；R_4 为波段4反射率；R_5 为波段5反射率；R^2、F、P 为模型常用精度评价指标。

表 3.6 灌水后回归模型精度统计

回归方法	回 归 模 型	R^2	F	P
多元线性回归	$Y=0.022/R_3^2-0.04/R_4^2-0.002/R_5^3+0.026/R_6^2+0.039/R_7^2-0.509$	0.678	74.649	<0.01
逐步回归	$Y=0.447/R_7^2-0.551$	0.875	359.339	<0.01
岭回归	$Y=0.011/R_3^2-0.014/R_4^2-0.0028/R_5^3+0.0234/R_6^2+0.038/R_7^2-0.608$	0.870	328.806	<0.01

注　R_3 为波段3反射率；R_4 为波段4反射率；R_5 为波段5反射率；R_6 为波段6反射率；R_7 为波段7反射率；R^2、F、P 为模型常用精度评价指标。

3.1.5　模型验证分析及盐分反演

为了评价模型构建效果，将总样本 1/3 作为验证集，通过决定系数 R^2、均方根误差 $RMSE$ 和平均绝对百分误差 $MAPE$ 对模型进行验证分析。灌水前后不同建模方法的反演精度分别见表3.7～表3.9。

表 3.7 总样本盐分反演精度

回归方法	R^2	$MAPE$	$RMSE/\%$	回归方法	R^2	$MAPE$	$RMSE/\%$
多元线性回归	0.12	3.540	1.52	岭回归	0.13	4.511	1.42
逐步回归	0.22	3.974	1.35				

表 3.8　　　　　　　　　　灌水前不同建模方法的盐分反演精度

回归方法	R^2	MAPE	RMSE/%	回归方法	R^2	MAPE	RMSE/%
多元线性回归	0.77	0.597	1.07	岭回归	0.74	0.65	1.21
逐步回归	0.61	1.628	1.28				

表 3.9　　　　　　　　　　灌水后不同建模方法的盐分反演精度

回归方法	R^2	MAPE	RMSE/%	回归方法	R^2	MAPE	RMSE/%
多元线性回归	0.66	1.360	0.545	岭回归	0.70	1.349	0.554
逐步回归	0.63	1.372	0.571				

由表 3.7、表 3.8、表 3.9 可以看出，将总样本分为灌水前后两种情况时，模型的预测精度有了很大的提高。在三种回归模型下，决定系数不仅明显增大，而且平均绝对百分误差和均方根误差都明显下降。

由表 3.8 可以看出，灌水前逐步回归法的模型决定系数最低，平均绝对百分误差和均方根误差是三种模型中最大的，因此反演效果较差。分析其余两种模型可知，在反演灌前裸土期的土壤含盐量时，多元线性回归法的预测效果好于岭回归法，其决定系数较大，平均绝对百分误差和均方根误差则较小。总体来看，多元线性回归法反演结果最好，与实测结果最为接近，其次是岭回归法，逐步回归法预测效果最差。

由表 3.9 可以看出，灌水后的三种模型中，逐步回归法预测效果最差，R^2 不仅是三种模型中最低的，MAPE 和 RMSE 也是三种模型中最大的。分析其余两种模型可知，在反演灌后裸土期的土壤含盐量时，岭回归的预测效果好于多元线性回归法，其决定系数较大，MAPE 较小，且两者 RMSE 相近。总体来看，岭回归法的反演结果最好，与实测结果最为接近，其次是多元线性回归法，逐步回归法预测效果最差。

3.2　植被覆盖条件下高分一号卫星遥感诊断土壤含盐量方法

3.2.1　数据获取及处理方法

3.2.1.1　遥感数据获取及预处理

本研究区为河套灌区解放闸灌域，以 2018 年 7 月国产高分一号（GF-1）卫星多光谱宽幅相机（WFV）影像为数据源，通过中国资源卫星应用中心进行下载（www.cresda.com）。卫星影像的成像时间与实测数据日期同步，GF-1 卫星数据的重访周期为 4d，空间分辨率为 16m，包括 4 个波段，分别为蓝（$0.45\sim0.52\mu m$）、绿（$0.52\sim0.59\mu m$）、红（$0.63\sim0.69\mu m$）和近红外波段（$0.77\sim0.89\mu m$）。对下载的影像进行几何精校正、辐射校正、大气校正、镶嵌、裁剪等预处理；同时对影像进行低通滤波处理，保存图像的低频部分，使图像平滑，在一定程度上消除了高频随机噪声，提高数据的信噪比。

3.2.1.2　光谱指数计算

GF-1 卫星遥感影像自身的光谱分辨率不高，对于植被覆盖条件下的土壤盐渍化反演模型，仅用多个波段的反射率对比分析提取土壤盐渍化信息有明显的局限性。通过获取遥感影像并进行预处理后，使用影像 4 个波段的光谱反射率计算土壤盐分指数和植被指数，见表 3.10。

表 3.10　　　　　　　　土壤含盐量预测所使用的光谱协变量

类别	地表参数	参数符号	计算公式	参考文献
植被光谱指数	差值植被指数	DVI	$R_4 - R_3$	Birth et al.，1968
	归一化植被指数	$NDVI$	$(R_4 - R_3)/(R_4 + R_3)$	Rouse et al.，1973
	修正土壤调节植被指数	$MSAVI$	$\{2R_4 - 1 - [2(2R_4 + 1) - 8(R_4 - R_3)]^{0.5}\}/2$	Qi et al.，1994
	大气阻抗植被指数	$ARVI$	$[R_4 - (2R_3 - R_1)]/(R_4 + 2R_3 - R_1)$	Kaufman et al.，1992
	简单比值指数	SR	R_4/R_3	Brith et al.，1968
	冠层响应植被指数	$CRSI$	$[(R_4R_3 - R_2R_3)/(R_4R_3 + R_2R_3)]^{0.5}$	Scudiero et al.，2014
	增强型植被指数	EVI	$2.5[(R_4 - R_3)/(R_4 + 6R_3 - 7.5R_1 + 1)]$	Liu et al.，1995
	归一化水体指数	$NDWI$	$(R_2 - R_4)/(R_2 + R_4)$	Mcfeeters et al.，2007
遥感数据	波段 1 反射率	R_1	B（0.45~0.52μm）	
	波段 2 反射率	R_2	G（0.52~0.59μm）	
	波段 3 反射率	R_3	R（0.63~0.69μm）	
	波段 4 反射率	R_4	NIR（0.77~0.89μm）	
盐分光谱指数	亮度指数	BI	$(R_3^2 + R_4^2)^{0.5}$	Khan et al.，2005
	盐分指数	SI	$(R_1R_3)^{0.5}$	Khan et al.，2005
	盐分指数 1	SI_1	$(R_2R_3)^{0.5}$	Douaoui et al.，2006
	盐分指数 2	SI_2	$(R_2^2 + R_3^2 + R_4^2)^{0.5}$	
	盐分指数 3	SI_3	$(R_2^2 + R_3^2)^{0.5}$	
	盐分指数	S_1	R_1/R_3	Abbas et al.，2007
	盐分指数	S_2	$(R_1 - R_3)/(R_1 + R_3)$	
	盐分指数	S_3	R_2R_3/R_1	
	盐分指数	S_5	R_1R_3/R_2	
	盐分指数	S_6	R_3R_4/R_2	

评价指标决定系数 R^2、均方根误差 $RMSE$、赤池信息准则 AIC 和施瓦茨信息准则 SIC 的计算公式均见 3.1.3 节。

3.2.2 基于植被覆盖条件下的土壤含盐量反演方法

本节通过全变量及全子集筛选法选出不同深度下对根层土壤含盐量敏感的最优光谱指数组合方式，将其作为自变量分别构建不同深度下的人工神经网络、支持向量机和分位数回归三种模型并进行验证，进而对比分析得到土壤含盐量反演的最优模型，以期提高植被覆盖条件下的土壤含盐量反演精度。

3.2.2.1　土壤样本采集及化学分析

采样点的选定考虑到灌域内盐分分布、植被覆盖种类（葵花、玉米、小麦、果蔬、荒地），并顾及点位分布的均匀性，本次野外采样在解放闸灌域共设置了 80 个不同土壤盐渍化程度的采样点（包括葵花样点 35 个、玉米样点 22 个、小麦样点 8 个、果蔬样点 8 个和荒地样点 7 个）。采样时间为 2018 年 7 月 12—16 日，根据该时期灌区内主要作物的根系活动层所在深度，每个采样点按照 0～20cm、20～40cm、40～60cm 分层采样，并通过手持 GPS 记录采样点位置信息及周围环境信息。采用五点法采样，采样单元为 16m×16m，每个采样点取 5 个土样，编号后带回实验室。

将野外收集的土样干燥研磨处理后，配置土水比为 1∶5 的土壤溶液，经搅拌、静置、沉淀、过滤后，采用电导率仪（DDS-307A 型，上海佑科仪器公司）测定土壤溶液电导率 $EC_{1:5}$，对每个采样点的 5 个土样电导率取平均值作为该样本样点处的电导率，并通过经验公式计算土壤含盐量 S $[S=(0.2882EC_{1:5}+0.0183)\times100\%]$，剔除图像中小麦收割后的 8 个样本，剩余 72 个土壤样本用于土壤含盐量反演。将测得的土壤含盐量从大到小排序，每隔 2 个样本取出 1 个作为验证集样本，得到建模集 48 个样本数据和验证集 24 个样本数据。

3.2.2.2　全子集筛选确定最优自变量组合方式

利用全子集筛选法列举不同数目自变量的随机组合方式；根据验证集 R^2、$RMSE$、AIC、SIC 四种不同的验证指标确定不同深度下最优自变量组合方式，见表 3.11。

表 3.11　　　　　　　　　全子集筛选最佳组合方式及其精度统计

土壤深度 /cm	自变量个数	最佳组合	R^2	$RMSE$/%	AIC	SIC
0～20	2	R_4^*、BI	0.37	0.41	0.81	0.93
	3	R_4^*、BI、$MSAVI^{**}$	0.41	0.40	0.82	0.98
	4	R_4^*、BI、SI_1^{**}、SI_3^{**}	0.53	0.37	0.79	0.99
	5	R_4^*、BI、SI_1^{**}、SI_3^{**}、$NDVI^{**}$	0.46	0.39	0.81	1.05
	6	R_4^*、BI、SI_1^{**}、SI_3^{**}、 $NDVI^{**}$、R_2^{**}	0.52	0.38	0.82	1.09
	7	R_4^*、BI、SI_1^{**}、SI_3^{**}、$NDVI^{**}$、 R_2^{**}、RVI^{**}	0.53	0.37	0.86	1.17
20～40	2	R_4^*、BI	0.59	0.17	−0.40	−0.28
	3	R_4^*、BI、$NDVI^{**}$	0.67	0.15	−0.53	−0.37
	4	R_4^*、BI、$NDVI^{**}$、$ARVI^{**}$	0.63	0.16	−0.51	−0.32
	5	R_4^*、BI、$NDVI^{**}$、S_2^{**}、$ARVI^{**}$	0.62	0.17	−0.49	−0.25
	6	R_4^*、BI、$NDVI^{**}$、S_2^{**}、SI_1^{**}、S_1^{**}	0.63	0.16	−0.46	−0.18
	7	R_4^*、BI、$NDVI^{**}$、S_2^{**}、SI_1^{**}、 S_1^{**}、S_6	0.59	0.17	−0.44	−0.12

续表

土壤深度 /cm	自变量个数	最　佳　组　合	R^2	RMSE/%	AIC	SIC
0～40	2	R_4^*、BI	0.55	0.26	0.28	0.40
	3	R_4^*、BI、$NDVI^{**}$	0.51	0.27	0.19	0.35
	4	R_4^*、BI、SI_1^{**}、SI_3^{**}	0.63	0.24	0.23	0.43
	5	R_4^*、BI、SI_1^{**}、SI_3^{**}、$NDVI^{**}$	0.57	0.26	0.22	0.45
	6	R_4^*、BI、SI_1^{**}、SI_3^{**}、$NDVI^{**}$、R_2^{**}	0.40	0.29	0.21	0.48
	7	R_4^*、BI、SI_1^{**}、SI_3^{**}、$NDVI^{**}$、 R_2^{**}、S_6	0.24	0.33	0.20	0.51
40～60	2	R_4、BI	0.51	0.19	−0.71	−0.59
	3	R_4、BI、$NDVI^{**}$	0.55	0.18	−0.78	−0.62
	4	R_4、BI、$NDVI^{**}$、S_1^{**}	0.55	0.18	−0.78	−0.59
	5	R_4、BI、$NDVI^{**}$、S_1^{**}、$ARVI^{**}$	0.54	0.18	−0.74	−0.51
	6	R_4、BI、$NDVI^{**}$、S_1^{**}、$ARVI^{**}$、B_1^{**}	0.50	0.19	−0.72	−0.45
	7	R_4、BI、$NDVI^{**}$、S_1^{**}、R_2^{**}、 $ARVI^{**}$、SI_2	0.21	0.25	−0.74	−0.43
0～60	2	R_4^*、BI	0.48	0.23	−0.10	0.02
	3	R_4^*、BI、$NDVI^{**}$	0.49	0.23	−0.25	−0.09
	4	R_4^*、BI、SI_1^{**}、SI_3^{**}	0.47	0.22	−0.22	−0.02
	5	R_4^*、BI、SI_1^{**}、SI_3^{**}、$NDVI^{**}$	0.48	0.22	−0.24	−0.01
	6	R_4^*、BI、SI_1^{**}、S_1^{**}、$NDVI^{**}$、S_2^{**}	0.48	0.23	−0.21	0.07
	7	R_4^*、BI、SI_1^{**}、S_1^{**}、$NDVI^{**}$、 S_2^{**}、S_6	0.39	0.27	−0.17	0.14

*　在 0.05 水平上显著相关。

* *　在 0.01 水平上显著相关。

对于表 3.11 得到的各个深度和自变量个数的最佳变量组合方式，根据 AIC 准则以及 SIC 准则，选取各深度下 AIC 和 SIC 最小时的组合方式作为该深度下最佳自变量组合，同时考虑 RMSE、R^2 对于确定自变量组合的影响。从表 3.11 可以看出，在同一深度下随着自变量数目的增加，R^2 先增大后减小，AIC、SIC、RMSE 先减小再增大。在同一自变量数目下，随着深度增加 RMSE 具有减小的趋势，这是由于上层土壤容易受大气、人为等外界环境影响造成土壤含盐量变异性大，随着深度增加外部环境的影响基本消除，精度逐渐升高。但是 R^2 呈现先增大后减小的趋势，在 20～40cm 处达到最大值。这是由于灌域内主要作物为玉米和葵花，7 月末为玉米和葵花生长的关键期，根系主要活动层处于 20～40cm 之间，根系主要活动层的盐分情况直接影响植物的生长状况，植物的生长情况可以通过遥感影像直接显示。因此，借助遥感影像建立光谱指数与各深度土壤含盐量的定量关系中，20～40cm 深度处的相关性最好。

从表 3.11 可以看出，在相关性分析中，R_4 和 BI 与不同深度土壤含盐量没有呈现极显著的相关关系，经过全子集筛选后，R_4 和 BI 的组合方式在不同深度下与土壤含盐量均呈现良好的相关性，并成为各深度下自变量数目为 2 的最优自变量组合。在植被遥感中应用最为广泛的植被指数 $NDVI$ 与不同深度的土壤含盐量均呈现极显著的相关性，在 $20\sim40\text{cm}$、$0\sim40\text{cm}$、$40\sim60\text{cm}$、$0\sim60\text{cm}$ 土壤深度下与 R_4、BI 组合后成为该深度下自变量数目为 3 的最优自变量组合。而在 $0\sim20\text{cm}$ 处，其最优组合方式为 R_4、BI、$MSAVI$。这是由于在 $0\sim20\text{cm}$ 处多是土壤和主要作物的侧根，土壤背景和植被的相互作用通过 $MSAVI$ 减小土壤亮度的影响。当自变量数目增加到 4，主要增加了由 R_2 和 R_3 计算得出的 SI_1、SI_3 两种光谱指数，这是由于土壤一般都有很高的溶解性盐分，在 $520\sim770\text{nm}$ 平均反射率最高，且属于确定不同盐渍化过程中积盐状态特征的 6 个光谱区间之一。随着模型复杂程度的增加，AIC 和 SIC 逐渐增大，但 R^2 减小、$RMSE$ 增大，模型灵敏性降低。综合分析全子集筛选的各个评价指标，确定在 $0\sim20\text{cm}$、$0\sim40\text{cm}$ 处选择 R_4、BI、SI_1、SI_3 共 4 个自变量，在 $20\sim40\text{cm}$、$40\sim60\text{cm}$、$0\sim60\text{cm}$ 处选择 R_4、BI、$NDVI$ 共 3 个自变量作为各深度下最优自变量组合方式。

3.2.2.3 人工神经网络模型的建立与分析

对不同深度选定的敏感指数建立单隐层人工神经网络模型，分别以不同深度下筛选前后的反射率及光谱指数为自变量，以土壤含盐量为因变量，运用人工神经网络模型进行筛选前后不同深度下土壤含盐量估算，并结合实际采样点含盐量对人工神经网络模型的估测精度进行评价（将 72 个土壤样本测得的土壤含盐量从大到小排序，每隔 2 个样本取出 1 个作为验证集样本）。建模及验证结果见表 3.12。

表 3.12　　　　　　基于不同深度土壤含盐量的人工神经网络模型精度统计

深度/cm	建模集（未筛选）		验证集（未筛选）		建模集（筛选后）		验证集（筛选后）	
	R^2_{c0}	$RMSE_{c0}/\%$	R^2_{v0}	$RMSE_{v0}/\%$	R^2_{c1}	$RMSE_{c1}/\%$	R^2_{v1}	$RMSE_{v1}/\%$
$0\sim20$	0.484	0.314	0.243	0.463	0.395	0.304	0.433	0.387
$20\sim40$	0.558	0.183	0.583	0.165	0.583	0.201	0.623	0.178
$0\sim40$	0.516	0.247	0.453	0.277	0.483	0.254	0.436	0.277
$40\sim60$	0.481	0.156	0.413	0.202	0.485	0.155	0.411	0.194
$0\sim60$	0.432	0.240	0.483	0.217	0.481	0.234	0.492	0.216

注　下角 c 表示建模集，下角 v 表示验证集；下角 0 表示经全子集筛选前，下角 1 表示筛选后。

从表 3.12 可以看出，未进行全子集筛选条件下不同深度土壤含盐量的人工神经网络模型中，$0\sim20\text{cm}$ 深度的模型效果相对较差，R^2_{c0}、R^2_{v0} 分别为 0.484 和 0.243；$RMSE_{c0}$ 和 $RMSE_{v0}$ 在 0.4% 左右，模型误差最大。$0\sim40\text{cm}$、$0\sim60\text{cm}$ 深度的 R^2_{c0} 和 R^2_{v0} 都在 0.45 左右，且相差较小；$RMSE_{c0}$ 和 $RMSE_{v0}$ 在 0.25% 左右，误差较小。$40\sim60\text{cm}$ 深度下的 $RMSE_{c0}$ 最小，但是 R^2_{c0} 和 R^2_{v0}、$RMSE_{c0}$ 和 $RMSE_{v0}$ 的差距较大，分别达到了 0.068 和 0.046%，表明该模型稳定性较差。$20\sim40\text{cm}$ 深度下模型的 R^2_{c0} 和 R^2_{v0} 均为最高，且其模型的 R^2_{c0} 和 R^2_{v0} 最为接近，分别为 0.558 和 0.583；$RMSE_{c0}$ 和 $RMSE_{v0}$ 最小，分别为 0.183% 和 0.165%，总体来看，该模型误差最小。

经过全子集筛选后不同深度土壤含盐量的人工神经网络模型中，与未筛选结果相似，但模型精度略有不同。$0\sim20cm$ 深度的模型效果仍相对较差，R_{c1}^2 和 R_{v1}^2 分别为 0.395 和 0.433，$RMSE_{c1}$ 和 $RMSE_{v1}$ 均为 0.35% 左右，在筛选后 5 个深度的模型中误差最大，但与未筛选结果相比，筛选后的 R_{c1}^2 和 R_{v1}^2 结果更为接近，模型的稳定性强，筛选后的 $RMSE_{c1}$ 和 $RMSE_{v1}$ 低于未筛选情况下 0.01% 和 0.076%。$0\sim40cm$、$0\sim60cm$ 深度的 R_{c1}^2 和 R_{v1}^2 均为 0.45 左右，且相差较小，$RMSE_{c1}$ 和 $RMSE_{v1}$ 均为 0.25% 左右，相差较小，与未筛选结果相比，筛选前后的 $RMSE$ 近似相等；筛选后 R_{c1}^2、R_{v1}^2 相差不多，前者与后者的差值在 $0\sim40cm$、$0\sim60cm$ 深度分别为 0.047、-0.011，均小于未筛选模型的 -0.063、0.051，筛选后模型的稳定性更强。在 $40\sim60cm$ 深度下的 $RMSE_{c1}$ 最小，但是该深度下 R_{c1}^2 与 R_{v1}^2 的差值达到了 0.074，$RMSE_{c1}$ 与 $RMSE_{v1}$ 的差值达到 0.039%，均较大，模型稳定性较差，这与未筛选结果相似，对比全子集筛选前后，就模型的相关性而言，全子集筛选前效果好；对于模型的精度而言，筛选后的效果较好，两者互有优劣。$20\sim40cm$ 深度下模型的 R_{c1}^2 和 R_{v1}^2 均为最高，且其模型的 R_{c1}^2 和 R_{v1}^2 最为接近，分别为 0.583 和 0.623；$RMSE_{c1}$ 和 $RMSE_{v1}$ 最小分别为 0.201% 和 0.178%，模型误差最小，经过全子集筛选虽然 $RMSE_{c1}$ 和 $RMSE_{v1}$ 略有升高，但是 R_{c1}^2 和 R_{v1}^2 分别达到了 0.583 和 0.623，拟合精度明显提升。

3.2.2.4 支持向量机模型的建立与分析

对不同深度选定的敏感指数建立支持向量机模型，以不同深度下筛选前后的反射率及光谱指数为自变量，以土壤含盐量为因变量，运用支持向量机模型进行筛选前后不同深度下土壤含盐量估算，并结合实际采样点含盐量对支持向量机模型的估测精度进行评价。建模及验证结果见表 3.13。

表 3.13　　　　基于不同深度土壤含盐量的支持向量机模型精度统计

深度/cm	建模集（未筛选）		验证集（未筛选）		建模集（筛选后）		验证集（筛选后）	
	R_{c0}^2	$RMSE_{c0}$/%	R_{v0}^2	$RMSE_{v0}$/%	R_{c1}^2	$RMSE_{c1}$/%	R_{v1}^2	$RMSE_{v1}$/%
$0\sim20$	0.452	0.327	0.487	0.432	0.377	0.353	0.376	0.453
$20\sim40$	0.674	0.157	0.601	0.173	0.659	0.160	0.608	0.171
$0\sim40$	0.477	0.267	0.503	0.295	0.466	0.268	0.486	0.293
$40\sim60$	0.456	0.205	0.450	0.163	0.523	0.174	0.563	0.155
$0\sim60$	0.584	0.208	0.491	0.209	0.499	0.240	0.458	0.224

从表 3.13 可以看出，未进行全子集筛选条件下不同深度土壤含盐量的支持向量机模型中，R_{c0}^2、R_{v0}^2 均在 0.45 以上，拟合效果较好。$0\sim20cm$ 深度处的模型效果相对较差，$RMSE_{c0}$ 和 $RMSE_{v0}$ 在 0.4% 左右，模型误差最大。随着深度的增加（$0\sim20cm$、$0\sim40cm$、$0\sim60cm$），模型的 $RMSE$ 逐渐减小至 0.2% 左右。在 $20\sim40cm$ 处 R_{c0}^2 和 R_{v0}^2 最高，分别为 0.674 和 0.601，$RMSE_{c0}$ 和 $RMSE_{v0}$ 较小，分别为 0.157% 和 0.173%，总体来看，该模型误差最小。

经过全子集筛选后不同深度土壤含盐量的支持向量机模型中，除 $40\sim60cm$ 处模型精度高于未筛选模型外，在其他深度下均低于筛选之前的模型精度。除 $0\sim20cm$ 深度外，其余相差幅度不大，其中 R_v^2 相差 0.007、-0.017、-0.033，$RMSE_v$ 相差 -0.002%、

—0.002%、0.015%。因此，经过全子集筛选自变量数目减少后，模型精度基本保持不变。

3.2.2.5　分位数回归模型的建立与分析

对不同深度选定的敏感植被指数建立分位数回归模型，由于采样点土壤含盐量变异性较大，选取 $\tau=0.5$ 分位点可以较好地解决最小二乘法中某些"离群值"影响回归显著性的问题。同时，由于 $\tau=0.5$ 分位点处于因变量的中间位置，在对所有的数据进行拟合时较为适宜。故以不同深度下筛选前后的反射率及光谱指数为自变量，以土壤含盐量为因变量，运用分位数回归模型中的 0.5 分位点进行筛选前后不同深度下土壤含盐量估算，并结合实际采样点含盐量对分位数模型的估测精度进行评价。建模及验证结果见表 3.14。

表 3.14　　　　　　基于不同深度土壤含盐量的分位数回归模型精度统计

深度/cm	建模集（未筛选）		验证集（未筛选）		建模集（筛选后）		验证集（筛选后）	
	R_{c0}^2	$RMSE_{c0}/\%$	R_{v0}^2	$RMSE_{v0}/\%$	R_{c1}^2	$RMSE_{c1}/\%$	R_{v1}^2	$RMSE_{v1}/\%$
0～20	0.255	0.280	0.090	0.507	0.415	0.346	0.442	0.397
20～40	0.366	0.127	0.090	0.370	0.611	0.177	0.671	0.160
0～40	0.252	0.233	0.020	0.523	0.453	0.259	0.505	0.251
40～60	0.198	0.139	0.105	0.351	0.499	0.153	0.551	0.181
0～60	0.356	0.119	0.023	0.694	0.499	0.155	0.457	0.210

从表 3.14 可以看出，未进行全子集筛选条件下不同深度土壤含盐量的分位数回归模型中，在 5 个深度下，R_{c0}^2 均大于 0.1，$RMSE_{c0}$ 在 0.2% 左右，与筛选后 $RMSE_{c1}$ 相差不多，但是 R_{v0}^2 明显小于 R_{c0}^2，$RMSE_{v0}$ 明显大于 $RMSE_{c0}$，模型均出现过拟合现象。

经过全子集筛选后不同深度土壤含盐量的分位数回归模型均未产生过拟合现象。在 5 个深度的模型中，0～20cm 深度的模型效果相对较差，R_{c1}^2 和 R_{v1}^2 分别为 0.415 和 0.442，$RMSE_{c1}$ 和 $RMSE_{v1}$ 均小于 0.4%，模型误差最大。0～40cm 深度的 R_{c1}^2 和 R_{v1}^2 相差较大，但 $RMSE_{c1}$ 和 $RMSE_{v1}$ 在 0.255% 左右，模型误差较小且相对稳定。0～60cm、40～60cm 深度下的 $RMSE_{c1}$ 较小，但是 R_{c1}^2 和 R_{v1}^2、$RMSE_{c1}$ 和 $RMSE_{v1}$ 的差距较大，分别达到了 0.042、—0.052 和 —0.055%、—0.028%，表明该模型稳定性较差。20～40cm 深度下模型的 R_{c1}^2 和 R_{v1}^2 均为最高，分别为 0.611 和 0.671，$RMSE_{c1}$ 和 $RMSE_{v1}$ 最小，分别为 0.177% 和 0.160%，总体来看，该模型拟合效果最好且误差最小。

3.2.2.6　模型综合评价

以 R_{c0}^2、R_{v0}^2、R_{c1}^2、R_{v1}^2、$RMSE_{c0}$、$RMSE_{v0}$、$RMSE_{c1}$ 和 $RMSE_{v1}$ 为指标，利用建模集 48 个样本数据和验证集 24 个样本数据，对比评价全子集筛选前后人工神经网络模型、支持向量机模型、分位数回归模型的预测能力，筛选最优估测模型。通过对表 3.12～表 3.14 的分析可见，采用分位数回归建立土壤盐渍化估算模型中的 R_{v0}^2 接近于 0，且 $RMSE_{v0}$ 偏差很大，产生了严重的过拟合现象，而支持向量机和人工神经网络模型在全子集筛选前后均未产生过拟合现象，但在相同深度下全子集筛选前后的人工神经网络模型和支持向量机模型的精度略有不同。在人工神经网络模型中，除 0～40cm 深度模型以外，其余深度下均为全子集筛选后的模型估算盐分精度高。在支持向量机模型中，除 $40\sim60cm$ 深度的模型以外，其余深度均为全子集筛选之前模型拟合效果好，但其 R_c^2、R_v^2、$RMSE_c$ 和 $RMSE_v$ 全子集筛选前后并未产生显著的变化。这表明全子集筛选结果真实可靠，选取的自变量对各个深度土壤盐分敏感性强。

对比 5 个深度的土壤含盐量估算模型，发现在土壤深度为 $20\sim40cm$ 时，三种模型的 R_c^2 和 R_v^2 值最大，其中 R_c^2 和 R_v^2 均大于 0.58，$RMSE_c$ 和 $RMSE_v$ 均小于 0.21%，这表明三种模型在该深度下均取得了良好的建模和预测能力。在模型的拟合度方面，分位数回归模型略高于支持向量机模型，人工神经网络模型最差。从模型的预测效果方面考虑，支持向量机模型略高于分位数回归模型，人工神经网络模型最差。人工神经网络模型的 $RMSE_{c1}$、$RMSE_{v1}$ 分别比分位数回归的 $RMSE_{c1}$、$RMSE_{v1}$ 和支持向量机模型的 $RMSE_{c0}$、$RMSE_{v0}$ 大 0.044%、0.005% 和 0.024%、0.018%。比较各个模型全子集筛选前后的稳定性（R_c^2/R_v^2），人工神经网络最高达到 93.6%；分位数回归模型次之，为 109.8%；支持向量机最差，为 112.1%。

综上所述，人工神经网络模型的反演效果最差，分位数回归模型和支持向量机模型在土壤含盐量估算中表现相近。但是分位数回归模型仅采用 3 个自变量，支持向量机模型采用 16 个自变量。因此，选择拟合效果好、验证精度高、模型稳定性强、简洁高效的土壤深度为 $20\sim40cm$ 的全子集–分位数回归模型，作为最佳土壤盐渍化估算模型。

3.2.3 基于不同植被覆盖度的土壤含盐量反演方法

结合作物的光谱特性对植被覆盖期的土壤盐渍化监测研究往往仅局限于单一作物覆盖度，忽视了作物不同生育期土壤盐分的动态变化。因此，系统地探索不同植被覆盖度对土壤盐渍化监测的影响是十分必要的。

采用像元二分法，通过 $NDVI$ 对采集的时间序列土壤盐分值按照不同植被覆盖度进行分类及整合，划分为四种不同的植被覆盖度，并设置未划分植被覆盖度的空白对照组。对 5 种处理分别进行光谱指数计算、最佳光谱指数筛选，使用偏最小二乘回归（Partial Least Squares Regression，PLSR）、多元混合线性回归（Cubist）、极限学习机（Extreme Learning Machine，ELM）方法进行建模，并通过分析对比每种处理不同深度的模型精度，旨在得到适用于每种处理的土壤含盐量反演模型，进而绘制基于最佳模型的内蒙古河套灌区解放闸灌域土壤盐分分布图，以期为当地土壤盐渍化监测起到一定的实际指导作用。

3.2.3.1 植被覆盖度的划分

综合考虑植被覆盖度的现实意义，参考《中国荒漠化（土地退化）防治研究》（朱震达等，1998）《中国荒漠化防治国家报告》等（朱震达等，1998），并结合当地植被类型结构，借鉴具有类似地理区位的植被分级方法，将试验区植被覆盖度 FVC 分为以下 5 种类型：未划分植被覆盖度、裸地、中低植被覆盖度（$20\%\leqslant FVC<55\%$）、中植被覆盖度（$55\%\leqslant FVC<75\%$）和高植被覆盖度（$FVC\geqslant75\%$），并分别记为 TA、TB、TC、TD 和 TE。将各月植被采样点按照 FVC 分级标准进行整理归类，得到各等级 FVC 数据集。

3.2.3.2 土壤盐分统计

5 月、6 月和 8 月各 70 个测点，7 月 69 个测点，共计 279 个样本，将样本分为 5 种植

第 3 章 卫星遥感诊断土壤含盐量方法

被覆盖度类型。将总样本按照土壤含盐量大小降序排列，以 2∶1 的比例划分建模集与验证集。将样本按总样本集、建模样本集和验证样本集进行分类，采用标准差 SD、变异系数 CV、峰态、偏态分别对不同样本集土壤盐分进行统计分析，如表 3.15 和图 3.2 所示。

表 3.15 采样点土壤盐分统计

| 植被覆盖度类型 | 数据集 | 不同盐渍化程度采样点数目 | | | | 土壤含盐量统计指标 | | | |
		无盐渍化 (<0.2%)	轻度盐渍化 (0.2%~0.5%)	重度盐渍化 (0.5%~1.0%)	盐渍土 (>1.0%)	SD/%	CV/%	峰态	偏态
TA	总集	198	46	33	2	0.237	129.9	4.129	2.071
	建模集	132	31	22	1	0.236	129.4	4.021	2.530
	验证集	66	15	11	1	0.240	130.8	4.624	2.139
TB	总集	40	44	33	2	0.266	72.9	0.845	1.261
	建模集	26	30	22	1	0.264	72.3	0.763	1.240
	验证集	14	14	11	1	0.270	74.0	1.270	1.348
TC	总集	31	2	0	0	0.063	70.4	−0.515	0.795
	建模集	21	1	0	0	0.063	70.0	−0.410	0.805
	验证集	10	1	0	0	0.063	71.3	−0.301	0.906
TD	总集	49	0	0	0	0.033	73.2	4.829	2.229
	建模集	33	0	0	0	0.032	72.4	5.700	2.318
	验证集	16	0	0	0	0.034	74.7	5.253	2.276
TE	总集	78	0	0	0	0.020	69.0	2.548	1.836
	建模集	52	0	0	0	0.021	69.7	2.613	1.848
	验证集	26	0	0	0	0.019	67.3	3.184	1.915

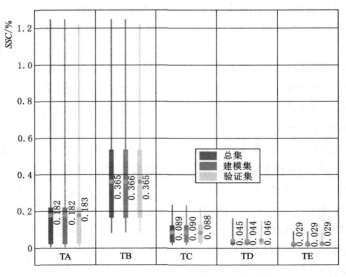

图 3.2 土壤盐分描述性统计的箱线图

TB、TC、TD 和 TE 的土壤含盐量均值分别为 0.365%、0.089%、0.045% 和 0.029%（图 3.2）。该结果表明，不同植被覆盖度的土壤，其盐渍化程度存在明显差异，并表现出随着植被覆盖度增加，土壤盐渍化程度减轻的趋势。最大的土壤含盐量均值 SSC 出现在 TB 处理中，该处理为裸土，没有植被覆盖，有大面积的可见盐结壳；TE 所代表的地区采样点植被覆盖度高，土壤盐含量较低，存在土壤含盐量的最小值。

一般来说，CV 在 10%～100% 之间则表示数据具有中等变异性，因此，TB、TC、TD、TE 的土壤盐分离散程度均属于中等变异性等级，说明研究区土壤含盐量的变化主要是由自然因素造成的，TA 处理的变异系数大于 1，表明未进行植被覆盖度的划分导致数据离散程度大，具有严重的变异性。

另外，对比各项统计指标数据可知，各处理建模集、验证集与总样本的土壤含盐量均表现出相似的值域与统计分布，在确保样本具有代表性的同时，可避免在模型构建和验证中的偏差估计。

3.2.3.3 不同植被覆盖度光谱协变量分析与筛选

（1）光谱协变量与实测土壤含盐量的相关性分析。使用 SPSS 软件对光谱协变量与土壤盐分进行 Pearson 相关性分析，并绘制热力图展示两者相关性，如图 3.3 所示。图 3.3 中颜色越深，光谱协变量与土壤含盐量的相关性越强；相反，则越弱。

TA 处理土壤含盐量与光谱协变量无较为明显的相关性。植被覆盖度的划分显著提高了相关性，其中 TB 和 TE 相关性比 TC 和 TD 提高明显。对于裸地而言，盐分光谱指数与土壤含盐量的相关性比植被光谱指数与土壤含盐量的相关性高。随着植被覆盖程度的增强，植被光谱指数对土壤盐渍化监测的贡献逐步提高。当植被覆盖度较高时，植被光谱指数与土壤含盐量的相关性显著高于盐分光谱指数与土壤含盐量的相关性，该结论与其他学者的研究相一致。

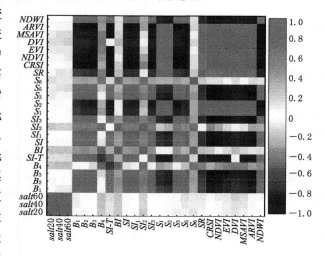

图 3.3 光谱协变量与土壤含盐量之间的 Pearson 相关系数

（2）最佳光谱指数组合确定。利用最佳子集选择算法确定不同处理在不同深度下多元自变量组合方式，使用逐步多元回归方法对筛选组合进行效果评价。得到的每种处理的最佳光谱协变量组合见表 3.16。由表可知，TB、TC、TD 与 TE 最佳组合中，盐分指数在全部指数中出现的次数分别占 56.25%、56.25%、31.25% 与 26.7%，但是植被指数在全部指数中出现的次数分别占 25%、25%、62.5% 与 66.7%。在盐分反演过程中，随着植被覆盖程度的增加，盐分指数对土壤含盐量的敏感性降低且植被指数对于反演的贡献增加。

表 3.16 最佳光谱协变量组合

植被覆盖度类型	土壤深度/cm	自变量/个	最　佳　组　合	验证集 R^2	验证集 RMSE/%
TA	0~20	6	$SI-T, SI_1, SI_3, S_2, S_5, EVI$	0.14	0.45
TA	0~40	6	$R_3, S_5, CRSI, EVI, MSAVI, NDWI$	0.18	0.41
TA	0~60	6	$R_2, R_3, SI_3, S_5, ARVI, NDWI$	0.30	0.26
TB	0~20	5	$R_2^{**}, S_1^{**}, S_5^{**}, S_6, EVI^*$	0.36	0.24
TB	0~40	5	$R_1^{**}, SI_2^{**}, S_1^{**}, S_2^{**}, EVI^*$	0.25	0.29
TB	0~60	6	$R_1^{**}, SI^{**}, S_1^{**}, S_2^{**}, SR, ARVI$	0.24	0.31
TC	0~20	5	$R_1, SI, S_2, S_3^*, S_5, EVI$	0.28	0.27
TC	0~40	4	$R_1, SI_3^*, S_2, S_3^{**}$	0.31	0.25
TC	0~60	6	$R_1, SI_2^{**}, S_3^{**}, CRSI, NDVI, MSAVI$	0.24	0.33
TD	0~20	5	$BI, S_5, NDVI, EVI, ARVI$	0.20	0.37
TD	0~40	5	$R_1^*, SI_3^*, S_3^*, MSAVI, NDWI^*$	0.19	0.39
TD	0~60	6	$S_2^*, NDVI, EVI, MSAVI, ARVI^*, NDWI^*$	0.22	0.34
TE	0~20	4	$SI-T^{**}, SR^{**}, MSAVI^{**}, ARVI^{**}$	0.59	0.08
TE	0~40	5	$S_2^{**}, SR^{**}, EVI^{**}, MSAVI^{**}, ARVI^{**}$	0.52	0.11
TE	0~60	6	$R_2^{**}, SI_2, SI_3^{**}, SR^*, MSAVI^{**}, ARVI^{**}$	0.43	0.17

* 在 0.05 水平上显著相关。

** 在 0.01 水平上显著相关。

3.2.3.4 不同植被覆盖度土壤盐分最佳反演深度

以最佳子集选择算法筛选出的最佳光谱指数组合作为模型自变量，以土壤含盐量作为因变量，采用三种不同机器学习方法分别构建 5 种处理各土层深度下的土壤盐分反演模型。

1. 基于偏最小二乘算法的土壤盐分最佳反演深度

使用偏最小二乘回归（PLSR）算法进行土壤含盐量反演模型构建，结果如图 3.4 所示。图 3.4 中 20、40、60 表示该植被覆盖度下 0~20cm、0~40cm、0~60cm，下同。

在 0~60cm，TA 的模型精度达到最大值，R^2 达到最大值，且 $RMSE$ 达到最小值。R_c^2 与 R_v^2 的比重越接近 1，模型越稳定。如图 3.4 所示，TC 处理 0~40cm 比重最接近于 1，因此其最佳反演深度为 0~40cm。在 0~60cm，TD 的模型精度达到最大值，R^2 达到最大值，且 $RMSE$ 为最小值。TB 和 TE 单调递减，因此二者的最佳反演深度为 0~20cm。

2. 基于多元混合线性回归算法的土壤盐分最佳反演深度

使用多元混合线性回归（Cubist）算法进行盐分反演模型构建，结果如图 3.5 所示。

通过建模集与验证集的 R^2 和 $RMSE$ 可知，TA 和 TB 的最佳反演深度分别为 0~60cm 和 0~20cm。TC 的模型呈现出随深度增加，R^2 先增加后减小的趋势，在 0~40cm 精度达到最大值。TD 的三个验证模型精度随深度的增加而增加，TE 趋势相反。因此 TD 和 TE 的最佳反演深度分别为 0~60cm 和 0~20cm。

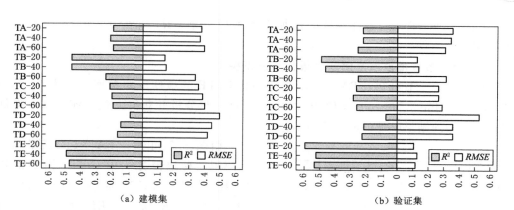

图 3.4 不同植被覆盖度不同深度下的 PLSR 建模和验证结果

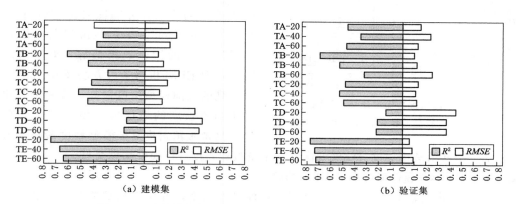

图 3.5 不同植被覆盖度不同深度下的 Cubist 建模和验证结果

3. 基于极限学习机算法的土壤盐分最佳反演深度

使用极限学习机（ELM）机器学习方法进行盐分反演模型构建，结果如图 3.6 所示。

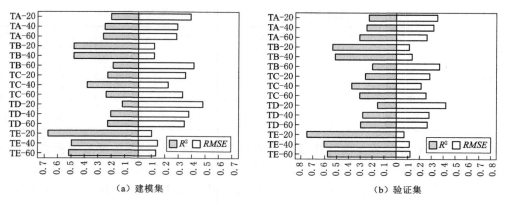

图 3.6 不同植被覆盖度不同深度下的 ELM 建模和验证结果

随着深度的增加，TA、TB、TD 和 TE 的 R^2 呈现单调变化趋势，即 TA 和 TD 单调递增，TB 和 TE 单调递减，因此其最佳反演深度分别为 0～60cm、0～20cm、0～60cm

和 0~20cm。TC 的 R^2 随着深度的增加先增加后减小，R^2 值在 0~40cm 处最大，且 $RMSE$ 最小。

3.2.3.5　不同植被覆盖度土壤盐分最佳反演模型

根据 3.2.3.4 节可知，TA、TB、TC、TD 和 TE 的最佳反演深度分别为 0~60cm、0~20cm、0~40cm、0~60cm 和 0~20cm。为进一步分析并获得最佳反演模型，将每种处理验证模型的结果整理如图 3.7 所示。

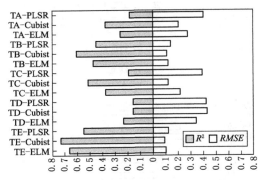

图 3.7　不同植被覆盖度最佳反演深度的三种模型验证集精度比较

由图 3.7 可知，TA、TB、TC 和 TE 在使用三种建模方法中 Cubist 模型得到的 R^2 数值最大，$RMSE$ 最小。对于 TD 而言，ELM 模型的 R^2 最大，$RMSE$ 最小。因此，对于 TA、TB、TC 和 TE 而言，使用 Cubist 机器学习方法并分别选取 0~60cm、0~20cm、0~40cm 和 0~20cm 进行土壤含盐量反演模型的构建效果最好，对于 TD 而言，选取 ELM 机器学习方法及 0~60cm 深度得到的反演模型精度最高。进一步对比四种不同覆盖度的最佳反演模型综合表现可知，高植被覆盖度 TE 模型精度最高，裸地 TB 模型、中低植被覆盖度 TC 模型次之，中植被覆盖度 TD 模型精度最低。

3.2.3.6　划分植被覆盖度对模型精度的影响

为了进一步比较 PLSR、Cubist 和 ELM 模型的精度，并探究植被覆盖度的划分对模型精度的影响，将 TB、TC、TD 和 TE 处理的最佳反演模型预测得到土壤含盐量数值进行整合并计算整体的 R^2 数值，然后以 R^2_{c1}、$RMSE_{c1}$、R^2_{v1}、$RMSE_{v1}$ 为评价指标，进一步对 PLSR、Cubist 和 ELM 模型的精度进行比较，结果见表 3.17。

表 3.17　　　　划分植被覆盖度前后 PLSR、Cubist 和 ELM 模型精度的比较

建模方法	建模集（未划分）		验证集（未划分）		建模集（划分后）		验证集（划分后）	
	R^2_{c0}	$RMSE_{c0}$/%	R^2_{v0}	$RMSE_{v0}$/%	R^2_{c1}	$RMSE_{c1}$/%	R^2_{v1}	$RMSE_{v1}$/%
PLSR	0.25	0.31	0.19	0.40	0.37	0.21	0.39	0.18
Cubist	0.47	0.13	0.38	0.20	0.61	0.09	0.54	0.11
ELM	0.31	0.26	0.26	0.28	0.48	0.12	0.42	0.16

植被覆盖度划分前后土壤含盐量反演结果表明，划分植被覆盖度后的模型精度显著高于未划分植被覆盖度，且三种不同的建模方法得到的模型精度均有不同程度的提高。根据试验区不同植被覆盖度的差异进行土壤盐渍化的监测可以减小模型的不确定性和误差。

模型稳定性可通过 R^2_c/R^2_v 来判定，PLSR 模型的稳定性为 94.9%，Cubist 模型与 ELM 模型稳定性均低于 PLSR 模型，且两者相差不大，前者为 88.5%，后者为 87.5%。因此，PLSR 模型稳定性最好。对于模型拟合程度 R^2 而言，ELM 模型拟合度略高于

PLSR 模型，两者均比 Cubist 模型拟合度低。Cubist 模型的 R_{c1}^2 和 R_{v1}^2 分别比 PLSR 模型和 ELM 模型的 R_{c1}^2 和 R_{v1}^2 高 0.24、0.15 和 0.13、0.12。因此，Cubist 模型的拟合度最高。对于模型的预测能力（$RMSE$）而言，Cubist 模型预测能力略高于 ELM 模型，PLSR 模型预测能力最弱。PLSR 模型的 $RMSE_{c1}$ 和 $RMSE_{v1}$ 比 Cubist 模型和 ELM 模型的 $RMSE_{c1}$ 和 $RMSE_{v1}$ 分别高 0.12%、0.007% 和 0.09%、0.02%。因此，Cubist 模型预测能力最强。综上所述，本研究中 Cubist 模型精度最高，其次为 ELM 模型，PLSR 模型精度最低。

3.2.3.7　划分植被覆盖度对土壤盐分反演图精度的影响

以获取的 2018 年 6 月图像为例，按照前面得出的植被覆盖度等级划分方法与最佳土壤含盐量反演模型 Cubist，在 ENVI 与 ArcGIS 软件中得到划分植被覆盖度与未划分植被覆盖度两种情况的表层土壤盐分分布图。在图像中，白色部分为城镇，不参与盐分反演。

由图 3.8 可知，灌域 6 月的土壤盐渍化程度为轻度盐渍化。非盐土与轻度盐渍化面积约占总区域的 81.1%。这是因为夏季灌水加剧了土壤盐分向深层的运移，并削弱了盐分在土壤表层的积聚。重度盐渍土和盐土主要分布在灌溉较少、积盐情况较为严重的地区，主要包括废弃的农场、低洼的土地和盐荒地，占灌域总面积的 19.1%。

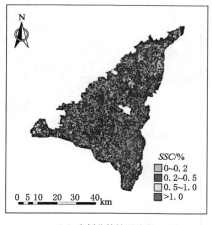
（a）未划分植被覆盖度

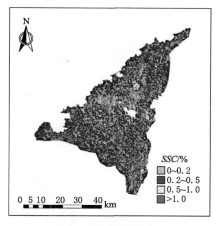
（b）划分植被覆盖度

图 3.8　解放闸灌域 2018 年 6 月土壤盐分分布图

详细对比图 3.8 中（a）、（b）两图可以发现，不同盐渍化区域占总面积的比重存在差异。在图 3.8（a）中，土壤含盐量在 0.2%~0.5% 区间的面积所占比重为 56.99%，超过 1.0% 范围的面积所占比重为 7.87%，均比图 3.8（b）中各区间所占比重大。图 3.8（b）中，土壤含盐量在 0.2%~0.5% 区间的面积所占比重为 45.88%，超过 1.0% 范围的面积所占比重为 7.16%。当土壤含盐量在 0~0.2% 区间与 0.5%~1.0% 区间时，未划分植被覆盖度图像中两种面积所占比重分别为 24.03% 和 11.11%，该比重低于划分植被覆盖度所得比重，其中相对应比重分别为 35.13% 和 11.83%。

按照采样点土壤盐渍化信息绘制 6 月不同土壤盐渍化程度土壤采样点所占比重，以期通过代表性的土壤采样活动概括研究区当月不同土壤盐渍化等级所占比重状况，如图 3.9 所示。

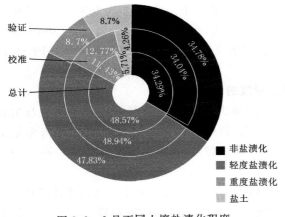

图 3.9　6 月不同土壤盐渍化程度
采样点所占比重

以图 3.9 为参考，划分植被覆盖度的图像中各土壤盐渍化程度所占比重与实测值更为接近，其误差可能是使用 Cubist 模型对中等程度植被覆盖度数据集进行建模与预测产生的，该结论可以通过图 3.10 得到充分证实。真彩色图像 [图 3.10（a）]中淡黄色地区代表贫瘠的草地，该地区对应的土壤存在较高程度的盐渍化。与图 3.10（b）对比分析可知，在图 3.10（c）中不同盐渍化程度的土壤分布及比重与实测数据更为一致，植被覆盖度的划分可以较为精准地反映和监测灌域土壤盐渍化情况。

（a）真彩色图像

（b）未划分植被覆盖度的土壤盐分分布图

（c）划分植被覆盖度的土壤盐分分布图

图 3.10　2018 年 6 月 GF-1 卫星图像

3.3　雷达卫星遥感诊断土壤含盐量方法

雷达遥感具有全天时、全天候和一定穿透性的监测能力，弥补了可见光遥感的局限性，可更好地识别地表地物、提取地表信息，在土壤成分信息提取等方面具有较大的潜力与优势（李彪等，2015；刘全明等，2016）。本节采用欧洲航天局（European Space Agency，ESA）地球观测哨兵一号（Sentinel-1）A卫星影像为数据源，用SNAP软件进行影像预处理。以同向极化（VV）与异向极化（VH）这两种极化方式的雷达后向散射系数及不同极化组合指数与沙壕渠灌域0～10cm深度及10～20cm深度的裸土盐分数值为数据源，建模分析雷达后向散射系数与土壤盐分值之间的关系。图3.11为2019年4月12日的不同极化方式下沙壕渠灌域雷达影像。

研究可知土壤盐分数值与后向散射系数之间的关系微弱，相关系数见表3.18。为深入研究不同极化方式下雷达后向散射系数与土壤盐分之间的关系，对雷达后向散射系数进行不同极化组合构建其他指数。筛选指数构建基于不同采样深度的PLSR模型、分位数回归模型和支持向量机模型估算土壤含盐量，估算结果如图3.12～图3.14所示。

表 3.18　　　不同土壤深度盐分值与不同极化方式下后向散射系数的相关系数

土壤深度/cm	VH 极化方式	VV 极化方式	土壤深度/cm	VH 极化方式	VV 极化方式
0～10	0.195*	0.235*	10～20	0.181	0.264**

* 在0.05水平上显著相关。

** 在0.01水平上显著相关。

(a) VH极化方式　　　　　　　(b) VV极化方式

图 3.11　不同极化方式下沙壕渠灌域雷达影像

支持向量机模型无论是对于0～10cm深度土壤盐分含量估算，还是10～20cm深度土壤盐分含量估算，都有很好的效果，其中0～10cm深度的诊断验证集R^2达到了0.686，10～20cm深度的诊断验证集R^2达到了0.568。

对土壤含盐量预测值与实测值进行残差分析，结果如图3.15所示。在所有预测土壤含盐量的模型中，0～10cm深度条件下的SVM模型残差最集中并遵循标准正态分布，范围最窄，预测效果最好。这与模型预测值的拟合曲线一致。因此，选用的0～10cm支持向量机模型适用于沙壕渠灌域裸土期的土壤含盐量估算。

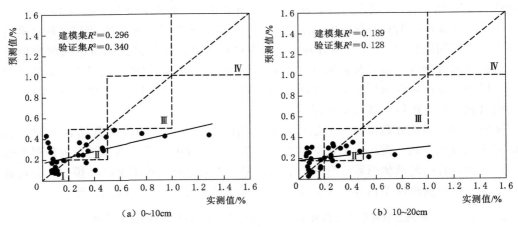

（a）0~10cm　　　　　　　　（b）10~20cm

图 3.12　基于偏最小二乘的不同深度土壤含盐量估算结果

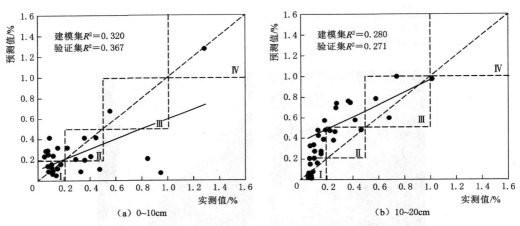

（a）0~10cm　　　　　　　　（b）10~20cm

图 3.13　基于分位数回归的不同深度土壤含盐量估算结果

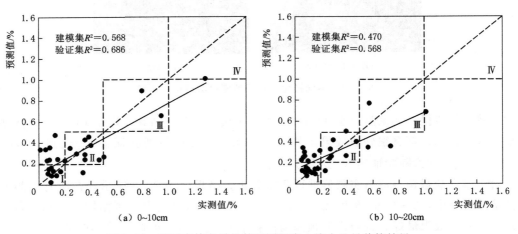

（a）0~10cm　　　　　　　　（b）10~20cm

图 3.14　基于支持向量机的不同深度土壤含盐量估算结果

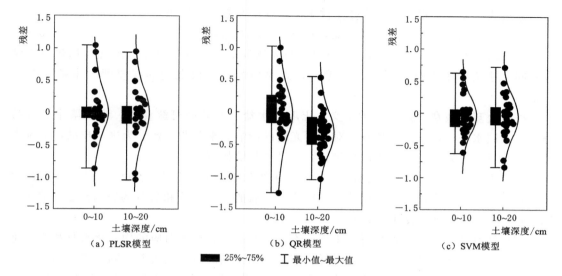

（a）PLSR模型　　　　　　（b）QR模型　　　　　　（c）SVM模型

■ 25%~75%　　Ｉ 最小值~最大值

图 3.15　基于不同深度的土壤含盐量估算模型的残差分布

3.4　水盐交互作用对卫星遥感诊断土壤含盐量的影响

为了表示土壤水分和盐分对土壤光谱特征的综合影响，Yang et al.（2017）提出反映土壤水分、盐分和土壤反射率之间定量关系的模型，即

$$R = R_0(\lambda)\exp[-a(\lambda)SM - b(\lambda)SS] \tag{3.8}$$

式中：R 为受水分和盐分影响下的土壤表面反射率；R_0 为不受水分和盐分影响的反射率；SS 为土壤含盐量，mS/cm；SM 为土壤水分含量；a 为因土壤水分含量改变而引起土壤表面反射率改变的速率；b 为因土壤含盐量改变而引起土壤表面反射率改变的速率。R_0、a 和 b 随波长 λ 的不同而有所不同。

研究表明，尽管式（3.8）能够反映土壤水分、盐分与土壤光谱之间的关系，但模拟结果仍存在偏差，这说明该模型在表达土壤水分和盐分对土壤光谱影响上仍具有局限性。从式（3.8）可看出，水分和盐分是以乘积的形式来表征对土壤光谱的作用，并未考虑水盐之间是否会以交互效应形式来对光谱特征产生影响，这可能是造成估算偏差的原因。为此，本节在式（3.8）的基础上，结合水盐交互效应来量化土壤水分、盐分与土壤光谱特征之间的关系，其具体表达式为

$$\tilde{R} = R_0(\lambda)\exp[-a(\lambda)SM - b(\lambda)SS] + \Delta(w,s) \tag{3.9}$$

式中：$\tilde{R}$ 为土壤在水分和盐分影响下的表面反射率；$\Delta(w,s)$ 表示土壤水分含量为 w 和土壤盐分含量为 s 时所产生的水盐交互效应；其他符号意义同前。将式（3.9）简化，可得

$$\tilde{R} = R_1(w,s) + \Delta(w,s) \tag{3.10}$$

式中：R_1 为基于土壤水盐-反射率原理获取的光谱反射率估计值，通过式（3.8）计算可得。

通过式（3.10）得出不同水盐条件下的水盐交互效应，即为

$$\Delta(w,s)=R^{\sim}-R_1(w,s) \tag{3.11}$$

可看出，$\Delta(w,s)$ 可定义为真实反射率与光谱反射率估计值之差，因此当构建出土壤在不同水盐条件下土壤光谱特征模型时，其模型与真实值之间的误差即为水盐交互效应 $\Delta(w,s)$。

根据交互效应在统计学上的定义，土壤的水盐交互效应可解释为，当土壤水分（盐分）在不同水平时，水分（盐分）对土壤光谱的影响效果并非一致。为进一步描述土壤水盐的交互效应，采用特征量来进行量化，其具体步骤如下：

（1）土壤水盐均一化。为消除土壤水分和盐分单位差异以及能更好地对两者进行比较，对土壤水盐数据进行均一化计算，经均一化后的土壤水分和盐分的数值范围都在 $0\sim1$ 之间，其值越大则代表其水平越高。

（2）计算盐水比线。根据每个土壤样本水分和盐分数据所对应的均一化水分和均一化盐分可绘制出土壤水盐散点图。土壤样本在散点图不同的位置代表着不同的水分和盐分水平。通过连接原点（0，0）和平衡点（X_a，Y_a）来绘制出盐水比线，从而划分出盐分主导（盐分水平相对较大）和水分主导（水分水平相对较大）的区域，其平衡点的坐标为

$$\left.\begin{array}{l}X_a=X_{\mathrm{mid}}(SM_{\mathrm{N},1},SM_{\mathrm{N},2},SM_{\mathrm{N},3},\cdots,SM_{\mathrm{N},n})\\Y_a=Y_{\mathrm{mid}}(SS_{\mathrm{N},1},SS_{\mathrm{N},2},SS_{\mathrm{N},3},\cdots,SS_{\mathrm{N},n})\end{array}\right\} \tag{3.12}$$

式中：（X_a，Y_a）为散点图中的平衡点；X_{mid} 和 Y_{mid} 分别为所有土壤样本的均一化水分和均一化盐分的中位数；$SM_{\mathrm{N},i}$ 和 $SS_{\mathrm{N},i}$ 分别为第 i 个土壤样本的均一化水分和均一化盐分数值。

（3）计算特征量。土壤的水盐交互效应实际上是水中的氢氧根离子和盐分中的离子（如碳酸氢根离子、硫酸根离子、氯离子）之间的相互作用过程，但最为直观的体现则是水分和盐分含量的相对比例。为此，可以利用土壤样本在散点图上与盐水比线之间的角度 θ 来量化这一特征。在盐分占主导地位的区域，θ 越大，代表盐水比例越大，θ 越小，则代表盐水比例越小，盐分水平和水分水平越接近；同样地，在水分占主导地位的区域，θ 越大，代表盐水比例越小，θ 越小，则代表盐水比例越大，水分水平和盐分水平越接近。

（4）基于特征量表达水盐交互效应。通过计算能够表征土壤水盐含量相对比例的特征量 θ 来构建关于土壤的水盐交互效应，其具体表达式为

$$\Delta(w,s)=f(\theta) \tag{3.13}$$

因此，利用式（3.13）计算出 $\Delta(w,s)$，并通过最小二乘法来构建 $\Delta(w,s)$ 与 θ 的函数式，以此计算出土壤在不同水盐条件下的水盐交互效应 $\Delta(w,s)$。

（5）构建交互模型。在理论模型基础上，结合土壤水盐交互效应可构建出水盐交互模型，其具体表达式为

$$R=R_0(\lambda)\exp[-a(\lambda)SM-b(\lambda)SS]+f(\theta) \tag{3.14}$$

总体上，对于指定的 λ 来说，当参数 a、b、R_0 以及函数关系 f 已知时，即可求出在任何水盐条件下的土壤反射率。

3.5 河套灌区土壤盐分时空动态变化

基于 ArcGIS 10.1 空间数据可视化表达功能，对研究区耕地做掩膜处理，将河套灌区不同时期耕地土壤盐渍化分布制作成系列专题图，结合河套灌区五大灌域矢量边界，分析河套及分灌域耕地土壤盐渍化格局（图 3.16）。

河套灌区耕地以非盐渍化和轻度盐渍化为主，并且在空间上呈现东部重于西部，北部重于南部的格局。大部分非盐渍化耕地分布于解放闸灌域和永济灌域，然而，轻度和中度

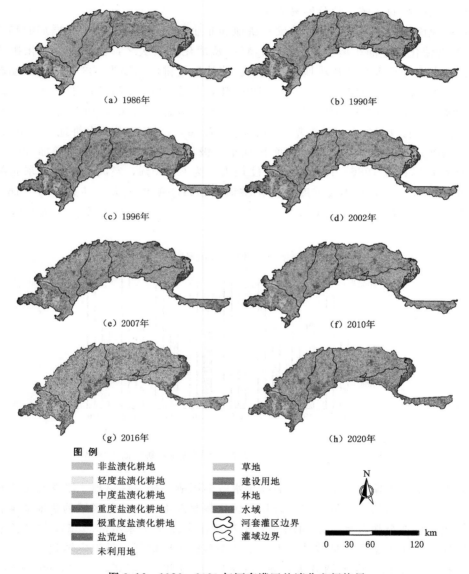

图 3.16　1986—2020 年河套灌区盐渍化空间格局

55

图 3.17 河套灌区 30m 分辨率数字高程

盐渍化耕地在义长灌域和乌拉特灌域分布较多。重度和极重度盐渍化耕地多分布于盐荒地周边，且离盐荒地越近，耕地土壤盐渍化程度越重。这种分布格局与区域地势关系密切。DEM 数据（图 3.17）显示，河套灌区地势较平坦，高程起伏不大，西南略高于东北，局部微地形控制着土壤中盐分运移方向和分布规律，土壤盐渍化偏重的地方大多处于地势低洼和局部凸起的区域，盐分容易聚集。

随着耕地面积的扩张，研究区盐渍化耕地和非盐渍化耕地面积均呈现增加的趋势（图 3.18）。非盐渍化耕地面积增加幅度最大，轻度盐渍化耕地次之，极重度盐渍化耕地也有所增加；而中度和重度盐渍化耕地面积减少。非盐渍化耕地增幅为 533.34km²，动态度为 1.05%；其中，增幅最大时段为 1990—1996 年，动态度达 8.74%；相比之下，2010—2016 年动态度最低，仅 0.15%。轻度盐渍化耕地增幅为 400km²，动态度为 1.03%；其中，增幅最大时段为 1986—1990 年，动态度达 7.56%；轻度盐渍化耕地分别在 1990—1996 年和 2007—2010 年内出现两次面积减小。极重度盐渍化耕地面积增加 33.33km²，动态度为 4.17%；以 1986—1990 年动态度最大，为 62.50%，空间上主要为东北部盐荒地转入所致；2007—2010 年极重度盐渍化耕地面积减小幅度最大，动态度为 −16.68%。中度和重度盐渍化耕地减少幅度分别为 80km² 和 33.33km²，动态度依次为 −0.31% 和 −0.17%。

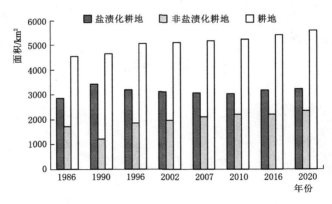

图 3.18 1986—2020 年河套灌区不同盐渍化耕地面积变化

空间上，由于气象、地下水文、灌溉排水等的影响，研究区耕地土壤含盐量长期处于波动状态，不同等级盐渍化耕地之间的相互转化频繁发生，大部分区域的耕地盐渍化等级发生了变化。耕地与盐荒地、未利用地的相互转化多发生于永济灌域东部和义长灌域北部，说明这些区域土壤含盐量波动较大，土地类型稳定度偏低，易发生转化。

灌区耕地盐渍化演变可划分为加重（1986—1990 年）、不断减轻（1990—2007 年）、相对稳定（2007—2020 年）三个阶段。1986—1990 年，研究区耕地中盐渍化所占比例由

63%增加为74%，其中，轻度和重度盐渍化耕地比例均有所上升。灌区内部各个灌域的土壤盐渍化变化规律与整个灌区一致，其中以解放闸灌域盐渍化耕地比例上升幅度最大，为20%。1990—2007年，耕地中盐渍化所占比例持续减小，由1990年的74%减少至1996年的63%、2007年的59%；各个等级的盐渍化耕地所占比例均表现出下降的趋势，其中，轻度和重度盐渍化耕地的降幅达6%。灌区内部各灌域也表现出较一致的演变趋势，其中，乌拉特灌域盐渍化耕地比例降幅最大，且轻度、中度及重度降幅均达到10%以上；但解放闸灌域和永济灌域的盐渍化耕地比例分别在2002年和2007年略有上升。2007年以后，整个灌区盐渍化耕地所占比例均降至60%以下，其中，轻度、中度、重度与极重度盐渍化耕地分别占耕地总面积的30%、15%、12%和1%左右。从灌域变化来看，一干灌域盐渍化耕地所占比例较稳定，解放闸灌域和永济灌域盐渍化耕地比例下降，而义长灌域和乌拉特灌域有所回升。总体来看，除义长灌域的轻度盐渍化耕地所占比例和乌拉特灌域的极重度盐渍化耕地所占比例有所上升外，其余各灌域不同等级盐渍化耕地所占比例均表现出下降趋势。

根据调查及前人研究成果（童文杰，2014）显示，河套灌区盐渍化耕地占耕地面积的比例分别为74.3%（1990年）、63.6%（1996年）与56.2%（2014年），本研究结果依次为73.7%（1990年）、63.2%（1996年）与58.8%（2016年）；2014年分级调查结果为轻度29.8%、中度17.2%和重度9.2%，而2016年遥感分类结果为轻度31.4%、中度14.4%和重度11.8%。可见，耕地土壤盐渍化反演结果与调查数据很接近，所以，基于MSAVI-SI$_3$二维特征空间的耕地表土盐分模型在耕地土壤盐渍化长序列研究中能够取得较好的结果。

1986—2020年河套灌区土壤盐渍化面积见表3.19。整个灌区的盐荒地和盐渍化耕地的变化过程具有一定的关联性。1986—1996年，两者的面积呈现相反变化过程，且在1990年，盐渍化耕地和盐荒地面积出现峰谷相对现象，在空间上，这段时期义长灌域和乌拉特灌域内盐荒地和盐渍化耕地之间的相互转化异常频繁；1996—2007年，盐荒地和盐渍化耕地面积均出现持续减小的过程。2007年之后，整个灌区土壤盐渍化面积进入相对低值期，而盐荒地与盐渍化耕地面积再次呈现相反演变过程。

表3.19 1986—2020年河套灌区土壤盐渍化面积

年份	盐荒地面积/万 hm²	耕地面积/万 hm²							盐化面积/万 hm²
		盐渍化耕地	轻盐渍化耕地	中盐渍化耕地	重盐渍化耕地	极重盐渍化耕地	非盐渍化耕地	其他耕地	
1986	12.97	28.60	13.00	8.60	6.73	0.27	16.93	45.53	41.57
1990	12.33	34.13	16.93	8.07	8.20	0.93	12.20	46.33	46.46
1996	12.80	32.00	15.07	8.87	7.40	0.67	18.60	50.60	44.80
2002	10.64	30.87	16.07	7.94	6.33	0.53	19.87	50.74	41.51
2007	10.16	30.73	16.27	7.60	6.07	0.80	21.07	51.80	40.89
2010	10.54	30.00	14.80	8.73	6.07	0.40	22.07	52.07	40.54
2016	9.85	31.80	17.00	7.80	6.40	0.60	22.27	54.07	41.65

续表

年份	盐荒地面积/万 hm²	耕地面积/万 hm²							盐化面积/万 hm²
		盐渍化耕地	轻盐渍化耕地	中盐渍化耕地	重盐渍化耕地	极重盐渍化耕地	非盐渍化耕地	其他耕地	
2020	9.14	32.30	18.03	7.04	6.69	0.54	23.54	55.84	41.44
平均	11.33	31.16	15.59	8.23	6.74	0.60	19.00	50.16	42.49

3.6　小结

（1）裸土条件下，利用 Sentinel-2 卫星数据构建的土壤含盐量反演模型中，灌水前多元线性回归模型反演效果最佳，灌水后岭回归法反演效果最好。

（2）植被覆盖条件下借助高分一号卫星遥感影像建立光谱指数与各深度土壤含盐量的定量关系中，20～40cm 深度处的相关性最好。人工神经网络模型的反演效果最差，分位数回归模型和支持向量机模型在土壤含盐量估算中表现相近。但是分位数回归模型仅采用 3 个自变量，支持向量机模型采用 16 个自变量。因此，选择拟合效果好、验证精度高、模型稳定性强、简洁高效的 20～40cm 深度的全子集-分位数回归模型，作为最佳土壤盐渍化估算模型。

（3）在所有结合雷达卫星数据预测土壤含盐量的模型中，0～10cm 深度条件下的 SVM 模型残差最集中并遵循标准正态分布，范围最窄，预测效果最好。这与模型预测值的拟合曲线一致。因此，选用的 0～10cm 支持向量机模型适用于沙壕渠灌域裸土期的土壤含盐量估算。

（4）从耕地盐渍化程度来看，河套灌区非盐渍化耕地所占比例呈上升趋势，盐渍化耕地比例均呈现下降趋势。灌区耕地盐渍化演变可划分为加重（1986—1990 年）、不断减轻（1990—2007 年）、相对稳定（2007—2020 年）三个阶段。2020 年，盐化面积（含盐荒地和盐渍化耕地）41.44 万 hm²，占总土地面积的 35.53%，其中盐渍化耕地面积为 32.3 万 hm²，占盐化土地面积的 77.94%；盐渍化耕地面积占耕地总面积的 57.84%，其中轻度盐渍化占 32.28%、中度盐渍化占 12.62%、重度盐渍化占 11.99%、极重度盐渍化占 0.96%；非盐渍化耕地和轻度盐渍化耕地占耕地总面积的 74.44%。

第 4 章

无人机遥感诊断土壤含盐量方法

无人机多光谱遥感技术可以高效获取地物高分辨率光谱信息,且能够反映地物光谱的细微特征,可依据诊断的光谱吸收特征来进行定量分析、反演盐渍化信息。本章以河套灌区沙壕渠灌域为研究靶区,采集不同盐渍化程度的土样,在实验室内分析获取土壤含盐量。结合无人机多光谱数据,利用不同的特征光谱筛选方法和数学建模方法,对裸土期和植被覆盖期建立基于实测光谱数据的土壤含盐量反演模型,并根据不同的评价指标对模型进行综合评价。

4.1 裸土条件下无人机多光谱遥感诊断土壤含盐量方法

农田覆膜技术可以改变土壤的水、气、热、盐状况,促进作物的生长,在河套灌区农业生产中有着广泛的应用。地膜覆盖的土壤表面与裸土区域有着不同的光谱特性,因此覆膜会对大区域土壤盐渍化的准确监测造成一定影响,是一个不可忽略的因素。本节利用无人机遥感获取多光谱数据反演农田土壤盐分含量,同时对遥感影像进行去膜处理,并结合机器学习算法构建去膜前后的土壤含盐量估算模型,通过对不同模型精度对比分析,探究覆膜对无人机多光谱遥感反演农田土壤含盐量精度的影响,为利用无人机遥感诊断覆膜农田的土壤盐渍化监测提供一定的科学基础。

4.1.1 采样点土样、光谱图像采集与处理

裸土条件下无人机多光谱遥感诊断土壤含盐量试验于沙壕渠灌域内选取 4 块不同盐分梯度的试验地 A、B、C、D 作为采样区。试验于 2018 年 5 月和 6 月分两次进行,该时期农田已覆膜,土壤盐分向表层聚集且地表绿色植被较少。综合考虑采样点分布的代表性、均匀性等因素,在每块试验地布置 13~14 个采样点,采样方法为五点取样法,采样单元为 16m×16m,采样深度为 0~20cm,其中 5 月获得样本 56 个,6 月 53 个,共计获得 109 个试验数据。土壤的盐渍化等级划分以 $SSC<0.2\%$ 为非盐土,$0.2\%\leqslant SSC<0.5\%$ 为轻度盐渍化土,$0.5\%\leqslant SSC<1.0\%$ 为重度盐渍化土,$SSC\geqslant 1.0\%$ 为盐土,土壤采样点的盐分统计分析见表 4.1。

考虑到遥感图像中覆膜对光谱反射率的影响,采用监督分类中的最大似然法首先对裁剪的遥感图像进行地膜和土壤的分类,之后导出只包含土壤层的遥感影像以达到去膜的目

的。在 ENVI 5.3 软件中分别提取出取样点去膜前后的灰度值均值，利用白板的灰度值进一步计算出对应的光谱反射率值。

表 4.1　　　　　　　　　　　　　土壤采样点的盐分统计分析

数据	样本数量/个					含盐量/%				含盐量偏度	含盐量变异系数
	总计	非盐土	轻度盐渍化土	重度盐渍化土	盐土	最大值	最小值	平均值	标准差		
5 月	56	4	16	24	12	1.366	0.121	0.642	0.330	0.200	0.513
6 月	53	3	15	24	11	1.237	0.134	0.650	0.323	0.056	0.497
总体	109	7	31	48	23	1.366	0.121	0.646	0.327	0.130	0.506

　　针对裸地或者植被覆盖度极低的土壤，在电磁波谱的可见光和近红外范围内，通过盐渍化区域盐分的光谱反射率来计算土壤的光谱指数（Taghadosi et al.，2019）。因此，根据之前得到的土壤表层不同波段的光谱反射率数据，结合参考文献和经验，选取 13 种常见的光谱指数（包括 11 种盐度指数）作为土壤盐渍化监测模型的备选指标。归一化盐分指数（Normalized Differential Salinity Index，NDSI）计算方法（Khan et al.，2005）为

$$NDSI = \frac{R - NIR}{R + NIR}$$

式中：R 和 NIR 分别为 680nm 和 800nm 波长处的光谱反射率。

　　随机选取 70% 的样本作为建模集，30% 的样本作为验证集，具体划分情况见表 4.2。

表 4.2　　　　　　　　建模集和验证集的样本数量统计表　　　　　　　　　单位：个

数据集	5 月样本数量	6 月样本数量	总样本数量
建模集	39	37	76
验证集	17	16	33
总计	56	53	109

4.1.2　光谱信息与土壤含盐量的相关分析

4.1.2.1　光谱反射率与土壤含盐量的相关分析

　　将不同数据集中不同波段的光谱反射率与对应的土壤含盐量进行相关性分析，发现在波段 490nm、550nm、680nm 和 800nm 处的光谱反射率与土壤含盐量的相关系数较高，均位于 0.5 以上，其中 680nm 处的相关性最高，而在 720nm 和 900nm 处的相关性则相对较低，这与前人的研究基本一致（Csillag et al.，2019）。同时，经过去膜处理的光谱反射率与土壤含盐量的相关性相比未去膜有所提高，其中 5 月平均提高 0.040，6 月平均提高 0.013，总体平均提高 0.028。而 5 月去膜处理后的数据在 680nm 波段处的光谱反射率与土壤含盐量的相关系数最大，为 0.77。

4.1.2.2　光谱指数与土壤含盐量的相关分析

　　根据不同光谱指数与土壤含盐量的相关性分析，得到不同处理的 13 个光谱指数与对应的土壤含盐量相关系数，结果见表 4.3。

表 4.3 不同光谱指数与土壤含盐量的相关系数

光谱 指数	5 月		6 月		总 体	
	未去膜 ($n=56$)	去膜 ($n=56$)	未去膜 ($n=53$)	去膜 ($n=53$)	未去膜 ($n=109$)	去膜 ($n=109$)
S_1	−0.223	0.071	−0.128	0.047	−0.189*	0.060
S_2	−0.194	0.072	−0.111	0.084	−0.158	0.078
S_3	0.553**	0.561**	0.546**	0.620**	0.542**	0.589**
S_5	0.491**	0.574	0.419**	0.485**	0.453**	0.529**
S_6	0.720**	0.739**	0.701**	0.714**	0.703**	0.726**
SI	0.740**	0.741**	0.665**	0.674**	0.700**	0.703**
SI_1	0.730**	0.751**	0.712**	0.734**	0.713**	0.739**
SI_2	0.757**	0.780**	0.755**	0.789**	0.753**	0.782**
SI_3	0.737**	0.759**	0.708**	0.731**	0.716**	0.742**
$SI-T$	0.038	−0.154	−0.070	−0.188	−0.014	−0.171
BI	0.785**	0.803**	0.774**	0.808**	0.778**	0.804**
SR	−0.163	0.026	−0.028	0.069	−0.102	0.046
$NDSI$	0.090	−0.092	−0.026	−0.125	0.036	−0.108

注 n 为样本个数。

* 在 0.05 水平上显著相关。

* * 在 0.01 水平上显著相关。

由表 4.3 可以看出，无论是 5 月、6 月，还是总体，S_3、S_5、S_6、SI、SI_1、SI_2、SI_3、BI 这 8 个光谱指数与土壤含盐量均表现出了极显著的相关关系，而 S_1、S_2、$SI-T$、SR、$NDSI$ 这 5 个光谱指数与土壤含盐量的相关性则较低。其中，S_3 和 S_5 与土壤含盐量的相关系数变化范围在 0.4～0.6，因此，选取与土壤含盐量极显著相关且相关系数 R 在 0.7 以上的 6 种光谱指数，即 S_6、SI、SI_1、SI_2、SI_3、BI，作为最佳光谱指数用于土壤盐分模型的建模验证。

4.1.3 基于光谱信息的土壤盐分估算模型

4.1.3.1 基于光谱反射率的土壤盐分估算模型

将不同处理得到的 6 波段光谱反射率作为自变量，对应的土壤含盐量作为因变量，分别利用支持向量机（SVM）、反向传播神经网络（BPNN）和极限学习机（ELM）三种机器学习方法建立基于光谱反射率的土壤盐分估算模型，并通过决定系数 R^2、均方根误差 $RMSE$ 和相对误差 RE 进行评价分析。三种机器学习方法分别使用 R 语言软件中的 e1071、nnet 和 elmNNRcpp 包实现（下同），相关建模集及验证集的评价结果见表 4.4。

从表 4.4 可以看出，三种机器学习模型中，建模集的决定系数 R_c^2 均在 0.6 以上，均方根误差 $RMSE_c$ 均在 0.2% 以下，取得了较好的建模效果。而验证集的验证效果则相对较差，但决定系数 R_v^2 也都达到了 0.5 以上，均方根误差 $RMSE_v$ 均在 0.25% 以下，相对误差 RE 均在 50% 以下。同时，通过去膜处理的数据集建模验证效果要好于原始的数据集，其中基于 SVM 回归的 5 月去膜数据达到了最好的建模效果，R_c^2 和 $RMSE_c$ 分别为 0.790 和 0.154%，基于 ELM 回归的 6 月去膜数据达到了最好的验证效果，R_v^2 和 RM-

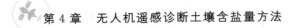

SE_v 分别为 0.717 和 0.171%。5 月未去膜数据的建模验证效果要好于 6 月，但通过去膜处理后，6 月的数据建模验证效果有明显提升，即 6 月的去膜效果好于 5 月。而就三种机器学习方法而言，ELM 的建模与验证效果相对最稳定，建模集和验证集的决定系数最为接近。

表 4.4　　　　　　　　　　　　　**基于光谱反射率的土壤盐分估算结果评价**

机器学习方法	处理情况	建模集			验证集		
		R_c^2	$RMSE_c$/%	RE_c/%	R_v^2	$RMSE_v$/%	RE_v/%
支持向量机（SVM）	5 月未去膜	0.765	0.164	26.68	0.577	0.214	40.77
	5 月去膜	0.790	0.154	23.50	0.627	0.215	40.52
	6 月未去膜	0.713	0.176	33.13	0.549	0.210	44.27
	6 月去膜	0.777	0.156	29.09	0.582	0.210	43.94
	总体未去膜	0.679	0.187	32.87	0.616	0.203	29.98
	总体去膜	0.730	0.172	28.76	0.634	0.197	30.67
反向传播神经网络（BPNN）	5 月未去膜	0.759	0.166	28.92	0.536	0.222	41.75
	5 月去膜	0.766	0.161	26.96	0.551	0.226	41.83
	6 月未去膜	0.674	0.193	40.11	0.564	0.211	43.88
	6 月去膜	0.712	0.183	37.84	0.700	0.186	39.92
	总体未去膜	0.648	0.197	37.34	0.629	0.200	34.23
	总体去膜	0.717	0.175	30.66	0.642	0.193	32.04
极限学习机（ELM）	5 月未去膜	0.745	0.170	26.62	0.602	0.212	34.92
	5 月去膜	0.743	0.171	26.53	0.631	0.205	37.50
	6 月未去膜	0.660	0.192	39.67	0.580	0.203	41.76
	6 月去膜	0.695	0.182	36.53	0.717	0.171	34.22
	总体未去膜	0.651	0.194	36.92	0.616	0.204	35.46
	总体去膜	0.702	0.179	32.04	0.653	0.190	33.48

4.1.3.2　基于光谱指数的土壤盐分估算模型

将不同处理的土壤含盐量作为因变量，筛选得到的 6 种光谱指数作为自变量输入到模型当中，分别构建 SVM、BPNN、ELM 三种机器学习方法的模型并验证其精度，结果见表 4.5。

表 4.5　　　　　　　　　　　　**基于光谱指数的土壤盐分估算结果评价**

机器学习方法	处理情况	建模集			验证集		
		R_c^2	$RMSE_c$/%	RE_c/%	R_v^2	$RMSE_v$/%	RE_v/%
支持向量机（SVM）	5 月未去膜	0.765	0.163	24.53	0.612	0.214	34.23
	5 月去膜	0.792	0.154	25.26	0.641	0.195	33.06
	6 月未去膜	0.610	0.210	42.40	0.624	0.201	40.01
	6 月去膜	0.674	0.189	36.76	0.687	0.177	35.50
	总体未去膜	0.683	0.187	35.27	0.652	0.197	31.63
	总体去膜	0.726	0.172	29.72	0.675	0.185	28.79

续表

机器学习方法	处理情况	建 模 集			验 证 集		
		R_c^2	$RMSE_c/\%$	$RE_c/\%$	R_v^2	$RMSE_v/\%$	$RE_v/\%$
反向传播神经网络（BPNN）	5月未去膜	0.745	0.171	30.69	0.594	0.207	36.06
	5月去膜	0.769	0.162	28.17	0.601	0.214	37.87
	6月未去膜	0.630	0.200	40.70	0.611	0.196	40.15
	6月去膜	0.685	0.185	38.19	0.698	0.175	36.77
	总体未去膜	0.701	0.180	32.55	0.636	0.198	34.18
	总体去膜	0.719	0.174	32.69	0.681	0.184	31.44
极限学习机（ELM）	5月未去膜	0.746	0.170	29.08	0.618	0.208	34.89
	5月去膜	0.786	0.156	23.20	0.645	0.199	33.42
	6月未去膜	0.639	0.198	40.07	0.617	0.194	39.09
	6月去膜	0.663	0.191	40.24	0.716	0.169	34.93
	总体未去膜	0.609	0.206	39.68	0.654	0.191	33.84
	总体去膜	0.718	0.174	31.87	0.672	0.186	31.59

由表 4.5 知，基于不同机器学习方法构建的光谱指数与土壤盐分的估算模型中，建模集的决定系数都在 0.6 以上，$RMSE_c$ 都在 0.25% 以下，验证集的决定系数都在 0.5 以上，$RMSE_v$ 都在 0.25% 以下，RE_v 都在 50% 以下，通过去膜处理的数据集建模和验证的效果都要优于原始数据。其中，在 6 月，未去膜前基于 ELM 构建的盐分估算模型的 R_c^2 和 $RMSE_c$ 分别为 0.639 和 0.198%，R_v^2 和 $RMSE_v$ 分别为 0.617 和 0.194%，通过去膜处理后的 R_c^2 和 $RMSE_c$ 分别为 0.663 和 0.191%，而 R_v^2 和 $RMSE_v$ 分别为 0.716 和 0.169%，去膜前后模型精度提升最为明显。而就总体数据而言，基于不同机器学习方法构建的盐分估算模型虽然精度相差不大，但通过去膜处理后的模型精度都有所提升。

4.1.4 模型的综合评价

通过对表 4.4 和表 4.5 的综合分析可以发现，三种机器学习模型对基于光谱反射率和光谱指数来反演土壤盐分均可以达到较好的建模及验证效果，且无论是光谱反射率还是光谱指数，通过去膜处理均能使模型的预测效果有所提升。同时，基于光谱指数建立的盐分估算模型的稳定性整体要优于直接采用光谱反射率建立的盐分模型。基于光谱反射率建立的盐分模型的 R_c^2 大多分布在 0.6～0.7，而 R_v^2 则大多分布于 0.5～0.6（表 4.4）；基于光谱指数建立的盐分模型的 R_c^2 大多分布在 0.6～0.7，而 R_v^2 同样大多分布于 0.6～0.7（表 4.5）。

基于光谱反射率和光谱指数的三种机器学习模型的预测值和实测值比较如图 4.1 和图 4.2 所示。从图 4.1 中可以看出，在 5 月，基于光谱反射率的三种机器学习模型的拟合效果相差不多，拟合曲线几乎重合。而在 6 月用去膜处理后的数据建立的 BPNN 模型和 ELM 模型的拟合效果明显要优于其他模型，曲线斜率更加接近于 1。基于总体数据建立的三种机器学习模型的决定系数均大于 0.6，表现出了较好的拟合效果。从图 4.2 可以看出，就 5 月和总体数据而言，基于光谱指数的三种机器学习模型拟合效果相差不大，拟合回归直线近似于重合分布。而以 6 月的数据建立的预测模型中，通过去膜处理的 ELM 模型预测效果最好，拟合方程的决定系数为 0.716，未去膜的 BPNN 模型预测效果最差，拟合方程的决定系数为 0.611。

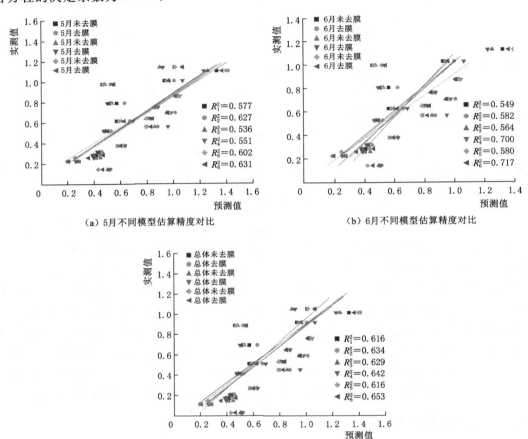

（a）5月不同模型估算精度对比　　　　　　　（b）6月不同模型估算精度对比

（c）5—6月不同模型估算精度对比

图 4.1　基于光谱反射率的土壤含盐量预测值与实测值的比较

　　通过以上分析，得出农田覆膜会对无人机多光谱遥感反演土壤盐分产生一定的影响，经过去膜处理后数据构建的模型反演效果要优于原始数据，基于光谱反射率进一步构建光谱指数来反演土壤含盐量，也可以提高盐分模型的反演精度。

　　基于不同处理及月份数据构建的盐分反演模型预测效果不同，基于整体数据构建的模型与各月份数据构建的模型反演效果也有所差异。总体而言，基于 5 月数据构建的模型反演效果最好，但 6 月数据去膜处理的效果最为明显。

　　比较三种机器学习方法构建的盐分反演模型精度，发现 ELM 模型的反演效果最好，SVM 模型效果次之，BPNN 模型反演效果相对较差。但三种模型均可在一定程度上对土壤盐分取得不错的反演效果，表明这三种机器学习方法在无人机多光谱遥感监测农田土壤含盐量方面均具有一定的适用性。

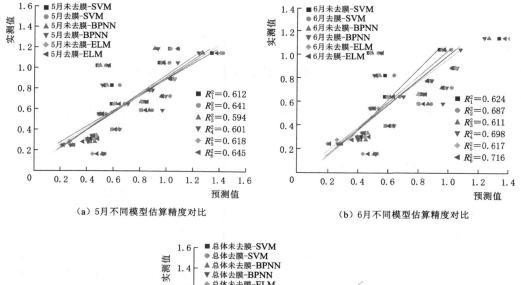

（a）5月不同模型估算精度对比　　　　　　　　　（b）6月不同模型估算精度对比

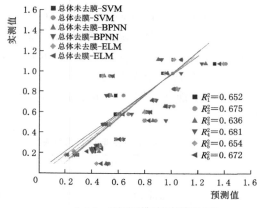

（c）5—6月不同模型估算精度对比

图 4.2　基于光谱指数的土壤含盐量预测值与实测值的比较

4.2　植被覆盖条件下无人机多光谱遥感诊断土壤含盐量方法

在作物反射光谱中，作物叶片叶绿素对不同光谱波段有吸收也有反射，其形成的光谱反射率往往能够体现出作物反映光谱特征的差异性。本节充分利用作物冠层对各波段光谱反射率之间的差异，通过不同波段光谱反射率的自由组合得到光谱指数，并与作物覆盖下的土壤含盐量数据建立相关关系，构建土壤含盐量估算模型，实现无人机多光谱对土壤含盐量的定量遥感估算。

4.2.1　光谱指数的构建及二维指数的确定

光谱指数作为一种监测土壤盐渍化程度的有效指征，与土壤表层盐分有着极为密切的关系。本节选取 9 个光谱指数，计算方法同表 3.10。为了寻找适用于本研究区的敏感光谱指数并充分深度挖掘光谱数据信息，选取差值指数 DI、比值指数 RI、归一化指数 NDI 3 个二维光谱指数，其表达式分别为

$$DI(B_i, B_j) = B_i - B_j$$
$$RI(B_i, B_j) = B_i / B_j$$
$$NDI(B_i, B_j) = (B_i - B_j) / (B_i + B_j)$$

式中：B_i、B_j 为多光谱传感器 6 个波段内任意获取的第 i 波段及第 j 波段的光谱反射率（Wang et al.，2019）。

由于本研究所用传感器有 2 个近红外波段，所以计算公式涉及近红外波段的光谱指数均有两个。

4.2.2 建模集和验证集的划分

本章共建立 22 个光谱变量，分别为 6 个光谱波段、13 个盐分指数和 3 个二维光谱指数。采用灰色关联度分析法（Grey Relational Analysis，GRA）（Wold et al.，1983）、变量投影重要性分析法（Variable Importance Projection，VIP）（王海峰等，2018）和连续投影算法（Successive Projections Algorithm，SPA）（Araujo et al.，2001）三种变量筛选方法对 22 个变量进行筛选，并结合实验室实测 SSC 值，建立基于 BPNN、SVM（下文采用 SVM 的分支 Support Vector Regression，SVR）和随机森林（Random Forest，RF）三种机器学习算法的土壤盐分反演模型。其中，三种机器学习模型运行参数见表 4.6。为了保证建模集和验证集能代表整个样本集的统计特征，样本集划分基于 Kennard - Stone（K - S）算法进行。

表 4.6 机器学习模型运行参数表

参 数	BPNN	SVR		RF	
	变量个数	惩罚参数	核参量	决策树数目	节点中用于二叉树的变量个数
Raw – BPNN	5	—	—	—	—
GRA – BPNN	3	—	—	—	—
SPA – BPNN	2	—	—	—	—
VIP – BPNN	3	—	—	—	—
Raw – SVR	—	1000	0.01	—	—
GRA – SVR	—	100	0.01	—	—
SPA – SVR	—	100	0.001	—	—
VIP – SVR	—	1000	0.01	—	—
Raw – RF	—	—	—	500	3
GRA – RF	—	—	—	500	3
SPA – RF	—	—	—	500	2
VIP – RF	—	—	—	500	3

4.2.3 土壤含盐量的描述性统计分析

参照土壤盐渍化等级划分标准（黄权中等，2018），土壤盐分的描述性统计分析结果见表 4.7。从表 4.7 可以看出，研究区域土壤样本中，非盐渍化土、轻度盐渍化土、重度盐渍化土占比分别为 33%、40%、27%，这与实地调研情况基本一致。总样本土壤含盐量变异系数为 0.54，说明土壤盐分在灌区耕地内的变异性并不大。

表 4.7　土壤盐度统计特征

数据集	非盐渍化土（含盐量<0.2%）	轻度盐渍化土（含盐量为 0.2%~0.5%）	重度盐渍化土（含盐量为 0.5%~1.0%）	含盐量最小值/%	含盐量最大值/%	变异系数
总样本（$n=60$）	20	24	16	0.08	0.81	0.54
建模集（$n=40$）	14	16	10	0.08	0.81	0.54
验证集（$n=20$）	6	8	6	0.09	0.71	0.57

4.2.4　光谱指数与土壤含盐量的相关性分析

光谱指数与土壤含盐量的相关性分析结果见表 4.8。S_1、S_3、S_4、S_5、S_6-1、DI、RI、NDI、$BI-1$、$NDSI-2$ 与土壤含盐量的相关关系为极显著性相关（$p<0.01$），而 S_2、S_6-2、$SR-2$ 与土壤含盐量的相关关系为显著性相关（$p<0.05$）。

表 4.8　光谱指数与土壤含盐量的相关性

光谱指数	$\lvert R\rvert$	光谱指数	$\lvert R\rvert$	光谱指数	$\lvert R\rvert$	光谱指数	$\lvert R\rvert$
S_1	0.36**	S_5	0.43**	$SR-2$	0.30*	$NDSI-2$	0.72**
S_2	0.26*	S_6-1	0.71**	$BI-1$	0.71**	DI	0.49**
S_3	0.59**	S_6-2	0.27*	$BI-2$	0.21	RI	0.59**
S_4	0.66**	$SR-1$	0.13	$NDSI-1$	0.19	NDI	0.55**

注　表中涉及近红外 1 波段和近红外 2 波段的指数，用"-1""-2"标注，如 S_6-1、S_6-2 和 $SR-1$、$SR-2$ 等。
*　在 0.05 水平上显著相关。
**　在 0.01 水平上显著相关。

多光谱包括 B1（490nm）、B2（550nm）、B3（680nm）、B4（720nm）、B5（800nm）、B6（900nm）6 个波段，从中随机选取两个光谱波段来构建二维光谱指数 RI、DI、RDI，然后分别计算 3 个二维指数与土壤盐分含量的相关关系，结果如图 4.3 所示。其中，红色表示正相关，蓝色表示负相关，颜色由浅到深表示相关性由低到高。

图 4.3 中显示，RI、DI、NDI 与土壤含盐量相关性较高的波段主要集中在红边波段 B4（720nm）与两个近红外波段 B5（800nm）、B6（900nm），其最大相关性绝对值分别为 0.59、0.49、0.55，随机取 B4、B5、B6 中的两者构建二维光谱指数并参与敏感变量的筛选，对应的表达式分别为 $RI(B_6,B_5)=B_6/B_5$、$DI(B_6,B_5)=B_6-B_5$、$NDI(B_6,B_5)=(B_6-B_5)/(B_6+B_5)$，式中，$B_6$、$B_5$ 为 B6（900nm）波段、B5（800nm）波段的光谱反射率，表明构成最高相关性二维光谱指数的均是 B5、B6 两个近红外波段。

4.2.5　敏感变量的筛选

（1）灰色关联度分析结果。利用 DPS 软件中的灰色系统对 22 个光谱变量（6 个光谱波段、13 个盐分指数和 3 个二维光谱指数）与土壤含盐量进行灰色关联度分析，结果如

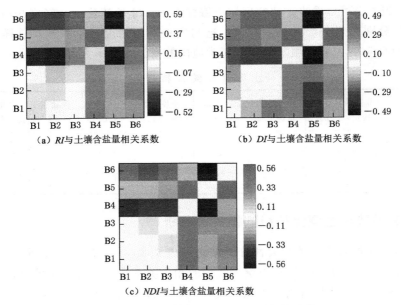

（a）*RI* 与土壤含盐量相关系数　　（b）*DI* 与土壤含盐量相关系数

（c）*NDI* 与土壤含盐量相关系数

图 4.3　二维指数与土壤含盐量的相关系数

图 4.4 所示。为达到变量筛选的目的，将敏感变量的灰色相关度（*GCD*）值设置为 0.7，最终将 B_4、B_6、S_1、$S_6 - 2$、$SR - 1$、$SR - 2$、RI 等 7 个自变量确定为敏感变量。

（2）连续投影算法分析结果。利用 MATLAB R2014b 编程实现连续投影算法（SPA）对自变量的筛选（Araújo et al.，2001），筛选结果如图 4.5 所示。从图 4.5 中看出，最终筛选到的变量为 B_3 和 *NDSI*，仅为总变量数目的 9%，说明使用此方法极大地降低了模型的复杂性。

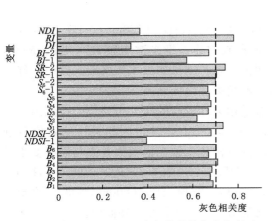

图 4.4　光谱协变量与土壤含盐量的灰色相关度

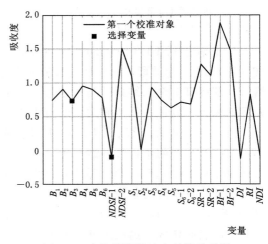

图 4.5　连续投影算法变量筛选结果

（3）变量重要性投影算法分析结果。采用 MATLAB R2014b 软件将 22 个变量与土壤含盐量进行 VIP 分析，得到每个变量的 VIP 得分，如图 4.6 所示。输出得分大于 1 的变量，最终将 $NDSI - 2$、S_1、$SR - 1$、$SR - 2$、$BI - 1$、$BI - 2$、RI 确定为模型输入变量。

4.2.6　盐分估算模型的建立与比较

本节通过决定系数 R^2、均方根误差 $RMSE$ 和相对分析误差 RPD 对模型进行分析与评价。相对分析误差 RPD 由式（4.1）和式（4.2）计算得到

$$RPD = \frac{SD}{RMSE} \qquad (4.1)$$

$$SD = \sqrt{\frac{\sum_{i=1}^{n}(y_i - \overline{y})^2}{n-1}} \qquad (4.2)$$

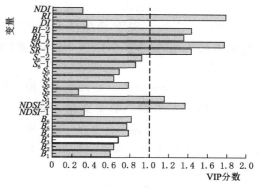

图 4.6　光谱协变量的 VIP 分数

式中：SD 为样本的标准偏差；y_i 为样本的实测值；$\overline{y}$ 为样本实测值的平均值；n 为样本总数。

基于全变量和上节中三种筛选方法得到的变量，分别使用 BPNN、SVR 和 RF 三种机器学习方法构建土壤含盐量反演模型，并进行精度验证，结果见表 4.9。

表 4.9　不同筛选方法与不同机器学习方法组合构建 *SSC* 反演模型的结果评价

模型算法	R_c^2	$RMSE_c/\%$	R_v^2	$RMSE_v/\%$	RPD
Raw – BPNN	0.599	0.135	0.574	0.137	1.494
GRA – BPNN	0.661	0.116	0.677	0.116	1.764
SPA – BPNN	0.643	0.116	0.659	0.121	1.691
VIP – BPNN	0.675	0.118	0.695	0.113	1.811
Raw – SVR	0.533	0.136	0.566	0.145	1.41
GRA – SVR	0.645	0.120	0.625	0.131	1.562
SPA – SVR	0.582	0.126	0.581	0.133	1.539
VIP – SVR	0.643	0.115	0.631	0.128	1.598
Raw – RF	0.650	0.115	0.631	0.127	1.642
GRA – RF	0.768	0.099	0.765	0.105	1.949
SPA – RF	0.747	0.098	0.736	0.108	1.895
VIP – RF	0.835	0.085	0.812	0.089	2.299

注　"Raw –"表示未经过筛选的全变量。

（1）BPNN 模型的分析。从建模集结果来看，基于三种筛选方法建立的机器学习模型的 R_c^2 比较接近且均大于 0.64，且它们的 $RMSE_c$ 都小于 0.12%。基于 VIP 筛选方法建立的机器学习模型得到了最高的精度，GRA 次之，SPA 最差。使用基于变量筛选的三种模型的 RPD 值为 1.6~1.8，而 Raw – BPNN 模型的 RPD 值为 1.494，为 BPNN 模型中精度最低的一个。

（2）SVR 模型的分析。建模集结果表明，VIP 与 GRA 筛选效果比较接近，且 R_c^2 都大于 0.64。而 SPA – SVR 反演精度较低，具有最低的 R_c^2（0.582）和最高的 $RMSE_c$

（0.126%）。验证集取得了与建模集比较相似的结果，三种筛选方法的优劣顺序为 VIP、GRA、SPA。Raw－SVR 模型在 SVR 模型中取得了最差的表现。总而言之，基于三种变量筛选方法构建的 SVR 模型的 R_v^2/R_c^2 都比较接近 1，表明 SVR 模型有着较强的鲁棒性（王海峰等，2018）。

（3）RF 模型的分析。在四个 RF 模型中，Raw－RF 精度最低。综合四个模型的建模集及验证集结果来看，基于变量筛选的三个 RF 模型都取得了很好的建模精度（$R_c^2 >$ 0.7），且 RPD 分别为 1.949、1.895 和 2.299，R_v^2/R_c^2 分别为 0.9961、0.9853、0.9725，既没有出现"过拟合"现象，也未出现"欠拟合"现象。因此，RF 算法有着极强的鲁棒性和预测能力。

（4）模型综合评价。图 4.7 显示了基于变量筛选方法的 9 个模型的验证精度结果。对比基于未筛选的全变量机器模型，可以发现，三种筛选方法的使用可使模型精度结果得到不同程度的提高，R_v^2 都提高了 0.1 以上。而对比使用不同筛选方法，发现它们之间的结果差异却很小，基于 VIP、GRA、SPA 模型的平均相对分析误差分别为 1.758、1.726、1.903。通过图 4.8 发现，估算值与实测值的拟合精度为 VIP－RF＞GRA－RF＞SPA－RF，但它们的相对分析误差差异却不明显。

基于同一种筛选方法下，不同的机器学习方法却对模型估算结果产生了较大的影响。基于 RF、BPNN、SVR 模型下的平均分析误差分别为 2.048、1.755 和 1.566。三个 RF 模型都取得了最高的精度结果，而 BPNN 出现了"欠拟合"现象，同时 SVR 模型表现出了预测能力不足的问题。

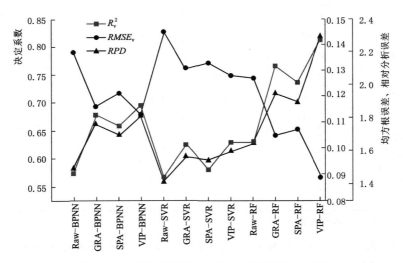

图 4.7　不同机器学习方法建立的模型运行结果

图 4.8 表示 9 个筛选模型中估算值与实测值的比较。9 个模型的平均分析误差都大于 1.4，表明这 9 个模型均有定量估算盐分的能力。其中 VIP－RF 模型估算精度最高（$RPD=2.299$），且它的验证集较好且均匀地分布在 1∶1 线的两侧。因此，相比变量筛选方法的选择，机器学习算法的选择对土壤含盐量估算模型精度影响更大。

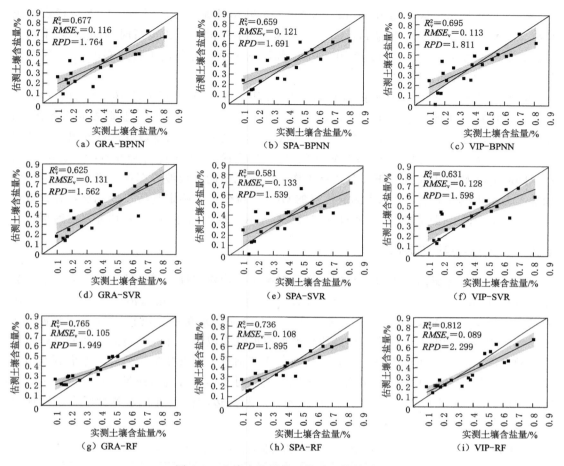

图 4.8 土壤含盐量模型的验证结果对比

4.3 基于改进光谱指数的无人机遥感诊断土壤含盐量方法

通过不同波段光谱反射率的自由组合可以得到光谱指数,其包含有丰富的光谱信息,可以有效反映土壤盐渍化的光谱特征。现有研究大多是基于可见光和近红外光谱数据进行土壤含盐量的估算或监测,而没有考虑其他光谱波段。红边波段作为近红外波段接近于红光交界处快速变化的区域,其光谱反射率的快速上升能够反映植被长势、叶面积指数和覆盖度等特征,体现出了作物反映光谱特征的显著性,因此可以考虑将红边波段引入传统光谱指数中,探究其是否可以应用于土壤含盐量的估算研究中。

4.3.1 试验数据采集与预处理

(1)野外采样与分析。试验于 2019 年 7 月 16—20 日在沙壕渠灌域内 4 块具有代表性的区域进行,这 4 块区域为研究区 A(含盐量 0.065%～0.275%)、研究区 B(含盐量 0.194%～0.828%)、研究区 C(含盐量 0.220%～1.239%)、研究区 D(含盐量 0.594%～

3.112%），每块研究区域约为 16hm^2，并均匀布设 30 个取样点，共计 120 个取样点，土壤样本采集时间集中在每天的 11：00—14：00（与下述的无人机飞行时间同步），采用五点法采集 0～10cm、10～20cm 和 20～40cm 深度的土壤，并使用手持式 GPS 定位仪测定每个取样点的位置信息。

（2）无人机多光谱遥感图像采集与处理。在研究区于 2019 年 7 月 16—20 日获取无人机多光谱图像，图像采集时间为每天的 11：00—14：00，天气晴朗。获取多光谱图像后，使用 MCA 自带的 Pixel Wrench 2 软件对获取的无人机多光谱遥感数据进行导出、图像提取、校准以及合成，之后将获取的多幅多光谱遥感图像以及对应的 GPS 数据导入 Pix4Dmapper 软件中完成校正以及拼接工作，得到完整的合成波段图像。将合成的遥感图像导入 ENVI Classic 中，导入实测取样点的 GPS 定位信息，确定其所在像元点，并提取该像元点 6 个光谱波段的灰度值，通过标准白板标定后，取得相对应的 6 波段光谱反射率。

4.3.2　光谱指数的提取

通过无人机遥感图像提取得到的光谱反射率可以构建多种光谱指数，为探究光谱指数在土壤盐分估算中的特点（曹肖奕等，2020），选取了一些在土壤盐渍化监测中广泛应用的传统光谱指数，见表 4.10。考虑到红边波段可以提取到新的光谱特征信息，本研究在传统光谱指数的基础上，使用红边波段代替原有的红光波段，并计算得到了新的红边波段的各种可能组合，从而产生潜在的光谱指数，用于估算土壤含盐量。另外，考虑到红边波段对植被冠层光谱特征的显著相关性以及红光波段对土壤盐分的敏感性（Gordana et al.，2019；Dehaan et al.，2002），本研究将红光波段和红边波段也进行了各种组合，以期得到好的效果，见表 3.10 和表 4.10。

表 4.10　引入红边波段的光谱指数及计算公式

光谱指数	计 算 公 式	光谱指数	计 算 公 式
$NDVI-re1$	$(NIR_1-Rededge)/(NIR_1+Rededge)$	$EVI-re1$	$2.5(NIR_1-Rededge)/$ $(NIR_1+6Rededge-7.5B+1)$
$NDVI-re2$	$(NIR_2-Rededge)/$ $(NIR_2+Rededge)$	$EVI-re2$	$2.5(NIR_2-Rededge)/$ $(NIR_2+6Rededge-7.5B+1)$
$DVI-re1$	$NIR_1-Rededge$	$RVI-re1$	$NIR_1/Rededge$
$DVI-re2$	$NIR_2-Rededge$	$RVI-re2$	$NIR_2/Rededge$
Int_1-re	$(G+Rededge)/2$	$SI-re$	$(B+Rededge)^{0.5}$
Int_2-re1	$(G+Rededge+NIR_1)/2$	SI_1-re	$(G\times Rededge)^{0.5}$
Int_2-re2	$(G+Rededge+NIR_2)/2$	SI_2-re1	$(G^2+Rededge^2 NIR_1^2)^{0.5}$
$NDSI-re1$	$(Rededge-NIR_1)/(Rededge+NIR_1)$	SI_2-re2	$(G^2+Rededge^2+NIR_2^2)^{0.5}$
$NDSI-re2$	$(Rededge-NIR_2)/(Rededge+NIR_2)$	SI_3-re	$(G^2+Rededge^2)^{0.5}$
$NDVI-ren$	$(Rededge-R)/(Rededge+R)$	$EVI-ren$	$2.5(Rededge-R)/$ $(Rededge+6R-7.5B+1)$
$DVI-ren$	$Rededge-R$	$RVI-ren$	$Rededge/R$

光谱指数	计 算 公 式	光谱指数	计 算 公 式
Int_1 – ren	$(Rededge + R)/2$	SI – ren	$(Rededge + R)^{0.5}$
Int_2 – ren	$(G + R + Rededge)/2$	SI_1 – ren	$(Rededge \times R)^{0.5}$
$NDSI$ – ren	$(R - Rededge)/(R + Rededge)$	SI_2 – ren	$(G^2 + R^2 + Rededge^2)^{0.5}$
SI_3 – ren	$(Rededge^2 + R^2)^{0.5}$		

注 B、G、R、NIR_1、NIR_2 分别为 490nm、550nm、680nm、800nm、900nm 波长处的光谱反射率；$Rededge$ 为 720nm 波长处光谱反射率；"re" 表示红边波段代替传统光谱指数中的红光波段；"ren" 表示红边波段代替传统光谱指数中的近红外波段。

4.3.3 弹性网络（ENET）算法筛选光谱变量

利用 ENET 算法（Hui et al.，2005）对 53 个光谱变量（6 个光谱波段、18 个传统光谱指数、29 个改进光谱指数）进行筛选，将筛选出的光谱波段和传统光谱指数作为一组输入变量，记为原始光谱变量组；同时，将筛选出的光谱波段以及引入红边波段的光谱指数作为另一组输入变量，记为改进光谱变量组，见表 4.11。从表中可以看出，利用 ENET 算法筛选光谱变量后，得到的不同土壤深度下的光谱变量数目明显地减少，且筛选出的光谱变量基本都通过了显著性检验，其中大部分变量达到了 0.01 极显著水平，表明基于 ENET 算法进行最佳光谱组合的筛选具有一定的应用潜力。

表 4.11 基于 ENET 算法筛选得到的光谱变量

土壤深度 /cm	变量个数	光 谱 变 量 组	
		原始光谱变量组	改进光谱变量组
0～10	29	B^{**}、G^{**}、NIR_1^{**}、NIR_2^{**}、$NDVI_2^{**}$、DVI_2^{**}、EVI_1^{**}、RVI_2^{**}、$NDSI_1^{**}$、$NDSI_2^{**}$、$Int_2 - 1$、SI^{**}、$SI_2 - 1$、$SI_2 - 2$	B^{**}、G^{**}、NIR_1^{**}、NIR_2^{**}、$NDVI - re1^{**}$、$NDVI - re2^{**}$、$DVI - re2^{**}$、$EVI - re1^{**}$、$EVI - re2^{**}$、$RVI - re1^{**}$、$NDVI - ren^{**}$、$DVI - ren^*$、$EVI - ren^*$、$RVI - ren^*$、$SI - ren^{**}$
10～20	25	B^{**}、G^{**}、$Rededge^{**}$、NIR_2^{**}、$NDVI_2^{**}$、EVI_2^{**}、SI^{**}、$SI_2 - 1$	B^{**}、G^{**}、$Rededge^{**}$、NIR_2^{**}、$NDVI - re1^{**}$、$NDVI - re2^{**}$、$RVI - re1^{**}$、$RVI - re2^{**}$、$NDSI - re1^{**}$、$NDSI - re2^{**}$、$Int_2 - re2$、$SI_2 - re1$、$DVI - ren^{**}$、$EVI - ren^{**}$、$Int_1 - ren^{**}$、$SI - ren^{**}$、$SI_1 - ren^{**}$
20～40	39	B^{**}、G^{**}、NIR_1^{**}、NIR_2^{**}、$NDVI_1^{**}$、$NDVI_2^{**}$、DVI_1^{**}、DVI_2^{**}、EVI_1^{**}、EVI_2^{**}、RVI_1^{**}、RVI_2^{**}、$NDSI_1^{**}$、$NDSI_2^{**}$、SI^{**}、SI_1^{**}、$SI_2 - 1$、SI_3^{**}	B^{**}、G^{**}、NIR_1^{**}、NIR_2^{**}、$NDVI - re1^{**}$、$NDVI - re2^{**}$、$DVI - re2^{**}$、$EVI - re1^{**}$、$EVI - re2^{**}$、$RVI - re1^{**}$、$NDSI - re1^{**}$、$SI_2 - re1$、$SI_2 - re2$、$NDVI - ren^*$、$DVI - ren^{**}$、$EVI - ren^{**}$、$RVI - ren^*$、$NDSI - ren^*$、$SI - ren^*$、$SI_2 - ren^{**}$、$SI_3 - ren^{**}$

* 在 0.05 水平上显著相关。

** 在 0.01 水平上显著相关。

4.3.4　基于机器学习方法的土壤含盐量估算模型

经过 ENET 算法筛选光谱变量后，以原始光谱变量组和改进光谱变量组为自变量，以土壤盐分为因变量，通过 SVR、ELM 和 BPNN 机器学习方法构建出相应的土壤含盐量估算模型。评价指标包括决定系数 R^2、均方根误差 $RMSE$ 和一致性相关系数 CC。

$$CC = \frac{2rS_{\hat{y}_i}S_{y_i}}{S_{\hat{y}_i}^2 + S_{y_i}^2 + (\overline{\hat{y}_i} + \overline{y}_i)^2} \tag{4.3}$$

式中：$\overline{\hat{y}_i}$ 为土壤含盐量预测值的平均值；$\overline{y}_i$ 为土壤含盐量实测值的平均值；$S_{\hat{y}_i}$ 为土壤含盐量预测值的标准差；S_{y_i} 为土壤含盐量实测值的标准差。

4.3.4.1　基于原始光谱变量组的土壤含盐量估算模型

基于原始光谱变量组，利用 ENET 变量筛选方法结合 SVM、ELM 和 BPNN 机器学习方法构建土壤盐分估算模型（表 4.12），采用 R^2、$RMSE$、一致性相关系数 CC 作为模型的评价指标。其中，CC_c 和 CC_v 分别表示建模集和验证集的一致性相关系数，其数值越大，模型效果越好。

从变量选择方法来看，在不同土壤深度处，经过 ENET 算法筛选光谱变量后的土壤盐分估算模型精度均有所提升。从机器学习算法来看，在 0～10cm 和 20～40cm 土壤深度处，ELM 模型的建模精度最高；在 10～20cm 土壤深度处，BPNN 模型的估算效果最好。从不同深度建模效果来看，10～20cm 土壤深度的 ENET - BPNN 模型精度最高，R_c^2 和 R_v^2 分别为 0.668 和 0.657，建模集的 $RMSE_c$ 和验证集的 $RMSE_v$ 分别为 0.159％ 和 0.154％，CC_c 和 CC_v 分别为 0.794 和 0.778。

表 4.12　　　　　　　　基于原始光谱变量组的土壤含盐量估算结果评价

土壤深度/cm	机器学习方法	变量筛选方法	建模集			验证集		
			R_c^2	$RMSE_c$/％	CC_c	R_v^2	$RMSE_v$/％	CC_v
0～10	SVM	—	0.436	0.254	0.424	0.381	0.259	0.413
		ENET	0.439	0.258	0.401	0.402	0.258	0.409
	BPNN	—	0.429	0.238	0.564	0.406	0.241	0.561
		ENET	0.420	0.239	0.560	0.419	0.240	0.582
	ELM	—	0.509	0.219	0.675	0.437	0.245	0.654
		ENET	0.666	0.180	0.800	0.506	0.311	0.665
10～20	SVM	—	0.655	0.177	0.686	0.614	0.171	0.683
		ENET	0.647	0.175	0.705	0.629	0.169	0.688
	BPNN	—	0.637	0.167	0.762	0.645	0.158	0.763
		ENET	0.668	0.159	0.794	0.657	0.154	0.778
	ELM	—	0.552	0.184	0.711	0.515	0.184	0.701
		ENET	0.583	0.178	0.736	0.587	0.170	0.713

续表

土壤深度/cm	机器学习方法	变量筛选方法	建　模　集			验　证　集		
			R_c^2	$RMSE_c/\%$	CC_c	R_v^2	$RMSE_v/\%$	CC_v
20～40	SVM	—	0.468	0.158	0.568	0.241	0.185	0.417
		ENET	0.518	0.151	0.599	0.312	0.175	0.478
	BPNN	—	0.416	0.161	0.558	0.288	0.179	0.472
		ENET	0.501	0.149	0.643	0.311	0.178	0.521
	ELM	—	0.334	0.172	0.503	0.275	0.182	0.479
		ENET	0.430	0.159	0.600	0.373	0.169	0.582

注　"—"和 ENET 分别表示未使用变量选择方法筛选变量和使用 ENET 算法筛选变量。

4.3.4.2　基于改进光谱变量组的土壤含盐量估算模型

　　基于改进光谱变量组，利用 SVM、ELM 和 BPNN 机器学习方法构建土壤含盐量估算模型（表 4.13）。相比未筛选变量所构建的模型，利用 ENET 筛选光谱变量所构建的模型精度均有所提升，且在各土壤深度处 ELM 模型的估算效果均为最优。其中，在 10～20cm 土壤深度处的 ENET-ELM 模型精度最高，R_c^2 和 R_v^2 分别为 0.785 和 0.783，$RMSE_c$ 和 $RMSE_v$ 分别为 0.128% 和 0.141%，CC_c 和 CC_v 分别为 0.879 和 0.875。

表 4.13　　　　　　　基于改进光谱变量组的土壤含盐量估算结果评价

土壤深度/cm	机器学习方法	变量筛选方法	建　模　集			验　证　集		
			R_c^2	$RMSE_c/\%$	CC_c	R_v^2	$RMSE_v/\%$	CC_v
0～10	SVM	—	0.405	0.261	0.386	0.398	0.260	0.393
		ENET	0.411	0.254	0.432	0.411	0.256	0.420
	BPNN	—	0.417	0.240	0.547	0.406	0.242	0.551
		ENET	0.424	0.239	0.555	0.427	0.238	0.573
	ELM	—	0.468	0.228	0.638	0.440	0.235	0.581
		ENET	0.678	0.177	0.808	0.627	0.243	0.759
10～20	SVM	—	0.658	0.180	0.672	0.601	0.173	0.672
		ENET	0.667	0.166	0.745	0.614	0.166	0.722
	BPNN	—	0.674	0.158	0.791	0.652	0.155	0.785
		ENET	0.704	0.150	0.821	0.675	0.150	0.810
	ELM	—	0.574	0.180	0.730	0.594	0.169	0.741
		ENET	0.785	0.128	0.879	0.783	0.141	0.875
20～40	SVM	—	0.496	0.158	0.533	0.304	0.177	0.441
		ENET	0.503	0.154	0.575	0.322	0.174	0.480
	BPNN	—	0.440	0.158	0.581	0.307	0.176	0.496
		ENET	0.495	0.150	0.645	0.327	0.175	0.531
	ELM	—	0.356	0.170	0.552	0.317	0.178	0.532
		ENET	0.600	0.133	0.749	0.439	0.163	0.652

4.3.5　土壤含盐量估算模型的精度评价与分析

　　对比表 4.12 和表 4.13 发现，基于改进光谱变量组的土壤含盐量模型反演效果要优于原始光谱变量组。为了更加直观地反映模型的估算效果，本研究基于最佳估算模型绘制了研究区不同深度的土壤含盐量分布图（图 4.9）。在不同土壤深度处，研究区 A 内的土壤主要

（a）研究区 A

（b）研究区 B

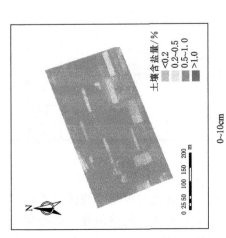

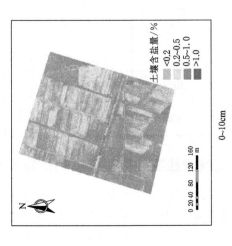

图 4.9（一）　基于最佳估算模型的不同深度土壤含盐量分布图

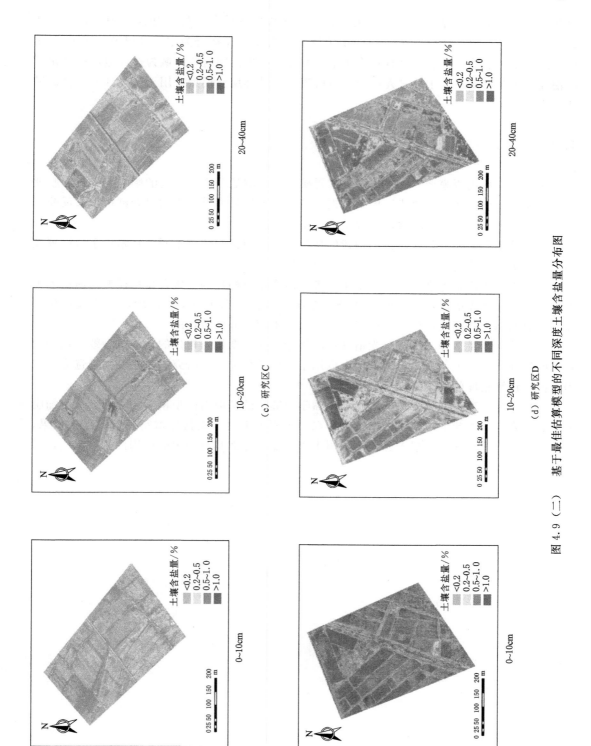

（c）研究区 C

（d）研究区 D

图 4.9（二） 基于最佳估算模型的不同深度土壤含盐量分布图

以非盐渍化为主，研究区 B 和研究区 C 内的土壤以非盐渍化和轻度盐渍化为主，与实地调查情况基本一致；而研究区 D 内的土壤以重度盐渍化和盐土为主，且研究区 D 的东北部以及西南部盐渍化程度较高且较为集中，实际调查也表明这些区域为盐荒地，盐渍化程度偏高。由此可知，基于改进光谱变量组所建立的最佳反演模型可用于研究区土壤含盐量估算。

4.4　小结

（1）农田裸土覆膜会对无人机多光谱遥感反演土壤盐分产生一定的影响，经过去膜处理后构建的模型反演效果要优于原始数据，基于光谱反射率进一步构建光谱指数来反演土壤含盐量，也可以提高土壤含盐量模型的反演精度。

（2）基于不同处理和月份数据构建的盐分反演模型预测效果不同，且相较于植被覆盖期，在裸土期构建的土壤盐分模型反演效果更好。

（3）相较于原始光谱变量组，基于改进光谱变量组构建的土壤含盐量模型反演精度更高，且利用改进光谱变量组绘制的盐分分布图可以较为真实地反映试验区土壤盐渍化状况，这表明引入红边波段构建光谱指数用于反演土壤盐分是可行的。

（4）采用变量选择方法进行光谱变量的筛选，筛选变量后构建的反演模型效果优于未筛选的反演模型，说明变量选择方法可以用于土壤盐分的反演研究，但是不同筛选方法在提高模型预测精度的能力方面有明显差异。

（5）相较于变量筛选方法的选择，机器学习算法的选取对模型精度结果的影响更加明显。总体来说，构建的机器学习模型均可在一定程度上对土壤盐分取得较好的反演效果，表明机器学习算法在无人机遥感监测农田土壤含盐量方面具有一定的适用性。

第 5 章

高光谱遥感诊断土壤水盐方法

高光谱遥感技术可以获取海量的纳米级地物光谱信息，精细的光谱分辨率反映了地物光谱的细微特征，可依据诊断的光谱吸收特征来进行定量分析、反演水盐信息。本章以河套灌区沙壕渠灌域为研究区，采集不同盐渍化程度的土样，在实验室内分析获取土壤含水率、总盐及八种主要水溶性盐基离子（K^+、Ca^{2+}、Na^+、Mg^{2+}、Cl^-、SO_4^{2-}、HCO_3^-、CO_3^{2-}）含量等参数。结合实测土壤高光谱数据，利用不同的特征光谱筛选方法和数学建模方法，建立基于实测光谱数据的土壤含水率、总盐、八大离子的反演模型，并根据不同的评价指标对模型进行综合评价。

5.1 不同盐分条件下高光谱遥感诊断土壤含水率方法

5.1.1 建模集与验证集的划分

按盐分梯度划分样本：首先，根据盐渍化土壤含水率 $SSMC$ 将 162 个土壤样本按升序排列；其次，将所有样本分为 53 个组，每个组有 3 个样本；最后，选择一个样本作为验证数据集（选择每组的第 2 个数据，共 53 个土壤样本），其余样本作为建模数据集。

5.1.2 土壤含水率、含盐量及光谱曲线特征分析

盐渍化土壤样本的土壤含水率 $SSMC$ 以及土壤含盐量 SSC 的统计分布如图 5.1 所示。研究区域的盐渍化土壤含水率为 $0.92\%\sim37.13\%$，变化很大，盐渍化土壤含水率平均值为 22.66%，标准偏差为 6.29%，变异系数为 3.6。建模数据集的盐渍化土壤含水率范围为 $0.92\%\sim37.19\%$，平均值和标准偏差分别为 22.71% 和 6.37%，验证数据集的范围为 $3.00\%\sim37.08\%$，平均值和标准偏差分别为 22.55% 和 6.21%，划分的建模集与验证集的盐渍化土壤含水率分布如图 5.1（a）所示。土壤样本的盐渍化土壤含水率和土壤含盐量的分布如图 5.1（b）所示，各观测点土壤水分和盐分含量主要集中在 $0<SSC<1\%$ 和 $15\%<SSMC<30\%$ 范围内。图 5.1（a）表明，各数据集的盐渍化土壤含水率分布基本上呈标准正态分布，且建模数据集和验证数据集的统计结果与整个数据集的结果相似。可见 5.1.1 节中数据集划分方法保证了建模与验证集中的样本分布与整个数据集样本分布一致，两个数据集的盐渍化土壤含水率都能充分地表示整个数据集。

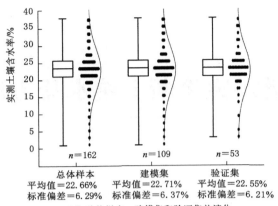

（a）总体样本、建模集和验证集盐渍化
土壤含水率箱线图与正态曲线

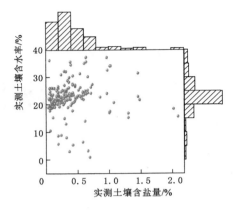

（b）盐渍化土壤含水率、含盐量分布边际直方图

图 5.1　盐渍化土壤样本的土壤含水率、土壤含盐量统计特征图

　　为了便于分析不同因素对原位土壤光谱的影响，从实测光谱中选取了具有代表性的光谱。图 5.2 显示了相同土壤含盐量下不同盐渍化土壤含水率的原始光谱反射率和相同盐渍化土壤含水率下不同土壤含盐量的原始光谱反射率。在 1450nm、1950nm 和 2200nm 波段附近，不同的土壤含盐量光谱和盐渍化土壤含水率光谱显示出明显的吸收特性。在相同的盐渍化土壤含水率下，光谱反射率随土壤含盐量的增大而增大；但 1950nm 附近的波段主要受盐渍化土壤含水率的影响，光谱反射率变化不明显［图 5.2（b）］。当土壤含盐量相同时，光谱反射率随盐渍化土壤含水率的增加而增加；当盐渍化土壤含水率增至 22.3%时，土壤光谱反射率达到峰值；随后，反射率随土壤含水率增加而降低。综上，盐渍土光谱受盐渍化土壤含水率和土壤含盐量的共同影响。因此，当利用高光谱预测盐渍化土壤含水率时，土壤含盐量的差异必然会影响预测效果。

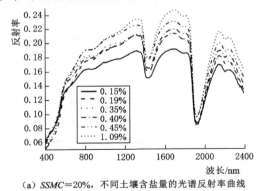

（a）SSMC=20%，不同土壤含盐量的光谱反射率曲线

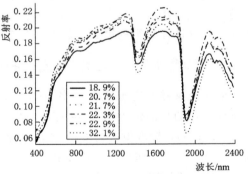

（b）SSC=3%，不同盐渍化土壤含水率的光谱反射率曲线

图 5.2　不同条件下的光谱反射率曲线

5.1.3　分数阶微分光谱特征分析

　　使用 G－L（Grünwald－Letnikov）分数阶微分（Fractional Order Differentiation，FOD）公式计算原位土壤光谱的分数阶微分（阶数＝0～2；间隔＝0.25 步）。其中 G－L分数阶微分公式如下：

$$d^v f(x) = \lim_{h \to \infty} \frac{1}{h^v} \sum_{m=0}^{\frac{t-a}{h}} (-1)^m \frac{\Gamma(v+1)}{m!\ \Gamma(v-m+1)} f(x-mh) \tag{5.1}$$

式中：v 为微分阶数；h 为步长；t 与 a 分别为微分的上限和下限。

Gamma 函数

$$\Gamma(\beta) = \int_0^\infty e^{-t} t^{\beta-1} \mathrm{d}t = (\beta-1)! \tag{5.2}$$

若设 $f(\lambda)$ 为一维光谱，$[a, t]$ 为波长区间，$\lambda \in [a, t]$，将波长区间按单位 h 进行等分，由于所用光谱仪的光谱重采样间隔为 1nm，故可令 $h=1$，$n = \dfrac{t-a}{h} = t-a$。则由式（5.2）推导出分数阶微分的差值表达式为

$$\frac{\mathrm{d}^v f(\lambda)}{\mathrm{d}\lambda^v} \approx f(\lambda) + (-v) f(\lambda-1) + \frac{(-v)(-v+1)}{2} f(\lambda-2)$$
$$+ \cdots + \frac{\Gamma(-v+1)}{n!\ \Gamma(-v+n+1)} f(\lambda-n) \tag{5.3}$$

当 $v=1$ 或 2 时，式（5.3）与一、二阶微分方程相同；而当 $v=0$ 时，表示未对光谱数据进行处理。

预处理后的光谱如图 5.3 所示。一般来说，FOD 不仅突出了曲线特征，而且还减弱了其他干扰特征，因此选择合适的变量和算法对光谱建模估算来说尤为重要。

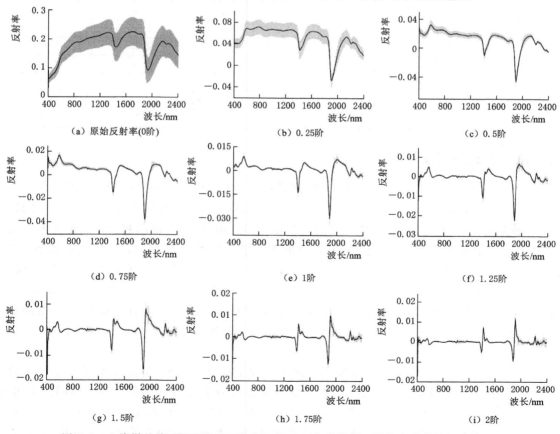

图 5.3　土壤样品的平均 FOD 光谱（$n=162$）（灰色阴影区域代表光谱的标准偏差）

5.1.4　基于全波段 FOD 光谱的 ELM 模型对比分析

　　针对不同阶 FOD 建立了基于 ELM 的盐渍化土壤含水率估计模型，计算结果见表 5.1。建立的 9 个模型中，除了三个模型（阶数分别为 1.5、1.75 和 2）外，所有其他的 FOD 变换都比原始反射率（阶数为 0）提高了模型的精度。这可能是由于这些方法能够减少不利影响（如基线影响），从而提高模型性能。然而当阶数为 1.5、1.75 和 2 时，FOD 会放大干扰信息，导致模型精度和鲁棒性下降。最精确的模型是基于 0.75 阶 FOD 光谱的 ELM，其中 $R_v^2 = 0.83$，$RMSE_v = 2.54\%$，$RPD = 2.44$，其次是 0.5 阶 FOD 光谱。与 0.75 阶 FOD 光谱相比，一阶和二阶导数谱的 RPD 值分别降低了 0.28 和 1.07。可见，与原始光谱（阶数＝0）和整数导数光谱（一阶和二阶导数）相比，大部分 FOD 都能提高模型的性能。

表 5.1　基于不同阶 FOD 光谱的盐渍化土壤含水率全波段 ELM 模型建模结果

阶数	光谱变量数目	建模集（$n=109$）		验证集（$n=53$）		
		R_c^2	$RMSE_c/\%$	R_v^2	$RMSE_v/\%$	RPD
0	201	0.69	3.52	0.71	3.36	1.84
0.25	201	0.81	2.76	0.73	3.19	1.95
0.5	201	0.84	2.55	0.82	2.61	2.38
0.75	201	0.88	2.22	0.83	2.54	2.44
1	201	0.84	2.54	0.78	2.87	2.16
1.25	201	0.78	2.96	0.75	3.10	2.00
1.5	201	0.82	2.69	0.69	3.44	1.81
1.75	201	0.73	3.29	0.57	4.11	1.51
2	201	0.72	3.36	0.46	4.54	1.37

5.1.5　筛选光谱变量

　　对盐渍化土壤含水率和不同阶 FOD 光谱进行 VIP 分析，VIP 评分曲线如图 5.4 所示。结果表明，随着阶数的增加，1400nm、1900nm 波段附近的 VIP 得分逐渐增加，1.25 阶后略有下降。为了实现波段选择，根据"VIP 得分＞1"准则判断自变量对因变量的解释，并记录盐渍化土壤含水率和 FOD 的 VIP 选择结果（图 5.5）。当导数阶数小于 1 时，选择的光谱变量数量相对较多，而当导数阶数大于 1 时，选择的光谱变量数量相对较少。所选变量主要集中在对盐渍化土壤含水率更敏感的波段（1400nm、1900nm、2200nm）附近。在所有的 FOD 变换中，部分波长的变量重要性投影值（VIP 得分）总大于 1，对因变量解释能力较强，包括 1390nm、1420nm 和 1860nm、1870nm、1880nm、1890nm、1900nm、1910nm、1920nm、1950nm。

　　基于不同阶 FOD 光谱，竞争性自适应重加权采样（CARS）算法保留了 6 个被选的光谱变量作为信息量最大的子集，这些变量的数量仅为全谱的 2.99%。基于不同阶 FOD 光谱，CARS 算法选择的变量如图 5.6 所示。所选变量基本集中在 1400nm 和 1900nm 左右，变量数量较少；随机青蛙（RFA）算法选择的光谱变量如图 5.7 所示，以 0.75 阶为例，选择的最佳变量数量是 51，占全谱的 25.37％。

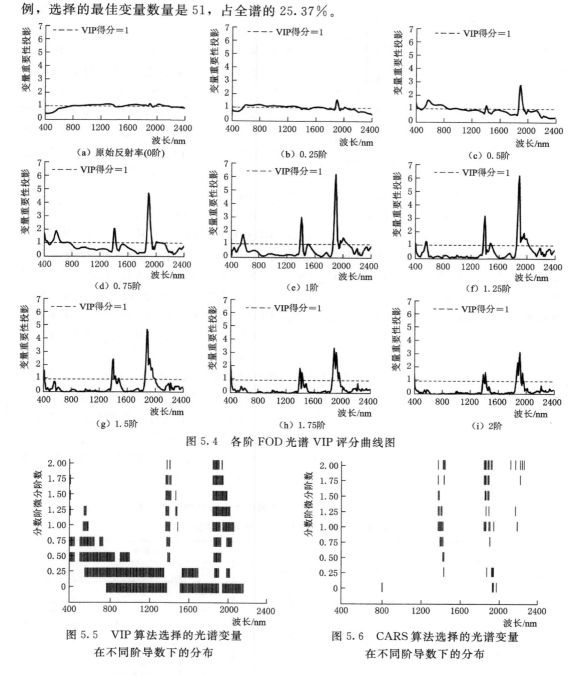

图 5.4　各阶 FOD 光谱 VIP 评分曲线图

图 5.5　VIP 算法选择的光谱变量
在不同阶导数下的分布

图 5.6　CARS 算法选择的光谱变量
在不同阶导数下的分布

5.1.6　基于不同筛选算法和 FOD 的 ELM 模型对比

为了研究 FOD 和变量选择算法对盐渍化土壤含水率估计的影响，采用 ELM 方法在相同的建模和验证数据集（选择不同的光谱波长）上建立光谱模型，并用 R^2、$RMSE$ 和 RPD 指标评价模型的准确性。描述性回归统计见表 5.2。模型的交叉验证结

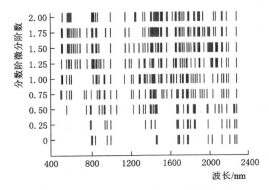

图 5.7　随机蛙跳算法选择的
光谱变量在不同阶导数下的分布

果表明，在光谱变量选择方面，与全波段 ELM 模型（表 5.1）相比，简化模型的 R_c^2 值更高，RMSE 值更低，表现出更好的性能。此外，所选光谱变量的数量大大减少（所选变量占总变量的 1.49%～62.18%），所选光谱变量包含与盐渍化土壤含水率相关的更为有用信息。一般来说，RFA 比 VIP 和 CARS 选择更多的光谱变量。结果表明，变量选择有助于简化模型结构，提高预测精度。

在 VIP 方法中，基于 0.75 阶微分光谱的 ELM 模型（0.75 - VIP - ELM）对盐渍化土壤含水率的预测精度最高，模型预测性能良好（图 5.8）。同样，基于一阶微分光谱和 0.75 阶微分光谱的 ELM 模型分别对 CARS 和 RFA 方法中的盐渍化土壤含水率具有最精确的估计。值得注意的是，与全波段 ELM 模型相比，VIP、CARS 和 RFA 方法对于构建更精确、更简洁的 ELM 模型具有积极的作用。图 5.8 显示了实测盐渍化土壤含水率和预测盐渍化土壤含水率的散点图。从图 5.8（d）可以看出，0.75 阶 FOD 光谱结合 RFA 可以使实测和预测的盐渍化土壤含水率值的散点拟合线接近 1∶1 线。然而，基于 0.75 阶 FOD 全波段的实测和预测盐渍化土壤含水率值的点明显更分散，拟合线与 1∶1 线的偏差更大 [图 5.8（a）]。对不同 FOD 所有模型的相对分析误差平均值进行比较表明 [图 5.9（a）]，基于 0.75 阶 FOD 光谱的 ELM 模型在所有 FOD 变换中具有最好的性能，相对分析误差平均值为 2.65，在盐渍化土壤含水率预测中显示了良好的效果。各变量选择算法的相对分析误差平均值如图 5.9（b）所示，结果表明 RFA 具有最好的性能，VIP 和 CARS 次之。

表 5.2　　基于不同分数阶微分光谱对盐渍化土壤含水率预测的 VIP - ELM、
CARS - ELM 和 RFA - ELM 建模结果

筛选算法	阶数	N^a	建模集（n=109）		验证集（n=53）		
			R_c^2	$RMSE_c$/%	R_v^2	$RMSE_v$/%	RPD
VIP	0	125	0.85	2.47	0.82	2.61	2.37
	0.25	108	0.87	2.29	0.84	2.45	2.53
	0.5	65	0.91	1.91	0.88	2.17	2.85
	0.75	45	0.90	2.05	0.88	2.17	2.86
	1	33	0.87	2.27	0.86	2.28	2.72
	1.25	30	0.86	2.35	0.81	2.67	2.53
	1.5	25	0.84	2.51	0.81	2.68	2.32
	1.75	19	0.83	2.57	0.81	2.73	2.27
	2	12	0.82	2.64	0.77	2.92	2.12

续表

筛选算法	阶数	N^a	建模集（$n=109$）		验证集（$n=53$）		
			R_c^2	$RMSE_c/\%$	R_v^2	$RMSE_v/\%$	RPD
CARS	0	5	0.78	2.96	0.74	3.12	1.99
	0.25	6	0.81	2.75	0.77	2.89	2.14
	0.5	3	0.86	2.32	0.83	2.51	2.47
	0.75	6	0.88	2.15	0.88	2.18	2.85
	1	14	0.89	2.12	0.89	2.01	3.09
	1.25	8	0.85	2.41	0.86	2.29	2.71
	1.5	7	0.82	2.68	0.81	2.69	2.31
	1.75	9	0.81	2.74	0.80	2.71	2.29
	2	17	0.78	2.94	0.77	2.95	2.10
RFA	0	20	0.87	2.29	0.83	2.49	2.49
	0.25	24	0.89	2.09	0.87	2.27	2.74
	0.5	39	0.89	2.05	0.89	2.06	3.02
	0.75	51	0.96	1.22	0.94	1.63	3.80
	1	53	0.94	1.52	0.91	1.82	3.42
	1.25	56	0.91	1.89	0.86	2.28	2.72
	1.5	63	0.85	2.48	0.86	2.34	2.65
	1.75	61	0.82	2.71	0.76	3.00	2.07
	2	52	0.81	2.77	0.75	3.06	2.03

注 N^a 为被选择的光谱变量数目。

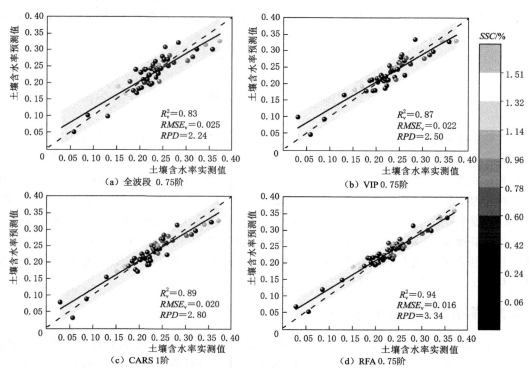

图 5.8 不同变量选择算法的实测盐渍化土壤含水率和预测盐渍化土壤含水率的散点图

（虚线表示 1∶1）

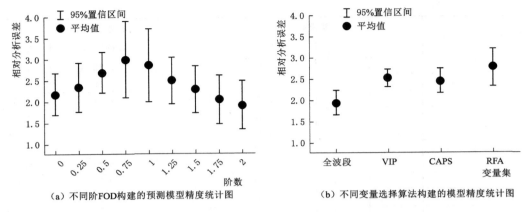

（a）不同阶 FOD 构建的预测模型精度统计图　　　　（b）不同变量选择算法构建的模型精度统计图

图 5.9　盐渍化土壤含水率预测模型的相对分析误差平均值和 95％置信区间

5.2　不同水分条件下高光谱遥感诊断土壤含盐量方法

5.2.1　数据处理与模型建立

在去除高光谱冗余信息、兼顾光谱曲线平滑与特征的基础上，对 400～2400nm 光谱数据作 10nm 间隔的重采样处理后获得由 200 个波段数组成的光谱曲线 R_{raw}。用标准正态变量变换（Standard Normal Variable Reflectance，SNV）处理光谱曲线，在一定程度上消除土壤颗粒大小、表面散射及基线漂移对光谱的影响，获取效果更好的光谱变换值 $R_{raw-SNV}$，其计算公式为

$$R_{raw-SNV} = \frac{R_\lambda - \mu}{\sigma} \tag{5.4}$$

式中：R_λ 为波长 λ 处的光谱反射率；μ 为各波段反射率的均值；σ 为各波段反射率的标准差。

利用灰度关联、逐步回归、变量投影重要性三种"寻优"法筛选敏感光谱区间，采用光谱领域中两种常用的典型线性、非线性模型：分别为 PLSR 模型和 SVR 模型来评估不同土壤盐基离子含量，确定不同土壤离子对应的最优波段筛选法和最优模型。建立 PLSR 模型的过程中利用交叉验证法来选取最佳主成分个数，获得最优的拟合模型；建立 SVR 模型的过程中，设定 SVR 类型为 epsilon - SVR，核函数类型为线性，采用训练集交叉验证结合网格搜索（Grid Search）相结合的方法进行参数寻优，当均方差最小时，确定 SVR 模型中最重要的惩罚参数 C 和核参量 g 的值。PLSR 模型和 SVR 模型的建立与验证均在 Unscrambler X10.4 软件中完成。

5.2.2　建模集和验证集的划分

试验总盐渍土样本数为 120 个，为了确保建模集和验证集尽可能地具备全样本集的统计特征，通过 K - S 算法对不同样本间的欧氏距离进行计算，选用 2/3 的样本用于建模（80 个样本），1/3 的样本用于验证（40 个样本）。建模效果通过建模决定系数（R_c^2），验证效果通过验证决定系数（R_v^2）、均方根误差（$RMSE$）和相对分析误差（RPD）等指标来综合评价。

5.2.3 相关性分析

将土壤水溶性盐基离子含量与 $R_{\text{raw-SNV}}$ 作相关性分析，得到每种土壤盐基离子与对应的 $R_{\text{raw-SNV}}$ 曲线，并作相关系数在 $P=0.01$ 水平下的显著性检验（双侧），如图 5.10 及表 5.3 所示。

由图 5.10 可以看出，SO_4^{2-}、Cl^-、Ca^{2+}、Mg^{2+}、K^+、Na^+ 等 6 种离子与 $R_{\text{raw-SNV}}$ 的相关性曲线形态相似，具体表现为：在 $400 \sim 550$nm 区间，相关性"由负到正"急剧变化，再以"凹谷"状平缓过渡到 1400nm 左右后，以"快速下跌、快速拉升"的态势（其中 Ca^{2+} 的变化最为激烈）变化到 1560nm 附近，在相关系数保持一个较为平稳的状态后，从 1850nm 附近一直到 2400nm，相关性又总体呈现出更为剧烈的"减弱、增强、减弱、增强"等振荡变化。在 $400 \sim 1400$nm 和 $1850 \sim 2400$nm 区间，CO_3^{2-} 曲线形态与 SO_4^{2-} 等 6 种离子的相关性曲线形态相似，但在 $1400 \sim 1850$nm 区间，CO_3^{2-} 曲线形态特殊，呈现为"持续振荡上升"。HCO_3^- 的相关性曲线变幅较小，总体在相关系数 $-0.2 \sim 0.2$ 的区间内平稳波动。不同离子相关性曲线的复杂变化，显示出 $R_{\text{raw-SNV}}$ 中包含了丰富的图谱信息。

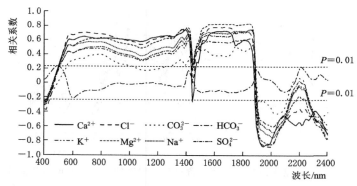

图 5.10　土壤水溶性盐基离子含量与 $R_{\text{raw-SNV}}$ 的相关性曲线

表 5.3　土壤水溶性盐基离子含量与 $R_{\text{raw-SNV}}$ 的相关系数最大值及对应波段区间

水溶性盐基离子	显著性波段数/个	最大相关系数	最大相关波段区间/nm
Ca^{2+}	190	-0.877	$1940 \sim 1950$
Cl^-	192	-0.882	$1990 \sim 2000$
CO_3^{2-}	146	0.552	$1870 \sim 1880$
HCO_3^-	1	0.235	$2200 \sim 2210$
K^+	178	0.630	$1850 \sim 1860$
Mg^{2+}	186	-0.848	$1990 \sim 2000$
Na^+	181	-0.752	$2010 \sim 2020$
SO_4^{2-}	178	0.749	$1860 \sim 1870$

由表 5.3 可知，SO_4^{2-}、Cl^-、Ca^{2+}、Mg^{2+}、K^+、Na^+ 等 6 种离子的显著性波段数较多（均在 170 个以上），整体主要集中于 500～2120nm、2270～2400nm 波段区间，CO_3^{2-} 离子的显著性波段数较少，HCO_3^- 离子的显著性波段数最小。8 种水溶性盐基离子显著性波段数占比从大到小为：Cl^-（占比 96%）、Ca^{2+}（占比 95%）、Mg^{2+}（占比 93%）、Na^+（占比 90.5%）、K^+（占比 89%）、SO_4^{2-}（占比 89%）、CO_3^{2-}（占比 73%）、HCO_3^-（占比 0.5%）。分析 8 种离子的最大相关系数波段区间发现，1850～2210nm 的近红外区间，是离子的主要光谱响应区间，不同离子的最大相关系数波段区间略有差异。不同离子最大相关系数从大到小排列如下：Cl^-、Ca^{2+}、Mg^{2+}、Na^+、SO_4^{2-}、K^+、CO_3^{2-}、HCO_3^-，其整体趋势与波段数占比排序相似。

5.2.4　灰色关联度分析

图 5.11 为土壤水溶性盐基离子含量与反射率的灰色关联度分析曲线，从中可以看出，除 CO_3^{2-} 外的 7 种离子含量与 $R_{\text{raw-SNV}}$ 的灰色关联度分析曲线形态相似，总体呈现出"振荡上升，波动变化，急剧上升、下降，振荡起伏"的变化规律。CO_3^{2-} 的灰色关联度分析曲线表现为"浮动上升，急剧下跌，平滑过渡"的趋势。不同离子灰色关联度分析曲线变幅显示：Cl^-、Mg^{2+}、Ca^{2+} 变幅较大；Na^+、SO_4^{2-}、K^+、HCO_3^- 变幅较小；CO_3^{2-} 变幅相对平缓。

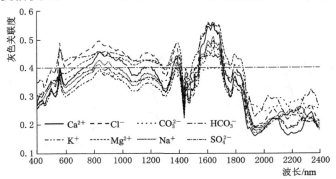

图 5.11　土壤水溶性盐基离子含量与反射率的灰色关联度分析曲线

为实现波段筛选，设敏感波段的灰色关联度（Grey Correlation，GC）阈值为 0.40，统计基于灰色关联度分析的离子敏感波段情况，进行土壤不同离子与 $R_{\text{raw-SNV}}$ 的灰色关联度分析（见表 5.4）。8 种离子敏感波段数排序与最大灰色关联度值排序有较大的差异，敏感波段数从多到少为：Mg^{2+}、HCO_3^-、Cl^-、Ca^{2+}、Na^+、SO_4^{2-}、K^+、CO_3^{2-}；最大灰色关联度从大到小为：Cl^-、Mg^{2+}、Ca^{2+}、Na^+、SO_4^{2-}、K^+、HCO_3^-、CO_3^{2-}。最大灰色关联度的光谱响应区间表现为：CO_3^{2-} 为近红外 1740～1750nm 处，HCO_3^- 为绿光 560～570nm 处，其余 6 种离子均集中在 1650～1660nm 处。

表 5.4　　土壤水溶性盐基离子含量与反射率的灰色关联度最大值及对应波段区间

水溶性盐基离子	敏感波段数/个	最大灰色关联度	波段区间/nm
Ca^{2+}	53	0.551	1650～1660
Cl^-	101	0.561	1650～1660

水溶性盐基离子	敏感波段数/个	最大灰色关联度	波段区间/nm
CO_3^{2-}	14	0.416	1740~1750
HCO_3^-	105	0.465	560~570
K^+	15	0.470	1650~1660
Mg^{2+}	110	0.559	1650~1660
Na^+	36	0.508	1650~1660
SO_4^{2-}	21	0.494	1650~1660

5.2.5 逐步回归分析

在 SPSS 23.0 软件中对全光谱数据作基于逐步回归（Stepwise Regression，SR）分析的特征波长选取，变量入选和剔除的显著水平分别设为 0.10 和 0.15（Wang et al.，2019），表 5.5 为在 SR 分析中，当调整后的 R^2 最高时，不同离子含量 SR 模型的各项参数。

由表 5.5 可以得出，建立的不同离子最优 SR 模型有较大差异，模型入选的波段数为 3~8 个。总体来看，在考虑入选自变量数量的基础上，SR 模型的调整 R^2 均在 0.8 以上，说明拟合效果很好，同时所有模型低于显著性水平 0.001，表明各离子 SR 模型均具有显著意义。因此，选取各离子 SR 模型入选波段区间作为后续 PLSR 模型和 SVR 模型的自变量。

表 5.5 逐步回归分析特征波段区间筛选各评价指标

水溶性盐基离子	波段数/个	波段区间/nm	调整后的 R^2	标准误差	显著性水平
Ca^{2+}	7	1040~1050，1090~1100，1900~1910，1920~1930，2200~2210，2310~2320，2370~2380	0.942	0.529	<0.001
Cl^-	8	730~740，910~920，1890~1900，1970~1980，1990~2000，2180~2190，2200~2210，2290~2300	0.975	1.063	<0.001
CO_3^{2-}	4	1280~1290，1360~1370，1380~1390，1420~1430	0.836	0.012	<0.001
HCO_3^-	3	2200~2210，2260~2270，2290~2300	0.934	0.085	<0.001
K^+	6	740~750，810~820，1160~1170，1890~1900，2210~2220，2390~2400	0.817	0.706	<0.001
Mg^{2+}	5	1130~1140，1930~1950，1990~2000，2100~2110，2170~2180	0.973	0.152	<0.001
Na^+	6	740~750，820~830，1860~1870，2210~2220，2260~2270，2390~2400	0.942	1.812	<0.001
SO_4^{2-}	6	610~620，1140~1150，1960~1970，2210~2220，2290~2300，2390~2400	0.947	3.255	<0.001

5.2.6　变量投影重要性分析

将土壤水溶性盐基离子含量与 $R_{raw-SNV}$ 进行 VIP 分析，并作 VIP 分析曲线（图 5.12）。为实现波段筛选，根据"VIP 得分大于 1"准则来判断自变量在解释因变量时的作用大小，不同离子与 $R_{raw-SNV}$ 的 VIP 分析结果见表 5.6。

由图 5.12 可知，除 HCO_3^- 外，其余 7 种离子的 VIP 得分曲线形态相似：在 400～800nm 和 1900～2400nm 两个区间均剧烈振荡，在 800～1400nm 区间平缓过渡，在 1400～1900nm 区间波动上升。HCO_3^- 离子的 VIP 得分曲线在 400～1400nm 区间振荡上升，在 1400～2100nm 区间呈现 U 形变化后迅速下降并振动到 2400nm。由表 5.6 可知，通过 VIP 分析得出的敏感波段数从多到少为：Cl^-、Na^+、HCO_3^-、SO_4^{2-}、Mg^{2+}、Ca^{2+}、K^+、CO_3^{2-}；最大 VIP 得分由大到小为：HCO_3^-、CO_3^{2-}、Ca^{2+}、SO_4^{2-}、K^+、Na^+、Mg^{2+}、Cl^-。最大 VIP 得分的光谱响应区间：Cl^- 为绿光 560～570nm 处，Ca^{2+}、CO_3^{2-} 和 HCO_3^- 集中于近红外 1410～1450nm 处，K^+、Mg^{2+}、Na^+ 和 SO_4^{2-} 均集中在 1870～1890nm 处。

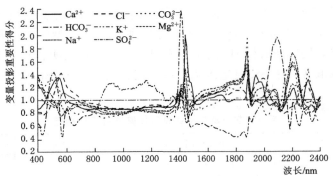

图 5.12　土壤水溶性盐基离子含量与反射率的 VIP 分析曲线

表 5.6　土壤水溶性盐基离子含量与反射率变量投影重要性得分的最大值及对应波段区间

水溶性盐基离子	敏感波段数/个	最大变量投影重要性得分	波段区间/nm
Ca^{2+}	69	1.97	1440～1450
Cl^-	85	1.42	560～570
CO_3^{2-}	67	2.01	1440～1450
HCO_3^-	79	2.37	1410～1420
K^+	69	1.73	1880～1890
Mg^{2+}	69	1.49	1870～1880
Na^+	83	1.55	1880～1890
SO_4^{2-}	74	1.74	1880～1890

5.2.7　偏最小二乘回归模型的建立与验证

分别以 GC、SR、VIP 等 3 种分析法获得的敏感波段数据作为 PLSR 模型的自变量，以土壤不同水溶性盐基离子含量为因变量建立相关模型，建模及验证结果见表5.7。

从建模效果来看，由 VIP 分析法筛选波段建立的 Ca^{2+}、Cl^-、CO_3^{2-}、Mg^{2+}、Na^+ 和 SO_4^{2-} 等 6 种盐基离子模型拟合效果较好，R_c^2 接近于 1，SR 分析法筛选波段建立的 Ca^{2+}、Cl^-、Mg^{2+}、Na^+ 和 SO_4^{2-} 等 5 种离子模型效果较好，GC 分析法筛选波段建立的 Ca^{2+}、Mg^{2+} 和 Na^+ 等 3 种离子模型效果较好。从验证效果来看，VIP 模型对 Ca^{2+}、Na^+、SO_4^{2-} 等离子的预测效果极强，SR 模型对 Ca^{2+}、Mg^{2+}、Na^+、SO_4^{2-} 等离子的预测效果极强，其中，对 Ca^{2+} 的相对分析误差 RPD 达 3.95，GC 模型没有预测效果极强的离子。其中，各模型对 HCO_3^- 的预测效果最差，$SR-HCO_3^-$ 模型的 RPD 为 0.64、$VIP-HCO_3^-$ 模型的 RPD 为 0.93。综合来看，在 PLSR 模型中，VIP 法对盐基离子模型的建模效果最佳，SR 法对盐基离子模型的预测效果最佳，GC 法的整体效果较差。

表 5.7 不同筛选方法所得变量构建的土壤水溶性盐基离子 PLSR 预测模型性能评价

波长筛选方法	水溶性盐基离子	建模集	验 证 集		
		R_c^2	R_v^2	$RMSE/\%$	RPD
灰色关联度（GC）分析法	Ca^{2+}	0.897	0.724	0.0362	1.71
	Cl^-	0.796	0.565	0.3150	1.35
	CO_3^{2-}	0.660	0.649	0.0012	1.21
	HCO_3^-	0.646	0.285	0.0088	0.96
	K^+	0.388	0.258	0.1209	0.85
	Mg^{2+}	0.891	0.767	0.0295	1.99
	Na^+	0.840	0.805	0.2589	1.88
	SO_4^{2-}	0.561	0.360	0.8711	0.87
逐步回归（SR）分析法	Ca^{2+}	0.965	0.937	0.0168	3.95
	Cl^-	0.861	0.729	0.2434	1.80
	CO_3^{2-}	0.685	0.742	0.0010	1.80
	HCO_3^-	0.340	0.154	0.0094	0.64
	K^+	0.722	0.563	0.0931	1.37
	Mg^{2+}	0.933	0.849	0.0236	2.52
	Na^+	0.901	0.868	0.2145	2.67
	SO_4^{2-}	0.918	0.889	0.3807	2.75
变量投影重要性（VIP）分析法	Ca^{2+}	0.909	0.865	0.0249	2.57
	Cl^-	0.930	0.862	0.1725	2.48
	CO_3^{2-}	0.865	0.617	0.0012	1.44
	HCO_3^-	0.704	0.263	0.0090	0.93
	K^+	0.664	0.566	0.0945	1.43
	Mg^{2+}	0.910	0.840	0.0243	2.34
	Na^+	0.939	0.902	0.1801	3.15
	SO_4^{2-}	0.919	0.872	0.4038	2.75

5.2.8　支持向量机回归模型的建立与验证

经试算，确定 SVR 模型核函数类型为线性核函数。分别以 GC、SR、VIP 等 3 种分析法获得的敏感波段数据作为 SVR 模型的自变量，以土壤不同水溶性盐基离子含量为因变量建立相关模型，建模及验证结果见表5.8。

表 5.8　　　　　　　　　　　土壤水溶性盐基离子含量的 SVR 模型

波长筛选方法	水溶性盐基离子	建模集	验证集		
		R_c^2	R_v^2	$RMSE/\%$	RPD
灰色关联度（GC）分析法	Ca^{2+}	0.910	0.752	0.0337	1.73
	Cl^-	0.652	0.500	0.3275	1.05
	CO_3^{2-}	0.688	0.664	0.0012	1.14
	HCO_3^-	0.563	0.328	0.0083	0.70
	K^+	0.421	0.269	0.1155	0.61
	Mg^{2+}	0.934	0.781	0.0289	2.07
	Na^+	0.809	0.764	0.2851	1.85
	SO_4^{2-}	0.565	0.397	0.9046	0.52
逐步回归（SR）分析法	Ca^{2+}	0.964	0.940	0.0164	3.97
	Cl^-	0.893	0.790	0.2186	2.15
	CO_3^{2-}	0.605	0.583	0.0013	1.16
	HCO_3^-	0.327	0.164	0.0095	0.56
	K^+	0.717	0.578	0.0874	1.26
	Mg^{2+}	0.936	0.875	0.0214	2.75
	Na^+	0.903	0.864	0.2171	2.61
	SO_4^{2-}	0.915	0.893	0.3862	2.71
变量投影重要性（VIP）分析法	Ca^{2+}	0.960	0.935	0.0173	3.93
	Cl^-	0.949	0.897	0.1483	2.98
	CO_3^{2-}	0.883	0.664	0.0012	1.56
	HCO_3^-	0.669	0.280	0.0088	0.91
	K^+	0.645	0.565	0.0888	1.23
	Mg^{2+}	0.965	0.877	0.0214	2.51
	Na^+	0.958	0.872	0.2211	2.76
	SO_4^{2-}	0.914	0.865	0.4106	2.48

从建模效果来看，由 VIP 分析法筛选波段建立的 Ca^{2+}、Cl^-、CO_3^{2-}、Mg^{2+}、Na^+ 和 SO_4^{2-} 等 6 种盐基离子模型拟合效果较好，R_c^2 接近于 1，SR 分析法筛选波段建立的 Ca^{2+}、Cl^-、Mg^{2+}、Na^+ 和 SO_4^{2-} 等 5 种离子模型效果较好，GC 分析法筛选波段建立的 Ca^{2+}、Mg^{2+} 和 Na^+ 等 3 种离子模型效果较好。从验证效果来看，VIP 模型对 Ca^{2+}、Cl^-、Mg^{2+}

和 Na^+ 等 4 种离子的预测效果极强，SR 模型对 Ca^{2+}、Mg^{2+}、Na^+ 和 SO_4^{2-} 等 4 种离子的预测效果极强，GC 模型没有预测效果极强的离子。其中，Ca^{2+} 含量的预测效果最好：经 VIP 和 SR 模型预测后的 RPD 分别为 3.93 和 3.97。综合来看，在 SVR 模型中，VIP 法对盐基离子模型的建模和预测效果均最佳，SR 法次之，GC 法的整体效果较差。

综合表 5.7 和表 5.8 发现，不同离子的最佳波段筛选法和最佳建模法有一定的差异，各离子最优模型下实测值与估算值的比较情况如图 5.13 所示。

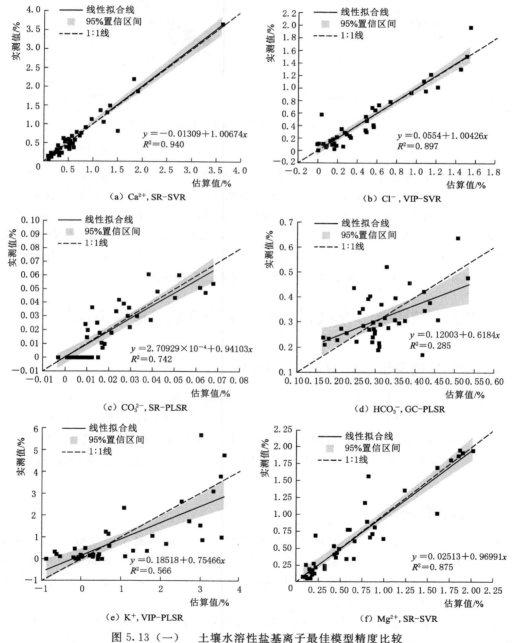

图 5.13（一） 土壤水溶性盐基离子最佳模型精度比较

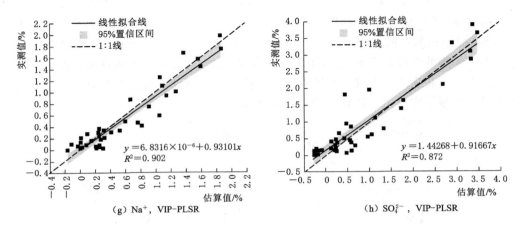

（g）Na^+，VIP-PLSR　　　　　　　　（h）SO_4^{2-}，VIP-PLSR

图 5.13（二）　土壤水溶性盐基离子最佳模型精度比较

各离子预测能力由大到小为：Ca^{2+}、Na^+、Cl^-、Mg^{2+}、SO_4^{2-}、CO_3^{2-}、K^+、HCO_3^-，这与建模能力的排序是一致的。图 5.13 所示的 Ca^{2+}、Na^+、Cl^-、Mg^{2+} 和 SO_4^{2-} 等 5 种离子的验证结果中，数据点大部分集中于 1∶1 线附近，同时结合表 5.7 和表 5.8，这 5 种离子的 RPD 均大于 2.5，所以这 5 种离子最优模型的预测能力极强；从 CO_3^{2-} 和 K^+ 的验证情况看 ［图 5.13（c）和（e）］，数据点较为分散，由 RPD 值分析得出，CO_3^{2-} 的预测能力较好，K^+ 的预测能力一般；HCO_3^- 的验证数据点最为分散，无法很好地聚集在 1∶1 线附近，并且 $RPD < 1.0$，故无法实现预测。

5.3　基于分数阶微分光谱指数的土壤盐分信息诊断方法

5.3.1　数据处理及建模集与验证集的划分

本节利用 G-L 分数阶微分公式处理土壤光谱数据（范围 0～2，步长 0.05）。整个数据集（$n=120$）通过 Kennard-Stone（K-S）算法分为两个部分：75 个土壤样本的建模集和 45 个土壤样本的验证集，目的是交叉验证和独立验证。此外，由图 5.14 可知，除 HCO_3^- 外，其余离子含量都随 SSC 的增加而增加。样本中硫酸盐为主要的盐类，其他盐类较少。

5.3.2　光谱指数构建

很多学者的研究表明，使用光谱指数建模可以较好地估测土壤盐分含量。而通过 Pearson 相关系数图可以挑选出富含土壤盐分信息的波段或者指数。选取基于最佳微分光谱的一维、二维、三维指数用于映射土壤盐分信息（SSC、K^+、Ca^{2+}、Na^+、Mg^{2+}、Cl^-、SO_4^{2-}、HCO_3^-、CO_3^{2-}）。

通过计算分数阶微分光谱与土壤盐分信息的相关关系（相关系数的平方）来挑选最佳的微分光谱以及其中的最优波段，并将此最优波段作为一维指数。选取差值指数 DI、比

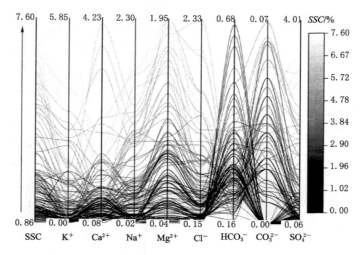

图 5.14 不同土样盐分信息的平行图

值指数 RI 以及归一化指数 NDI 作为二维指数。

$$DI(R_{\lambda 1}, R_{\lambda 2}) = R_{\lambda 1} - R_{\lambda 2} \tag{5.5}$$

$$NDI(R_{\lambda 1}, R_{\lambda 2}) = \frac{R_{\lambda 1} - R_{\lambda 2}}{R_{\lambda 1} + R_{\lambda 2}} \tag{5.6}$$

$$RI(R_{\lambda 1}, R_{\lambda 2}) = \frac{R_{\lambda 1}}{R_{\lambda 2}} \tag{5.7}$$

式中：$R_{\lambda 1}$ 和 $R_{\lambda 2}$ 为 400～2400nm 中任意两波段，且 $R_{\lambda 1} \neq R_{\lambda 2}$。

此外，根据 Wang et al.（2019）的研究，尝试引入第三波段构建三维指数 TBI，具体如下：

$$TBI_1(R_{\lambda 1}, R_{\lambda 2}, R_{\lambda 3}) = \frac{R_{\lambda 1}}{R_{\lambda 2} R_{\lambda 3}} \tag{5.8}$$

$$TBI_2(R_{\lambda 1}, R_{\lambda 2}, R_{\lambda 3}) = \frac{R_{\lambda 1}}{R_{\lambda 2} + R_{\lambda 3}} \tag{5.9}$$

$$TBI_3(R_{\lambda 1}, R_{\lambda 2}, R_{\lambda 3}) = \frac{R_{\lambda 1} - R_{\lambda 2}}{R_{\lambda 1} + R_{\lambda 3}} \tag{5.10}$$

$$TBI_4(R_{\lambda 1}, R_{\lambda 2}, R_{\lambda 3}) = \frac{R_{\lambda 1} - R_{\lambda 2}}{R_{\lambda 1} - R_{\lambda 3}} \tag{5.11}$$

$$TBI_5(R_{\lambda 1}, R_{\lambda 2}, R_{\lambda 3}) = \frac{R_{\lambda 1} + R_{\lambda 2}}{R_{\lambda 3}} \tag{5.12}$$

$$TBI_6(R_{\lambda 1}, R_{\lambda 2}, R_{\lambda 3}) = \frac{R_{\lambda 1} - R_{\lambda 2}}{(R_{\lambda 1} - R_{\lambda 2}) - (R_{\lambda 2} - R_{\lambda 3})} \tag{5.13}$$

$$TBI_7(R_{\lambda 1}, R_{\lambda 2}, R_{\lambda 3}) = (R_{\lambda 1} - R_{\lambda 2}) - (R_{\lambda 2} - R_{\lambda 3}) \tag{5.14}$$

式中：$R_{\lambda 1}$、$R_{\lambda 2}$ 和 $R_{\lambda 3}$ 为 400～2400nm 中任意 3 个波段的反射率，且 $R_{\lambda 1} \neq R_{\lambda 2} \neq R_{\lambda 3}$。

5.3.3 分数阶微分光谱

不同阶 FOD 的反射光谱如图 5.15 所示。当阶数从 0 增加到 1 时，425nm、498nm 和

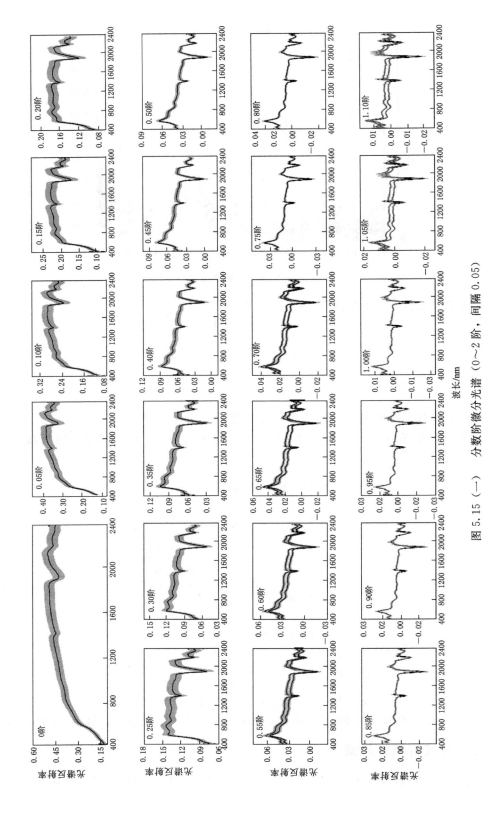

图 5.15 (一) 分数阶微分光谱 (0~2 阶, 间隔 0.05)

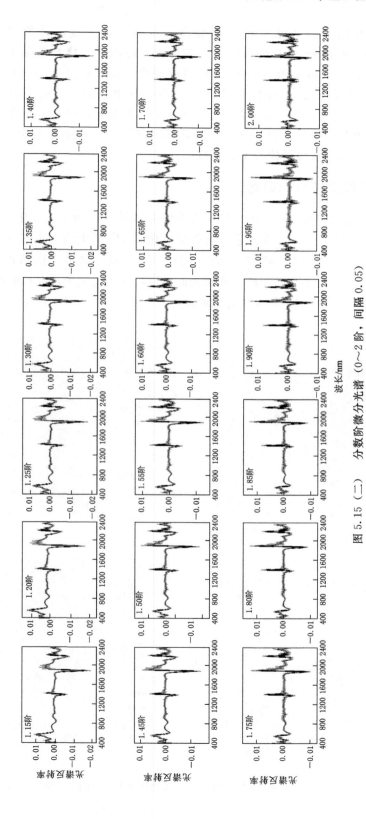

图 5.15 (二) 分数阶微分光谱 (0~2 阶, 间隔 0.05)

2340nm 处的负峰增加，这可能受到土壤含盐量的影响。经过分数阶微分处理后，1400nm、1900nm 和 2200nm 处的吸收谷更为突出，证明重叠峰被消除了。随着阶数从 1 增加到 2，420nm、490nm 及 540nm 等处出现波峰；450nm、510nm 以及 580nm 处出现负向峰（可能由有机物或赤铁矿引起）；2250nm 和 2300nm 处的波峰逐渐突出，2200nm 和 2340nm 处的吸收谷逐渐减弱。2340nm 处光谱主要与土壤盐分有关，2250nm 处光谱可能与土壤其他性质有关。随着 0～2 阶 FOD 的变化，大部分反射率值逐渐接近于零，说明已经大幅降低基线漂移带来的影响。

5.3.4　最佳分数阶微分光谱筛选

不同阶 FOD 光谱和盐分信息的一维相关性结果如图 5.16 所示。图中右侧的颜色条表示决定系数（R^2）与颜色的对应关系，色条的上限是 R^2 最大值。由图 5.16 可以看出，对于总盐、Ca^{2+}、Cl^-、K^+、Mg^{2+}、Na^+、SO_4^{2-} 等含量与微分光谱的相关性来说，随着 FOD 的增大逐渐显现出与离子浓度强相关的波段，且变化规律具有相似性。当 FOD 达到 0.40～1.40 阶，潜在光谱信息极大地凸显出来，表现在 1400nm、1900nm 和 2000nm 波段附近。

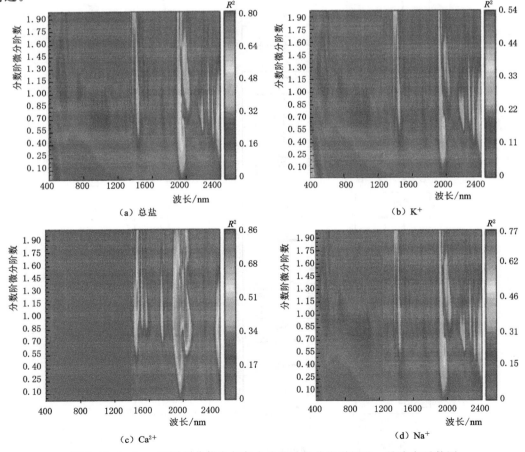

图 5.16（一）　不同盐分信息与各个分数阶微分光谱间的一维决定系数图

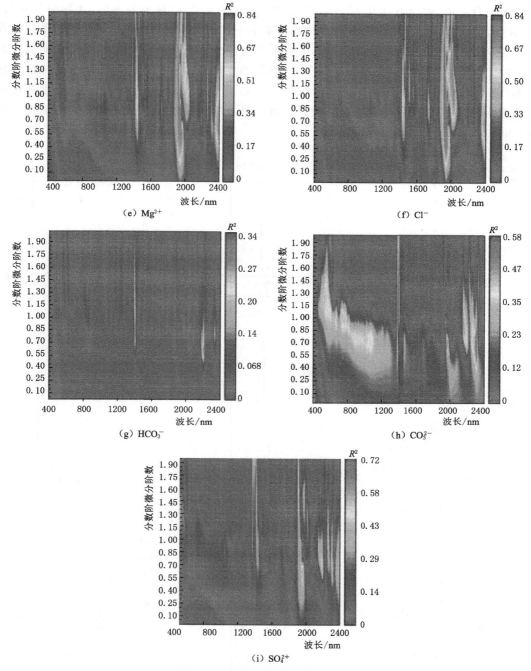

图 5.16（二）　不同盐分信息与各个分数阶微分光谱间的一维决定系数图

　　为更好地分析各盐分信息与不同阶光谱数据的关系，选取各阶光谱中决定系数最大的波段，绘制阶数与 R^2 变化图（图 5.17），以此来选取处理效果最好的阶数，用于后续的分析计算。由图 5.17 可以看出，分数阶微分处理后，所有盐分信息与光谱的相关性均有较大的提升，R^2 增长值在 $0.24 \sim 0.62$ 之间，最大为 Ca^{2+}，最小为 K^+。土壤总盐含量、K^+ 含量、Na^+ 含量、SO_4^{2-} 含量的变化趋势基本一致，大体趋势为先增加后快速下降，在 0.90 阶时达到峰值。这可能是因为土壤中所含盐分主要是 K_2SO_4 和 Na_2SO_4。而其余离子（Ca^{2+}、Mg^{2+}、CO_3^{2-}、HCO_3^-、Cl^-）含量的变化趋势各有不同，所达到的峰值阶数也不一致，其峰值阶数分别为 1.65、0.85、1.85、0.80、1.55。综合来看，大部分盐分信息在 0.90 阶分数阶微分具有较好效果，且提升效果比较突出，说明细化分数阶微分阶数有助于搜寻最优微分处理阶数。

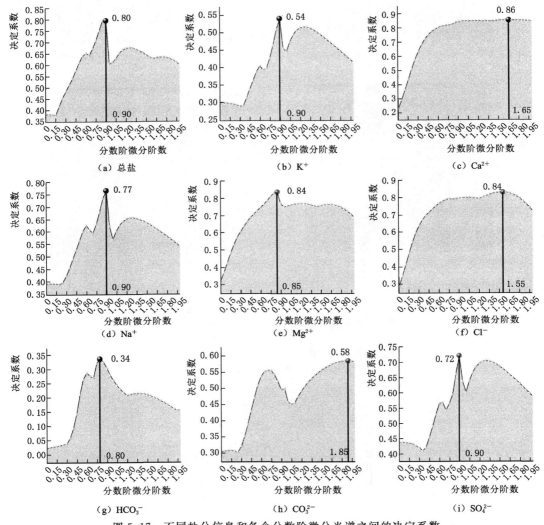

图 5.17　不同盐分信息和各个分数阶微分光谱之间的决定系数
（灰点表示 R^2 最大值及其对应的最佳阶 FOD）

5.3.5　一维、二维及三维光谱指数的构建

一维指数通过选择各盐分信息所对应的最佳微分光谱中的最优波段获取，其具体的波

段已列在表 5.9 中。总盐、K^+、Ca^{2+}、Na^+、Mg^{2+}、SO_4^{2-} 含量的一维指数都在 1950nm 处，Cl^- 也在 1950nm 附近，而 HCO_3^-、CO_3^{2-} 这两种离子在 1400nm 处。由此可以发现，与盐分信息相关的波段主要分布在 1950nm 及 1400nm（水分吸收谷）附近。主要是因为盐碱土中的盐基本都易溶于水，会吸收空气中的水分，使土壤湿润，因此在测定光谱时，这些特征会反映到光谱中。

二维指数结果见表 5.9 和图 5.18。结果表明，DI、RI 和 NDI 与部分盐分信息（总盐、K^+、Na^+、SO_4^{2-} 含量）高度相关的波段主要集中在 1950nm 和 2100nm 附近；但 DI、RI 和 NDI 与其余盐分信息（Ca^{2+}、Mg^{2+}、Cl^-、HCO_3^-、CO_3^{2-} 含量）高度相关的波段并不集中。如图 5.18 所示，Mg^{2+} 与 NDI 的 R^2 最大值为 0.89。

$$NDI = \frac{R_{2000} - R_{1950}}{R_{2000} + R_{1950}}$$

式中：R_{2000}、R_{1950} 为波长 2000nm、1950nm 光谱的反射率。

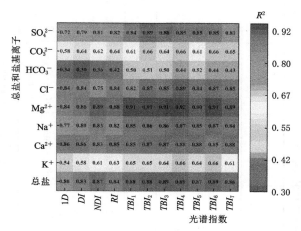

图 5.18　不同盐分指数和不同盐基离子浓度之间的决定系数 R^2

表 5.9 显示，1900nm 附近的波段和其他两个波段的组合通常会产生更大的决定系数。由图 5.18 可知，在所有 3 个波段指数中，Mg^{2+} 的 TBI_4［即 $(R_{1930} - R_{1970})/(R_{1930} - R_{1840})$］效果最佳，$R^2$ 最大值为 0.92。SO_4^{2-}、HCO_3^- 的最佳三维指数分别为 TBI_2、TBI_5，而其余离子包括总盐在内的最佳三维指数均为 TBI_4。在每种形式的三维指数中，具有最大决定系数的 3 个随机波段的组合都不同。与两波段（2D）光谱指数相比，三维指数放大了与土壤盐分信息之间决定系数的阈值范围。

综合看来，不同维度指数的效果不同，决定系数由大到小为：三维指数、二维指数、一维指数（图 5.18）；不同盐分信息也会影响指数的效果，其中 K^+、HCO_3^-、CO_3^{2-} 含量明显低于总盐和其他盐基离子含量。这也说明多维光谱指数的维度越高，即组合的波段数越多，越有可能扩大相关性阈值，为建模提供较高质量的变量。

5.3.6　模型的构建与对比

图 5.19 显示了 11 个光谱变量（1 个一维指数、3 个二维指数和 7 个三维指数）分别经蒙特卡罗-非信息变量消除（MCUVE）法、迭代保留信息变量（IRIV）法和软收缩策略（BOSS）法去除冗余信息后的变量组合情况。3 种优化算法所确定的组合各不相同，但二维指数保留都较少，三维指数保留较多，且三维指数被选入的概率较大。

为进行土壤含盐量与八大主要水溶性盐基离子预测，通过 11 个光谱变量和不同算法优化的变量组合建立土壤盐渍化信息 ELM 模型（表 5.10）。大部分盐分信息（总盐、K^+、Na^+、Mg^{2+}、HCO_3^-、CO_3^{2-}、SO_4^{2-}）的最佳预测模型为 IRIV - ELM，且对 Mg^{2+}

表 5.9　与不同盐离子浓度决定系数最高的不同指标波段组合

土壤盐离子类别		总盐	K^+	Ca^{2+}	Na^+	Mg^{2+}	Cl^-	HCO_3^-	CO_3^{2-}	SO_4^{2-}
最佳分数阶微分阶数		0.90	0.90	1.65	0.90	0.85	1.55	0.80	1.90	0.90
一维指数	$Band$	R_{1950}	R_{1950}	R_{1950}	R_{1950}	R_{1950}	R_{1910}	R_{1400}	R_{1400}	R_{1950}
二维指数	DI	R_{2070},R_{1950}	R_{2130},R_{1950}	R_{1950},R_{470}	R_{2150},R_{1950}	R_{2130},R_{1950}	R_{2010},R_{1910}	R_{1790},R_{1400}	R_{1400},R_{1380}	R_{2150},R_{1950}
	NDI	R_{2070},R_{1950}	R_{2130},R_{1950}	R_{2000},R_{1920}	R_{2070},R_{1950}	R_{2000},R_{1950}	R_{2220},R_{2000}	R_{1400},R_{680}	R_{1400},R_{1380}	R_{2130},R_{1950}
	RI	R_{2070},R_{1950}	R_{2310},R_{1950}	R_{1950},R_{1890}	R_{2120},R_{1950}	R_{1920},R_{1410}	R_{1910},R_{550}	R_{1400},R_{860}	R_{1420},R_{1400}	R_{2310},R_{1950}
三维指数	TBI_1	R_{1870},R_{1950},R_{1920}	R_{1950},R_{1400},R_{1290}	R_{1380},R_{1920},R_{1910}	R_{1870},R_{1950},R_{1920}	R_{1400},R_{1960},R_{1930}	R_{830},R_{2220},R_{1910}	R_{1400},R_{1330},R_{860}	R_{1900},R_{1400},R_{1380}	R_{1400},R_{2160},R_{1920}
	TBI_2	R_{1400},R_{2150},R_{1910}	R_{1950},R_{1790},R_{450}	R_{2330},R_{2220},R_{1950}	R_{1400},R_{2150},R_{1910}	R_{1410},R_{2160},R_{1920}	R_{1460},R_{1920},R_{1910}	R_{2210},R_{1400},R_{860}	R_{1410},R_{1400},R_{1380}	R_{1400},R_{2150},R_{1910}
	TBI_3	R_{1910},R_{2150},R_{1400}	R_{1950},R_{2170},R_{1290}	R_{1960},R_{1380},R_{1010}	R_{2070},R_{2230},R_{1950}	R_{1920},R_{1870},R_{1400}	R_{1910},R_{740},R_{550}	R_{660},R_{1400},R_{560}	R_{1380},R_{1420},R_{1400}	R_{1910},R_{2150},R_{1400}
	TBI_4	R_{2070},R_{2170},R_{1950}	R_{610},R_{1950},R_{1400}	R_{1950},R_{1910},R_{1890}	R_{2070},R_{2160},R_{1950}	R_{1930},R_{1970},R_{1840}	R_{1010},R_{1910},R_{1890}	R_{680},R_{1400},R_{1240}	R_{1380},R_{1930},R_{1400}	R_{610},R_{1950},R_{1400}
	TBI_5	R_{1970},R_{1910},R_{1400}	R_{450},R_{2330},R_{1950}	R_{1950},R_{850},R_{830}	R_{2150},R_{2070},R_{1950}	R_{1960},R_{1920},R_{1400}	R_{1910},R_{760},R_{550}	R_{860},R_{1400},R_{1330}	R_{1410},R_{1400},R_{1380}	R_{2310},R_{2300},R_{1950}
	TBI_6	R_{1990},R_{2150},R_{1950}	R_{2330},R_{1950},R_{1920}	R_{1900},R_{1910},R_{1380}	R_{2150},R_{1950},R_{1880}	R_{2150},R_{1950},R_{1920}	R_{1900},R_{1910},R_{1870}	R_{680},R_{1400},R_{1240}	R_{1400},R_{1930},R_{1380}	R_{2150},R_{1950},R_{1880}
	TBI_7	R_{2150},R_{1950},R_{620}	R_{2150},R_{1950},R_{620}	R_{2330},R_{1950},R_{1910}	R_{2150},R_{1950},R_{620}	R_{1970},R_{2150},R_{1920}	R_{2110},R_{1910},R_{1830}	R_{1400},R_{1240},R_{660}	R_{1380},R_{1400},R_{1340}	R_{2150},R_{1380},R_{1350}

和 Ca^{2+} 效果最好,二者的 RPD 值可达 0.29。而 Cl^- 的最佳预测模型为 BOSS-ELM,其 RPD 值为 0.26。所有盐分信息估测的最佳模型都具有较好效果,其中总盐、Ca^{2+}、Na^+、Mg^{2+}、Cl^-、SO_4^{2-} 效果突出,RPD 均大于或等于 0.24。就不同的优化算法而言,IRIV 表现最为突出,BOSS 次之,MCUVE 表现最差这是可以预见的。因为 IRIV、BOSS 这两种算法在变量组合优化时,考虑不同变量之间的组合效果,而 MCUVE 只是对每个独立变量进行稳定性评价,以供模型筛选变量。

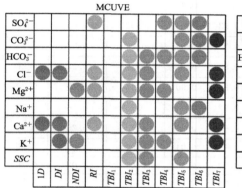

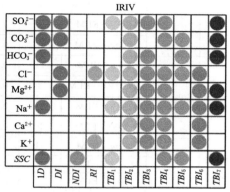

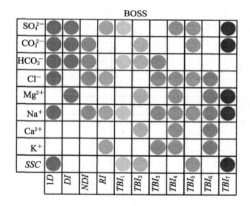

图 5.19 用于土壤盐分信息估算的 MCUVE、TRIV 和 BOSS 的变量组合优化结果
(圆点代表该筛选方法下盐分离子的优化变量组合包括该指数,各指数的
颜色一致,不同指数的圆点颜色不同)

表 5.10 基于不同建模策略的土壤盐渍化信息 ELM 模型的比较

盐渍化信息	最佳 FOD	模型	N	R_c^2	R_v^2	$RMSE_c/\%$	$RMSE_v/\%$	RPD	$RPIQ$
总盐	0.90	Raw-ELM	11	0.94	0.92	0.56	0.67	0.33	0.23
		MCUVE-ELM	3	0.90	0.90	0.69	0.76	0.29	0.20
		IRIV-ELM	6	0.94	0.93	0.56	0.64	0.35	0.24
		BOSS-ELM	5	0.95	0.92	0.50	0.67	0.33	0.23

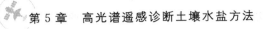

续表

盐渍化信息	最佳 FOD	模型	N	R_c^2	R_v^2	$RMSE_c/\%$	$RMSE_v/\%$	RPD	$RPIQ$
K^+ 含量	0.90	Raw-ELM	11	0.77	0.59	0.07	0.09	0.15	0.11
		MCUVE-ELM	6	0.71	0.61	0.07	0.08	0.16	0.12
		IRIV-ELM	5	0.76	0.63	0.07	0.08	0.16	0.12
		BOSS-ELM	4	0.79	0.58	0.06	0.09	0.16	0.12
Ca^{2+} 含量	1.65	Raw-ELM	11	0.93	0.90	0.02	0.02	0.29	0.25
		MCUVE-ELM	7	0.95	0.82	0.02	0.03	0.24	0.20
		IRIV-ELM	4	0.93	0.87	0.02	0.03	0.24	0.24
		BOSS-ELM	3	0.93	0.86	0.02	0.03	0.25	0.21
Na^+ 含量	0.90	Raw-ELM	11	0.88	0.87	0.19	0.22	0.27	0.18
		MCUVE-ELM	3	0.90	0.90	0.17	0.20	0.30	0.20
		IRIV-ELM	8	0.92	0.92	0.15	0.16	0.37	0.24
		BOSS-ELM	9	0.90	0.90	0.17	0.20	0.30	0.20
Mg^{2+} 含量	0.85	Raw-ELM	11	0.95	0.91	0.01	0.02	0.29	0.28
		MCUVE-ELM	6	0.93	0.93	0.02	0.02	0.38	0.37
		IRIV-ELM	6	0.94	0.93	0.02	0.02	0.38	0.37
		BOSS-ELM	5	0.95	0.92	0.01	0.02	0.27	0.27
Cl^- 含量	1.55	Raw-ELM	11	0.90	0.86	0.15	0.18	0.24	0.26
		MCUVE-ELM	7	0.89	0.82	0.16	0.21	0.20	0.22
		IRIV-ELM	8	0.89	0.84	0.16	0.20	0.22	0.24
		BOSS-ELM	7	0.90	0.90	0.15	0.17	0.26	0.28
HCO_3^- 含量	0.80	Raw-ELM	11	0.65	0.57	0.01	0.01	0.14	0.20
		MCUVE-ELM	5	0.69	0.69	0.01	0.01	0.15	0.21
		IRIV-ELM	5	0.70	0.63	0.01	0.01	0.16	0.23
		BOSS-ELM	6	0.66	0.62	0.01	0.01	0.16	0.12
CO_3^{2-} 含量	1.90	Raw-ELM	11	0.82	0.64	0.01	0.01	0.16	0.26
		MCUVE-ELM	4	0.72	0.72	0.01	0.01	0.19	0.33
		IRIV-ELM	6	0.77	0.77	0.01	0.01	0.20	0.36
		BOSS-ELM	6	0.77	0.74	0.01	0.01	0.19	0.34
SO_4^{2-} 含量	0.90	Raw-ELM	11	0.97	0.93	0.20	0.31	0.35	0.24
		MCUVE-ELM	4	0.90	0.88	0.34	0.39	0.28	0.19
		IRIV-ELM	7	0.95	0.94	0.25	0.29	0.37	0.25
		BOSS-ELM	7	0.94	0.92	0.27	0.33	0.33	0.23

注　Raw-ELM 表示基于原始所有指数的极限学习机模型；MCUVE-ELM 表示基于经 MCUVE 筛选所得指数的极限学习机模型；IRIV-ELM 表示基于经 IRIV 筛选所得指数的极限学习机模型；BOSS-ELM 表示基于经 BOSS 筛选所得指数的极限学习机模型；N 指极限学习机神经元数目。

图 5.20 显示了不同模型的验证结果残差分析箱形图。在估测土壤含盐量的模型中，MCUVE-ELM 残差范围最广，估测效果最差，而 IRIV-ELM 的残差范围最窄，效果最

好；在估测 K^+ 含量的模型中，虽然 IRIV - ELM 的残差范围最窄，但与 Raw - ELM、MCUVE - ELM 相差不多；在估测 Ca^{2+} 含量的模型中，MCUVE - ELM 残差范围最广，估测效果最差，而 Raw - ELM 的残差范围最窄，效果最好；在估测 Na^+、Mg^{2+}、HCO_3^-、CO_3^{2-}、SO_4^{2-} 含量的模型中，IRIV - ELM 模型具有较为集中的残差分布并遵循标准正态分布，范围最窄；在估测 Cl^- 含量的模型，BOSS - ELM 最优，其残差范围稍窄于 IRIV - ELM。

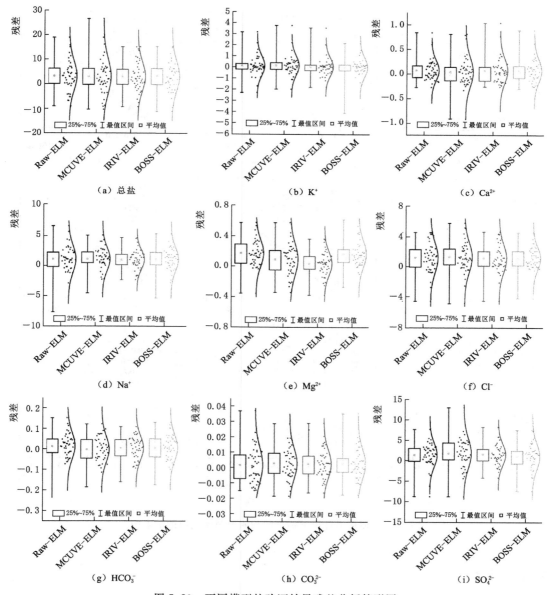

图 5.20　不同模型的验证结果残差分析箱形图

此外，基于交叉验证数据集和验证数据集的性能，可以认为 IRIV - ELM（总盐、

Na^+、Mg^{2+}、CO_3^{2-} 及 SO_4^{2-}），Raw-ELM（Ca^{2+}），BOSS-ELM（Cl^-）模型具有较好的鲁棒性，既没有过拟合，也没有欠拟合。而 IRIV-ELM（K^+、HCO_3^-）的验证效果不如建模效果，稳定性稍差。观察到总盐、Ca^{2+}、Na^+、Mg^{2+}、Cl^-、SO_4^{2-} 观测值与估算值的散点图沿 1:1 线分布良好（图 5.21），预测区间比较窄，表明估算性能高，而 K^+、HCO_3^-、CO_3^{2-} 的预测区间相对较宽，拟合线相对 1:1 线左偏。所有这些结果表明，IRIV-ELM 模型具有将光谱信息与大部分土壤盐分信息联系起来的理想性能。

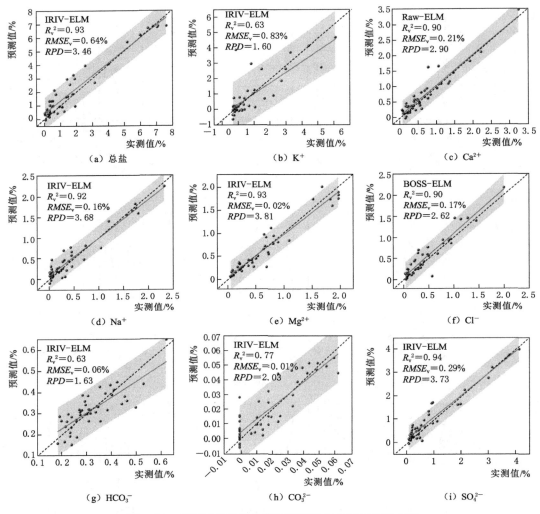

图 5.21　使用最佳模型估算的预测值与实测值的散点图

5.4　小结

（1）分数阶微分（如 0.5 阶和 0.75 阶）比整数阶导数（如 1 阶和 2 阶）及原始反射谱具有更好的估计性能；基于 0.75 阶微分光谱和随机蛙跳算法的 ELM 模型提供了一个

最优预测模型，证实了原位光谱在盐渍化土壤含水率估计中的潜力；随机蛙跳算法在土壤光谱分析中具有良好适用性，且变量选择算法（VIP、CARS 和 RFA）能够选择有用的光谱变量，简化模型，提高预测精度。总的来说，RFA 预测效果最好。

（2）不同土壤水溶性盐基离子的最佳波段筛选法不同，其中 VIP 分析法筛选得到的波段数量较多（占比 34.5%～42.5%），精度最高；SR 分析法筛选得到的波段数量最少（占比 1.5%～4%），精度较好；GC 分析法筛选得到的波段数量差异较大（占比 7%～55%），但精度一般；PLSR 法和 SVR 法对大部分离子的建模预测取得了较好的结果，不同离子适用的建模方法不同。在效果较好（$RPD > 2.0$）的离子预测模型数量方面，PLSR 模型略多于 SVR 模型；土壤不同水溶性盐基离子的最佳光谱反演预测结果差异性较大，其中 Ca^{2+}、Na^+、Cl^-、Mg^{2+} 和 SO_4^{2-} 离子模型的预测效果最佳，其 RPD 值分别为 3.97、3.15、2.98 和 2.75，其余离子的预测效果一般或不能进行反演。

（3）分数阶微分能有效地改善光谱与土壤盐分信息之间的相关性，但是不同盐分信息的最优分数阶微分光谱却有所不同。总盐、K^+、Na^+ 和 SO_4^{2-} 的最佳 FOD 阶数均为 0.90，但 Ca^{2+}、Mg^{2+}、CO_3^{2-}、HCO_3^-、Cl^- 分别为 1.65、0.85、1.85、0.80、1.55；FOD 可以显著改善相关性，改善效果由高到低为：Ca^{2+}、Cl^-、Mg^{2+}、总盐、Na^+、HCO_3^-、SO_4^{2-}、CO_3^{2-}、K^+，其中 Ca^{2+} 的预测效果最好，其 R^2 值可以达到 0.86，增加了 0.63；不同维度指数在放大光谱数据与土壤盐分信息的相关性方面存在差异，基本表现为三维指数与土壤盐分含量相关性强于二维指数，且强于一维指数，不同土壤盐离子含量与光谱指数相关性最强的指数作为该离子最佳指数，不同盐分信息的最佳指数有所不同。除 SO_4^{2-}、HCO_3^- 的最佳三维指数分别为 TBI_2、TBI_5，其余离子包括总盐在内的最佳三维指数均为 TBI_4，且 Mg^{2+} 的效果最佳，R^2 值可达 0.92；不同算法对模型性能的提升效果不同，基本满足 IRIV 大于 BOSS 大于 MCUVE。IRIV 所选变量子集的组合效应大于 BOSS。最佳盐分信息预测模型分别是 IRIV - ELM（总盐、Na^+、Mg^{2+}、CO_3^{2-}、SO_4^{2-}），Raw - ELM（Ca^{2+}），BOSS - ELM（Cl^-），这些模型的预测性能都达到定量预测的效果，R_v^2 值均在 0.63 以上，RPD 值均大于 1.60，$RPIQ$ 值均大于 1.19。其中 Mg^{2+} 的效果最佳，R_v^2 值达 0.93，RPD 值可达 3.81，$RPIQ$ 值 3.71。

第 6 章

多源数据融合诊断土壤含盐量方法

本章探讨多种多源数据融合的遥感技术进行土壤含盐量诊断与预测的方法，包括使用集合卡尔曼滤波（EnKF）将 GF－1 卫星遥感数据与 HYDRUS－1D 模型融合的数据同化方法、无人机多光谱与热红外的融合方法及使用 TsHARP 将无人机遥感数据与卫星遥感数据进行融合的升尺度方法。

6.1 基于集合卡尔曼滤波和 HYDRUS－1D 模型数据同化的遥感诊断土壤含盐量方法

6.1.1 数据采集、处理及评价方法

6.1.1.1 数据来源

在解放闸灌域设 72 个不同土壤盐渍化程度的采样点，选择其中 20 个采样点用于数据同化方案。采样时间为 2018 年 4 月 28 日、5 月 30 日、6 月 4 日、7 月 14 日、7 月 26 日、8 月 8 日和 8 月 12 日，根据该时期灌区内主要作物的根系活动层所在深度，每个采样点按照 0～20cm、20～40cm、40～60cm 3 个土层分层采样，并通过手持 GPS 记录采样点位置及周围环境信息。采样方法为五点法，采样单元为 16m×16m，每个采样点取 5 个土样，编号后带回实验室。

选用 GF－1 卫星 16m 空间分辨率的多光谱相机拍摄的影像中效果较好的遥感图像，在实验区内共采集 7 次。采集时间与土壤采样时间一致。卫星影像数据从中国资源卫星应用中心网站下载获取。下载的 GF－1 卫星遥感影像用 ENVI5.3 软件进行几何精校正、辐射校正、大气校正、镶嵌、裁剪等预处理，并提取反射率，计算光谱指数。采用 GF－1 卫星 4 个波段反射率（B、R、G、NIR）和 12 个光谱指数（B_1、SI、SI_1、SI_2、SI_3、S_1、S_2、S_6、RVI、$NDVI$、$MSAVI$、$ARVI$），建立遥感图像和土壤含盐量之间的定量关系。

在模型构建过程中，输入的自变量为经全子集筛选之后最优的光谱变量组合，因变量为不同深度的实测土壤含盐量，将所有采样点按照 2∶1 的比例划分为建模集与验证集，运行分位数回归模型得到遥感反演值，作为数据同化的观测算子。分位数回归模型是把离差绝对值的加权和最小化，通过因变量的条件分位数对自变量进行回归分析，从而得到全

部分位数下的回归模型。具体步骤见 6.1.1.2。

HYDRUS－1D 模型为数据同化的模型算子，采集的气象数据供 HYDRUS－1D 模型模拟土壤含盐量使用。气象数据采集时间与地面实测数据和遥感观测数据同步。气象数据是数据同化方法的驱动数据，也是 HYDRUS 模型的边界条件，主要包括降水、蒸发、风速、温度、日照等，以天为单位进行记录。

通过颗分实验的方法确定土壤颗粒级配，测定土壤容重；土壤水分特征曲线采用压力膜仪器测定并采用 Van Genuchten 模型拟合参数；饱和导水率采用定水头法测定；土壤水分扩散率采用吸湿状态下的水平土柱入渗法测定；纵向弥散系数根据实测资料通过数值法最优化拟合反求；土壤含水率由烘干法测定；土壤电导率通过电导率仪测定。HYDRUS－1D 模型参数取值见表 6.1。

表 6.1   **HYDRUS－1D 模型参数取值**

土壤深度/cm	残余含水率/(cm³/cm³)	饱和含水率/(cm³/cm³)	α	n	饱和导水率/(cm/d)
0～20	0.079	0.41	0.026	1.25	17.32
20～40	0.081	0.46	0.035	1.19	25.46
40～60	0.078	0.43	0.028	1.17	20.65

6.1.1.2 数据同化方案

（1）HYDRUS－1D 模型模拟土壤含盐量。HYDRUS－1D 模型是在模拟溶质运移方面应用最为广泛的模型之一（周亮等，2019），利用该模型对深度分别为 0～20cm、20～40cm、40～60cm 的土壤层盐分运移进行模拟，需要输入的数据包括气象数据、上下边界条件、模拟初始条件、土壤相关参数等。水分运动模块模拟的上边界设置为表层大气边界，下边界设置为变压力水头；溶质运移模块模拟的上、下边界条件均设置为土壤电导率的浓度边界。HYDRUS－1D 模型的初始条件采用初始模拟日期的实测土壤含水率和土壤电导率，模拟时间为 2018 年 5 月 11 日—8 月 31 日，共 114d。

（2）集合卡尔曼滤波。集合卡尔曼滤波算法是顺序数据同化方法中最常见的一种算法（黄健熙等，2018），其主要思想是以集合为基础，通过误差协方差矩阵传递观测误差、更新状态变量，极大地提高了传统的卡尔曼滤波算法的运算效率，广泛应用于陆面、气象和海洋同化系统中（丁建丽等，2017）。通常情况下，基于集合卡尔曼滤波算法的主要过程为：首先对模型的状态变量和观测值进行扰动；之后将扰动后的背景场和观测场进行分析，计算得到分析值；再统计分析值的差异，进行分析值的误差协方差估计；最后将分析值作为下一时刻的初始值，重复上述步骤直至无观测值，表明本次同化过程结束（王文等，2012）。

具体计算步骤如下：

1）进行初始扰动。假设有 N 个集合，在 $k=0$ 时刻对每个集合进行初始化，集合初始化的方法有很多种，选择常用的对状态变量直接加入均值为 0、方差为 0.01 的高斯白噪声方法，对背景场的土壤含盐量进行初始扰动，得到符合高斯分布的状态变量集合 $X_{i,0}=(X_1, X_2, X_3, \cdots, X_N)$。

2）HYDRUS－1D 模型模拟预测土壤含盐量。将 k 时刻的土壤含盐量输入到

HYDRUS－1D 模型中，得到下一时刻的土壤含盐量预测值集合如式（6.1）所示。

$$X_{i,k+1}^f = M_{k,k+1}(X_{i,k}^a) + w_{i,k}, w_{i,k} \sim N(0, Q_k) \tag{6.1}$$

式中：$X_{i,k+1}^f$ 为 $k+1$ 时刻第 i 个土壤含盐量模拟预测值；$X_{i,k}^a$ 为 k 时刻第 i 个土壤状态量分析值；$M_{k,k+1}$ 为 HYDRUS－1D 溶质运移模型；$w_{i,k}$ 为模型误差。

3）使用式（6.2）及式（6.3）计算下一时刻土壤含盐量的均值和误差协方差矩阵。

$$\overline{X_{i,k+1}^f} = \frac{1}{N} \sum_{i=1}^{N} X_{i,k+1}^f \tag{6.2}$$

$$P_{k+1}^f = \frac{1}{N-1} \sum_{i=1}^{N} (X_{i,k+1}^f - \overline{X_{i,k+1}^f})(X_{i,k+1}^f - \overline{X_{i,k+1}^f})^T \tag{6.3}$$

式中：$\overline{X_{i,k+1}^f}$ 为 $k+1$ 时刻第 i 个土壤含盐量模拟预测值的均值；P_{k+1}^f 为 $k+1$ 时刻土壤含盐量模拟预测值的误差协方差矩阵；T 为转置矩阵。

4）使用式（6.4）～式（6.6）计算卡尔曼增益。

$$K_{k+1} = P_{k+1}^f H^T (HP_{k+1}^f H^T + R_{k+1})^{-1} \tag{6.4}$$

$$P_{k+1}^f H^T = \frac{1}{N-1} \sum_{i=1}^{N} (X_{i,k+1}^f - \overline{X_{i,k+1}^f})[H(X_{i,k+1}^f) - H(\overline{X_{i,k+1}^f})]^T \tag{6.5}$$

$$HP_{k+1}^f H^T = \frac{1}{N-1} \sum_{i=1}^{N} [H(X_{i,k+1}^f) - H(\overline{X_{i,k+1}^f})][H(X_{i,k+1}^f) - H(\overline{X_{i,k+1}^f})]^T \tag{6.6}$$

式中：K_{k+1} 为 $k+1$ 时刻卡尔曼增益矩阵；R_{k+1} 为 $k+1$ 时刻的遥感观测土壤含盐量的误差协方差矩阵；T 为转置矩阵。

5）引入遥感观测土壤含盐量数据更新均值和误差协方差矩阵，如式（6.7）～式（6.9）。

$$X_{i,k+1}^a = X_{i,k+1}^f + K_{k+1}[(Y_{k+1}^o - H_{k+1} X_{i,k+1}^f) + v_{i,k}], v_{i,k} \sim N(0, R_{k+1}) \tag{6.7}$$

$$\overline{X_{k+1}^a} = \frac{1}{N} \sum_{i=1}^{N} X_{i,k+1}^a \tag{6.8}$$

$$P_{k+1}^a = \frac{1}{N-1} \sum_{i=1}^{N} (X_{i,k+1}^a - \overline{X_{k+1}^a})(X_{i,k+1}^a - \overline{X_{k+1}^a})^T \tag{6.9}$$

式中：$X_{i,k+1}^a$ 为 $k+1$ 时刻第 i 个土壤含盐量的分析值；H_{k+1} 为 $k+1$ 时刻的遥感反演土壤含盐量的观测算子；Y_{k+1}^o 为 $k+1$ 时刻的遥感观测土壤含盐量值；$\overline{X_{k+1}^a}$ 为 $k+1$ 时刻土壤含盐量的最优估计值；P_{k+1}^a 为 $k+1$ 时刻最优估计值对应的误差协方差矩阵；$v_{i,k}$ 为观测误差；T 为转置矩阵。

6）重复上述迭代过程 2）～5）直至同化过程结束。

6.1.1.3　评价指标

本研究采用 $RMSE$、R^2、Nash 效率系数 NSE 对同化结果进行综合评价，根据各个评价指标的大小，明确数据同化方案对土壤盐分模拟的提升效果，$RMSE$ 采用式（3.2）计算，NSE 计算公式见式（6.10）：

$$NSE = 1 - \frac{\sum_{i=1}^{n}(S_i - M_i)^2}{\sum_{i=1}^{n}(M_i - \overline{M})^2} \tag{6.10}$$

式中：S_i 为第 i 时刻土壤含盐量模拟值（又称同化值、同化模拟值）；M_i 为第 i 时刻实测土壤含盐量；$\overline{M}$ 为实测土壤含盐量的平均值；n 为采样点数目。

6.1.2　同化结果及敏感性分析

6.1.2.1　同化结果分析

基于上述同化方案，可以得到三种不同深度下单独采用 HYDRUS-1D 模型的土壤含盐量模拟值（简称模拟值）、单独采用 GF-1 卫星遥感数据获得的土壤含盐量（简称反演值）、采用集合卡尔曼滤波的土壤含盐量同化值（简称同化值）。图 6.1 为模拟值、反演值和同化值与实测值的比较，图 6.2 为误差分析图。

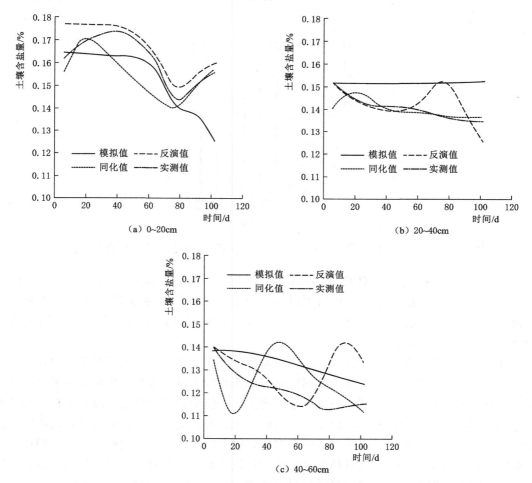

图 6.1　不同深度土壤含盐量的模拟值、反演值、同化值与实测值结果图

由图 6.2 可以看出，在土壤剖面上，单独采用 HYDRUS-1D 模型获得的模拟值与实测值误差较大，模拟值的 $RMSE$ 最大，达到 $0.011\%\sim0.014\%$；其次是反演值的 $RMSE$，在整个剖面上为 $0.007\%\sim0.014\%$，略低于模拟值；同化值在整个剖面上的 $RMSE$ 为 $0.004\%\sim0.010\%$，具有相对较好的模拟效果。模拟值的 MRE 最大，为

111

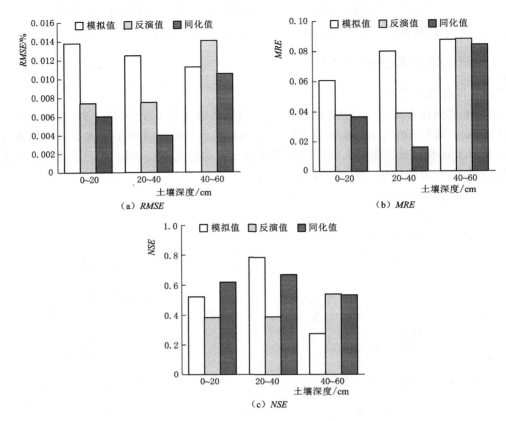

图 6.2　不同评价指标土壤含盐量的模拟值、反演值、同化值与实测值的误差分析图

0.061～0.087，反演值的 MRE 低于模拟值的 MRE，同化值的 MRE 最小，为 0.016～0.084，表明与模拟值相比，同化值更接近实测值。从同化效率来看，与模拟值和反演值相比，同化值的同化效率 NSE 最大，表明引入遥感反演的土壤含盐量数据同化后的模型模拟值更接近实测值。

　　对比反演值和模拟值可以发现，遥感反演和模型模拟均存在一定的误差，而且随着深度的增加，误差逐渐增大，而采用数据同化的方法可以进行土壤盐渍化预报的优化。对比模拟值和同化模拟值可以发现，引入遥感反演值后，模型的模拟精度有较大提升。这是由于 HYDRUS-1D 模型在模拟过程中没有实时校正相关参数，导致误差积累，进而影响模拟精度，而在同化过程中适当引入遥感反演值，极大地改善了模型的模拟精度。同化模拟值取得了较好的模拟效果，且其精度略高于同化值的精度，表明引入遥感反演值后，后续的模拟精度也会增加，同化的预报效果得以体现。

　　对比不同深度同化过程可以发现，在各个深度均取得良好的同化结果。在 20～40cm深度，同化值的 NSE 取得最大值为 0.668，同化效率最高，且 MRE 和 $RMSE$ 较小，分别为 0.016、0.004％，表明在此深度下同化结果最好；在 0～20cm 深度，同化值的 NSE略低，为 0.619，MRE 和 $RMSE$ 分别为 0.037、0.006％；在 40～60cm 深度，同化值的

NSE 最低为 0.533，MRE 和 $RMSE$ 分别为 0.084、0.010％。故同化精度的深度为 20～40cm，0～20cm 次之，40～60cm 最差。

综上所述，对实测土壤盐分的预测效果表现为，同化值精度最好，其次为反演值，模拟精度效果最差；对于不同深度的土壤盐渍化预报，效果最好的是 20～40cm，其次为40～60cm，0～20cm 相对较差。

6.1.2.2 敏感性分析

（1）集合数。在基于 EnKF 的土壤含盐量遥感数据同化研究中，状态变量集合数是影响同化模拟过程和计算效率的重要参数，对于优化同化模型的运算效率和提高同化模拟结果精度具有重要意义。因此，集合数 N 分别选取 25、50、75、100、200 和 500 共 6 个水平对 0～20cm、20～40cm 和 40～60cm 深度的土壤含盐量进行同化模拟，并与实测值进行对比，见表 6.2。

表 6.2　　　　　　　　　　不同集合数下同化结果与实测值的 $RMSE$

土壤深度/cm	集 合 数 N/个					
	25	50	75	100	200	500
	$RMSE$/％					
0～20	0.009	0.011	0.009	0.006	0.005	0.004
20～40	0.011	0.006	0.004	0.004	0.004	0.004
40～60	0.017	0.017	0.012	0.010	0.011	0.011

由表 6.2 可以看出，在不同水平的集合数条件下，各个深度同化值与实测值之间的 $RMSE$ 呈现不同的结果；但是随着集合数的增加，不同深度土壤含盐量的 EnKF 同化值与实测值的 $RMSE$ 均呈现逐渐减小到平稳的趋势。当集合数为 25 和 50 时，同化值与实测值的误差相对较大，其 $RMSE$ 为 0.006％～0.017％；当土壤含盐量的集合数增加到100 时，0～20cm、20～40cm 和 40～60cm 深度 $RMSE$ 逐渐减小到 0.006％、0.004％和0.010％；而当集合数增加到 200 和 500 时，在各个深度下 $RMSE$ 基本保持不变，表明集合数大于 200 时，仅增加集合数并不能提高同化模型的精确度。从总体上看，当集合数为 100 时，与集合数为 200 及以上的土壤含盐量同化结果相近，但是其运算时间更短，代表性更强，因此，本节基于 EnKF 的土壤含盐量遥感数据同化研究中最优状态变量集合数目为 100。

（2）观测误差。基于 EnKF 的土壤含盐量遥感数据同化过程中，同化 GF-1 卫星遥感观测数据可以显著提高土壤含盐量模拟精度。观测算子的精度也是影响同化模拟过程和计算精度的重要参数，对于优化同化模拟结果具有重要意义。因此，选取误差水平 e 分别为 0.025、0.05、0.1、0.15、0.25 和 0.5，经过高斯白噪声扰动后，分别对 0～20cm、20～40cm 和 40～60cm 深度土壤含盐量进行同化模拟，并与实测值进行对比，误差结果见表 6.3。

在不同水平的观测误差条件下，各个深度下同化值与实测值的 $RMSE$ 呈现不同的结果，但是随着遥感反演土壤含盐量误差水平的增加，不同深度土壤含盐量的 EnKF 同

化值与实测值的 *RMSE* 均呈现逐渐增加的趋势,即随着误差水平的增加,EnKF 同化值与实测值偏差增加。当误差水平小于 0.15 时,同化值与实测值的误差相对较小,其 *RMSE* 介于 0.007%～0.017%;当土壤含盐量的误差水平逐渐增加到 0.25 时,*RMSE* 逐渐增加到 0.012%～0.016%。从总体上看,在 0～60cm 深度下,遥感观测误差会导致同化结果的偏差。这是由于 EnKF 方案是同化遥感观测数据,纠正 HYDRUS-1D 模拟的过程,遥感观测值的改变会直接影响同化结果。随着误差水平的增加,遥感观测误差相应增加,状态变量经过同化更新后,导致后续时间序列的同化模拟结果误差不断累积,使得同化模拟结果不理想。因此,观测算子精度是影响同化结果的重要因素之一。

表 6.3 不同观测误差下同化结果与实测值的 *RMSE*

土壤深度/cm	观 测 误 差					
	0.025	0.05	0.1	0.15	0.25	0.5
	RMSE/%					
0～20	0.014	0.015	0.015	0.015	0.016	0.017
20～40	0.007	0.009	0.010	0.010	0.012	0.013
40～60	0.010	0.013	0.015	0.017	0.016	0.017

6.2 无人机多光谱和热红外遥感数据融合诊断土壤含盐量方法

利用多光谱和热红外遥感数据融合对植被覆盖状态下农田土壤盐分反演的研究相对较少,且针对单一葵花作物不同生育期、不同根区土层盐分特点的研究也相对较长。开展无人机多光谱和热红外遥感数据融合诊断土壤含盐量研究,不仅可对葵花农田土壤盐分特点进行初步动态解析,同时对河套灌区多元化遥感形式下的土壤盐渍化监测也有一定的积极意义。

6.2.1 数据获取及处理方法

(1)土壤样本的获取与分析。实测盐分数据分别于 2018 年 7 月 15—19 日和 8 月 12—16 日采集于河套灌区沙壕渠灌域试验地,数据采集时间分别为葵花生长阶段的现蕾期和开花期。采样点均选取在有葵花覆盖的区域内,具体的采样方式为土钻取土,分别采集 0～20cm、20～40cm 和 40～60cm 3 个不同深度处的土壤样本约 60g 置于铝盒中,同时采用手持式 GPS 仪记录每个采样点的位置,经过实验室操作,测得每个样品的电导率值,并通过经验公式换算为土壤含盐量。

(2)无人机遥感数据获取及预处理。试验所用遥感平台为大疆创新科技有限公司生产的经纬 M600 六旋翼无人机,搭载 Micro-MCA 多光谱相机及禅思 XT 红外热成像测温仪。禅思 XT 红外热成像测温仪使用 FLIR 系统的 Tau2 机芯,镜头焦距为 19mm,分辨率为 640×512 像素,视场角 32°H×26°V,波段范围 7.5～13.5μm,温度测量范围

$-25\sim135℃$，可快速实时监测作物的冠层温度变化情况。

利用遥感图像提取到的光谱反射率构建出各种不同的光谱指数。为探究不同植被指数和盐分指数反演大田葵花土壤含盐量的适用性，分别挑选了应用广泛的 8 种植被指数（$NDVI$、DVI、SR、EVI、$ARVI$、$CRSI$、$SAVI$、$MSAVI$）和 11 种盐分指数（$NDSI$、SI、SI_1、SI_2、SI_3、$SI-T$、S_1、S_2、S_3、S_5、S_6）用于分析，其中土壤调节植被指数 $SAVI$ 计算方法为

$$SAVI = \frac{NIR-R}{NIR+R+L}(1+L) \tag{6.11}$$

式中：L 为盖度背景调节因子，本节取 0.5；其他指数计算方法与本书第 3、第 4 章中植被指数和盐分指数的计算方法一致，详见表 3.10 和 4.1.1 节。

（3）土壤盐分反演模型的构建与验证。将葵花两个生育期内每次获取的 60 个土壤样本随机分为 2 组，其中 40 个用于建模，20 个用于验证。基于建模样本的土壤盐分数据及无人机遥感系统测得的冠层温度和优选出的光谱指数参量，分别采用偏最小二乘回归、支持向量机、BP 神经网络及极限学习机方法构建土壤盐分反演模型。

运用 SPSS23.0 软件建立土壤盐分的偏最小二乘回归模型。偏最小二乘法是最常用的一种光谱建模方法，相当于主成分分析、多元线性回归以及典型相关分析的组合，可在一定程度上有效地消除参量之间的多重共线性。支持向量机、BP 神经网络以及极限学习机等机器学习模型分别由 R 语言软件中的 e1071、nnet 和 elmNNRcpp 包实现。

对于模型的验证精度评估，利用 R^2、$RMSE$、CC 3 个指标来完成。R^2 和 CC 越大，$RMSE$ 越小说明模型效果越好（Hu et al.，2019），R^2 计算公式见式（3.1），$RMSE$ 计算公式见式（3.2），CC 计算公式见式（4.3）。

6.2.2 葵花冠层温度与土壤盐分的相关性分析

不同生育期的葵花冠层温度与土壤分层的盐分的相关性均有所差异（图 6.3）。总体而言，随着土壤盐度的提高，冠层温度也在不断升高，这与 Ivushkin et al.（2018）的研究结果一致。查 Pearson 相关系数临界值表可得，当 $n=60$ 时，若 $|R|>0.250$，则表示在 0.05 水平上显著，若 $|R|>0.325$，则表示在 0.01 水平上显著。因此，所选数据均达到了 0.05 水平上显著，而在 0.01 水平上，现蕾期 0～20cm 和 20～40cm 深度处的数据达到了显著，40～60cm 深度处数据未达到显著；开花期则只有 0～20cm 深度处的数据达到显著，另外两个深度均呈现不显著。同时，在两个生育期 0～20cm 深度的土壤盐分与葵花冠层温度的相关性均最高，相关系数 R 分别为 0.422 和 0.404，其他两个深度的相关性则略低。

6.2.3 不同光谱指数与土壤盐分的灰色关联度筛选分析

利用灰色系统将不同生育期及不同土壤深度的植被指数和盐分指数分别与对应的土壤含盐量逐一进行灰色关联度分析，其灰色关联度及排序情况见表 6.4 和表 6.5。

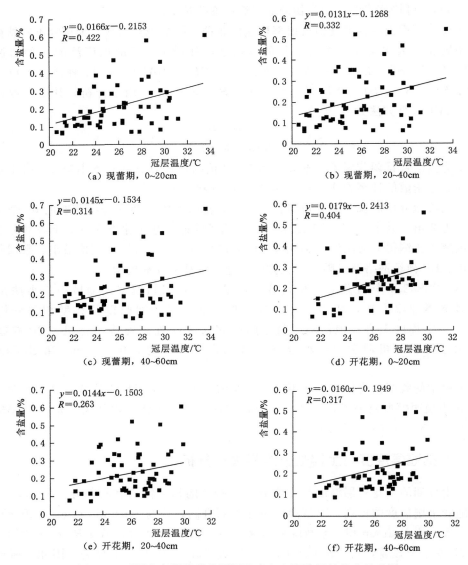

图 6.3　不同生育期的葵花冠层温度与土壤分层的盐分关系图

表 6.4　　　不同生育期植被指数与不同深度土壤含盐量的灰色关联度统计

植被指数	现 蕾 期						开 花 期					
	土壤深度/cm						土壤深度/cm					
	0~20		20~40		40~60		0~20		20~40		40~60	
	序号	关联度	序号	关联度	序号	关联度	序号	关联度	序号	关联度	序号	关联度
NDVI-1	6	0.818	5	0.813	8	0.825	9	0.832	10	0.811	9	0.791
NDVI-2	14	0.786	15	0.777	15	0.794	5	0.850	6	0.823	5	0.806
DVI-1	7	0.817	7	0.812	5	0.827	11	0.826	11	0.810	11	0.784

植被指数	现蕾期						开花期					
	土壤深度/cm						土壤深度/cm					
	0～20		20～40		40～60		0～20		20～40		40～60	
	序号	关联度	序号	关联度	序号	关联度	序号	关联度	序号	关联度	序号	关联度
DVI－2	12	0.787	12	0.779	13	0.795	7	0.844	7	0.820	7	0.800
SR－1	10	0.791	9	0.787	9	0.810	14	0.814	13	0.798	14	0.779
SR－2	11	0.789	11	0.786	10	0.809	13	0.814	14	0.797	12	0.781
EVI－1	8	0.817	8	0.811	6	0.827	12	0.817	12	0.801	13	0.780
EVI－2	15	0.786	13	0.779	12	0.798	8	0.835	8	0.815	8	0.794
ARVI－1	9	0.793	10	0.787	11	0.805	16	0.778	16	0.765	16	0.739
ARVI－2	16	0.743	16	0.735	16	0.758	15	0.811	15	0.793	15	0.769
CRSI－1	3	0.852	3	0.846	3	0.856	4	0.864	4	0.830	4	0.820
CRSI－2	4	0.830	4	0.827	4	0.837	1	0.868	3	0.835	3	0.829
SAVI－1	5	0.819	6	0.812	7	0.826	10	0.830	9	0.812	10	0.790
SAVI－2	13	0.787	14	0.777	14	0.795	6	0.849	5	0.824	6	0.805
MSAVI－1	2	0.884	2	0.867	2	0.867	3	0.868	2	0.868	1	0.844
MSAVI－2	1	0.889	1	0.870	1	0.874	2	0.867	1	0.872	2	0.843

注 表中涉及近红外 1 波段和近红外 2 波段的指数，用"－1""－2"标注。

表 6.5 不同生育期盐分指数与不同深度土壤含盐量的灰色关联度统计

盐分指数	现蕾期						开花期					
	土壤深度/cm						土壤深度/cm					
	0～20		20～40		40～60		0～20		20～40		40～60	
	序号	关联度	序号	关联度	序号	关联度	序号	关联度	序号	关联度	序号	关联度
NDSI－1	13	0.832	13	0.836	13	0.827	15	0.842	15	0.798	15	0.806
NDSI－2	14	0.802	14	0.804	14	0.796	13	0.858	14	0.811	14	0.820
SI	1	0.911	1	0.901	2	0.883	5	0.899	3	0.885	3	0.879
SI_1	3	0.903	3	0.894	5	0.881	4	0.900	1	0.886	2	0.882
SI_2－1	10	0.885	8	0.881	7	0.873	3	0.901	13	0.858	7	0.863
SI_2－2	7	0.890	7	0.883	6	0.877	6	0.898	11	0.852	8	0.862
SI_3	2	0.904	2	0.895	4	0.882	2	0.902	4	0.885	1	0.882
S_1	12	0.873	1	0.874	9	0.869	10	0.879	13	0.831	10	0.847
S_2	15	0.791	15	0.787	15	0.768	11	0.869	12	0.849	12	0.845
S_3	8	0.888	9	0.881	10	0.868	8	0.892	2	0.885	5	0.869
S_5	4	0.902	5	0.888	8	0.871	9	0.880	5	0.872	9	0.859
S_6－1	5	0.899	4	0.888	3	0.883	1	0.903	6	0.863	4	0.874
S_6－2	6	0.898	6	0.886	1	0.883	7	0.895	10	0.853	6	0.866
$SI-T$－1	11	0.882	12	0.874	12	0.862	14	0.858	9	0.856	11	0.846
$SI-T$－2	9	0.886	10	0.875	11	0.864	12	0.866	9	0.858	13	0.840

注 表中涉及近红外 1 波段和近红外 2 波段的指数，用"－1""－2"标注。

　　从表 6.4 和表 6.5 可以看出，不同生育期、不同深度的植被指数和盐分指数与土壤含盐量的关联度均有所差异，即使同一种指数类型，利用不同的近红外波段来构建，其与土壤含盐量的关联度也不尽相同。但同一指数类型在不同深度处与土壤含盐量的关联度比不同类型指数间的关联度差异要小，而不同生育期下植被指数与盐分指数分别与土壤含盐量的关联度对比则不是很明显。针对葵花生长的两个生育期，筛选出不同土壤深度关联度排序前 6 的植被指数和盐分指数作为前两种模型输入变量，同时筛选出关联度排序前 3 的植被指数和盐分指数组成光谱指数变量作为第三种模型输入变量。具体的指数筛选结果见表 6.6。

表 6.6　　　　　　　　　不同生育期光谱指数的灰色关联度分析筛选结果

土壤深度 /cm	植 被 指 数		盐 分 指 数		光 谱 指 数	
	现蕾期	开花期	现蕾期	开花期	现蕾期	开花期
0～20	$MSAVI-1$	$CRSI-2$	SI	S_6-1	$MSAVI-1$	$CRSI-2$
	$MSAVI-2$	$MSAVI-1$	SI_3	SI_3	$MSAVI-2$	$MSAVI-1$
	$CRSI-1$	$MSAVI-2$	SI_1	SI_2-1	$CRSI-1$	$MSAVI-2$
	$CRSI-2$	$CRSI-1$	S_5	SI_1	SI	S_6-1
	$SAVI-1$	$NDVI-2$	S_6-1	SI	SI_3	SI_3
	$NDVI-1$	$SAVI-2$	S_6-2	SI_2-2	SI_1	SI_2-1
20～40	$MSAVI-1$	$MSAVI-2$	SI	SI_1	$MSAVI-1$	$MSAVI-2$
	$MSAVI-2$	$MSAVI-1$	SI_3	S_3	$MSAVI-2$	$MSAVI-1$
	$CRSI-1$	$CRSI-2$	SI_1	SI	$CRSI-1$	$CRSI-2$
	$CRSI-2$	$CRSI-1$	S_6-1	SI_3	SI	SI_1
	$NDVI-1$	$SAVI-2$	S_5	S_5	SI_3	S_3
	$NDVI-1$	$NDVI-2$	S_6-2	S_6-1	SI_1	SI
40～60	$MSAVI-1$	$MSAVI-1$	S_6-2	SI_3	$MSAVI-1$	$MSAVI-1$
	$MSAVI-2$	$MSAVI-2$	SI	SI_1	$MSAVI-2$	$MSAVI-2$
	$CRSI-1$	$CRSI-2$	S_6-1	SI	$CRSI-1$	$CRSI-2$
	$CRSI-2$	$CRSI-1$	SI_3	S_6-1	S_6-2	SI_3
	$DVI-1$	$NDVI-2$	SI_1	S_3	SI	SI_1
	$EVI-1$	$SAVI-2$	SI_2-2	S_6-2	S_6-1	SI

注　表中涉及近红外 1 波段和近红外 2 波段的指数，用 "-1" "-2" 标注。

6.2.4　偏最小二乘回归模型的建立与分析

　　利用 SPSS23.0 软件以 6.2.3 节筛选得到的光谱指数参量和对应的冠层温度作为自变量，以土壤含盐量为因变量，构建基于偏最小二乘回归方法的土壤盐分反演模型，结果见表 6.7。

　　从表 6.7 可以看出，针对两个生育期数据，基于盐分指数和光谱指数建立的模型效果更好、预测效果更优。同时，0～20cm 和 20～40cm 深度处的土壤盐分模型效果要好于

$40\sim60$cm，特别是在开花期。开花期 $40\sim60$cm 土壤深度处，基于植被指数建立的模型效果最差，R_v^2 仅为 0.068，验证集 $RMSE_v$、CC 分别为 0.079% 和 0.255；而现蕾期的模型效果则相对较好，这可能是因为生育期不同，葵花的根系活动范围差异对结果产生影响。

表 6.7　　　　　　　　　基于不同生育期不同深度土壤含盐量的 PLSR 模型效果

生育期	指数类型	土壤深度 /cm	主因子数	建 模 集		验 证 集		
				R_c^2	$RMSE_c$/%	R_v^2	$RMSE_v$/%	CC
现蕾期	植被指数	$0\sim20$	5	0.387	0.100	0.409	0.083	0.595
		$20\sim40$	6	0.194	0.106	0.468	0.099	0.470
		$40\sim60$	5	0.265	0.123	0.518	0.097	0.634
	盐分指数	$0\sim20$	4	0.678	0.072	0.554	0.081	0.699
		$20\sim40$	6	0.544	0.079	0.554	0.087	0.657
		$40\sim60$	6	0.471	0.104	0.513	0.099	0.671
	光谱指数	$0\sim20$	6	0.734	0.066	0.547	0.084	0.695
		$20\sim40$	5	0.539	0.080	0.539	0.089	0.642
		$40\sim60$	6	0.412	0.110	0.568	0.093	0.661
开花期	植被指数	$0\sim20$	6	0.317	0.079	0.372	0.067	0.492
		$20\sim40$	5	0.425	0.093	0.384	0.071	0.556
		$40\sim60$	4	0.281	0.099	0.068	0.079	0.255
	盐分指数	$0\sim20$	6	0.506	0.067	0.510	0.059	0.686
		$20\sim40$	5	0.521	0.085	0.381	0.074	0.598
		$40\sim60$	6	0.302	0.098	0.097	0.080	0.309
	光谱指数	$0\sim20$	5	0.494	0.068	0.455	0.063	0.650
		$20\sim40$	3	0.500	0.087	0.355	0.075	0.565
		$40\sim60$	3	0.288	0.099	0.076	0.080	0.271

6.2.5　机器学习模型的建立与分析

支持向量机（SVM）模型的建立主要是由 R 语言软件中的 e1071 包实现，利用网格搜索法进行模型参数 gamma 和成本参数 cost 的寻优，选定交叉验证误差最小的参数构建模型，作为最终的盐分反演模型，结果见表 6.8。在构建的土壤盐分 SVM 模型中，效果最好的是现蕾期基于光谱指数建立的 $0\sim20$cm 深度处的盐分反演模型，R_c^2、R_v^2 分别为 0.739 和 0.574，验证集 $RMSE_v$、CC 分别为 0.080% 和 0.711。效果最差的是开花期基于植被指数建立的 $40\sim60$cm 深度处的盐分反演模型，R_c^2、R_v^2 分别为 0.397 和 0.203，验证集 $RMSE_v$、CC 分别为 0.068% 和 0.008。其余模型的精度差异较小，R_c^2、R_v^2 均在 0.3 以上，$RMSE_c$、$RMSE_v$ 均在 0.2% 以下，说明基于支持向量机算法建立的盐分反演模型整体效果较好。

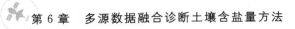

表6.8　　　　　　　　　　　　基于不同生育期不同深度土壤含盐量的 SVM 模型效果

生育期	指数类型	土壤深度/cm	建模集		验证集		
			R_c^2	$RMSE_c/\%$	R_v^2	$RMSE_v/\%$	CC
现蕾期	植被指数	0~20	0.401	0.101	0.402	0.085	0.510
		20~40	0.396	0.093	0.437	0.099	0.501
		40~60	0.413	0.112	0.498	0.099	0.637
	盐分指数	0~20	0.684	0.072	0.550	0.079	0.707
		20~40	0.527	0.082	0.609	0.087	0.618
		40~60	0.454	0.108	0.456	0.107	0.509
	光谱指数	0~20	0.739	0.065	0.574	0.080	0.711
		20~40	0.585	0.078	0.576	0.095	0.508
		40~60	0.458	0.107	0.477	0.108	0.495
开花期	植被指数	0~20	0.362	0.078	0.400	0.066	0.533
		20~40	0.416	0.096	0.331	0.079	0.474
		40~60	0.397	0.118	0.203	0.068	0.008
	盐分指数	0~20	0.532	0.065	0.520	0.059	0.641
		20~40	0.591	0.079	0.421	0.071	0.644
		40~60	0.480	0.086	0.372	0.065	0.593
	光谱指数	0~20	0.483	0.071	0.492	0.061	0.603
		20~40	0.470	0.114	0.443	0.087	0.149
		40~60	0.525	0.084	0.324	0.069	0.517

　　BPNN 是一种按误差逆传播算法训练的多层前馈神经网络，本研究的 BP 神经网络模型同样采用 R 语言软件完成。首先利用 caret 调用 nnet 包训练单隐含层人工神经网络，然后利用网格搜索法按照误差最小的原则进行参数寻优，将选定的模型参数代入模型并输入相关变量进行模型运算，结果见表 6.9。在构建的土壤盐分 BP 神经网络模型中，现蕾期的模型整体效果较好，R_c^2 和 R_v^2 均达到了 0.4 以上，验证集 $RMSE$ 均位于 0.1% 以下，CC 均位于 0.4 以上。而在开花期，40~60cm 土壤深度的模型效果要明显差于其他两个深度，特别是基于植被指数建立的模型，R_c^2 和 R_v^2 仅为 0.191 和 0.140，基于盐分指数和光谱指数建立的模型效果也较差。

　　极限学习机（ELM）是一种单隐含层前馈神经网络的快速学习算法，它的网络训练模型由输入层、隐含层和输出层组成，其中隐含层的神经元个数需人为确定。在 R 语言软件中，调用 elmNNRcpp 包输入训练样本，设置 tansig 为激活函数。隐含层神经元节点数确定方法是通过将节点数量由 2 调整到 100，每一步增加 2 个，来调节最优隐含层的节点数，每个模型结构重复 500 次，以减少 ELM 模型的随机性，最后由模型输出层输出运算结果，结果见表 6.10。在构建的土壤盐分极限学习机模型中，土壤深度 0~20cm 和 20~40cm 的模型效果一般优于深度 40~60cm 的模型效果；但也有例外，如在现蕾期基于植被指数建立的土壤深度 40~60cm 的盐分模型效果就要优于其他深度的模型效果，建模和预测 R^2 分别为 0.432 和 0.419，验证集 $RMSE$、CC 分别为 0.108% 和 0.626。此外，现蕾期的模型效果整体要优于开花期，特别是在 40～60cm 深度，差异更加明显。

表 6.9　　　　　基于不同生育期不同深度土壤含盐量的 BPNN 模型效果

生育期	指数类型	土壤深度/cm	建 模 集		验 证 集		
			R_c^2	$RMSE_c/\%$	R_v^2	$RMSE_v/\%$	CC
现蕾期	植被指数	0～20	0.405	0.099	0.439	0.080	0.605
		20～40	0.421	0.090	0.409	0.099	0.493
		40～60	0.421	0.110	0.510	0.097	0.646
	盐分指数	0～20	0.675	0.073	0.540	0.078	0.695
		20～40	0.512	0.082	0.572	0.087	0.642
		40～60	0.499	0.102	0.587	0.091	0.681
	光谱指数	0～20	0.773	0.062	0.718	0.062	0.813
		20～40	0.560	0.079	0.542	0.093	0.578
		40～60	0.465	0.106	0.558	0.097	0.603
开花期	植被指数	0～20	0.264	0.083	0.303	0.071	0.386
		20～40	0.413	0.094	0.348	0.073	0.531
		40～60	0.191	0.117	0.140	0.071	0.004
	盐分指数	0～20	0.511	0.067	0.548	0.058	0.641
		20～40	0.563	0.081	0.440	0.068	0.639
		40～60	0.216	0.117	0.163	0.070	0.001
	光谱指数	0～20	0.498	0.068	0.475	0.061	0.629
		20～40	0.448	0.122	0.459	0.093	0.016
		40～60	0.225	0.117	0.195	0.071	0.007

表 6.10　　　　　基于不同生育期不同深度土壤含盐量的 ELM 模型效果

生育期	指数类型	土壤深度/cm	建 模 集		验 证 集		
			R_c^2	$RMSE_c/\%$	R_v^2	$RMSE_v/\%$	CC
现蕾期	植被指数	0～20	0.409	0.098	0.386	0.086	0.593
		20～40	0.372	0.093	0.426	0.097	0.528
		40～60	0.432	0.108	0.419	0.108	0.626
	盐分指数	0～20	0.661	0.074	0.545	0.076	0.715
		20～40	0.563	0.078	0.592	0.087	0.627
		40～60	0.548	0.096	0.508	0.098	0.643
	光谱指数	0～20	0.517	0.088	0.521	0.088	0.652
		20～40	0.583	0.076	0.545	0.087	0.652
		40～60	0.408	0.110	0.411	0.107	0.533

续表

生育期	指数类型	土壤深度/cm	建　模　集		验　证　集		
			R_c^2	$RMSE_c$/%	R_v^2	$RMSE_v$/%	CC
开花期	植被指数	0～20	0.382	0.075	0.388	0.067	0.500
		20～40	0.409	0.094	0.354	0.074	0.570
		40～60	0.136	0.109	0.177	0.064	0.309
	盐分指数	0～20	0.468	0.070	0.509	0.059	0.640
		20～40	0.548	0.083	0.412	0.071	0.618
		40～60	0.112	0.110	0.293	0.061	0.343
	光谱指数	0～20	0.420	0.073	0.442	0.064	0.634
		20～40	0.455	0.091	0.413	0.069	0.609
		40～60	0.218	0.104	0.126	0.071	0.336

6.2.6　模型的综合评价

本节通过灰色关联度筛选得到的不同指数和对应的作物冠层温度为自变量，以相应的不同深度土壤的含盐量为因变量，统计两个生育期的数据，利用偏最小二乘回归、支持向量机、BP神经网络以及极限学习机等建模方法，共构建不同类型的土壤盐分反演模型72个，反演效果统计见表6.11。整体而言，无论是现蕾期还是开花期，所建立的盐分模型均表现出了良好的反演效果，且现蕾期的效果优于开花期。对比不同指数类型，基于盐分指数和光谱指数建立的模型反演效果更好。对比不同的土壤深度，在0～20cm和20～40cm深度建立的盐分反演模型反演效果要优于40～60cm深度，特别是在开花期。对比四种建模方法可以看出，基于机器学习方法建立的盐分反演模型精度更高，而在这三种机器学习模型中，反演效果最好的是ELM模型，SVM模型次之，最差的是BPNN模型。

表6.11　　　　　　　　　不同建模类型的盐分反演模型反演效果统计

生育期	指数类型	土壤深度/cm	建　模　类　型											
			PLSR			SVM			BPNN			ELM		
			评价指标			评价指标			评价指标			评价指标		
			R_v^2	$RMSE_v$/%	CC	R_v^2	$RMSE_v$/%	CC	R_v^2	$RMSE_v$/%	CC	R_v^2	$RMSE_v$/%	CC
现蕾期	植被指数	0～20	0.409	0.083	0.595	0.402	0.085	0.510	0.439	0.080	0.605	0.386	0.086	0.593
		20～40	0.468	0.099	0.470	0.437	0.099	0.501	0.409	0.099	0.493	0.426	0.097	0.528
		40～60	0.518	0.097	0.634	0.498	0.099	0.637	0.510	0.097	0.646	0.419	0.108	0.626
	盐分指数	0～20	0.554	0.081	0.699	0.550	0.079	0.707	0.540	0.078	0.695	0.545	0.076	0.715
		20～40	0.554	0.087	0.657	0.609	0.087	0.618	0.572	0.087	0.642	0.592	0.087	0.627
		40～60	0.513	0.099	0.671	0.456	0.107	0.509	0.587	0.091	0.681	0.508	0.098	0.643
	光谱指数	0～20	0.547	0.084	0.695	0.574	0.080	0.711	0.718	0.062	0.813	0.521	0.088	0.652
		20～40	0.539	0.089	0.642	0.576	0.095	0.508	0.542	0.093	0.578	0.545	0.087	0.652
		40～60	0.568	0.093	0.661	0.477	0.108	0.495	0.558	0.097	0.603	0.411	0.107	0.533

续表

生育期	指数类型	土壤深度/cm	建模类型											
			PLSR			SVM			BPNN			ELM		
			评价指标			评价指标			评价指标			评价指标		
			R_v^2	$RMSE_v$/%	CC	R_v^2	$RMSE_v$/%	CC	R_v^2	$RMSE_v$/%	CC	R_v^2	$RMSE_v$/%	CC
开花期	植被指数	0～20	0.372	0.067	0.492	0.400	0.066	0.533	0.303	0.071	0.386	0.388	0.067	0.500
		20～40	0.384	0.071	0.556	0.331	0.079	0.474	0.348	0.073	0.531	0.354	0.074	0.570
		40～60	0.068	0.079	0.255	0.203	0.068	0.008	0.140	0.071	0.004	0.177	0.064	0.309
	盐分指数	0～20	0.510	0.059	0.686	0.520	0.059	0.641	0.548	0.058	0.641	0.509	0.059	0.640
		20～40	0.381	0.074	0.598	0.421	0.071	0.644	0.440	0.068	0.639	0.412	0.071	0.618
		40～60	0.097	0.080	0.309	0.372	0.065	0.593	0.163	0.070	0.001	0.293	0.061	0.343
	光谱指数	0～20	0.455	0.063	0.650	0.492	0.061	0.603	0.475	0.061	0.629	0.442	0.064	0.634
		20～40	0.355	0.075	0.565	0.443	0.087	0.149	0.459	0.093	0.016	0.413	0.069	0.609
		40～60	0.076	0.080	0.271	0.324	0.069	0.517	0.195	0.071	0.007	0.126	0.071	0.336

　　针对各个模型间的 $RMSE_v$ 差异较小，为了更直观地表现各个模型之间的差异，以 R_v^2、CC 和 $RMSE_v$ 等评价指标为参量，绘制出不同模型的评价指标堆积条形图（图6.4），以观察分析模型反演效果。可以看出，对于开花期 40～60cm 深度，建立的盐分反演模型效果明显差于其他深度，各个条形图的长度出现较大差异。在现蕾期基于盐分指数建立的不同模型反演效果则比较均匀，各个条形图长度差别不大。通过现蕾期和开花期反演模型的整体对比，也可以看出现蕾期的模型整体反演效果更好，模型的稳定性也高于开花期。同时，大部分模型评价指标堆积条的最长处均集中在 0～20cm 和 20～40cm 深度处，说明这两个深度更适于盐分的反演。另外，即使在同一深度，由于建模方法不同，模型效果也会有很大差异，这说明建模方法的选取对盐分反演模型也很重要。

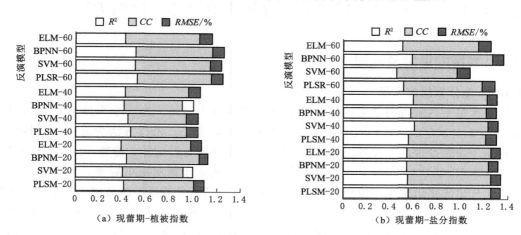

（a）现蕾期-植被指数　　　　　　（b）现蕾期-盐分指数

图6.4（一）　不同土壤盐分反演模型评价指标堆积条形图

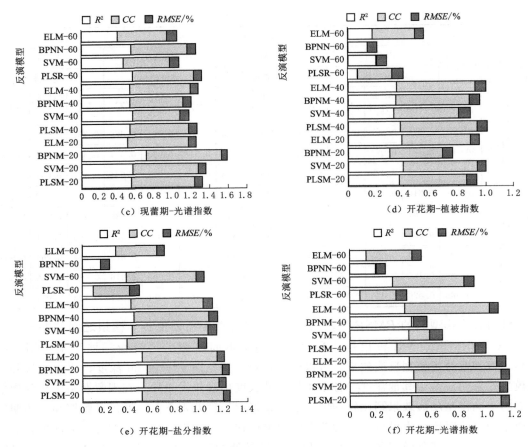

图 6.4（二）　不同土壤盐分反演模型评价指标堆积条形图

6.3　基于无人机-卫星遥感升尺度的土壤含盐量诊断方法

6.3.1　数据的采集及处理

6.3.1.1　盐分数据的采集

试验区位于内蒙古河套灌区解放闸灌域沙壕渠分干灌域。在 5 个采样区域均匀设置 80 个表层土壤采样点，采样点大多为无植被覆盖的表层土。采样方法为五点法，将采集的土样烘干研磨处理后，配置土水比为 1∶5 的土壤溶液，经搅拌、静置、沉淀、过滤后，采用电导率仪（DDS-307A，上海佑科仪器公司）测定土壤溶液电导率，对每个采样点的 5 个土样电导率值取平均值作为该样点处的电导率值，并通过经验公式计算土壤含盐量（SSC，%）：$SSC = (0.2882EC_{1.5} + 0.0183)$。剔除采样点中的 8 个异常值，剩余 72 个样本进行本次试验土壤含盐量的反演，将样本从大到小进行排序，建模集和验证集的划分按 2∶1 的比例进行等间隔取样，可保证建模样本和验证样本范围一致且分布均匀。土壤盐分数据统计见表 6.12。

表 6.12 土 壤 盐 分 数 据 统 计

样本类型	样本数/个	最大值/%	最小值/%	平均值/%	标准偏差/%	变异系数/%
总体	72	1.008	0.1285	0.3657	0.249	68.03
建模	48	1.008	0.1285	0.3645	0.250	68.5
验证	24	0.978	0.1315	0.3676	0.254	69.1

6.3.1.2 遥感图像的获取及处理方法

无人机遥感影像数据来自大疆公司生产的 M600 型六旋翼无人机,其携带的多光谱相机传感器为 Mirco-MCA(简称 μ-MCA),它具有远程触发的特点,包括 6 个波段的光谱采集通道,分别是蓝波段(490nm)、绿波段(550nm)、红波段(680nm)、红边波段(720nm)、近红外波段 1(800nm)、近红外波段 2(900nm)。试验选取不同盐渍化程度的 5 个区域,分别对其进行无人机飞行试验。多光谱影像获取时间为 2018 年 5 月 1—5 日,选择天气晴朗的日期进行飞行,无人机飞行高度为 120m,多光谱相机镜头垂直向下,此时影像所对应的地面分辨率为 6.5cm。在研究区内布设了参考板,以便对遥感影像进行辐射标定。

使用与多光谱相机配套的处理软件(PixelWrench2)对获取的影像进行配准与合成,导出为 6 波段多光谱影像的 tif 格式。将采样点的经纬度导入 ENVI5.3.1 软件,提取 tif 图像中对应采样点的灰度值,利用参考板进一步计算出对应的反射率值。

卫星遥感影像以国产高分一号卫星影像(GF-1 WFV 相机)为数据源。卫星影像的成像时间与实测土壤含盐量日期同步,高分一号卫星数据的重访周期为 4d,空间分辨率为 16m,包括 4 个波段,分别为蓝(450~520nm)、绿(520~590nm)、红(630~690nm)和近红外波段(770~890nm)。

在 ENVI5.3.1 软件中对下载的影像进行几何精校正、辐射定标、大气校正等预处理,经剪裁得到研究区域卫星影像图后,将野外实测采样点的经纬度导入 GF-1 卫星遥感影像中,导出各采样点对应像元的反射率值,用于构建土壤盐分含量的反演模型。

6.3.2 空间升尺度原理与评价方法

6.3.2.1 空间升尺度原理

TsHARP(Algorithm for Sharpening Thermal Imagery)方法常用于遥感地表温度降尺度转换中(李小军等,2017)。该方法假设地表温度与 $NDVI$ 的关系在各个尺度上不变,通过引入 $NDVI$ 构造趋势面,实现对地表温度的尺度转换。本研究通过改进这种方法来进行土壤盐渍化的升尺度研究。

无人机尺度上土壤盐分与趋势面因子间的关系如下:

$$S_{0.065} = F_{0.065}(BI_{0.065}) \tag{6.12}$$

式中:$S_{0.065}$ 为无人机尺度上采用趋势面因子反演的土壤盐分值;$BI_{0.065}$ 为无人机尺度上的趋势面因子,即光谱指数;$F_{0.065}$ 为趋势面反演函数,同样适用于升尺度到 GF-1 卫星空间分辨率 16m 上土壤盐分与趋势面因子间的反演。

考虑到趋势面可能受到土壤含水率等因素的影响,趋势面因子很难完全反映土壤盐分的分布情况，表现在无人机高分辨率 0.065m 尺度上的转换残差 ΔS，在本节中，也认为等于卫星尺度上的转换残差 ΔS_1，有

$$\Delta S = S - S_{0.065} = \Delta S_1 \tag{6.13}$$

式中：S 为地面土壤含盐量真实值；ΔS_1 为卫星尺度上的转换残差。

尺度转换后的土壤盐分值，应该由无人机尺度上建立的趋势面应用到 GF-1 数据上计算的土壤盐分值和卫星尺度上的转换残差构成，即

$$S_{16} = F_{16}(BI_{16}) + \Delta S_1 = F_{0.065}(BI_{16}) + \Delta S_1 \tag{6.14}$$

式中：S_{16} 为尺度转换后的土壤盐分值；BI_{16} 为 16m 卫星数据上的变量因子。

6.3.2.2　升尺度精度评价指标

采用 R^2、平均绝对误差 MAE（王改改等，2012）来综合评价升尺度后模型精度。MAE 计算公式为

$$MAE = \frac{1}{n} \sum_{i=1}^{n} |\hat{y}_i - y_i| \tag{6.15}$$

式中：$\hat{y}_i$ 为土壤含盐量实测值；y_i 为土壤含盐量预测值；n 为样本个数。

6.3.3　实测盐分数据与光谱波段和光谱指数相关性分析

将无人机和 GF-1 卫星对应的光谱波段分别与实测土壤盐分数据进行相关性分析，结果见表 6.13。

表 6.13　　　　　　　　　　光谱波段与表层土壤盐分相关性分析结果

遥感平台	B1 （蓝波段）	B2 （绿波段）	B3 （红波段）	B4 （红边波段）	B5 （近红外波段 1）	B6 （近红外波段 2）
无人机	0.480**	0.233*	0.178	0.082	0.367**	−0.432**
GF-1 卫星	0.432**	0.228	0.277	—	0.353**	—

*　在 0.05 水平上显著相关。

**　在 0.01 水平上显著相关。

由表 6.13 可以看出，无人机遥感影像中，除 B3 和 B4 波段外，其他 4 个波段与土壤盐分均表现出较高的相关性，其中 B1 和 B6 波段在 0.01 水平上显著相关，相关系数均大于 0.43，B5 波段与土壤含盐量的相关性也相对较好，其相关系数为 0.367，B2 波段的相关系数最低，仅为 0.233；对于 GF-1 卫星遥感影像，B1 和 B5 波段与土壤盐分的相关性在 0.01 水平上显著相关，且相关系数均达到了 0.35 以上。综上所述，无人机和卫星遥感影像的 B1、B5 波段与土壤含盐量的相关性最好。

将实测土壤盐分数据与常用的光谱指数相关性分析，其结果见表 6.14。由表 6.14 可以看出，通过无人机遥感影像计算的光谱指数 SI 和 S_5 与土壤盐分的相关性较好，相关系数分别为 0.356 和 0.441。通过 GF-1 卫星遥感影像计算的光谱指数 SI 和 S_5 与土壤盐分的相关性也相对较高，相关系数分别为 0.306 和 0.315。对于改进光谱指数（$NDVI-S_1$），在无人机遥感数据和 GF-1 卫星遥感数据上均呈现良好的相关性，相关系数分别为 0.476 和 0.547。

表 6.14 光谱指数与表层土壤盐分相关系数表

光 谱 指 数	计算公式	相 关 系 数	
		无人机数据	GF-1 数据
盐分指数 SI	$\sqrt{BR}$	0.356**	0.306**
盐分指数 SI_1	$\sqrt{RG}$	0.208	0.267*
盐分指数 SI_3	$\sqrt{R^2+G^2}$	0.203	0.263*
盐分指数 S_1	B/R	0.213	−0.124
盐分指数 S_5	$(B\times R)/G$	0.441**	0.315**
改进光谱指数 $NDVI-S_1$	$\sqrt{(NDVI-1)^2+S_1^2}$	0.476**	0.547**

* 在 0.05 水平上显著相关。

** 在 0.01 水平上显著相关。

综上所述，选取在 0.01 水平上显著相关的 2 个敏感波段的反射率 B_1、B_5 和 3 个敏感光谱指数 SI、S_5 和 $NDVI-S_1$ 作为模型的输入变量，用于建立遥感影像与土壤含盐量的定量关系。

多元回归分析方法在数理统计中有着广泛的应用，但变量因子间的近线性关系会影响回归方程的稳定性，所以有必要对变量因子间进行共线性诊断。选用相关系数矩阵和方差膨胀因子 VIF 两种方法来综合评估 5 个变量因子之间线性关系的强弱。

通过统计分析软件 SPSS23.0 对无人机数据和 GF-1 数据的变量因子分别进行相关系数矩阵分析，结果见表 6.15 和表 6.16。

表 6.15 无人机数据相关系数矩阵

指数	B_1	B_5	SI	S_5	$NDVI-S_1$
B_1	1	−0.210	0.952**	0.970**	0.879**
B_5		1	−0.208	−0.239*	−0.648**
SI			1	0.966**	0.831**
S_5				1	0.824**
$NDVI-S_1$					1

* 在 0.05 水平上显著相关。

** 在 0.01 水平上显著相关。

表 6.16 GF-1 数据相关系数矩阵

指数	B_1	B_5	SI	S_5	$NDVI-S_1$
B_1	1	−0.307**	0.984**	0.969**	0.468**
B_5		1	−0.340**	−0.418**	−0.676**
SI			1	0.992**	0.402**
S_5				1	0.430**
$NDVI-S_1$					1

* 在 0.05 水平上显著相关。

** 在 0.01 水平上显著相关。

当两个变量因子间的相关系数越接近 1 时，认为其线性关系越强。其中，相关系数超过 0.9 时，认为存在共线性问题，在 0.8 以上时可能会有问题。由表 6.15 可以直观地看出，B_5 变量因子与其他几个变量因子的相关系数小于 0.8，共线性关系较弱；其余变量因子的相关系数均大于 0.8，表示可能存在共线性问题。从表 6.16 可以看出，5 个变量因子之间，存在相关系数大于 0.8 的情况。综上所述，无人机数据变量因子和 GF-1 数据变量因子间都存在共线性问题。

为进一步说明变量因子间的共线性问题，采用方差膨胀因子 VIF 来表达其严重性 $[VIF = 1/(1 - RI^2)]$，容许度 $TOL = 1 - RI^2$，RI^2 是用其他自变量预测第 I 个变量的复相关系数。利用 SPSS23.0 软件对无人机遥感数据和 GF-1 遥感数据的变量因子分别进行方差膨胀因子 VIF 分析，结果见表 6.17。

表 6.17　　　　　　　　　　方差膨胀因子 VIF 统计

变量因子	无人机数据		GF-1 数据	
	TOL	VIF	TOL	VIF
B_1	0.054	18.36	0.014	71.108
B_5	0.225	4.453	0.230	4.351
SI	0.043	23.478	0.004	228.738
S_5	0.039	25.514	0.007	135.507
$NDVI - S_1$	0.072	13.964	0.245	4.079

一般认为某个变量因子的 VIF 大于 10 时，则表明该变量与其他自变量间具有较强的共线性问题。由表 6.17 可以看出，对于无人机数据，只有 B5 波段的 VIF 小于 10，其他几个变量因子的 VIF 均大于 10。对于 GF-1 数据，除 B5 波段和改进光谱指数，其他三个变量因子的 VIF 均大于 10，其中改进光谱指数的 VIF 最低为 4.079，比一般盐分指数的 VIF 有明显的降低。上述结果充分说明了无人机数据和 GF-1 数据各变量因子间存在严重的共线性问题，这种问题会导致模型的稳定性相对较差，预测的精度也会随之降低。

6.3.4　不同数据源含盐量回归模型分析

本节通过使用多元线性回归模型（MLR），以及可以有效解决共线性问题的逐步回归模型（SR）和岭回归模型（RR）来进行表层土壤的盐分反演。采用统计分析软件 SPSS23.0，以样本的 2/3 进行建模，1/3 进行验证。对 GF-1 卫星数据的变量因子进行建模和验证分析，结果见表 6.18。

表 6.18　　　　　　　　　　GF-1 卫星变量因子回归模型

回归模型	回 归 方 程	建 模 集			验 证 集	
		R_c^2	F	P	R_v^2	$RMSE/\%$
MLR	$Y = 129.778 B_1 - 4.91 B_5 - 124.041 SI +$ $38.972 S_5 + 0.778(NDVI - S_1) - 1.98$	0.383	6.846	<0.001	0.347	0.214
SR	$Y = 2.993(NDVI - S_1) - 3.629$	0.286	18.415	<0.001	0.276	0.258

续表

回归模型	回 归 方 程	建 模 集			验 证 集	
		R_c^2	F	P	R_v^2	$RMSE/\%$
RR	$Y=58.942B_1-4.270B_5-29.374SI-$ $4.619S_5+1.797(NDVI-S_1)-2.732$	0.326	5.547	<0.001	0.323	0.243

由表 6.18 可以看出，在三种模型中，$P<0.001$，表明三种模型均取得了良好的建模能力。SR 模型建模集和验证集 R^2 最小，分别为 0.286 和 0.276，且 $RMSE$ 最大，表明 SR 模型在 GF-1 卫星尺度上对表层土壤盐分的反演效果相对较差；RR 模型的建模集 R_c^2 为 0.326，验证集 R_v^2 为 0.323，$RMSE$ 为 0.243%，其精度略高于 SR 模型；MLR 模型是三者中最好的，建模集和验证集 R^2 分别为 0.383 和 0.347，$RMSE$ 也仅为 0.214%，是本次 GF-1 卫星遥感直接反演土壤含盐量的最优模型。基于 MLR 模型的反演结果可作为空间分辨率为 16m 的土壤盐渍化遥感信息参考值，以便与升尺度后的结果进行定性分析。

由表 6.19 可以看出，三种反演土壤表层盐分的模型都具有统计学意义（$P<0.001$），且均表现为极显著，进一步表明了高分辨率多光谱信息可以进行表层土壤盐分的预测。但是模型间也存在一定的差异，其中 RR 模型的效果相对较差，建模集和验证集 R^2 最小，分别为 0.403 和 0.369，$RMSE$ 最大，为 0.237%。MLR 模型和 SR 模型的建模和验证效果相对较好，其中建模集和验证集 R^2 都在 0.45 以上，$RMSE$ 相差较小，分别为 0.195% 和 0.202%。但是 SR 模型的 F 明显高于 MLR 模型，且 SR 模型缩减变量因子，可在一定程度上减弱共线性问题、减少计算量，可简洁高效地得到表层土壤含盐量情况，故 SR 模型为本次无人机遥感反演土壤含盐量的最优模型。

表 6.19　　　　　　　　　　无人机变量因子回归模型

回归模型	回 归 方 程	建 模 集			验 证 集	
		R_c^2	F	P	R_v^2	$RMSE/\%$
MLR	$Y=2.457B_1+0.071B_5-2.525SI+$ $0.317S_5+0.626(NDVI-S_1)-0.246$	0.454	10.992	<0.001	0.479	0.195
SR	$Y=2.46B_1-2.335SI+$ $0.583(NDVI-S_1)-0.182$	0.452	18.714	<0.001	0.473	0.202
RR	$Y=1.987B_1-0.125B_5-1.891SI+$ $0.307S_5+0.417(NDVI-S_1)-0.021$	0.403	10.570	<0.001	0.369	0.237

结合表 6.18、表 6.19 可得，基于无人机遥感数据建立的裸土期表层土壤盐分反演模型精度均优于 GF-1 卫星数据建立的表层土壤盐分反演模型。利用无人机遥感数据建立的土壤盐分反演最优模型为 SR 模型，利用 GF-1 卫星遥感数据建立的土壤盐分反演最优模型为 MLR 模型。

由于无人机尺度上的转换残差等于卫星尺度的转换残差，因此将无人机数据在三种回归模型下生成的转换残差与卫星数据变量因子进行分析。经过对变量因子的筛选，

选取 $NDVI - S_1$ 和 B_1 进行转换残差的拟合。结果表明 RR 转换残差与（$NDVI - S_1$）和 B_1 的拟合效果总体来说相对较好，决定系数 R^2 为 0.5863，其他两种转换残差下，决定系数 R^2 分别为 0.4567 和 0.5233。通过拟合的多项式生成卫星尺度上转换残差的面图像，加上在无人机尺度上建立的趋势面应用在 GF－1 卫星尺度生成的面图像，设为升尺度后的图像。

6.3.5　升尺度定性和定量分析

6.3.5.1　升尺度定性分析

升尺度后的土壤盐分影像图与表 6.18 所示的 MLR 模型反演的土壤盐分图进行散点图拟合，如图 6.5 所示，可见两者具有一定的拟合度。为了进一步定性评价升尺度后的土壤盐分影像图，通过直方图（图 6.6）来对比升尺度后的土壤盐分影像图与 MLR 模型反演的盐渍化影像图之间的关系。

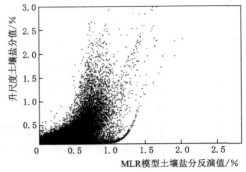

图 6.5　转换前后盐渍化影像拟合图

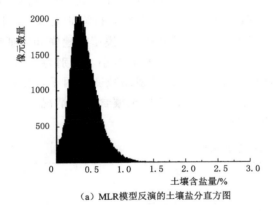
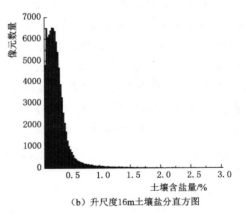

图 6.6　转换前后土壤盐分直方图

由图 6.6（a）MLR 模型反演的土壤盐分直方图可以看出，土壤含盐量为 0～1.75％，峰值出现在 0.4％附近，且像元数量为 2000 左右；由图 6.6（b）升尺度 16m 土壤盐分直方图可以看出，土壤含盐量为 0～2.0％，峰值位于 0.25％附近，像元数量为 6500 左右。可见相比 MLR 模型反演的盐渍化影像图，升尺度后的土壤含盐量值相对偏小，降低了试验区的盐渍化情况。

6.3.5.2　升尺度定量分析

为了对升尺度结果进行定量评价，分别对模型计算值与实测值进行了对比分析，见表 6.20。

由表 6.20 可以看出，MLR 模型和 SR 模型相差不大，建模集和验证集 R^2 大约都为 0.72，且 $RMSE$ 和 MAE 都相差不过 0.001％，可见两者具有相同的建模和预测效果。RR 模型相对最优，虽然建模集和验证集 R^2 与其他两种模型较为接近，但 $RMSE$ 和

MAE 在建模集和验证集下都是最小的。

表 6.20   模型计算值与实测值对比分析

回归模型	模 型 方 程	$n=48$	$n=24$		
		R_c^2	R_v^2	$RMSE/\%$	$MAE/\%$
MLR	$Y=2.457B_1+0.071B_4-2.525SI+0.317S_5+$ $0.626(NDVI-S_1)-0.246+\Delta S_1$	0.7267	0.7212	0.1998	0.1694
SR	$Y=2.46B_1-2.335SI+0.583(NDVI-S_1)-$ $0.182+\Delta S_2$	0.7227	0.7186	0.1983	0.1688
RR	$Y=1.987B_1-0.125B_4-1.891SI+0.307$ $S_5+0.417(NDVI-S_1)-0.021+\Delta S_3$	0.7210	0.7163	0.1566	0.1304

注 B_1、B_4 为 GF-1 卫星的光谱波段反射率。

综合表 6.18、表 6.20 可以看出，经转换残差校正后，MLR 的建模集 R_c^2 和验证集 R_v^2 分别提高了 0.34 左右，$RMSE$ 减少了 0.014%。SR 的建模集 R_c^2 和验证集 R_v^2 较转换残差校正前分别提高了 0.437 和 0.443，$RMSE$ 减少了 0.06%；RR 的建模集 R_c^2 和验证集 R_v^2 较转换残差校正前分别提高了 0.395 和 0.393，$RMSE$ 减少了 0.086%。综上所述，升尺度后三种模型精度比直接在 GF-1 卫星数据上建立的模型精度都有明显的提高。

6.4   小结

本章探讨了多种多源数据融合的遥感技术进行土壤含盐量诊断与预测的方法，包括使用集合卡尔曼滤波将 GF-1 卫星遥感数据与 HYDRUS-1D 模型融合的数据同化方法、无人机多光谱与热红外的融合方法，及使用 TsHARP 将无人机遥感数据与卫星遥感数据进行融合的升尺度方法，主要结论如下：

（1）土壤含盐量数据同化方案可明显提高模拟精度，引入遥感观测土壤含盐量数据后同化值的 $RMSE$ 达到 0.007%、MRE 为 0.05、NSE 为 0.75，精度远高于土壤含盐量的模拟值和遥感观测值；对于不同深度的土壤含盐量同化预报，效果最好的是 20～40cm，其次是 40～60cm，0～20cm 的相对较差；同化过程中，状态变量集合数大小对同化结果较为敏感，集合数目越大，代表性越强，同化结果越稳定，但是会增加运行成本，结合试验情况，土壤含盐量同化方案确定的最优集合数目为 100。

（2）融合无人机多光谱与热红外可以得到葵花各生育期更为精准的土壤含盐量预测模型。其中，现蕾期盐分模型的反演效果整体优于开花期；0～20cm 和 20～40cm 深度的盐分模型反演效果整体优于 40～60cm 深度；基于盐分指数和光谱指数变量组结合冠层温度构建的盐分反演模型，效果优于基于植被指数组对应的盐分反演模型，且在三种机器模型中，ELM 模型的效果最好，SVM 模型次之，最差的是 BPNN 模型。

第 7 章
灌区水盐运动分布式模拟模型

本章首先介绍灌区分布式水盐均衡模型（SahysMod）的总体构架和基本原理；然后根据灌区水盐运动特点，将区域划分为渠道、沟道、土壤非饱和带以及土壤饱和带四类实体，分别对应着渠道水盐运动、沟道水盐运动、土壤水盐运动以及地下水盐运动，最后介绍灌区水盐运动模型的数学原理和构建方法。

7.1 基于水盐均衡方程的灌区水盐分区模型

7.1.1 模型概况

7.1.1.1 模型简介

灌区水盐分区模型是荷兰土地开垦和改良国际研究所教授 Oosterbaan 等以水盐均衡原理为基础而开发的模型，该模型可将研究区分为不同的单元网格，每个网格相当于一个田块尺度水盐平衡模型，每个网格可以设置不同的参数输入，能够考虑研究区的土壤、作物、灌溉、地形等空间变异性，同时耦合了地下水模型，可将不同单元网格的水平向水盐交换量考虑进来。可用来模拟大尺度区域长期土壤盐分、地下水埋深、排水量及排水矿化度等动态变化，适用于不同的水文地质条件、变化的水管理措施以及不同的作物轮作类型等。模型主要由三个模块组成：

（1）田块尺度水盐平衡模型（SaltMod），可用来模拟和预测土壤水、地下水和排水的盐分，以及地下水埋深和排水量等。在区域尺度水盐平衡模型中，SaltMod 相当于一个网格，可计算出土壤剖面上每个单元网格向下/向上的水盐通量。

（2）地下水模型（SGMP），主要采用有限差分法计算地下水流动，每个网格的中心点与相邻网格的中心点相联系，田块尺度水盐平衡模型与地下水模型相互影响。

（3）区域尺度水盐平衡模型（SahysMod），模型中的每个多边形网格相互独立，在不同多边形网格之间建立水平衡、地下水运动和盐分平衡方程，可确定土壤剖面中的盐浓度、排水浓度以及地下水浓度等。灌区水盐分区模型包括内部多边形网格及外部多边形网格，其中内部多边形网格主要是基于土壤、灌溉等的空间变异进行区域划分，外部多边形网格为区域内部多边形网格的边界条件。

7.1.1.2　多边形网格

受研究区内种植模式、灌溉和排水网格的分布特征、地下水特征的影响，根据已知坐标的节点，将研究区细分为多个多边形。同时对各个节点进行编号，并定义它们之间的关系。模型中每个多边形网格相互独立，在不同多边形网格间建立水分及盐分平衡方程，模型允许建立最多 240 个内部多边形和 120 个外部多边形（总共 360 个）的节点网格。每个多边形网格的边数范围为 3～6，其中内部多边形网格参与模型计算，外部多边形网格为内部网格的边界条件，不参与模型计算。并假设每个多边形上的降水量、地下水埋深、土壤盐分和地下水矿化度等均相同。

7.1.1.3　时间步长

模型水文要素等输入变量为季节步长，将季节性输入值转换为日值，然后以天为时间步长进行计算，模型输出文件给出了季节期间计算的水平衡项总和。模型所需参数相对较少，可根据研究区气候条件、作物生长、灌溉或休耕期等，将一年划分为 1～4 个模拟季节，每个季节的长短可依据其持续的月份确定。

该模型没有应用短时间序列的输入和输出数据的原因主要是：①开展短期（如每天）模拟需要输入大量的数据，这些数据在大区域尺度内获取相对较难；②该模型主要是用来模拟长期趋势预测而开发的，由于短期数据的高度可变性，对未来的预测在季节（长期）基础上比在日（短期）基础上更可靠。

7.1.1.4　水文资料

模型采用季节性水平衡分量作为输入数据，包括地表水文（如降水、潜在蒸发、灌溉、沟水或井水灌溉、径流）数据和含水层水文（如从井中抽水）数据等。其他的水平衡成分（如作物实际蒸散发、向下渗透水、毛管上升水、地下排水、地下水径流量）作为模拟输出。排水量作为输出量，分别由暗管埋深（或明沟深度）位置上方和下方排水的排水强度和排水作用水头高度两个因子决定。

7.1.1.5　农业种植区划分

模型可根据作物种植情况、灌溉方式等将每个季节划分为三种不同的农业种植区域，A、B、U 分别代表 A 作物区域、B 作物区域、U 区域（非灌溉用地或休耕地）所占总面积的比例，其中 $A+B+U=1$，每类模式可以包括一种或多种作物的组合，用户可以自行选择。对于不同的农业用地轮作方式，模型可以通过设置不同的 K_r 值来区别，如 K_r 可设置 0、1、2、3、4 几个值，分别表示所有区域不轮作；部分或全部 U 区域不变，其余全部轮作；部分或全部 A 区域不变，其余全部轮作；部分或全部 B 区域不变，其余区域全部轮作；所有土地全部轮作。图 7.1 为三种不同农业

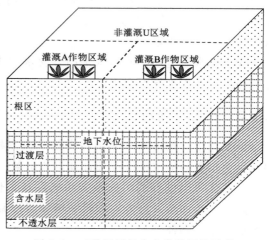

图 7.1　三种不同的农业种植区涉及的
水文要素示意图

种植区涉及的水文要素示意图。

7.1.1.6　土层划分

SahysMod 将土体沿垂直方向划分为地表层、根区、过渡层、含水层，其中后三个位于土壤剖面中，如图 7.2 所示，其中 s 表示地表层；r 表示上（浅）土壤储水层或根区；x 表示中间土壤储水层或过渡层；q 表示深层储水层或含水层。上层土壤储水层由土壤深度定义，水可以从中蒸发或被植物根系吸收，它可以看作根区域，可以是饱和的、不饱和的或部分饱和的，这取决于水的平衡。这个区域所有水的运动都是垂直的，向上或向下取决于水的平衡。

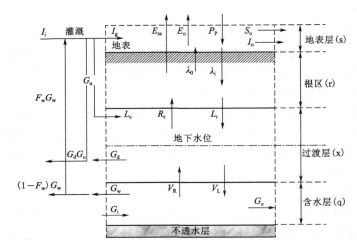

图 7.2　灌区分布式水盐均衡模型水平衡要素示意图

过渡带也可以是饱和的、不饱和的或部分饱和的。该区域中除流向地下排水管的水流是径向的，其余都是水平的。如果存在水平地下排水系统，则必须将其放置在过渡区，然后分为两部分，即上过渡区（排水措施所处位置以上）和下过渡区（排水措施所处位置以下）。在没有地下排水系统的情况下区分过渡区的上下部分，则可以在输入数据时指定排水系统排水强度为零。

含水层水流运动主要为水平向，含水层中的径流量主要由含水层的空隙性、埋藏条件、补给量及水平导水率决定。

7.1.2　水量平衡方程

模型每个均衡体均有确定的水量平衡方程，图 7.2 所示的模型各水平衡要素示意图中，每个均衡体的水平衡单独计算，流出某一层的水量直接作为相邻层水量的输入值，不同的均衡体可以设置不同的厚度和储存系数作为模型输入值。由于本研究区位于干旱地区，降水量小而蒸发量大，假设区域地表径流为 0，因此研究中只考虑根系层、过渡层和含水层三个均衡体。

7.1.2.1　地表水量平衡方程

地表水量平衡方程表示为

$$P_p + I_g + \lambda_0 = E_0 + \lambda_i + I_0 + S_0 + \Delta W_s \tag{7.1}$$

式中：P_p 为降水量，$m^3/(季 \cdot m^2)$；I_g 为总控制面积上的灌水量，$m^3/(季 \cdot m^2)$，包括用于灌溉的地表引水量、排水再利用量和地下水利用量（不包括渠道渗漏损失量）；λ_0 为从根层向上进入地表的水量（仅当地下水位与地表齐平时发生），$m^3/(季 \cdot m^2)$；E_0 为地表水的水面蒸发量，$m^3/(季 \cdot m^2)$；λ_i 为从地表入渗到根区的水量，$m^3/(季 \cdot m^2)$；I_0 为灌溉退水量，$m^3/(季 \cdot m^2)$；S_0 为地表径流量，$m^3/(季 \cdot m^2)$；ΔW_s 为储存在地表的水量变化量，$m^3/(季 \cdot m^2)$。

7.1.2.2　根层水量平衡方程

根层水量平衡方程表示为

$$\lambda_i + R_r = \lambda_0 + E_{ra} + L_r + \Delta W_f + \Delta W_r \tag{7.2}$$

式中：R_r 为进入根层的毛管上升水量，$m^3/(季 \cdot m^2)$；E_{ra} 为根区实际蒸腾量，$m^3/(季 \cdot m^2)$；L_r 为根区渗漏的水量，$m^3/(季 \cdot m^2)$；ΔW_f 为根区的田间持水量和凋萎点之间的土壤持水量变化量，$m^3/(季 \cdot m^2)$；ΔW_r 为根区的田间持水量和饱和含水量之间的土壤持水量变化量，$m^3/(季 \cdot m^2)$。

R_r 和 L_r 不能同时发生，即 $R_r > 0$ 时，$L_r = 0$；反之亦然。当计算时段较长时，ΔW_f 通常可以忽略不计。

7.1.2.3　过渡层水量平衡方程

过渡层水量平衡方程表示为

$$L_r + L_c + V_R + G_{ti} = R_r + V_L + G_d + G_{to} + \Delta W_x \tag{7.3}$$

式中：L_c 为渠道渗漏损失水量，$m^3/(季 \cdot m^2)$；V_R 为从含水层进入到过渡层的毛管上升水量，$m^3/(季 \cdot m^2)$；V_L 为从过渡层渗漏到含水层的水量，$m^3/(季 \cdot m^2)$；G_d 为总的排水量，$m^3/(季 \cdot m^2)$，包括自然或人工排到沟渠或管道的排水量；G_{ti} 为地下水水平流入量，$m^3/(季 \cdot m^2)$；G_{to} 为地下水水平流出量，$m^3/(季 \cdot m^2)$；ΔW_x 为过渡层的田间持水量和凋萎点之间的持水量变化量，$m^3/(季 \cdot m^2)$。

V_R 和 V_L 不能同时发生，即 $V_R > 0$ 时，$V_L = 0$；反之亦然。

7.1.2.4　含水层水量平衡方程

含水层水量平衡方程表示为

$$G_i + V_L = G_0 + V_R + G_w + \Delta W_q \tag{7.4}$$

式中：G_i 为水平进入含水层的地下水量，$m^3/(季 \cdot m^2)$；G_0 为水平流出含水层的地下水量，$m^3/(季 \cdot m^2)$；G_w 为地下水抽水量，$m^3/(季 \cdot m^2)$；ΔW_q 为含水层的储水变化量，$m^3/(季 \cdot m^2)$。

其中，G_i、G_0 和 ΔW_q 项基于 V_L、V_R 和 G_w 的值由地下水模型决定。

7.1.3　水平衡要素计算

7.1.3.1　地下排水计算

在 SahysMod 中，K_d 可以为 0 或 1，表示是否存在地下排水系统，$K_d = 0$ 表示不存在地下排水系统，地下排水流量 $G_d = 0$；当 $K_d = 1$ 时，存在地下排水系统，排水量根据

如下的排水方程计算

$$G_d = \frac{8K_b D_e (D_d - D_w)}{Y_s^2} + \frac{4K_a (D_d - D_w)^2}{Y_s^2} \tag{7.5}$$

$$H_d = D_d - D_w \tag{7.6}$$

式中：G_d 为地下排水流量，m/d；D_d 为沟管埋深，m；D_w 为排水地段中部的地下水位埋深，m；K_b 为明沟水位或暗管中心以下排水地段土壤的渗透系数，m/d；D_e 为等效深度，m；K_a 为明沟水位或暗管中心以上排水地段土壤的渗透系数，m/d；Y_s 为排水沟管间距，m；H_d 为水头高度，m。

7.1.3.2 地下水流入和流出

地下水模型中采用有限差分法计算地下水流量。该方法要求将研究区划分为单位区域（多边形），称为节点区域，每个多边形区域都有一个中心节点，其中参数被认为可代表整个多边形区域。此外，该方法要求采取一个单位时间步长，在 SahysMod 中以天为时间步长。然而，当精度不足时，时间步长就会减小到小于 1d。

在 SahysMod 中，多边形网络是基于给定的节点坐标用泰森（Thiessen）方法构造

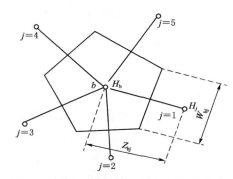

图 7.3　节点 b 与相邻节点 j 之间的关系图

的。该方法将每个节点用直线连接到相邻的节点，然后在每条连接线上构造垂直的等分线。对于由节点号标识的每个节点，用户需要指示相邻节点的标识号。在将数据输入文件之前，必须准备好研究区域的地图，并精确地确定节点位置。节点的密度和分布必须根据研究区域的物理特征进行确定，包括地形、土壤和水文地质条件，以及农业、灌溉和排水实践等。每个节点都应代表其多边形中的条件。如图 7.3 是任意节点 b 与相邻节点 j 的关系图（$j = 1, 2, \cdots, 5$）。

（1）非承压含水层之间的水流计算。

以多边形 b 作为控制节点与相邻节点 j 的关系如图 7.4 所示，确定多边形 b 和 j 的地下水流入量（G_{bj}，m³/d）和流出量（G_{jb}，m³/d），当 $H_{wj} - H_{wb} > 0$ 时流入，当 $H_{wj} - H_{wb} < 0$ 时流出，得出通过含水层多边形 b 一侧的流入（G_{bj}）和流出（G_{jb}）流量为

$$G_{bj} = (H_{wj} - H_{wb}) \frac{W_{bj} K_{bj} D_{bj}}{Z_{bj}} \quad (H_{wj} - H_{wb} > 0) \tag{7.7a}$$

$$G_{jb} = (H_{wb} - H_{wj}) \frac{W_{bj} K_{bj} D_{bj}}{Z_{bj}} \quad (H_{wb} - H_{wj} > 0) \tag{7.7b}$$

式中：H_{wb} 为节点 b 的自由水面高度，m；H_{wj} 为节点 j 的自由水面高度，m；K_{bj} 为节点 b 和 j 之间的代表性含水层渗透系数，m/d；W_{bj} 为节点 b 和 j 连线上垂直等分线长度（多边形边的长度），m；Z_{bj} 为节点 b 和 j 之间的距离，m；D_{bj} 为节点 b 和 j 之间含水层的平均厚度，m。

D_{bj} 的厚度由以下公式计算：

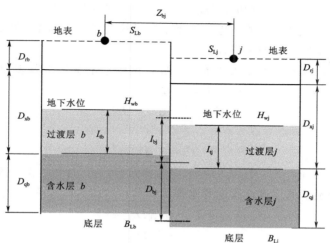

图 7.4 多边形 b 和相邻多边形 j 地下水流动示意图

$$D_{bj} = \frac{D_{qb} + D_{qj}}{2} \tag{7.8a}$$

其中
$$D_{qb} = S_{Lb} - D_{rb} - D_{xb} - B_{Lb} \tag{7.8b}$$

$$D_{qj} = S_{Lj} - D_{rj} - D_{xj} - B_{Lj} \tag{7.8c}$$

式中：D_{qb} 为节点 b 含水层厚度，m；D_{qj} 为相邻节点 j 含水层厚度，m；S_{Lb} 为节点 b 地表高程，m；S_{Lj} 为节点 j 地表高程，m；D_{rb} 为节点 b 根区厚度，m；D_{rj} 为节点 j 根区厚度，m；D_{xb} 为节点 b 中过渡区的厚度，m；D_{xj} 为节点 j 中过渡区的厚度，m；B_{Lb} 为节点 b 含水层的底板高程，m；B_{Lj} 为节点 j 的底板高程，m。

式（7.8b）和式（7.8c）需满足 $H_{wb} > B_{Lb} + D_{qb}$ 和 $H_{wj} > B_{Lj} + D_{qj}$ 的条件。如果不满足这些条件，则含水层的厚度由含水层底部以上的地下水位高度代替：

$$D_{qb} = H_{wb} - B_{Lb} \tag{7.8d}$$

$$D_{qj} = H_{wj} - B_{Lj} \tag{7.8e}$$

通过过渡层的流入（χ_{bj}，m^3/d）和流出（χ_{jb}，m^3/d）流量为

$$\chi_{bj} = (H_{wj} - H_{wb}) \frac{W_{bj} K_{bj} \theta_{bj}}{Z_{bj}} \quad (H_{wj} - H_{wb} > 0) \tag{7.9a}$$

$$\chi_{jb} = (H_{wb} - H_{wj}) \frac{W_{bj} K_{bj} \theta_{bj}}{Z_{bj}} \quad (H_{wb} - H_{wj} > 0) \tag{7.9b}$$

式中：θ_{bj} 为节点 b 和 j 之间过渡层的平均厚度，m；其他符号意义同前。

θ_{bj} 由以下公式计算：

$$\theta_{bj} = \frac{\theta_{tb} + \theta_{tj}}{2} \tag{7.10}$$

其中
$$\theta_{tb} = H_{wb} - D_{qb} - B_{Lb} \tag{7.11a}$$

$$\theta_{tj} = H_{wj} - D_{qj} - B_{Lj} \tag{7.11b}$$

式中：θ_{tb} 为节点 b 中过渡层的饱和带厚度，m；θ_{tj} 为相邻节点 j 过渡层的饱和带厚度，m。

式（7.10）需满足 $\theta_{bj} > 0$ 的条件。如果不满足这些条件，则 χ_{bj} 和 χ_{jb} 将变为零。

（2）半承压含水层之间的水流计算。

半承压含水层由含水层上覆弱透水层组成，该弱透水层从土壤表面以下深度 D_t（m）处开始，并以深度 $D_x + D_r$（m）处结束，其厚度为

$$D_v = D_x + D_r - D_t \tag{7.12a}$$

其导水率为

$$T_v = K_v D_v \tag{7.12b}$$

式中：T_v 为导水率，m^2/d；K_v 为弱透水层渗透系数，m/d；D_v 为弱透水层厚度，m。

节点 b 及其邻域 j 的弱透水层的导水率为

$$T_{vb} = K_{vb} D_{vb} \tag{7.12c}$$

$$T_{vj} = K_{vj} D_{vj} \tag{7.12d}$$

导水率的平均值为

$$T_{bj} = \frac{K_{vb} D_{vb} + K_{vj} D_{vj}}{2} \tag{7.12e}$$

地下水水位用 H_f（m）表示，含水层水位用 H_q（m）表示。

与式（7.7a）和式（7.7b）相似，用 H_{qb} 和 H_{qj} 代替 H_{wb} 和 H_{wj}，通过含水层多边形 b 一侧的流入流量（G_{bj}，m^3/d）和流出流量（G_{jb}，m^3/d）为

$$G_{bj} = (H_{qj} - H_{qb}) \frac{W_{bj} K_{bj} D_{bj}}{Z_{bj}} \quad (H_{qj} - H_{qb} > 0) \tag{7.13a}$$

$$G_{jb} = (H_{qb} - H_{qj}) \frac{W_{bj} K_{bj} D_{bj}}{Z_{bj}} \quad (H_{qb} - H_{qj} > 0) \tag{7.13b}$$

式中：H_{qj} 为节点 j 的含水层水位，m；H_{qb} 为节点 b 的含水层水位，m；其他符号意义同前。

所有其他方程式和条件都与前面提到的非承压含水层相同。

与式（7.9a）和式（7.9b）相似，用 H_{fb} 和 H_{fj} 替换 H_{wb} 和 H_{wj}，并添加 T_v，通过过渡层的流入流量（χ_{bj}，m^3/d）和流出流量（χ_{jb}，m^3/d）为

$$\chi_{bj} = (H_{fj} - H_{fb}) \frac{W_{bj}(r_{bj} \eta_{bj} + T_{bj})}{Z_{bj}} \quad (H_{fj} - H_{fb} > 0) \tag{7.14a}$$

$$\chi_{jb} = (H_{fb} - H_{fj}) \frac{W_{bj}(r_{bj} \eta_{bj} + T_{jb})}{Z_{bj}} \quad (H_{fb} - H_{fj} > 0) \tag{7.14b}$$

式中：H_{fb} 为节点 b 的地下水面高程，m；H_{fj} 为节点 j 的地下水面高程，m；r_{bj} 为沿节点 b 和 j 之间的过渡层的渗透系数，m/d；η_{bj} 为节点 b 和 j 之间过渡层内水流的平均饱和厚度，m；其他符号意义同前。

η_{bj} 的厚度由以下公式计算：

$$\eta_{bj} = \frac{\eta_{tb} + \eta_{tj}}{2} \tag{7.15}$$

其中

$$\eta_{tb} = H_{fb} - D_{qb} - D_{vb} - B_{Lb} \quad (\eta_{tb} > 0) \tag{7.16a}$$

$$\eta_{tj}=H_{fj}-D_{qj}-D_{vj}-B_{Lj} \qquad (\eta_{tb}>0) \qquad (7.16b)$$

式（7.15）需满足 $\eta_{bj}>0$ 的条件。如果不满足这些条件，则 χ_{bj} 和 χ_{jb} 将变为零。

（3）非承压含水层和半承压含水层之间的水流计算。

当相邻多边形为非承压和半承压含水层时，θ_{tb}、θ_{tj}、η_{tb}、η_{tj} 的厚度需调整。

当多边形 b 中的含水层为非承压含水层，而相邻多边形 j 中的含水层为半承压含水层时，节点 b 和 j 之间的过渡层平均厚度为

$$\rho_1=(\theta_{tb}+\eta_{tj})/2 \qquad (7.17)$$

当反向关系成立时，节点 b 和 j 之间的过渡层平均厚度为

$$\rho_2=(\eta_{tb}+\theta_{tj})/2 \qquad (7.18)$$

当节点 b 为非承压节点，节点 j 为半承压节点时，节点 b 通过含水层和过渡层的流入流量（G_{bj}，m^3/d）和流出流量（G_{jb}，m^3/d）为

$$G_{bj}=(H_{qj}-H_{wb})\frac{W_{bj}D_{bj}K_{bj}}{Z_{bj}} \qquad (H_{qj}-H_{wb}>0) \qquad (7.19a)$$

$$G_{jb}=(H_{wb}-H_{qj})\frac{W_{bj}D_{bj}K_{bj}}{Z_{bj}} \qquad (H_{wb}-H_{qj}>0) \qquad (7.19b)$$

$$\chi_{bj}=(H_{fj}-H_{wb})\frac{W_{bj}(r_{bj}\rho_1+\theta_{bj})}{Z_{bj}} \qquad (H_{fj}-H_{wb}>0) \qquad (7.19c)$$

$$\chi_{jb}=(H_{wb}-H_{fj})\frac{W_{bj}(r_{bj}\rho_1+\theta_{jb})}{Z_{bj}} \qquad (H_{wb}-H_{fj}>0) \qquad (7.19d)$$

其中，含水层和半承压含水层顶部之间的平均导水率为

$$\theta_{bj}=\frac{r_{bj}D_{vb}+T_{vj}}{2} \qquad (7.20)$$

$$\theta_{jb}=\frac{r_{bj}D_{vj}+T_{vb}}{2} \qquad (7.21)$$

当节点 b 为半承压节点，节点 j 为非承压节点时，方程变为

$$G_{bj}=(H_{wj}-H_{qb})\frac{W_{bj}D_{bj}K_{bj}}{Z_{bj}} \qquad (H_{wj}-H_{qb}>0) \qquad (7.22a)$$

$$G_{jb}=(H_{qb}-H_{wj})\frac{W_{bj}D_{bj}K_{bj}}{Z_{jb}} \qquad (H_{qb}-H_{wj}>0) \qquad (7.22b)$$

$$\chi_{bj}=(H_{wj}-H_{fb})\frac{W_{bj}(r_{bj}\rho_2+\theta_{bj})}{Z_{bj}} \qquad (H_{wj}-H_{fb}>0) \qquad (7.22c)$$

$$\chi_{jb}=(H_{fb}-H_{wj})\frac{W_{bj}(r_{bj}\rho_2+\theta_{jb})}{Z_{bj}} \qquad (H_{fb}-H_{wj}>0) \qquad (7.22d)$$

（4）每个多边形的流入和流出量计算。

设置流入量边数为 l_b，流出量边数为 m_b（$l_b+m_b=n_b$，其中 n_b 是多边形 b 的总边数），则多边形 b 通过含水层和过渡层的总流入量（G_i，m^3/d）和流出量（G_o，m^3/d）为

$$G_i=\sum_{j=1}^{l_b}G_{bj} \qquad (7.23a)$$

$$G_o = \sum_{j=1}^{m_b} G_{jb} \tag{7.23b}$$

$$\chi_i = \sum_{j=1}^{l_b} \chi_{bj} \tag{7.23c}$$

$$\chi_o = \sum_{j=1}^{m_b} \chi_{jb} \tag{7.23d}$$

（5）半承压含水层中的垂直流计算。

在半承压含水层中，当弱透水层的水位 H_f 与含水层的水头 H_q 不同时，将产生垂直流 V_v，可表示为

$$V_v = \frac{K_v(H_f - H_q)}{D_v} \tag{7.24}$$

当地下水位在含水层内（不存在 H_f）时，垂直流 V_v 等于零。

7.1.4　盐分平衡方程

对每个土壤均衡体分别计算盐分平衡。在模型中，盐分平衡是基于上述水量平衡方程及其水携带的盐分浓度而建立的。盐浓度用电导率 EC 表示单位为 dS/m，当盐分单位为 g/L 时，可使用经验法进行换算：1g/L＝1.7dS/m。模型中所有的盐浓度表示为电导率 EC，各个土壤层汇总的盐度为逐日计算值，但模型输出文件中仅提供每个季节结束时的盐分累计值。

在盐分平衡分析中，K_r 取值不同，盐分平衡方程则有所差异，如当 $K_r = 4$ 时，区域不同土地利用类型所有的水文要素及盐分值都汇集在一起；当 $K_r = 0$ 时，区域不同土地利用类型所有的水文要素及盐分值都是分开的，但在过渡区是汇聚在一起的。

7.1.4.1　地表盐分平衡方程

地表盐分总量 Z_{sf} 表达式为

$$Z_{sf} = Z_{si} + Z_{se} - Z_{so} \tag{7.25}$$

式中：Z_{sf} 为地表盐分总量；Z_{si} 为地表的初始土壤盐分量；Z_{se} 为灌溉、降水及从根区进入地表的水分携带的盐分量；Z_{so} 为地表径流所携带的盐分量。

7.1.4.2　根层盐分平衡方程

根层土壤盐分平衡方程为

$$\Delta Z_r = P_P C_P + (I_g - I_o)C_i + R_r C_{xi} - S_o(0.2C_{ri} + C_i) - L_r C_L \tag{7.26}$$

式中：ΔZ_r 为根层土壤盐分变化量；C_P 为降水中携带的盐浓度；C_i 为灌溉水量携带的盐浓度；C_{xi} 为进入根层的毛管上升水中所携带的盐浓度；C_{ri} 为根层土壤中的盐浓度；C_L 为根层渗漏水中的盐浓度；其他符号意义同前。

7.1.4.3　过渡层盐分平衡方程

过渡层盐分平衡方程为

$$\Delta Z_x = L_r C_L + L_c C_{ic} + V_R C_{qi} + \delta_i - R_r C_x - F_{lx} C_x (V_L + G_d) \tag{7.27}$$

式中：ΔZ_x 为整个过渡层土壤盐分变化量；C_{ic} 为灌溉渠系渗漏水进入过渡层中所携带的盐浓度；C_{qi} 为从含水层中垂直进入过渡层的水中所携带的盐浓度；C_x 为过渡层中水的盐浓

度；δ_i 为地下水水平进入过渡层的盐量；F_{lx} 为过渡层的淋洗效率。

7.1.4.4 含水层盐分平衡方程

含水层盐分平衡方程为

$$\Delta Z_q = \delta_{qi} + V_L C_{xx} - (G_{qi} + V_R + G_w) C_{ov} \tag{7.28}$$

式中：ΔZ_q 为含水层的盐分变化量；δ_{gi} 为地下水水平流入的盐分量；C_{xx} 为从过渡层进入含水层的水中的盐浓度；C_{ov} 为地下水水平流出的盐浓度。

7.1.5 农业水管理措施

为了更好地考虑农户的需求，可以在输入文件设置农户的响应参数 $K_f = 1$ 来实现。如当地下水位变浅，或根区土壤盐分变高时，可以考虑适当减少灌溉面积（A 和 B）。

（1）灌溉水量取决于作物种类（水稻和非水稻），当土地变成盐碱地时，减少灌溉面积，这导致永久休耕地的增加。

（2）当现有灌溉水量短缺且灌溉充足率较低时，减少灌溉面积，这导致轮作休耕地的增加。

（3）当地下水位变浅时，减少农田灌溉水量，由此使灌溉效率更高，渗漏量可减少，但较浅的地下水位可能会引起土壤盐渍化。

（4）当地下水位下降时，减少井中地下水的抽取量。

农民的实际操作会影响水盐平衡，进而影响涝渍和盐碱化的进程，但最终会出现一个新的水盐平衡状况。用户还可以通过手动更改相关输入数据来反应农户的需求。

7.1.6 模型输入和输出

7.1.6.1 模型输入

模型输入数据主要包括 A、B 作物类型的百分比，盐分初始值（土壤、地下水），地下水埋深初始值，地表水水文数据（降水量、潜在的蒸散发、灌溉量、地表径流量）以及地下水水文数据（地下水抽取量、排水再利用量）等。

7.1.6.2 模型输出

输出数据包括水文和盐度两个方面，主要包括土壤盐分、地下水埋深、排水量、排水矿化度等。输出数据可给出任何一年的每个季节输出，并以表格的形式汇总。此外，该程序还可以以电子表格格式存储所选的数据，以便于进一步分析和导入。目前该模型只提供有限数量的标准图形，但可以采用电子表格数据进行进一步的分析。

7.2 基于水动力学过程的土壤水盐分布式模型

7.2.1 IDWS 模型总体架构

7.2.1.1 模型物理过程

灌区受人类调控影响强烈，灌溉从水源经渠系引水至田间，其间各级渠道中损失的一部分水以渗漏的形式补给到地下水，灌入田间的水则入渗到土壤非饱和带供作物吸收利用，多余水分会继续向下补给地下水。排水过程包括地表排水和地下排水，地表多余水分排入相邻沟道，再经沟系逐级汇聚排出灌区，当地下水位超过沟内水位时，地下水以同样的过程排出灌区。此外，大气降水和蒸发影响地表水平衡，作物根系吸水则主要影响土壤非饱和带的水分运动，灌区周边的地下水位也影响灌区内部地下水的侧向运动过程，各类水工建筑物则影响渠道灌溉和沟道排水推进过程。灌区各水分运动过程及相互之间的联系如图7.5所示。

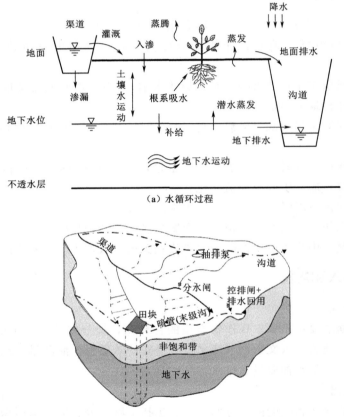

（a）水循环过程

（b）沟渠水流运动（实线为灌溉渠道，虚线为排水沟道和暗管）

图7.5 灌区水分运动概化图

根据不同水分运动过程的特点，将整个灌区概化为渠道网络、沟道网络、田块土柱和地下平面网格四类实体单元，渠道网络与沟道网络分别通过灌溉与排水过程和田块土柱及地下平面网格建立水力联系，田块土柱和地下平面网格通过入渗补给/潜水蒸发建立水力联系。

将灌区水分运动划归为三类：一是沟渠水分运动（包括渠道水和沟道水），其纵向运动尺度远大于横向及垂向运动尺度，主要体现为一维明渠流动，采用一维扩散波方程进行描述；二是非饱和带土壤水分运动，其垂向运动过程较水平方向运动更为显著，按田块将整个灌区划分成多个土柱单元，每个土柱单元考虑土地利用和作物种植面积占比影响，在每个土柱单元中应用 Richards 方程分别计算各类土地利用条件下的土壤水分运动和地表积水/产流，然后按照土地利用占比进行聚合，从而实现整个灌区的土壤水运动模拟；三是饱和带地下水分运动，对于地下水位落差较小的灌区，地下水在水平方向的运动过程较垂向运动更为显著，可简化为平面二维流动，采用平面二维地下水运动方程描述，同时考虑潜水与土壤水及沟渠水流的交互。整个模型按照不同模块的时间步长向前推进计算，每一时间步长内分别计算渠道水运动、土壤水运动、地下水运动及沟道水运动，并在空间上按连接关系进行耦合，在时间上模块/组件之间固定时间（如 1h）交互一次数据，从而实现整个灌区水分运动过程的模拟。

7.2.1.2　控制方程选择

渠道水运动和沟道水运动同属于明渠流动，可以采用同一套控制方程描述，两者的区别在于水流的空间形态和人为调控措施。渠道以分水为主，由主干渠道一级一级向下分配水量至田间，分水过程通过节制闸和分水闸进行调控，分配水量完全人为决定，这是渠道水运动最为独特的地方，也是构建数值模型的难点所在。沟道以汇水为主，从田间的末级沟道收集排水，再一级一级汇聚到主干沟道排出区域，这一过程类似于自然流域的河网汇水，但灌区沟道的排水主要来自地下，如何与地下水交互成为沟道水运动最为关心的问题。抛开渠道和沟道之间的不同点，可以归纳出它们之间的共通处，建立统一的数值模型。渠道和沟道（简称渠沟）的横向尺寸远小于其纵向尺寸，渠沟的断面宽通常在几米到几十米量级，但长度可以达到几千米到几十千米量级，因此可以将其简化为一维流动问题。一维明渠流的基本控制方程是一维圣维南方程组（Saint - Venant Equations，SVE），考虑到灌区的渠沟水与土壤水及地下水有着频繁的交换，以及灌区作物生长周期，采用圣维南方程的简化形式——扩散波方程（Diffusive Wave Equation，DWE），可以在满足灌区渠沟水运动模拟的基础上对问题进行简化，从而提高模型的计算稳定性和求解速度。灌区的渠沟系统通常呈树权状分布，为了兼容渠道和沟道，模型考虑网状分布的渠沟系统，既可以分水，也可以汇水，作为渠道和沟道的表征，具体的渠道系统和沟道系统则在此基础上进行重定义，以符合现实情况。这样将渠道和沟道的通性提取出来统一设计的好处是不需要重复定义同属于明渠流特性的内容。在渠沟系统基础之上，添加渠道特有灌溉配水过程，即得到渠道系统模型；添加沟道特有的排水交互过程，即得到沟道系统模型。

土壤水运动遵循最基本的达西定律（Darcy's Law），可以采用理查德方程（Richards Equation，RE）来描述。由于非饱和土壤的水力学特性较为复杂，如果采用三维理查德方程来描述土壤水运动，其计算效率在田间尺度尚可以接受，扩大到灌区的区域尺度后则难以承受，因此需要做适当的简化。考虑到非饱和土壤水运动受垂向上的重力作用强于侧向毛管力作用，尤其是在地面均匀灌溉的条件下，其运动方向主要在垂向上，因此可以采用一维理查德方程来描述单个土柱中的土壤水运动过程。但土柱属于田间尺度，在区域尺度上应用需要对其进行集成，即整个区域划分成若干的土柱单元，在每个土柱单元上进行一维的土壤水运动模拟，这样处理的结果是区域上的土壤水运动只有垂向运动，没有侧向交换。各个独立的土柱单元在模拟完土壤水运动过程后与对应位置的地下水进行交互，通过地下水运动实现水分的侧向转移。这种处理方法已在众多模型中得到应用（Walsum et al.，2004；Twarakavi et al.，2008；Zhu et al.，2011）。

地下水运动同样遵循达西定律，相对非饱和带土壤水运动而言，饱和带地下水运动的水力学特性较为简单，但地下水运动需要考虑区域上的侧向流动，因此不能作为一维问题处理。平原灌区的地下水位变化通常较为平缓，整体变幅不大，导致其水平方向运动特征较垂向运动更为显著，因此可以采用裘布依假设，忽略其垂向运动，将地下水运动简化成平面二维流动问题，这一假设已在实际应用中得到了检验（Yue et al.，2010）。

7.2.1.3　模型耦合方式

灌区水盐运动包含多个运动主体，每个主体之间的控制方程各不相同，相应的计算过程也不同，可成为独立的计算模块，各模块之间需互相协调配合才能完成整个水盐运动过程的模拟。沟渠水、土壤水和地下水在模拟计算的过程中有各自的时间步长，且因流动性质的不同，时间步长的选取也不一样，因此各个模块首先需要在时间上协调一致。时间上的耦合可以通过设置全局通信时间步长实现，在这一时间步长之内，各模块按自己的方式向前推进，时间步长结束后各模块统一交换数据，然后开始下一时间步长的计算。如此往复，从而实现整个计算过程。地下水位变化相对缓慢，因此地下水计算模块的内部时间步长可以适当取大一些；非饱和带土壤含水率变化受地面边界影响，土壤水计算模块的内部时间步长会进行动态调整，总体相对地下水模块的内部时间步长要小；渠沟水流属于地面流动，水位变化较快，相应计算模块的内部时间步长最小。因此可以将地下水模块的时间步长作为全局通信时间步长，土壤水模块和渠沟水模块则以该步长作为一个小周期，小周期内各自独立计算，整个模型的计算周期则建立在一个个连续的小周期之上。

各个模块之间的交互方式如下：渠道水是整个区域的水源，灌溉过程中最主要的交互对象是地面单元，水量由渠段转移至对应田块，此外渠道渗漏会将水量转移至对应位置的地下单元，多余灌水量会通过特定的退水点转移至沟道单元；沟道负责区域排水，最主要的交互对象为地下单元，当地下水位超过沟道水位时，通过排水公式计算相应的排水量并从地下单元转移至沟道单元，此外地面积水过多时会产生地面排水，水量由地面单元转移至沟道单元；地面单元接收渠道水、降水和蒸发数据，并以边界形式参与土壤水运动的模拟；土壤水模块根据地面单元的边界条件、作物根系吸水影响以及地下模块提供的地下水位边界，进行土壤水运动模拟，并在地下水位边界产生与地下水的交换水量信息；地下水模块接收来自土壤水模块的交换水量、渠道渗漏水量以及沟道水交换量，进行地下水运动模拟，并为其他模块提供地下水位信息。土壤盐分模块则与土壤水模块紧密连接，上边界在接收灌水的时候还会获取灌溉水的含盐量信息，从而实现非饱和土壤中的盐分输运模拟。

整个模型通过不同的模块紧密耦合，在空间上相互交换必要的水量、水位等物理信息，在时间上相互协调同步推进，从而实现一定周期内的灌区水盐运动模拟。

7.2.2　空间离散和流向判别方法

7.2.2.1　空间离散

由于各运动主体所处的空间位置不一样，耦合的过程中需要明确各自的位置及相互连接关系。渠道和沟道是以线条组成的网格密布在整个灌区的，其内部流动规律与其所处的绝对位置没有必然联系，而与其拓扑结构或渠沟层级密切相关，因此渠沟的内部连接是通过上下游关系依次串联起来的，而不考虑其具体的空间坐标。土壤水运动是由田间尺度扩展至区域尺度的，每个独立的土柱单元都有其对应的空间坐标（或空间范围），这一坐标是土柱单元之间互相区分的依据，也是与地下水交互的依据，为了简化土壤水与地下水之间的连接关系，统一采用地下水的空间离散信息，这样每个土柱单元都能快速定位并与相应的地下水单元交互。整个区域的地下水运动是作为一个整体发生的，但地下水运动方程的求解依赖于各个空间离散单元，即通过有限个离散单元的地下水位及相关信息来表征区域的整体情况，这也是数值离散求解模型的基础。

由于地下水运动仅考虑平面二维运动，相应的空间离散对应平面上的网格划分。网格划分形式是多种多样的：结构化网格便于索引和相互连接，非结构化网格则更加灵活自由；矩形网格有利于控制方程中空间偏导项的离散，任意多边形（本书中多边形皆指凸多边形，不考虑凹多边形）网格则能更好地贴合边界。对于灌区而言，灌溉过程对整个区域的水量分配及水分运动起主导作用，土地利用的分布则决定了哪些地方得到的水多哪些地方得到的水少，这一差异直接影响地下水接收到的补给量，进而影响地下水位的波动过程，因此地下水运动的空间离散应当参考地面的人类活动。为了更好地满足地面差异化的边界条件，地下水运动主体在进行网格划分时应尽量与渠道、沟道以及田块分布相适应，这样得到的网格对于土壤水而言具有更加一致的上边界条件，对于地下水而言可以更好地处理与渠沟水以及土壤水之间的交互。

虽然区域上的网格划分是为地下水运动主体设计的，但土壤水运动主体同样借用了这套网格，并且划分过程参考了地面渠沟及田块分布，可以很好地代表整个区域，因此这套网格也作为区域离散的标准，后面将要提及的渠沟分段也是以此为基准的。图 7.6 展示了灌区网格划分的一个示例。显然这样的网格属于任意多边形非结构化网格，在地下水运动方程离散的过程中需要特别处理。

虽然上述灌区网格划分较好地考虑了地面边界的差异，但对于插花式分布的种植结构仍无法有效区分。如果每个网格对应一个土柱单元，则该单元只能有一种土地利用类型，相应的作物根系吸水也只有

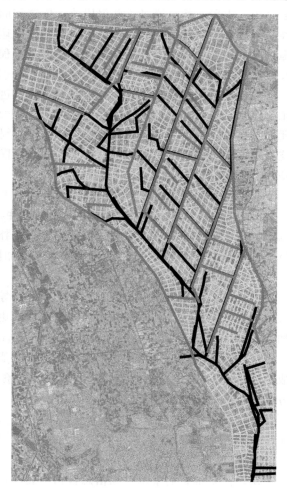

图 7.6 灌区网格划分示例

一种边界条件，与实际情况对比必然会引入误差。解决这一问题有两个途径：一是将网格缩小细分，做到网格与土地利用更精准的对应，但带来的问题是计算量增大，且细分网格仍不能解决插花式的种植结构问题；二是在每个网格内对土壤水运动主体进行细分，即一个网格单元对应多个土柱，每个土柱对应一种土地利用，这些土柱共享一个网格单元（空间位置），但有各自的面积占比，这样既解决了网格划分的问题，也考虑了网格内部的土地利用情况。本模型即采用第二种思路。

至此，对于整个灌区而言，有一套统一的网格划分，每个网格称为一个网格单元。地下水运动主体建立在这套网格划分的基础之上，每个地下水单元（或地下单元）与网格单元一一对应。土壤水运动主体在区域上的集成也建立在这套网格之上，每个网格单元对应若干个土柱单元，每个土柱单元对应一种土地利用及相应的一维土壤水运动主体。同一网格单元中的所有土柱单元与对应的地下单元建立连接关系。土柱单元的地面边界对应一个地面单元，地面单元可以是田块，也可以是荒地或其他用地，且始终和土柱单元绑定在一起。渠道和沟道在内部求解的过程中同样要进行离散，离散过程就是将一整条渠道或沟道划分为若干段，然后通过这些渠段或沟段之间的串联形成完整的渠道或沟道。渠沟水运动在与土壤水运动的上边界（地面）以及地下水运动交互时，需要建立渠沟段与地面单元及地下单元的连接关系，从而实现灌水与排水过程中的水量转移。

7.2.2.2　单元流向判别

软件平台根据用户提供的各类空间数据，进行容差、打断组合等处理后实现对点（水工建筑物）、线（渠/沟/暗管）、面（田块/地下）各类空间单元的划分和生成，并结合单元间的空间关系、属性参数进行流向的自动判别，并提供人工修正功能对局部的水力连接关系进行修正。单元流向判别方法及流程相对复杂，为本模型前处理模块的核心功能。

具体操作步骤为：

（1）将用户提供的 8 类空间图层数据文件导入软件平台进行预处理，即整理空间数据，处理单元重叠、相交断点、位置判断等拓扑关系，然后生成网格文件、渠道文件和沟道文件，在生成菜单点选"矢量处理"，弹出如图 7.7 所示的界面，在"导出路径"内设置文件存放路径（一般与当前被处理文件路径一致），完成容差处理。

（2）完成上述处理后，在生成菜单内选择导出功能，弹出如图 7.7 所示界面，注意输入数据中，网格数据、沟道数据和渠道数据的更新，设置为清洗处理后的文件，文件名后加"handled"字样加以区别。随后生成"domain. fluidx"文件。

（3）系统支持流向判别手动修改及更新功能，选择菜单流向编辑，弹出对话框选择生成的 domain. fluidx 文件，指定需要编辑的对象类别文件，如图 7.8 所示。参考基础操作方式对生成的流向对应关系进行调整，如图 7.9 所示。

domain. fluidx 文件采用 XML 文件格式，definition 支节点挂载水力联系信息，attributes 支节点挂载水力联系对象的属性数据，如图 7.10 所示。

1. 用户准备数据

用户需要准备的基本空间信息包括地表与地下形成的面状图层、渠道/沟道/暗管形成的线状图层以及涵闸泵等水工建筑物形成的点状图层。这些统一使用 ArcGIS 软件绘制，

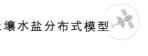

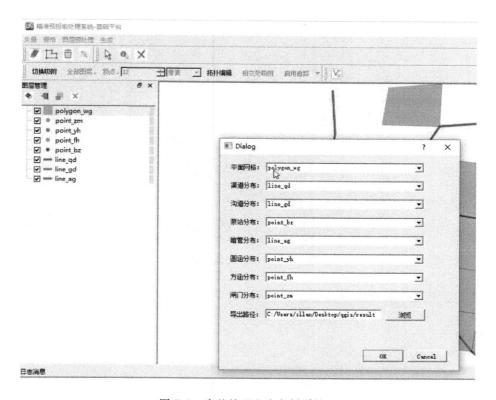

图 7.7 容差处理和流向判别界面

图 7.8 手动修改水力联系文件选择

保存为相应的 shapefile，或者直接使用本平台的空间信息处理基础功能绘制。用户需准备的基本空间数据信息见表 7.1。

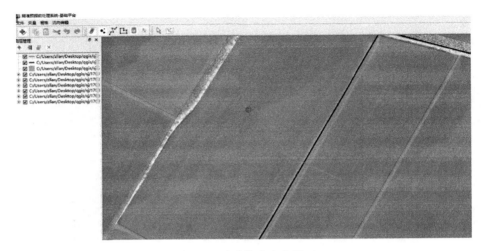

图 7.9　手动修改流向界面

```
<? xml version="1.0" standalone="yes"? >
<openfluid>
    <domain>
    <definition>
            <unit class="cnl" ID="1" pcsorder="1">
                <to class="cnl" ID="2"/>
                <to class="cnl" ID="84"/>
                <to class="cnl" ID="91"/>
                <to class="gnd" ID="1"/>
                <to class="gnd" ID="25"/>
            </unit>
            ……
            </definition>
            attributes unitcalss="cnl" colorder="Fromcnl;Length;Zbot;Bbot;Roughness;Boundary">
            ……
            </attributes>
        <attributes unitcalss="sfc" colorder="Ztop;Fromcnl;Ks;Roughness;L;MaxPond;dk">
            ……
            </attributes>
        <attributes unitcalss="gnd" colorder="Ztop;Zbottom;Sy;Z170501;Fromcnl;Ks;BoundLoc;gwl">
            </attributes>
            ……
    </domain>
</openfluid>
```

图 7.10　domain.fluidx 文件结构

表 7.1 用户需准备的基本空间数据信息

图层文件	文件类型	图形类别	属性			
			类型	属性名	属性值	说明
平面网格划分	Shp	Polygon	必需	IrriRatio	实数	灌溉面积比
				Ztop	实数	地表高程
			可选	Zbottom	实数	不透水层高程
渠道分布	Shp	Polyline	必需	Tran_Dist	Tran 或 Dist	输水/配水属性
				Level	整数	渠道级别
			可选	Roughness	实数	糙率
				BottomWidth	实数	底宽
				SideSlope	实数	边坡
				Zstart, Zend	实数	起点和终点高程
沟道分布	Shp	Polyline	必需	Level	整数	沟道级别
			可选	Roughness	实数	糙率
				BottomWidth	实数	底宽
				SideSlope	实数	边坡
				Zstart, Zend	实数	起点和终点高程
暗管分布	Shp	Polyline	必需	Abso_Coll	Abso 或 Coll	吸水/集水属性
				Level	整数	暗管级别
			可选	Roughness	实数	糙率
				Diameter	实数	管径
				Zstart, Zend	实数	起点和终点高程
圆涵分布	Shp	Point	可选	Diameter	实数	管径
方涵分布	Shp	Point	可选	Width	实数	宽
				Height	实数	高
闸门分布	Shp	Point	可选	Width	实数	宽
泵站分布	Shp	Point	无	无	无	无

2. 单元的生成

单元的生成主要解决三个问题：一是平面网格数据的容差处理和地表/地下面状单元生成；二是将用户提供的沟渠线状图层按照分（汇）水和建筑物位置打断重新编号，形成沟/渠/暗管线状单元，方便后续物理过程的模拟和边界条件处理；三是完成建筑物点状单元的生成。

（1）平面网格数据的容差处理和地表/地下面状单元生成。用户可以通过 ArcGIS 软件对灌区进行平面网格空间划分，这些平面网格是地表和地下单元划分的依据。平面网格一般以多线段（多边形）形式绘制，用户目视每个单元封闭即可。由于人工目视能力限制，手工绘制的多边形之间有小部分相互重叠或有微小缝隙，图形未完全封闭，表现为共边多边形的公共边绘制时并未完全重合，以及绘制的先后顺序造成的多边形的一条边为其他两多边形共用但其端点并未落在共用边上等现象。因此要重新进行容差分析，根据容差指标将容差范围内的端点合并、微小面元清除等操作，确保处理后的各个多边形彼此无覆盖、无缝隙、边与边相接、点与点重合，从而生成灌区空间单元网格唯一且完全覆盖的平面网格单元。

处理完以后对各个多边形重新定义 ID，编号从 1 开始到网格总数 N_{Cell}。由于 ArcGIS 自动生成的编号与多边形绘制时间有关，而手工绘制过程中难免有添加删除等修改操作，导致 FID 在空间上的分布具有不确定性。重新定义 ID 的目的就是让网格单元的 ID 值在空间上具有一定的规律性和连续性。一个参考做法是让用户给定渠道的整体走向，再沿着该方向依次给网格单元编号，如果没有给定，则从左到右、从上到下编号。

网格单元编号完成以后，提取所有多边形角点的坐标（对于多个多边形共用的角点可能会多次提取），筛除重复角点后，为每一个角点编号，ID 值从 1 开始到角点总数（NVert）。分析各个多边形的角点组成，按顺时针（或逆时针）方向记录组成多边形的各个角点编号。

将整理结果输出至 OpenFLUID 的 domain. fluidx 文件。Vertex 单元为角点单元，记录构成网格的各个角点编号（ID）及坐标（X，Y）。Grid 单元为平面网格单元，记录各个网格单元的编号（ID）、角点组成（Vertex_IDs）、面积（Area）、形心坐标（Center_X，Center_Y）等。

在平面网格的基础上建立地表单元（Surface）和地下单元（Ground），输出至平台的 domain. fluidx 文件。其中地表单元和地下单元的 ID 同 Grid 单元的 ID，Surface 单元的 IrriRatio 属性（即用户给定的灌溉面积比），根据用户提供的 Ztop 属性字段，将其作为地表单元的 Elevation 属性；如果用户提供 Zbottom 属性字段，将其作为地下单元的 Elevation 属性。

（2）线状图层打断和渠道单元、沟道单元、暗管单元生成。

1）线状图层打断。由于用户在绘制沟、渠、暗管等线状单元时无法细致考虑分汇水点和建筑物的位置，需要在平台中自动进行线状单元的打断处理，并形成适合物理过程模拟的沟渠和暗管单元。打断处的判别和处理规则是：在用户给定的沟渠线状图层上，平面网格单元的角点、分水/集水点、水工建筑物所在位置为打断处，并在打断处新增节点；集水暗管的打断处理方式同沟渠，即集水暗管不跨越田块的不打断，若集水暗管跨越田块则遵循沟渠打断方式。

2）渠道单元生成。渠道分段过程中，需要综合考虑渠道分布、平面网格划分以及各类水工建筑物的分布。分段遵循以下基本原则：

a. 地表单元打断。分段以平面网格为基准，一个平面网格对应一个渠段。如果出现微小线段（与相邻较短线段长度比小于 10%），合并至相邻较短线段。当实际渠道在一个平面网格内有转折时，忽略转折点，处理成一个渠段。

b. 分水口情况判别。遇到渠道分水口需将原渠道打断，前后各分成一个渠段。在绘制平面网格时，需要参考大致的沟渠分布，许多渠道的分水口也正好位于平面网格的边角处，因此该原则很多时候与原则 a 是一致的。检测各个分水口是否位于原则 a 中打断位置，如果是，则不做处理；如果不是，转入步骤 c 和 d。

c. 分水口融合情况 1。当渠道分水口不在平面网格边角处时，就近将分水口移至平面网格边角处，以避免划分出短渠段。

d. 分水口融合情况 2。当渠道分水后又迅速向另一个方向分水，按照原则 b 将出现短渠段，此时可将第 2 次分水口移至第 1 次分水口。

e. 引导渠无须打断。

f. 在有水工建筑物出现的点上对渠道进行打断，如果建筑物点离平面网格边顶点较近，则就近移动至平面网格边顶点，避免形成短渠段。

原渠道图层的可选属性中，Roughness、BottomWidth 和 SideSlope 附带至各渠段，Zstart 和 Zend 在空间上插值以后将渠段末端的高程附带至相应渠段。

渠道分段完成以后统一进行编号，编号原则为：①ID 值从 1 开始到渠段总数 N_{Canal}，不能重复；②同级渠段连续编号，从上游到下游按顺序递增；③每条引导渠（Level 为 0）定义一个负的 ID 值，该值为与之相连上级渠段的 ID 值的相反数（如果与之相连的上级渠段有两个，则取最上游渠段 ID 值的负值），只用于内部渠道-田块连接关系分析。

3）沟道单元生成。沟道分段与渠道分段类似，原沟道图层的可选属性中，Roughness、BottomWidth 和 SideSlope 附带至各沟段，Zstart 和 Zend 在空间上插值以后将沟段末端的高程附带至相应沟段。

分段完成以后进行统一编号，ID 值从 1 开始到沟段总数 N_{Ditch}，同级沟段连续编号，从上游到下游按顺序递增，每条引导沟（Level 为 0）定义一个负的 ID 值，该值为与之相连下级沟段的 ID 值的相反数（如果与之相连的下级沟段有两个，则取最下游沟段 ID 值的负值），只用于内部田块-沟道连接关系分析。

4）暗管单元生成。暗管分段与渠道分段类似，原暗管图层的可选属性中，Roughness 和 Diameter 附带至各暗管段，Zstart 和 Zend 在空间上插值以后将暗管段末端的高程附带至相应暗管段。

分段完成以后进行统一编号，ID 值从 1 开始到暗管段总数 $N_{GroundPipe}$，同级暗管段连续编号，从上游到下游按顺序递增，每条引导暗管（Level 为 0）定义一个负的 ID 值，该值为与之相连下级暗管段的 ID 值的相反数（如果与之相连的下级暗管段有两个，则取最下游暗管段 ID 值的负值），只用于内部田块-暗管连接关系分析。

（3）建筑物点状单元生成。分别对圆涵（pipe）、方涵（culvert）、闸门（gate）、泵站（pump）等建筑物进行编号，ID 均从 1 开始。编号完成后将结果输出至 domain. fluidx 文件，并附带可选属性值。如果用户没有给定相应的 shapefile，说明没有该类建筑物。

3. 单元间流向判别

按照灌溉和排水两个主要水流运动方向以及空间拓扑关系，可以得到空间单元之间 15 类水力关系。将水力联系的建立抽象到空间实体对象的层次，具体表现为面-面、线-面、线-线、线-点四类空间单元拓扑关系，包括相交、接触、包含等，另外借助空间单元对象的必要属性字段和地表高程，可以实现水力联系的自动生成，同时辅以人工修正方式进行局部修改。

（1）渠-渠。渠道分段以后，各个渠段有独立的 ID，根据渠段之间的接触关系建立

From-To 连接关系。每个渠段都有若干 From 和若干 To，大部分情况一个渠段只和一个上游渠段以及一个下游渠段相连，最上游的进口渠段没有 From，最下游的出口渠段没有 To。有分支的情况下，一个渠段会与多个下游渠段相连。如果渠道有环状连接，一个渠段可能与多个上游渠段相连。单独为引导渠建立一套连接关系，每条引导渠都连接至某一确定渠段上，如果连接点在渠段中间，则连接至该渠段；如果连接点在渠段端点，则连接至上游渠段。与引导渠相邻的田块可等效为与相应渠段相邻。

(2) 沟-沟。沟道连接关系与渠道类似，根据沟段之间的接触关系建立 From-To 连接关系，然后将结果输出至 domain.fluidx 文件，单元名为"Ditch"，ID 即沟道分段时建立的统一编号，上下游连接沟段分别置于 From 和 To 标签中，提取沟段长度作为 Length 属性值，用户提供的可选属性（Roughness、BottomWidth、SideSlope）附带至各个沟段，可选高程属性（Zstart、Zend）插值后作为沟道单元的 Elevation 属性。

单独为引导沟建立一套连接关系，每条引导沟都连接至某一确定沟段上，如果连接点在沟段中间，则连接至该沟段；如果连接点在沟段端点，则连接至下游沟段。与引导沟相邻的田块可等效为与相应沟段相邻。

(3) 暗管-暗管。暗管连接关系与沟道类似。将结果输出至 domain.fluidx 文件，单元名为"GroundPipe"，ID 即暗管分段时建立的统一编号，上下游连接暗管段分别置于 From 和 To 标签中，提取暗管段长度作为 Length 属性值，用户提供的可选属性（Roughness、Diameter）附带至各个暗管段，可选高程属性（Zstart、Zend）插值后作为暗管单元的 Elevation 属性。

单独为引导暗管建立一套连接关系，每条引导暗管都连接至某一确定暗管段上，如果连接点在暗管段中间，则连接至该暗管段；如果连接点在暗管段端点，则连接至下游暗管段。与引导暗管相邻的田块可等效为与相应暗管段相邻。

(4) 暗管-沟道。根据暗管与沟道之间的接触关系，建立暗管到沟道的 From-To 连接关系。由于暗管可能与沟道有交叉，判断暗管与沟道连接的依据是：一级暗管只有末端与沟道相连，暗管下游没有其他暗管。确定连接关系后，将相连的沟段写入暗管单元的 To 标签中，将相连的暗管段写入沟道单元的 From 标签中。

(5) 渠道-沟道。根据渠道与沟道之间的接触关系，建立渠道到沟道的 From-To 连接关系。由于渠道可能与沟道有交叉，判断渠道与沟道连接的依据是：渠道端点与沟道相连，渠道下游没有其他渠道（即末级渠道）。确定连接关系后，将相连的沟段写入渠道单元的 To 标签中，将相连的渠段写入沟道单元的 From 标签中（From 标签可能有多个，依次往后排）。

(6) 渠道-田块。前面划分渠段时都是尽量以平面网格为依据的，因此绝大多数田块单元是与一个渠段相对应的。

1) 扫描地表单元，依次建立各个地表单元与渠段的连接关系。地表单元的 IrriRatio 属性为灌溉面积比，IrriRatio 大于 0 才需要灌溉，这类单元称为田块单元，其他非田块单元无须灌溉，亦无须建立与渠段的连接关系。

2) 对于田块单元，扫描有无引导渠（Level 为 0）与其相交，如果有引导渠，建立引导渠 ID（负值）对应的 ID（正值）渠段与该田块的连接关系，继续扫描下一个田块并重复步骤 2）。如果没有，继续后面步骤。

3）扫描有无渠段（必须是配水渠，输水渠不算）与该田块相交。如果只有一个，建立该渠段与田块的连接关系，继续扫描下一个田块并回到步骤 2）。如果有多个，建立级别最低的渠段与田块的连接关系，继续扫描下一个田块并回到步骤 2）。如果有多个且渠段级别相等，优先选择从田块中间穿过的渠段，如果都从中间穿过或都不从中间穿过，则任选一个。如果没有，继续后面步骤。

4）没有与任何渠段建立连接关系的田块标记为未连接状态，继续扫描下一个田块并回到步骤 2）。

5）一轮扫描结束后，重新扫描各个平面网格，排除非田块（IrriRatio 为 0）及前一轮扫描已建立连接关系的田块。

6）寻找与该田块相邻的其他田块（IrriRatio 大于 0）。如果只有一个相邻田块已建立连接关系，本田块与相邻田块连接关系相同，连接至同一渠段。如果有多个相邻田块已建立连接关系，判断相邻田块所连接的渠段已经与多少个田块建立连接关系，取连接关系最少的那个渠段与本田块连接，如果存在多个渠段同时满足要求，取第一个扫描到的渠段与本田块连接。如果相邻田块均没有建立连接关系，保持本田块的未连接状态，等待后续扫描。

7）重复步骤 5）和 6），直至未连接田块数变为 0 或不再变化，如果最终数目不为 0，将未连接的田块标记出来提醒用户。

渠道-田块连接关系建立好以后将结果输出至 domain. fluidx 文件。渠道单元中建立 To 标签，地表单元中建立 From 标签。

（7）渠道-地下。渠道-地下连接关系判别相对简单，每个渠段按空间位置与地下连接，主要步骤如下：

1）扫描各个渠段，依次建立渠段到地下的连接关系。

2）寻找与渠段相交的地下单元。如果只与一个地下单元相交（从地下单元中间穿过），建立该渠段与该地下单元的连接关系；如果位于两个地下单元的公共边，建立该渠段与两个地下单元的连接关系；如果与某一地下单元的相交长度小于渠段总长度的 10%，则不建立它们之间的连接关系。

渠道-地下连接关系建立好以后将结果输出至 OpenFLUID 的 domain. fluidx 文件。渠道单元中建立 To 标签，地下单元中建立 From 标签。

（8）地表-沟道。地表-沟道的连接关系与渠道-田块的连接关系类似，只是方向相反。

1）扫描地表单元。依次建立各个地表单元与沟段的连接关系。无论是田块还是非田块，都有可能向沟道排水。

2）对于地表单元，首先扫描有无引导沟（Level 为 0）与其相交，如果有引导沟，建立引导沟负 ID 对应的正 ID 沟段与该田块的连接关系，继续扫描下一个田块并重复步骤 2）；如果没有，继续后面步骤（引导沟从地表单元中间穿过的优先，与边缘接触的其次）。

3）扫描有无沟段与该地表单元相交。如果只有一个，建立该沟段与地表单元的连接关系，继续扫描下一个地表单元并回到步骤 2）。如果有多个，建立级别最低的沟段与地表单元的连接关系，继续扫描下一个地表单元并回到步骤 2）。如果有多个且沟段级别相等，优先选择从地表单元中间穿过的沟段，如果都从中间穿过或都不从中间穿过，则任选一个。如果没有，则不建立该地表单元与沟道的连接关系。

地表-沟道连接关系建立好以后将结果输出至 domain. fluidx 文件。地表单元中建立 To 标签，沟道单元中建立 From 标签。如果有多个地表单元与某一沟段相连，该沟段将有多个 From 标签，这些 From 标签按照地表单元形心到沟段中点的距离从小到大排序（离沟段近的地表单元排在前面）。

（9）地下-沟道。地下-沟道连接关系判别相对简单，每个沟段按空间位置与地下连接，主要步骤如下：

1）扫描各个沟段，依次建立地下到沟段的连接关系。

2）寻找与沟段相交的地下单元，如果只与一个地下单元相交（从地下单元中间穿过），建立该沟段与该地下单元的连接关系；如果位于两个地下单元的公共边，建立该沟段与两个地下单元的连接关系；如果与某一地下单元的相交长度小于沟段总长度的 10%，则不建立它们之间的连接关系。

由于地表单元与地下单元共用一套平面网格划分，地表单元与沟道接触向沟道排水，相应的地下单元也可以向沟道排水，因此地下-沟道连接关系可复用地表-沟道连接关系，最后将结果输出至 domain. fluidx 文件。地下单元中建立 To 标签，沟道单元中建立 From 标签。

（10）地下-暗管。地下-暗管连接关系与地下-沟道连接关系类似，主要步骤如下：

1）扫描地下单元，依次建立各个地下单元与暗管段的连接关系。

2）对于地下单元，首先扫描有无引导暗管（Level 为 0）与其相交，如果有引导暗管，建立引导暗管负 ID 对应的正 ID 暗管段与该地下单元的连接关系，继续扫描下一个地下单元并重复步骤 2）。如果没有，继续后面步骤。

3）扫描有无暗管段（必须是吸水暗管，集水暗管不直接接收地下排水）与该地下单元相交。如果只有一个，建立该暗管段与地下单元的连接关系，继续扫描下一个地下单元并回到步骤 2）。如果有多个，建立级别最低的暗管段与地下单元的连接关系，继续扫描下一个地表单元并回到步骤 2）。如果有多个且暗管段级别相等，优先选择从地下单元中间穿过的暗管段，如果都从中间穿过或都不从中间穿过，则任选一个。如果没有，则不建立该地下单元与暗管的连接关系。

地下-暗管连接关系建立好以后将结果输出至 domain. fluidx 文件。地下单元中建立 To 标签，GroundPipe 单元中建立 From 标签。

（11）地表-地下。地表单元与地下单元共用一套平面网格划分，所以连接关系按照网格一一对应。

（12）地表-地表。建立地表-沟道连接关系时，可能存在部分地表单元没有直接相邻的沟道的情况，因而无法建立这些地表单元与沟道的连接关系。对于这类地表单元，需建立地表-地表连接关系，通过地表径流进行排水。对于无沟道连接的地表单元，根据地表高程 Ztop 建立其与相邻的所有地表单元的连接关系（三角形单元有三个，四边形单元有四个），如果相邻单元的地表高程比当前单元高，From 相邻单元 To 当前单元，如果相邻单元的地表高程比当前单元低，则 From 当前单元 To 相邻单元。已经与沟段建立连接关系的地表单元不用再与其他地表单元建立连接关系。最后将结果输出至 domain. fluidx 文件。在地表单元中建立相应的 From 和 To 标签。

（13）地下-地下。每两个相邻的地下单元之间都有可能产生水力联系，这一联系在平面网格中已有体现，无须单独建立地下-地下连接关系。

（14）涵闸泵-沟渠。沟渠上的水工建筑物不影响沟渠原来的连接关系，沟渠分段时考虑到了水工建筑物的存在，水工建筑物位于两个沟渠段的连接点上，根据沟渠自身的上下游连接关系，为水工建筑物添加 From – To。

（15）渠道-涵闸泵-沟道。涵闸泵等水工建筑物可能连接渠道和沟道（退水），相应的 From 和 To 标签一个连接渠道、一个连接沟道。

4. 流向关系检验和局部人工修正

自动判别水力连接关系后，若存在局部错误，可利用人工修正方式进行局部修改。此外，对于泵-渠的排水再利用情况，也需要人为给定排水再利用放入哪条渠道。这一人工修正方式需要在平台中交互操作完成，由用户构建有向线段作为水流方向表达，有向线段前后端点分别落在具有水力联系的两个面内，根据有向线段的方向可以确定空间单元间的 From – To 的关系。

各空间单元间的流向关系自动生成后，通过空间关系查看功能将空间关系以有向线段的方式绘制在图层的顶层，操作者可以通过鼠标的拖曳操作或编辑端点位置操作方式实现有向线段的修改，当修改完成后，系统读取有向线段的空间位置关系，以此为据更改水力联系。

7.2.3 沟渠水分运动方程和求解

（1）控制方程。渠道水运动和沟道水运动均基于一维扩散波方程（DWE – 1D），一维扩散波方程是一维圣维南方程组（SVE – 1D）的简化，一维圣维南方程如式（7.29）和式（7.30）所示：

$$\frac{\partial A}{\partial t}+\frac{\partial Q}{\partial x}=q \tag{7.29}$$

$$\frac{\partial Q}{\partial t}+\frac{\partial (uQ)}{\partial x}+gA\,\frac{\partial Z}{\partial x}+\frac{gn^2Q\,|\,Q\,|}{AR^{4/3}}=0 \tag{7.30}$$

式中：t 为时间；x 为纵轴方向；A 为过流面积；Q 为流量；q 为单位长度上的旁侧流量（入流为正，出流为负）；u 为流速；g 为重力加速度；Z 为水位；n 为糙率；R 为水力半径。

对于平原灌区的渠道和沟道，渠沟水运动相对平缓，可以忽略其惯性作用，式（7.30）转化成

$$gA\,\frac{\partial Z}{\partial x}+\frac{gn^2Q\,|\,Q\,|}{AR^{4/3}}=0 \tag{7.31}$$

变形后得到

$$Q = -\frac{AR^{2/3}}{n\sqrt{\left|\dfrac{\partial Z}{\partial x}\right|}}\frac{\partial Z}{\partial x} = -D\frac{\partial Z}{\partial x} \tag{7.32}$$

其中

$$D = \frac{AR^{2/3}}{n\sqrt{\left|\dfrac{\partial Z}{\partial x}\right|}}$$

式中：D 为扩散系数。

将式（7.32）代入式（7.29）得到

$$B\frac{\partial Z}{\partial t} = \frac{\partial}{\partial x}\left(D\frac{\partial Z}{\partial x}\right) + q \tag{7.33}$$

式中：B 为水面宽。

式（7.33）即为扩散波方程，可用于描述渠沟中的水位变化过程，相应的流量则用式（7.32）进行计算。

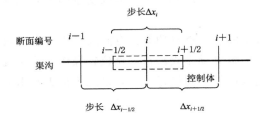

图 7.11　渠沟离散示意图

（2）方程离散。考虑单条渠道或沟道，对其进行离散，如图 7.11 所示。断面位于 $i-1$、i、$i+1$ 位置，$i-1/2$ 和 $i+1/2$ 为相邻断面的中心位置，空间步长 Δx_i 表示从 $i-1/2$ 到 $i+1/2$ 的距离，$\Delta x_{i-1/2}$ 则表示从 $i-1$ 断面到 i 断面的距离，依此类推。

以 i 断面为中心取一个控制体，控制体长度为 Δx_i，在控制体上采用有限体积法对式（7.33）各项进行时间和空间积分，得

$$\int_{x_{i-1/2}}^{x_{i+1/2}}\int_{t}^{t+\Delta t} B\frac{\partial Z}{\partial t}\mathrm{d}t\,\mathrm{d}x = \int_{x_{i-1/2}}^{x_{i+1/2}} B^{t}\left[Z^{t+\Delta t} - Z^{t}\right]\mathrm{d}x = B_{i}^{t}\left[Z_{i}^{t+\Delta t} - Z_{i}^{t}\right]\Delta x \tag{7.34}$$

$$\begin{aligned}
\int_{t}^{t+\Delta t}\int_{x_{i-1/2}}^{x_{i+1/2}} \frac{\partial}{\partial x}\left(D\frac{\partial Z}{\partial x}\right)\mathrm{d}x\,\mathrm{d}t &= \int_{t}^{t+\Delta t}\left[\left(D\frac{\partial Z}{\partial x}\right)_{i+1/2} - \left(D\frac{\partial Z}{\partial x}\right)_{i-1/2}\right]\mathrm{d}t \\
&= \left[\left(D\frac{\partial Z}{\partial x}\right)_{i+1/2}^{t+\Delta t} - \left(D\frac{\partial Z}{\partial x}\right)_{i-1/2}^{t+\Delta t}\right]\Delta t \\
&= \left(D_{i+1/2}^{t+\Delta t}\frac{Z_{i+1}^{t+\Delta t} - Z_{i}^{t+\Delta t}}{\Delta x_{i+1/2}} - D_{i-1/2}^{t+\Delta t}\frac{Z_{i}^{t+\Delta t} - Z_{i-1}^{t+\Delta t}}{\Delta x_{i-1/2}}\right)\Delta t
\end{aligned}$$

$$\tag{7.35}$$

$$\int_{x_{i-1/2}}^{x_{i+1/2}}\int_{t}^{t+\Delta t} q\,\mathrm{d}t\,\mathrm{d}x = q_{i}^{t}\Delta x\,\Delta t \tag{7.36}$$

其中符号下标表示断面位置，符号上标表示时间，上标 t 表示当前时间已知值，上标 $t+\Delta t$ 表示下一时刻未知值。综合式（7.34）～式（7.36）并化简，得

$$-C_{i-1/2}^{t+\Delta t}\Delta Z_{i-1}^{t+\Delta t} + C_{i}^{t+\Delta t}\Delta Z_{i}^{t+\Delta t} - C_{i+1/2}^{t+\Delta t}\Delta Z_{i+1}^{t+\Delta t} = RHS \tag{7.37}$$

其中各系数表达式为

$$
\begin{cases}
C_{i-1/2}^{t+\Delta t} = \dfrac{\Delta t D_{i-1/2}^{t+\Delta t}}{\Delta x_i \Delta x_{i-1/2}} = \dfrac{\dfrac{\Delta t}{\Delta x_i \Delta x_{i-1/2}} \dfrac{A_{i-1/2}^{t+\Delta t} \left[R_{i-1/2}^{t+\Delta t}\right]^{2/3}}{n_{i-1/2}}}{\sqrt{\dfrac{\left|Z_i^{t+\Delta t} - Z_{i-1}^{t+\Delta t}\right|}{\Delta x_{i-1/2}}}} \\[4mm]
C_{i+1/2}^{t+\Delta t} = \dfrac{\Delta t D_{i+1/2}^{t+\Delta t}}{\Delta x_i \Delta x_{i+1/2}} = \dfrac{\dfrac{\Delta t}{\Delta x_i \Delta x_{i+1/2}} \dfrac{A_{i+1/2}^{t+\Delta t} \left[R_{i+1/2}^{t+\Delta t}\right]^{2/3}}{n_{i+1/2}}}{\sqrt{\dfrac{\left|Z_{i+1}^{t+\Delta t} - Z_i^{t+\Delta t}\right|}{\Delta x_{i+1/2}}}} \\[4mm]
C_i^{t+\Delta t} = C_{i-1/2}^{t+\Delta t} + C_{i+1/2}^{t+\Delta t} + B_i^t \\[2mm]
RHS = q_i^t \Delta t + B_i^t Z_i^t
\end{cases}
\tag{7.38}
$$

式（7.37）和式（7.38）即为控制方程式（7.33）的离散方程。

（3）沟渠分段。一个渠道系统或沟道系统由一条条渠道或沟道组成，这些渠道或沟道按照一定的层级关系相互连接，从而实现分水或汇水过程。

考虑一个可以代表渠道系统和沟道系统的渠沟网络，如图 7.12 所示。每条渠沟对应一个进口和一个出口，在这个进口和出口之间，渠沟会被分成若干段，每一段称为一个渠沟段，每个渠沟段对应一个断面，断面位于渠沟段的尾部，包含断面尺寸及水力参数信息。

（4）求解过程。渠沟系统中，每个渠沟段代表一个离散单元，有一个待求的未知量（$t+\Delta t$ 时刻的水位），离散方程在这些离散单元建立起一个个方程式，联立成

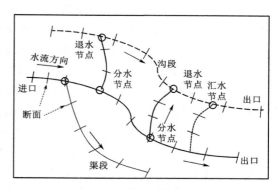

图 7.12　渠沟网络概念图

一个闭合的方程组，求解该方程组即可得到所有渠沟段的 $t+\Delta t$ 时刻的水位，时间向前推进，便可得到渠沟中的水位变化过程。

离散方程式（7.37）及边界离散方程中的离散系数是和水位相关的，意味着这些系数也属于未知的一部分，因此 $t+\Delta t$ 时刻的水位并不是一次联立求解就可以得出的，需要迭代计算。在迭代的过程中，离散系数始终使用最新计算出来的水位及其他参数计算，然后代入离散方程组，求解得到更新的水位，反复这一过程，直至两次计算得到的水位充分接近，即可认为收敛。

（5）边界处理。对于单条渠沟而言，在利用扩散波离散方程式求解时，其边界位于进口段和出口段，即上下游边界，通常这一边界条件由外部指定。扩散波方程是以水位为主变量的方程，因此边界条件可以直接给定水位。由于断面位于渠沟段的尾部，在进口段中，离散方程式（7.37）中的 $Z_i^{t+\Delta t}$ 代表的是进口的后一个断面；$Z_{i-1}^{t+\Delta t}$ 代表的才是真正的进口断面；而在出口段中，$Z_i^{t+\Delta t}$ 代表的是出口断面，$Z_{i+1}^{t+\Delta t}$ 不存在。在给定进口边界水位 Z_{in} 的条件下，进口段的离散方程转化为

$$
C_i^{t+\Delta t} \Delta Z_i^{t+\Delta t} - C_{i+1}^{t+\Delta t} \Delta Z_{i+1}^{t+\Delta t} = RHS + C_{i-1}^{t+\Delta t} \Delta Z_{in}
\tag{7.39}
$$

系数同式（7.38）。在给定出口边界水位 Z_{out} 的条件下，出口段的离散方程转化为

$$Z_i^{t+\Delta t}=Z_{out} \tag{7.40}$$

除了水位边界，另一种常用边界类型为流量边界，利用流量和水位关系式（7.32）替换式（7.35）中的 $\left(D\dfrac{\partial Z}{\partial x}\right)$。在进口段，若指定进口流量 Q_{in}，则离散方程转化为

$$C_i^{t+\Delta t}\Delta Z_i^{t+\Delta t}-C_{i+1}^{t+\Delta t}\Delta Z_{i+1}^{t+\Delta t}=RHS+\frac{Q_{in}\Delta t}{\Delta x_i} \tag{7.41}$$

其中除了 $C_{i-1}^{t+\Delta t}=0$ 外，其余系数同式（7.38）。在出口段，若指定出口流量 Q_{out}，则离散方程转化为

$$-C_{i-1}^{t+\Delta t}\Delta Z_{i-1}^{t+\Delta t}+C_i^{t+\Delta t}\Delta Z_i^{t+\Delta t}=RHS-\frac{Q_{out}\Delta t}{\Delta x_i} \tag{7.42}$$

其中除了 $C_{i+1}^{t+\Delta t}=0$ 外，其余系数同式（7.38）。

对于整个渠沟系统而言，每条渠道或沟道都存在这样的进出口边界，但这些边界信息不一定都要从外部指定。渠沟与渠沟之间是通过分水节点和汇水节点连接在一起的，与节点段相连的这些进口段和出口段边界可以直接从节点段获取，这些边界称之为内边界，相应的外边界则指那些没有节点段相连的进口段和出口段边界，内边界可以在渠沟系统内部通过连接关系自动获取，外边界则需由外部指定，如渠道进口引水流量。

进口边界与出口边界只针对进口段和出口段，针对任意渠沟段的还有一种旁侧边界，所有的节点段在进行分水或汇水处理时都是以流量的形式加载到节点段的旁侧流量 $(q_{CD})_i^{t+\Delta t}$ 上的。此外，在处理渠道渗漏、灌水入田以及地下排水时，这些渠沟系统与其他系统之间的水量交互也是加载到旁侧流量边界上的，从而对渠沟系统内部的水流结构产生影响。

（6）水工建筑物。渠沟系统中的水工建筑物主要有堰闸涵泵等四类，通常情况下会造成渠沟中的水面线不连续，因此在考虑水工建筑物时，以流量的形式衔接上下游渠沟段。如果水工建筑物出现在上下级渠沟连接的地方，则连接处的进出口采用流量边界；如果出现在某条渠沟中间，则该条渠沟会被分为两条渠沟链，上游渠沟链的出口和下游渠沟链的进口通过该水工建筑物连接，进出口边界均采用流量边界。经过水工建筑物的流量大小根据水工建筑物的类型、尺寸以及上下游渠沟段的水位关系计算得到。

对于宽顶堰，其流量计算公式为

$$Q=\mu\sigma_s B\sqrt{2g}H_0^{1.5} \tag{7.43}$$

式中：Q 为过堰流量；μ 为流量系数；σ_s 为淹没系数；B 为水面宽；g 为重力加速度；H_0 为上游总水头（规定总水头较大的一侧为上游，另一侧为下游）。记堰下水深与堰上水深之比为 α，当 $\alpha\geqslant 3$ 时，流量系数 $\mu=0.32$；当 $\alpha<3$ 时，流量系数为

$$\mu=0.32+0.01\frac{3-\alpha}{0.46+0.75\alpha} \tag{7.44}$$

记下游堰底以上水深与上游总水头之比为 β，当 $\beta\leqslant 0.8$ 时，为淹没系数 $\sigma_s=1.0$；当 $0.8<\beta<1.0$ 时，淹没系数按下式计算：

$$\sigma_s=-96.007\beta^3+235.32\beta^2-193.23\beta+54.134 \tag{7.45}$$

对于矩形闸门，其流量计算公式为

$$Q = \mu_0 \sigma_s B e \sqrt{2gH_0} \tag{7.46}$$

式中：Q 为过闸流量；μ_0 为闸孔自由出流时的流量系数；e 为闸门开度；其他符号意义同前。记闸门开度与闸前水深之比为 e/H，当 $e/H \geqslant 0.65$ 时，闸孔出流转换为堰流，按式 (7.43) 计算过流流量；当 $e/H < 0.65$ 时，按闸孔出流公式计算，流量系数为

$$\mu_0 = 0.60 - 0.18\frac{e}{H} \tag{7.47}$$

淹没系数根据图 7.13 拟合得到以下近似表达式：

$$\sigma_s = \begin{cases} 0.1 + 4.0\dfrac{\Delta z}{H} & \left(\dfrac{\Delta z}{H} \leqslant 0.05\right) \\ \left(5.655\dfrac{e}{H} + 0.5745\right)\left(\dfrac{\Delta z}{H} - 0.05\right) + 0.3 & \left(0.05 < \dfrac{\Delta z}{H} \leqslant 1\right) \end{cases} \tag{7.48}$$

对于涵洞，采用无压短隧洞的方式计算过流流量，计算公式为

$$Q = \mu \sigma_s B \sqrt{2g} H_0^{1.5} \tag{7.49}$$

式中：Q 为流量；Δz 为上下游水位差；其他符号意义同前。涵洞又分为圆涵和方涵，对于圆涵，水面宽用涵内过流面积除以水深得到；对于方涵，水面宽即涵洞宽。淹没系数 σ_s 与下游水深 h_c（相对涵底水深）相关，当 $h_c \leqslant 0.75H_0$ 时，$\sigma_s = 1$ 无淹没出流；当 $h_c > 0.75H_0$ 时，σ_s 按图 7.14 取值（李家星等，2001），拟合得到近似表达式：

$$\sigma_s = \begin{cases} 1.0 & (r \leqslant 0.75) \\ -24.19r^3 + 53.0r^2 - 39.54r + 11.04 & (0.75 < r \leqslant 0.96) \\ -2628r^3 + 7588r^2 - 7309r + 2349.1 & (0.96 < r \leqslant 1) \end{cases} \tag{7.50}$$

其中

$$r = \frac{h_c}{H_0}$$

对于泵站，抽水流量可直接由水泵参数给出。

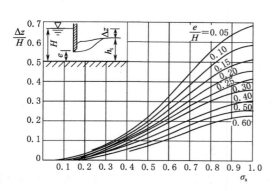

图 7.13　闸孔出流淹没系数

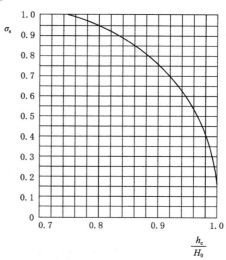

图 7.14　涵洞出流淹没系数

7.2.4　土壤水盐运动方程和求解

7.2.4.1　土壤水分模块

（1）控制方程。土壤水只考虑垂向上的一维运动，控制方程为一维理查德方程（RE-1D）。为便于后面边界条件处理的说明，此处重新对其进行推导。取垂向上的一维微元体分析，如图 7.15 所示，其中 z 轴取向上为正，厚度为 Δz 的土层内含水率为 θ，下边界通量为 q，上边界通量取下边界处泰勒展开的一阶近似，考虑源汇项 S（单位厚度上的附加流量，入流为正，出流为负），水体密度为常量。

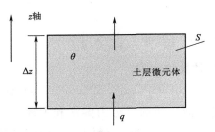

图 7.15　垂向一维微元体示意图

根据质量守恒定律，在单位时间 Δt 内，土层微元体含水增量等于净进入土层微元体的水量，由此得到关系式

$$\frac{\partial \theta}{\partial t} \Delta t \Delta z = \left[q - \left(q + \frac{\partial q}{\partial z} \Delta z \right) \right] \Delta t + S \Delta z \Delta t \tag{7.51}$$

化简得

$$\frac{\partial \theta}{\partial t} = -\frac{\partial q}{\partial z} + S \tag{7.52}$$

根据达西定律

$$q = -K \frac{\partial H}{\partial z} = -K \frac{\partial h}{\partial z} - K \tag{7.53}$$

式中：K 为导水率；H 为总水头；h 为压力水头。将式（7.53）代入式（7.52），得

$$\frac{\partial \theta}{\partial t} = \frac{\partial}{\partial z} \left(K \frac{\partial h}{\partial z} + K \right) + S \tag{7.54}$$

式（7.54）即为一维土壤水运动控制方程（RE-1D）。方程中包含了三个未知量：土壤含水率 θ、压力水头 h 以及导水率 K。这三个未知量彼此关联，引入 van Genuchten（1980）模型对其进行闭合

$$\begin{cases} S_e = \dfrac{\theta - \theta_r}{\theta_s - \theta_r} \\[2mm] S_e = \left(\dfrac{1}{1 + |\alpha h|^n} \right)^m \\[2mm] m = 1 - \dfrac{1}{n} \\[2mm] K = K_s \sqrt{S_e} \left[1 - \left(1 - S_e^{\frac{1}{m}} \right)^m \right]^2 \end{cases} \tag{7.55}$$

式中：S_e 为饱和度；θ_r 为残余含水率；θ_s 为饱和含水率；α 为形状参数，表征土壤孔隙大小分布，也可认为是进气压力的倒数；n 和 m 为土壤质地相关参数；K_s 为饱和导水率。

当土壤为负压（$h < 0$）时，采用式（7.55）计算相应的 θ 和 K；当土壤饱和（$h \geqslant 0$）时，$S_e = 1$，$\theta = \theta_s$，$K = K_s$。

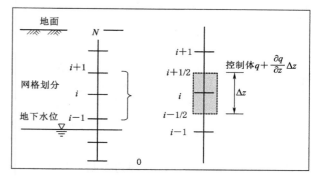

图 7.16　土柱单元垂向网格划分

（2）方程离散。取整个土柱单元分析，如图 7.16 所示，土壤水运动范围从地面到地下水位之间，由于地下水位是波动的，土柱的下边界取在了地下水波动范围以下，确保地下水位始终在土柱范围内变化。

将整个土柱均匀划分成 N 层，共 $N+1$ 个断面，取其中一个断面 i 进行分析。由于是均匀划分，取断面 i 与上下断面之间的中点做控制体，将控制方程式（7.54）应用在控制体上，并做时间和空间积分：

$$\int_{z_{i-1/2}}^{z_{i+1/2}} \int_t^{t+\Delta t} \frac{\partial \theta}{\partial t} \mathrm{d}t\,\mathrm{d}z = \int_{z_{i-1/2}}^{z_{i+1/2}} \left[\theta^{t+\Delta t} - \theta^t \right] \mathrm{d}z = \left[\theta_i^{t+\Delta t} - \theta_i^t \right] \Delta z \tag{7.56}$$

$$\int_t^{t+\Delta t} \int_{z_{i-1/2}}^{z_{i+1/2}} \frac{\partial}{\partial z}\left(K\,\frac{\partial h}{\partial z} + K \right) \mathrm{d}z\,\mathrm{d}t = \int_t^{t+\Delta t} \left[\left(K\,\frac{\partial h}{\partial z} + K \right)_{i+1/2} - \left(K\,\frac{\partial h}{\partial z} + K \right)_{i-1/2} \right] \mathrm{d}t$$

$$= \left[\left(K\,\frac{\partial h}{\partial z} + K \right)_{i+1/2}^{t+\Delta t} - \left(K\,\frac{\partial h}{\partial z} + K \right)_{i-1/2}^{t+\Delta t} \right] \Delta t$$

$$= \left(K_{i+1/2}^{t+\Delta t}\,\frac{h_{i+1}^{t+\Delta t} - h_i^{t+\Delta t}}{\Delta z} - K_{i-1/2}^{t+\Delta t}\,\frac{h_i^{t+\Delta t} - h_{i-1}^{t+\Delta t}}{\Delta z} \right) \Delta t$$

$$+ \left(K_{i+1/2}^{t+\Delta t} - K_{i-1/2}^{t+\Delta t} \right) \Delta t \tag{7.57}$$

$$\int_{z_{i-1/2}}^{z_{i+1/2}} \int_t^{t+\Delta t} S\,\mathrm{d}t\,\mathrm{d}z = S_i^t \Delta z \Delta t \tag{7.58}$$

其中，符号下标表示断面位置，符号上标表示时间，上标 t 表示当前时间已知值，上标 $t+\Delta t$ 表示下一时刻未知值。

由于土壤含水率 θ、压力水头 h 以及导水率 K 均为未知量，离散方程在求解过程中需要用到迭代法。根据 Celia et al.（1990）提出的质量守恒法，将含水率项替换为

$$\theta_i^{t+\Delta t} - \theta_i^t = C_i^{t+\Delta t,k}\left(h_i^{t+\Delta t,k+1} - h_i^{t+\Delta t,k} \right) + \left(\theta_i^{t+\Delta t,k} - \theta_i^t \right) \tag{7.59}$$

其中，上标 k 表示上一迭代步长的已知值；上标 $k+1$ 表示最新迭代步长的未知值；C 为容水度。在 VG 模型中，C 为

$$C = \frac{\mathrm{d}\theta}{\mathrm{d}h} = mn\alpha^n(\theta_s - \theta_r)\left[1 + |\alpha h|^n \right]^{-m-1} |h|^{n-1} \tag{7.60}$$

在迭代过程中，$h_i^{t+\Delta t,k+1}$ 和 $h_i^{t+\Delta t,k}$ 会不断逼近，直至近似相等，则视为收敛。这样将离散方程的主变量转化为压力水头，综合得到下面的离散表达式：

$$-a_L \Delta h_{i-1}^{t+\Delta t,k+1} + (a_P + a_L + a_U)\Delta h_i^{t+\Delta t,k+1} - a_U \Delta h_{i+1}^{t+\Delta t,k+1} = b \tag{7.61}$$

其中

$$\begin{cases} a_P = \dfrac{C_i^{t+\Delta t,k}}{\Delta t} \\[2mm] a_L = \dfrac{K_{i-1/2}^{t+\Delta t,k}}{\Delta z^2} = \dfrac{K_{i-1}^{t+\Delta t,k} + K_i^{t+\Delta t,k}}{2\,\Delta z^2} \\[2mm] a_U = \dfrac{K_{i+1/2}^{t+\Delta t,k}}{\Delta z^2} = \dfrac{K_{i+1}^{t+\Delta t,k} + K_i^{t+\Delta t,k}}{2\,\Delta z^2} \\[2mm] b = a_P h_i^{t+\Delta t,k} - \dfrac{\theta_i^{t+\Delta t,k} - \theta_i^j}{\Delta t} + \dfrac{K_{i+1}^{t+\Delta t,k} - K_{i-1}^{t+\Delta t,k}}{2\Delta z} + S_i^j \end{cases} \tag{7.62}$$

式 (7.61) 和式 (7.62) 即为控制方程式 (7.54) 的离散方程。

（3）求解过程。在每一时间步长的计算过程中，将已知时刻值作为第 0 次迭代值代入式 (7.62) 计算离散方程组系数，然后求解式 (7.61)，得到下一迭代步长的压力水头，利用 VG 模型计算与新压力水头相对应的含水率和渗透系数，然后再代入式 (7.62) 计算离散系数，重复这一过程，直至两次计算得到的压力水头充分接近，达到收敛标准，即可停止迭代，时间向前推进。

为了优化整体求解过程，时间步长参考 HYDRUS-1D (Simunek et al.，2005) 进行动态调整，调整依据为上一时间步长计算的迭代次数：当迭代次数少于设定的下限时，收敛较快，土壤水运动的变化较为缓慢，可以适当增大时间步长，以加快求解进度；当迭代次数多于设定的上限时，收敛较慢，土壤水运动变化较快，应当适当减小时间步长，以捕捉这一变化；当迭代次数超过设定的最大值时，迭代失败，应当减小时间步长重新计算。

（4）边界处理。土壤水运动主要有上下两个边界：上边界为地面，地面与外界交互频繁，且易受人类活动影响，边界条件相对复杂；下边界位于地下水位以下，由于地下水位以下部分属于地下水，以侧向运动为主，压力水头满足静压分布，因此土壤水的下边界可以移至地下水位处。

对于下边界，首先需要知道地下水位，地下水位来自地下水运动模拟的结果。根据地下水位与土壤水垂向网格的相对位置关系，对地下水位以下部分的网格直接设定固定的压力水头，地下水位以上部分的网格则参与土壤水运动的离散求解。这样有效减少了不必要的网格计算，对于地下水位变幅较大的地方，可以在保证网格数量的同时提高计算速度。

对于上边界，为了简化地面条件对土壤水运动的影响，特设立地面单元，与土柱单元关联，专门处理土壤水运动的上边界问题。在图 7.17 展示的土柱单元上边界位置，断面 N 的控制体为半个网格，根据式 (7.52) 得到的结论，对其在断面 N 的控制体上进行时间和空间积分

$$\int_{z_{N-1/2}}^{z_N} \int_t^{t+\Delta t} \frac{\partial \theta}{\partial t} \mathrm{d}t\,\mathrm{d}z = \int_{z_{N-1/2}}^{z_N} \left[\theta^{t+\Delta t} - \theta^t\right] \mathrm{d}z = \left[\theta_N^{t+\Delta t} - \theta_N^t\right] \frac{\Delta z}{2} \tag{7.63}$$

$$\int_t^{t+\Delta t} \int_{z_{N-1/2}}^{z_N} \frac{\partial q}{\partial z} \mathrm{d}z\,\mathrm{d}t = \int_t^{t+\Delta t} \left[q_N - q_{N-1/2}\right] \mathrm{d}t = \left[q_N^{t+\Delta t} - q_{N-1/2}^{t+\Delta t}\right] \Delta t \tag{7.64}$$

$$\int_{z_{N-1/2}}^{z_N} \int_t^{t+\Delta t} S\,\mathrm{d}t\,\mathrm{d}z = S_i^t \frac{\Delta z}{2} \Delta t \tag{7.65}$$

式中：q_N 为通过地面向上的通量，即上边界通量；$q_{N-1/2}$ 为断面 N 与断面 $N-1$ 之间的通量，可根据达西定律计算。确定 q_N 以后即可代入上面的离散方程与下方网格的离散

方程式联立求解。

　　地面单元存在有积水和无积水两种状态。对于有积水状态，如图 7.18，地面积水深 H_{surf} 的变化与水的来源和去路有关，包括灌溉速率 I_{canal}、排水速率 D_{ditch}、降水速率 P_{surf}、蒸发速率 E_{surf}、与土壤水交换速率 I_{soil} 以及其他源汇速率 S_{surf}。

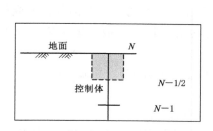

图 7.17　土柱单元上边界示意图

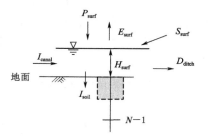

图 7.18　地面单元积水情景

　　地表水的平衡方程为

$$\frac{\partial H_{surf}}{\partial t} = P_{surf} + I_{canal} - E_{surf} - D_{ditch} - I_{soil} + S_{surf} = W_{surf} - I_{soil} \tag{7.66}$$

其中

$$W_{surf} = P_{surf} + I_{canal} - E_{surf} - D_{ditch} + S_{surf} \tag{7.67}$$

　　显然 $q_N = -I_{soil}$，而地面积水深 H_{surf} 也代表着地面的压力水头 h_N，由此可得

$$q_N^{t+\Delta t} = -I_{soil} = \frac{h_N^{t+\Delta t} - h_N^t}{\Delta t} - W_{surf} \tag{7.68}$$

　　结合式（7.68）及式（7.63）～式（7.65），可以得到地面边界的离散方程

$$-a_L h_{N-1}^{t+\Delta t,k+1} + (a_P + a_P' + a_L) h_N^{t+\Delta t,k+1} = b + b' \tag{7.69}$$

其中

$$\begin{cases} a_P = \dfrac{C_N^{t+\Delta t,k}}{\Delta t} \\[2mm] a_P' = \dfrac{2}{\Delta t \Delta z} \\[2mm] a_L = \dfrac{2K_{N-1/2}^{t+\Delta t,k}}{\Delta z^2} = \dfrac{K_{N-1}^{t+\Delta t,k} + K_N^{t+\Delta t,k}}{\Delta z^2} \\[2mm] b = a_P h_N^{t+\Delta t,k} - \dfrac{\theta_N^{t+\Delta t,k} - \theta_N^t}{\Delta t} - \dfrac{K_N^{t+\Delta t,k} + K_{N-1}^{t+\Delta t,k}}{\Delta z} + S_N^t \\[2mm] b' = a_P' h_N^t + \dfrac{2}{\Delta z} W_{surf} \end{cases} \tag{7.70}$$

　　当地面积水消失后，$H_{surf} = 0$，式（7.66）转换为

$$I_{soil}' = P_{surf} + I_{canal} - E_{surf} - D_{ditch} + S_{surf} = W_{surf} \tag{7.71}$$

式中：I_{soil}' 代表潜在的通量（向下为正），实际通量 I_{surf} 受地面蒸发和入渗条件的限制。

　　当 $I_{soil}' > 0$ 时，地面为入渗状态，入渗速率与地面压力水头梯度有关，由于地表无积

水，地面的压力水头最大为 0，以此计算最大入渗速率为

$$I_{\max} = \max\left(0, K_{N-1/2}\frac{0-h_{N-1}}{\Delta z} + K_{N-1/2}\right) \tag{7.72}$$

因此，地面实际通量应该为

$$I_{\text{soil}} = \min(I'_{\text{soil}}, I_{\max}) = \min(W_{\text{surf}}, I_{\max}) \qquad W_{\text{surf}} > 0 \tag{7.73}$$

当 $W_{\text{surf}} < I_{\max}$ 时，地面来水将全部入渗；当 $W_{\text{surf}} > I_{\max}$ 时，多余部分将形成积水；当 $I'_{\text{soil}} \leqslant 0$ 时，地面为蒸发状态。同样的，蒸发速率也有限制，记最大蒸发速率为 $E_{\max}$，则地面实际通量为

$$I_{\text{soil}} = \min(-I'_{\text{soil}}, E_{\max}) = \max(W_{\text{surf}}, -E_{\max}) \qquad W_{\text{surf}} \leqslant 0 \tag{7.74}$$

综合可得

$$I_{\text{soil}} = \min[\max(-E_{\max}, W_{\text{surf}}), I_{\max}] \tag{7.75}$$

结合式（7.75）及式（7.63）～式（7.65），可以得到地面边界的离散方程：

$$-a_{\text{L}}h_{N-1}^{t+\Delta t, k+1} + (a_{\text{P}} + a_{\text{L}})h_N^{t+\Delta t, k+1} = b + b' \tag{7.76}$$

其中

$$\begin{cases} a_{\text{P}} = \dfrac{C_N^{t+\Delta t, k}}{\Delta t} \\[2mm] a_{\text{L}} = \dfrac{2K_{N-1/2}^{t+\Delta t, k}}{\Delta z^2} = \dfrac{K_{N-1}^{t+\Delta t, k} + K_N^{t+\Delta t, k}}{\Delta z^2} \\[2mm] b = a_{\text{P}}h_N^{t+\Delta t, k} - \dfrac{\theta_N^{t+\Delta t, k} - \theta_N^t}{\Delta t} - \dfrac{K_N^{t+\Delta t, k} + K_{N-1}^{t+\Delta t, k}}{\Delta z} + S_N^t \\[2mm] b' = \dfrac{2I_{\text{soil}}}{\Delta z} \end{cases} \tag{7.77}$$

土壤水计算在垂向上的网格划分固定，初始给定地表及下边界高程，指定网格划分数，下边界应始终位于地下水位以下。

模型内部计算的时间步长是不固定的，根据迭代计算的收敛情况进行动态调整。设定好起止时间后，模型自动选择时间步长从开始时刻模拟计算至终止时刻。一般起始时刻和终止时刻选为整个模型不同模块之间交互的时间步长前后。

7.2.4.2　土壤盐分模块

盐分输运建立在水分运动的基础之上，灌区盐分主要影响作物根系生长，因此对盐分的考虑主要集中在土壤非饱和带。盐分输运的平衡方程参考 SaltMod 模型（Oosterbaan et al.，2001）：

$$\frac{\mathrm{d}M_{\text{salt}}}{\mathrm{d}t} = Q_{\text{in}}C_{\text{in}} - Q_{\text{out}}C_{\text{out}} \tag{7.78}$$

式中：M_{salt} 为控制体内盐分总质量；t 为时间；Q_{in} 为流入控制体的水分流量；C_{in} 为入流水体的盐分浓度；Q_{out} 为流出控制体的水分流量；C_{out} 为出流水体的盐分浓度。离散后得到

$$M_{\text{salt}}^{t+\Delta t} - M_{\text{salt}}^t = Q_{\text{in}}C_{\text{in}}\Delta t - Q_{\text{out}}C_{\text{out}}\Delta t = V_{\text{in}}C_{\text{in}} - V_{\text{out}}C_{\text{out}} \tag{7.79}$$

式中：V_{in} 和 V_{out} 分别为流入和流出控制体的水体体积。

对于土壤非饱和带而言，土壤水运动过程可以通过水分运动方程求出，进而获得各个

位置的水分通量，并在此基础上实现盐分输运。在每个土柱单元内，盐分计算的控制体与水分一致，即共用一套垂向网格划分。由于土壤非饱和带水分含量相对较少，在地面强蒸发的条件下会出现盐分结晶，因此土壤非饱和带的盐分除了以溶质形式存在外，还有固体结晶，溶质盐会随水分运动而转移，结晶盐则不会自由移动，直到有更多的水分将其溶解。盐分的溶解和结晶过程较为复杂，本模型对其简化处理，采用一个基本假设：当土壤中存在结晶盐时，土壤水中的盐分浓度为饱和浓度。当土壤水中的溶质盐浓度未达到饱和浓度时，无结晶盐存在，溶质盐浓度随水盐含量的变化而变化；随着土壤水分的减少，溶质盐浓度逐渐增大，达到饱和浓度以后，溶质盐浓度不再发生变化，多余盐分析出成结晶盐；当土壤水分逐渐增多时，优先溶解结晶盐，以保持饱和浓度不变，结晶盐全部溶解完以后再开始动态调整溶质盐浓度。因此，式（7.78）中的盐分质量 M_{salt} 包含溶质盐和结晶盐两部分，而盐分浓度 C_{in} 和 C_{out} 则只表示溶质盐浓度，式（7.79）可写为

$$(M_{solid}^{t+\Delta t}+V_{cv}^{t+\Delta t}C_{cv}^{t+\Delta t})-(M_{solid}^{t}+V_{cv}^{t}C_{cv}^{t})=V_{in}C_{in}-V_{out}C_{out} \tag{7.80}$$

式中：M_{solid} 为结晶盐质量；V_{cv} 为控制体内含水量；C_{cv} 为控制体内溶质盐浓度。

在盐分输运计算过程中，对于某一特定控制体，其流入流出的水体体积已在水分运动过程中确定，流入水体的盐分浓度由流入控制体确定，当前控制体需要确定的是流出水体的盐分浓度及新时刻的控制体盐分浓度。参考 SaltMod 模型，流出盐分浓度可以取为控制体内时段始末盐分浓度的几何平均，即

$$C_{out}=\sqrt{C_{cv}^{t}C_{cv}^{t+\Delta t}} \tag{7.81}$$

结合式（7.80）和式（7.81），以及关于结晶盐的基本假设，就可以实现土壤非饱和带盐分输运计算。

对于存在入流量的控制体，其计算依赖于相邻控制体的出流浓度，因此各个控制体的计算顺序取决于土壤水分运动方向。

7.2.5 地下水运动方程和求解

（1）控制方程。地下水运动简化成平面二维流动后，其控制方程为

$$\mu\frac{\partial Z}{\partial t}=\nabla(K_sH\nabla Z)+S \tag{7.82}$$

式中：μ 为储水率或释水率（给水度）；Z 为地下水位；∇ 为梯度算子；K_s 为饱和导水率；H 为地下水位相对含水层底板的水深；S 为源汇项（单位水平面积上的附加流量，入流为正，出流为负）。

控制方程的含义为：对任意控制单元，各个方向的流动带来的净入流量与附加流量之和等于单元储水变化率，其基本原理仍为水（质）量守恒。

对于任意多边形组成的非结构化网格，控制方程中的梯度算子在展开的时候与常规的结构化直角网格有所不同。考虑图 7.19 所示的任意多边形单元，通过各个边的出流流量等于其达西流速与过流面积之积，由此重写式（7.82）得

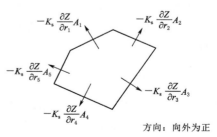

图 7.19 任意多边形网格示意图

$$\mu\,\frac{\partial Z}{\partial t} = \sum_{j=1}^{n} \frac{\left(K_s\,\dfrac{\partial Z}{\partial r_j} A_j\right)}{A_{\text{cell}}} + S \tag{7.83}$$

式中：n 为多边形边数；r_j 为第 j 条边的外法线方向；A_j 为通过第 j 条边的过流面积；A_{cell} 为多边形单元面积。

（2）方程离散。式（7.83）本身基于离散单元构建，因而其离散式较为直观，直接给出结果如下

$$\mu_i (Z_i^{t+\Delta t} - Z_i^{t}) = \frac{\sum_{j=1}^{n}\left(K_s\,\dfrac{\partial Z}{\partial r_j} A_j\right)\Delta t}{A_{\text{cell}i}} + S_i \Delta t \tag{7.84}$$

其中下标 i 表示某一特定单元。在结构化直角网格中，地下水位梯度可直接用相邻单元的水位做一阶差商替代，由此建立起地下水位在空间上的连接关系。但在任意多边形组成的

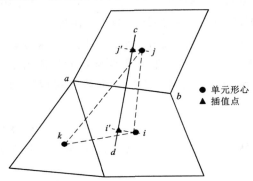

图 7.20　地下水位在多边形边上的法向梯度计算示意图

● 单元形心
▲ 插值点

非结构化网格中，相邻单元的形心连线不一定垂直于公共边，如果仍采用其地下水位的一阶差商来代替对应边上的外法向梯度 $\dfrac{\partial Z}{\partial r_j}$，则会引入误差，且多边形的形状越是偏离正多边形，误差也就越大。

在图 7.20 所示的多边形单元示例中，以单元 i 为主单元，单元 j 和 k 为相邻单元，单元 i 和 j 的公共边为线段 ab，地下水位及其他参数存储在单元形心位置，三个单元的地下水位分别为 z_i、z_j 和 z_k。为了获得通过公共边 ab 的水位梯度，只能通过已知的地下水位计算，而多边形单元是区域网格划分的最小单位，意味着每个单元内部只有一个代表值，分别对应着各自的形心位置，因此只能采用这些离散的地下水位近似计算。如果直接采用相邻单元的地下水位做一阶差商，即

$$\frac{\partial Z}{\partial r_{ab}} = \frac{Z_j - Z_i}{L_{ij}} \tag{7.85}$$

式中：L_{ij} 为形心 i 到 j 之间的距离。显然它能代表的是形心连线 ij 方向的梯度，但这一方向不一定能很好地代表公共边 ab 的法线方向，尤其是多边形单元的形状较为畸形时，形心连线方向与公共边的法线方向会偏离较远。对此，一种修正方法是作公共边 ab 的中垂线 cd，在中垂线 cd 上寻找两个点 i' 和 j'，采用下式计算的梯度值较式（7.85）更为准确

$$\frac{\partial Z}{\partial r_{ab}} = \frac{Z_{j'} - Z_{i'}}{L_{i'j'}} \tag{7.86}$$

式中：$L_{i'j'}$ 为 i' 到 j' 之间的距离。由于这两个点在离散空间中并不存在，是虚拟出来的，需要通过已知点插值计算得到，因此地下水位在各个多边形边上的法向梯度计算依赖于这些虚拟出来的插值点。

确定插值点位置的一个可行办法，是将形心投影到公共边的中垂线上，这样 $L_{i'j'}$ 即 L_{ij} 在中垂线上的投影长度。确定位置以后，还需要确定插值点的值如何通过已知点插值得到，这关系到式（7.84）中的梯度项展开以后会与哪些空间单元建立连接关系。本模型选用了最基本的反距离加权（Inverse Distance Weighted，IDW）插值法，并进行了一定的改进。

插值的基本函数为

$$Z(x,y) = \sum_{i=1}^{n} w_i Z(x_i, y_i) \tag{7.87}$$

式中：(x,y) 为插值点的空间坐标；(x_i, y_i) 为已知点的空间坐标；n 为已知点数量；w_i 为加权系数。对于 IDW 插值法，其加权函数为

$$w_i = \frac{d_i^{-p}}{\sum\limits_{j=1}^{n} d_j^{-p}} \tag{7.88}$$

式中：d_i 和 d_j 分别为第 i 和第 j 个已知点到插值点的距离；p 为常系数，通常取 $p=2$。

可以看出，IDW 插值法的加权系数只与距离相关，距插值点越近的已知点获得的权重越大。对于已知点较多且四周分布均匀的情况，这种插值方法得到的结果在不同位置的误差也相对均匀，但对于已知点较少且分布不均匀的情况，只采用距离加权会导致误差增大。

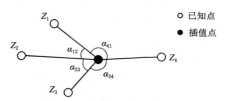

图 7.21 空间插值示意图

考虑图 7.21 所示的已知点与插值点的分布情况，各已知点与插值点连线的夹角在图中给出，如果采用 IDW 插值法，最终得到的结果会偏向于左侧，因为左侧有三个已知点，总体加权系数较大。对于这种情景，考虑对 IDW 的插值函数进行修正，添加空间位置夹角的影响，每个已知点占据的夹角大小为

$$\alpha_i = \frac{\alpha_{i,i-1} + \alpha_{i,i+1}}{2} \tag{7.89}$$

即每个已知点享有其左右夹角的各一半。这样在空间方位上靠得越近的已知点，其分享到的夹角也越小。最后得到的加权函数为

$$w_i = \gamma \frac{\alpha_i}{2\pi} + (1-\gamma) \frac{d_i^{-p}}{\sum\limits_{j=1}^{n} d_j^{-p}} \tag{7.90}$$

式中：γ 为夹角权重，是与距离权重之间的再次加权系数。式（7.90）较式（7.88）的不同在于添加了已知点所处空间方位的影响，对于图 7.21 中的已知点 Z_4 而言，可适当增大其权重，从而避免插值结果偏向左侧。

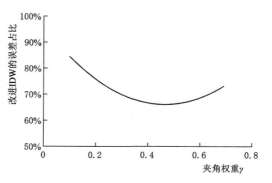

图 7.22 改进 IDW 插值误差相对 IDW 插值误差随夹角权重的变化关系

之所以对 IDW 插值法进行改进，是因为在任意多边形的非结构化网格中，很容易出现图 7.21 所示情景。通过引入更多的已知点可以减小不均匀分布带来的影响，但引入的已知点越多，相当于图 7.21 中的每个插值点都需要更多的网格单元数据支撑，也就意味着每条边上的梯度计算会引入更多的周边单元，从而造成最终离散方程组系数矩阵的非零元素大量增加，影响计算效率。因此，在利用插值点计算水位梯度时，只采用以插值点为中心的局部范围内的网格形心数据。

为了验证改进 IDW 的插值效果，采用下列空间函数进行测试

$$Z = \sin(x/2000) + \cos(y/2000), x \in [0, 2000\pi], y \in [0, 2000\pi] \tag{7.91}$$

空间函数的整体梯度在 0.05% 左右，与平原灌区的地下水位梯度大致相当。在函数空间范围内随机取样，以样本数据为已知值，分别采用 IDW 和改进 IDW 进行空间插值，与真值比较得到各自的误差平方和，再计算改进 IDW 的误差平方和占 IDW 误差平方和的相对比例（改进 IDW 的误差占比），在改进 IDW 中，调整夹角权重 γ，得到图 7.22 所示的误差占比随夹角权重变化关系图。可以看出，改进 IDW 插值法的误差整体较 IDW 有所减小，且在夹角权重为 0.5 左右的时候误差达到最小值。说明在已知点较少的情况下，同时考虑已知点的方位夹角和空间距离比单纯考虑空间距离的插值效果更好。

利用改进 IDW 插值法确定每个单元在计算各条边上法向水位梯度时需要用到的虚拟插值点与周边单元形心之间的插值系数，然后将这一插值表达式代入式（7.86），进而代入离散式（7.84），得到完整的与单元形心地下水位相关的离散表达式。

（3）求解过程。根据前面得到的离散方程，每个单元上的方程联立的周边单元数量是由局部网格的空间分布决定的。对于非结构化网格，每个单元的编号与周边单元的编号之间没有必然联系。由此形成的离散方程组的系数矩阵是一个稀疏矩阵，矩阵每一行上的非零元素个数不固定，非零元素的分布也不固定，求解该矩阵采用了 Eigen 函数库提供的稳定双共轭梯度法（BiCGSTAB）函数。每计算一次地下水位，时间向前推进一步。

（4）边界处理。地下水运动的边界主要位于网格外边界，中间位置的网格四周都有相邻单元，相互之间的通量可以根据地下水位梯度计算，但边缘网格有部分边直接与外界接触，因此需要指定其边界信息。对于有实测地下水位的单元，可以直接给定地下水位，而无须通过离散方程求解，这种边界类型同样适用于中间网格。如果没有实测地下水位，则需要给定单元与外界的通量，直接将通量代入离散方程求解。通常这一通量不易获取，可采用边界处的地下水位梯度代替，通过梯度求解通量，进而代入离散方程求解。地下水与土壤水及地表水之间的交互则是通过式（7.83）中的源汇项进行处理。

7.2.6　模块构成和耦合

7.2.6.1　模型系统架构

模型全部采用 C++ 编写，遵循 C++11 及以上标准，除了地下水模块求解线性方程组时采用了第三方函数库 Eigen 外，其余部分只依赖于 C++ 标准库。利用 C++ 面向对象机制，将各部分功能打包成 class，并充分利用 C++ 的继承、模板、STL、多线程等特点，实现代码的精简化与高效化。

整个模型的框架如图 7.23 所示，模型总共分为三层：基础层、核心层和管理层。基

础层只提供基本的数据处理功能，与物理过程无关，向上层提供服务；核心层包含了所有的计算模块及相关辅助功能，与各物理过程一一对应，为整个模型的计算核心；管理层负责调度核心层各模块的功能，实现模块间的耦合与整体计算流程的控制。

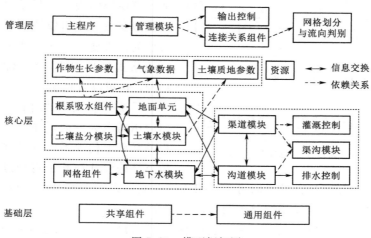

图 7.23　模型框架图

（1）基础层。包括通用组件和共享组件。其中通用组件主要包括一些非模型特有的基础功能，如基本的数据转换与字符操作、输入文本解析、日期时间处理、多线程池化以及格式化输出工具等；共享组件主要包括一些模型定制功能，如基本数据结构定义、系统变量定义、日志系统支持、时间步长控制器、线性方程组求解器等。

（2）核心层。常量型数据放置在资源组管理，主要有土壤质地参数，这些数据不会随模拟时间推进而发生变化；另外还包括土壤水模块、根系吸水组件、土壤盐分模块、地下水模块、网格组件、渠道模块和沟道模块等。

（3）管理层。连接关系组件负责建立不同模块之间的空间连接关系，为模块间的数据交换提供支持；输出控制负责控制整个模型的输出内容及输出时间；管理模块是所有模块的集中管理者，负责管理模型的所有数据与计算过程调度，为主程序提供简洁的使用接口；主程序通过管理模块提供的接口，建立完整的执行流程，生成最终的可执行程序。

7.2.6.2　多线程并行计算

土壤水运动是在一系列相互独立的一维土柱上进行模拟的，这部分计算过程可以以并行的方式进行，各个土柱同时模拟，以加快整体计算速度。实现并行计算，依赖于 C++11 提供的多线程支持，模型在启动阶段即按设定线程数建立相应的线程池，所有计算流程打包成一个个独立的任务，交由线程池处理。在进行多线程计算的时候，需谨慎处理线程之间的冲突，尤其是涉及文件读写的时候，要避免数据竞争。

7.2.6.3　平台架构

模块开发者利用 C++编程语言编写并利用 Cmake 封装不同功能的模块。各个模块编译封装后，以插件形式调入系统平台中进行耦合和计算。平台提供了时间和空间管理的应用程序接口（API）来控制整个模拟系统的计算流程。除空间离散和流向判别模块作为前处理外，其他模块被分为两类，分别是计算模块和输出模块。计算模块的功能是根据某个

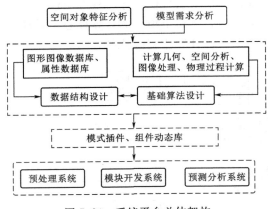

图 7.24　系统平台总体架构

计算方法，完成某一种特定的数值或者逻辑计算。它的输入来自模块私有参数、空间单元属性、调用的外部文件数据以及其他计算模块的模拟变量结果，同时输出新的模拟变量。输出模块的功能是根据计算模块的模拟变量，将整个模拟的结果以合适的格式输出出来，输出的可以是图表、动画，也可以由专业用户自行开发。

　　系统平台总体架构如图 7.24 所示，以应用需求为导向，在对空间对象特征分析的基础上构建系统软件底层架构，包括数据结构设计和基于物理过程的基础算法设计，系统整体为模式插件开发的可扩展架构，在底层设计的基础上完成应用层的开发，包括预处理系统、模块开发系统及预测分析系统等。

　　空间数据预处理系统以水力联系生成及编辑功能为核心，以新建矢量图层、添加矢量图层、添加栅格图层三项图像图形显示浏览基本功能及各类型图层投影变换功能为基础，以吸附参数设置功能、矢量图层编辑功能、属性查看功能、属性结构配赋功能为扩展，形成能够处理各种类型的空间数据的数据处理系统，支持属性数据及其结构增删改查基本功能编辑系统，和根据需要指定空间数据图层生成多种水利要素间水力联系功能且支持水力联系编辑功能的综合性精密预测前处理软件。水力联系生成及编辑架构设计如图 7.25 所示。

7.2.6.4　平台计算处理流程

　　平台计算处理流程就是在导入、读取所有空间单元属性/参数/变量的基础上，基于规定的时间索引顺序，将所有空间单元里发生的物理过程联系起来进行连续耦合的计算过程，如图 7.26 所示。

　　系统首先导入用户准备的各类点线面空间数据图层及其属性数据，然后进行容差处理、田块/地下/沟/渠/闸/泵/涵等点线面的单元生成，接着对生成的各类单元进行流向自动判别，确定各个单元之间的 From - To 关系，生成水力联系文件，若用户检查发现局部错误，可以利用手工对其进行修正。

　　接着系统平台会按时间索引顺序对各个计算模块（Simulators）进行处理。各个计算模块首先会接收来自其内部的私有参数赋值、各个单元的空间属性参数赋值和外部文件参数赋值并进行模型初始化。一旦模块开始正式运行，系统就会根据模块之间的耦合关系，将耦合变量值计算结果传递给相关模块参与计算并产生新变量。模拟结束后，系统将各个计算模块的计算结果传递给结果输出模块以便展示模拟结果。

7.2.7　IDM 模型输入和输出

　　（1）气象数据。气象数据包括降水和水面蒸发信息，以及计算参考作物腾发量 ET_0 所需的气温、湿度、日照时数等信息。考虑到大区域气象数据的空间差异性，对于具有多个气象站资料的灌区，可以在不同子区域采用不同的气象数据，气象数据以组的形式进行

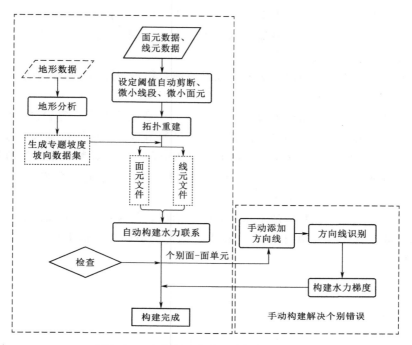

图 7.25 水力联系生成及编辑架构设计图

管理。组内按气象站分别保存各自的气象数据，一个气象站的气象数据由一系列气象记录组成。气象数据的输入包括两个层次的内容：一是气象组输入，用于指定组内包含哪些气象站；二是气象站输入，用于指定气象站的位置及相应的气象记录。具体气象参数主要包括监测日期时间、最低最高温度、相对湿度、2m 高风速、日照时数、降水量、水面蒸发量等。

（2）作物生长参数。作物生长

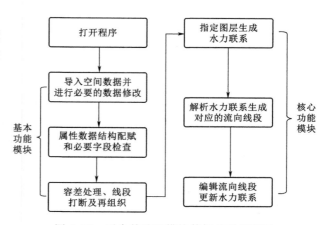

图 7.26 平台前处理模块数据处理流程图

参数主要用于计算作物根系吸水分布。作物类型数据同样以组的形式管理，组内按作物名分别保存各自的作物参数，主要包括作物名称、生育期、蒸发系数、作物系数、消光系数与叶面积指数、根系深度、作物水胁迫系数等。

（3）土壤质地参数。考虑到大量土壤单元共用分层信息及土壤质地参数，而将其提取出来作为独立的组管理资源。土壤类型组件输入主要包括土壤类型名、土壤 VG 模型参数（包括残余含水率、饱和含水率、形状参数、土壤质地参数、饱和导水率）、土壤分层名。

（4）土壤水分。土壤水分模块输入项包括单元 ID、计算单位名称、计算单位面积比、垂向网格数、顶部高程、底部高程、初始地下水位、土壤分层名。输出项包括土壤含水

率、土壤压力水头、根系吸水、土壤水渗漏量、地下水补给量。

（5）土壤盐分。土壤盐分模块输入项包括土壤干容重、盐分饱和浓度、盐分浸出系数、初始含盐量。输出项为土壤全盐量。

（6）地下水分。地下水分模块输入项包括顶部高程、底部高程、初始地下水位、渗透系数、给水度。输出项为地下水位。

（7）灌溉组件。灌溉数据输入分为三大部分：一是按轮次指定每轮灌水的总体信息；二是每轮灌水中每条渠道进口的水量控制及流量过程信息；三是每轮灌水中每个渠段向田间的灌水信息。具体输入项目包括开始时间、结束时间、灌溉作物、渠道进口信息、渠段灌田信息、渠道进口 ID、总进水量、渠道渗漏补给系数、渠道退水系数、进口流量过程、灌溉限制流量、总出水量、渠道损失系数。

（8）排水组件。排水参数按地下水单元分别给出，包含每个地表或地下单元向沟道排水时的计算参数。具体输入项目包括单元 ID、概化沟道间距、地下导水率、沟底渗漏导水率。

第 8 章

中小尺度水盐运动分布式模拟分析

本章利用研究区的试验数据对构建好的灌区水盐运动模型进行实际应用测试，并对模型的输入参数进行了率定和验证。然后利用构建好的模型与率定后的参数，在沙壕渠分干灌域 2018 年数据基础上，设置不同的灌溉排水调控措施与土地利用调整方案，进行模拟分析。各方案模拟结果的分析要素包括区域整体水均衡、灌溉排水过程、地下水位变化以及根系层水分和盐分变化等。

8.1 沙壕渠分干灌域空间离散和水盐运动模型构建

8.1.1 空间离散

研究区控制面积为 5533.36hm^2，由沙壕分干渠和 71 条斗渠（包括从分干的直开口）供水灌溉。主要种植作物包括小麦、玉米、葵花和西葫芦，区域内还包括道路、荒地、居民地等土地利用类型（图 8.1）。

根据田块边界和各条沟渠分布及控制范围，将研究区离散为 1718 个不规则多边形网格、650 个渠道段和 496 个沟道段（图 8.2）。在区域网格划分的基础上，还需要为每个地下单元指定高程信息和水力参数。高程信息包括地面高程和不透水底板高程，地面高程由校准后的 DEM 数据在每个网格上取平均获得，不透水底板高程可参考地质钻孔资料。水力参数包括地下水运动的饱和渗透系数和给水度，在沙壕渠分干灌域内为统一值，率定后饱和渗透系数为 14.4m/d，给水度为 0.04。此外还需给定每个渠沟段的长度、底部高程、糙率以及断面尺寸等基本信息。在沙壕渠分干灌域，渠道糙率取为 0.022m$^{-1/3}$ · s，沟道糙率取为 0.029m$^{-1/3}$ · s。渠道的灌溉数据和沟道的排水数据在边界条件中给出。

沙壕渠分干灌域 2018 年土地利用条件下得到的土柱单元总数为 3403，2019 年则为 2833。土地利用主要分为葵花、玉米、小麦、瓜菜、荒地和其他。

在沙壕渠分干灌域中，按 5cm 的垂向网格间距进行划分，由于各个单元的高程信息不一样，最终的网格数也略有差别，平均下来每个土柱的垂向网格数约为 100 个。各土层的 VG 模型参数在资源类数据的土壤质地参数中统一给出。

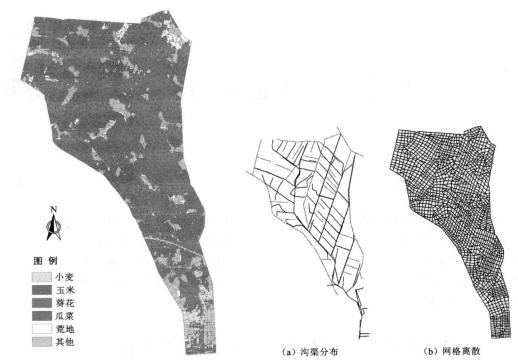

图 8.1　沙壕渠灌域土地利用和作物种植分布图
（2018 年）

（a）沟渠分布　　　　　（b）网格离散

图 8.2　沙壕渠灌域网格离散和沟渠分布图

8.1.2　气象、作物和土壤数据

沙壕渠分干灌域面积相对较小，采用杭锦后旗气象站的实测气象数据。在沙壕渠分干灌域，由于区域面积相对较小，对整个区域的土柱单元采用统一的分层土质参数，参数取值参考 Ren et al.（2016）的工作，表 8.1 给出了率定后的结果。

表 8.1　　　　　　　　　　　土壤分层质地参数（VG 模型）

土层/cm	$\theta_r/(cm \cdot cm^{-1})$	$\theta_s/(cm \cdot cm^{-1})$	α/cm^{-1}	n	$K_{ss}/(cm \cdot d^{-1})$
0~40	0.050	0.413	0.010	1.567	10.333
40~170	0.043	0.460	0.012	1.467	17.467
170~250	0.073	0.500	0.007	1.200	6.000
250~300	0.043	0.450	0.012	1.700	28.100

在沙壕渠分干灌域，最主要的作物有葵花、玉米、小麦和瓜菜，各作物的作物系数随时间的变化如图 2.10 和图 8.3 所示。

8.1.3　灌溉和排水

灌溉过程按轮次进行，每一轮灌水需指定灌水时间范围、灌溉作物名称以及每条渠道的灌水总量和损失系数等。由于实际的闸门操控过程不易获取，改用引水量和引水时间来模拟灌溉过程中的开闸和关闸，到达灌水时间以后在渠首设置引水流量，渠道系统的外边界条件发生改变，渠道开始出现水流运动，同时记录渠首引入的总水量，当引入总水量达到设定总水量或时间到达轮次灌水结束时间时，停止引入水量，渠道剩余的水分会继续灌溉和渗漏直至全部耗尽。给定灌溉作物的名称要与全局土地利用名称保持一致，该名称用于区分网格单元内的不同土柱单元和地面单元，同时也用于渠道判断哪些地面单元接收灌水，以便正

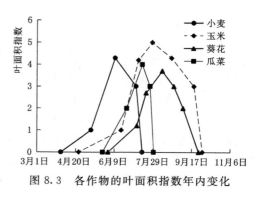

图 8.3　各作物的叶面积指数年内变化

确分配水量。灌水总量信息按渠道指定，渠道编号即渠首进口段编号，已知多级渠道引水量信息时可分别指定。损失系数包括渗漏系数和退水系数，这些系数也是按渠道给定的，渗漏和退水过程是根据当前渠道实际引水流量确定的。灌溉水矿化度取黄河多年平均矿化度 0.6g/L。沙壕渠分干灌域 2018 年和 2019 年的灌溉制度见表 8.2。

表 8.2　　　　　　　　　　沙壕渠分干灌域 2018 年和 2019 年灌溉制度

年份	轮次	时间范围	总引水量/万 m³	灌溉作物
2018	一	4 月 23 日至 5 月 14 日	577.4	小麦、葵花、瓜菜
	二	5 月 14 日至 5 月 25 日	365.6	小麦、葵花
	三	6 月 13 日至 6 月 26 日	368.3	小麦、玉米、葵花
	四	7 月 3 日至 7 月 19 日	398.9	玉米、葵花
	五	7 月 26 日至 8 月 4 日	173.6	玉米、葵花
2019	一	4 月 28 日至 5 月 16 日	530.4	小麦、葵花、瓜菜
	二	5 月 16 日至 5 月 30 日	500.7	小麦、葵花
	三	6 月 14 日至 6 月 23 日	194.6	小麦、玉米
	四	7 月 6 日至 7 月 20 日	424.8	玉米、葵花
	五	7 月 26 日至 8 月 9 日	259.1	玉米、葵花

　　沟道排水需指定沟道边界水位过程和排水参数。沟道边界水位根据实测数据获取，排水参数包括末级沟的平均间距、地下排水时的饱和渗透系数以及地面田埂高度等。在沙壕渠分干灌域，末级沟平均间距取为 200m，排水饱和渗透系数取为 3.6cm/d，地面田埂高度取为 30cm。

8.1.4　初始条件

　　初值类数据主要包括初始土壤含水率和含盐量、初始地下水位等，这些信息通常是通过部分已知散点的空间插值获得。模型正式计算之前会进行一段时间的预热计算，用于磨合内部参数，减小初值对计算起点的影响。

8.1.5　其他

由于土柱单元数量较多，且每个土柱单元在垂向上有网格划分，垂向分布结果不会自动输出，对于重点关注的单元可以将其单元 ID 列入输出设置，以便获取对应的垂向变化过程，如土壤含水率的垂向分布随时间的变化过程。在沙壕渠算例中，模拟时间从每年的 4 月 1 日至 10 月 1 日，涵盖作物生长周期，全局通信时间步长为 0.5h，相应的地下水模块时间步长为 0.5h，土壤水模块的时间步长默认在 0.36s 至 1h 范围内动态调整，因全局通信时间步长限制，最大为 0.5h，渠道和沟道的内部时间步长为 60s，输出时间步长为 1h，即每计算两步输出一次。

8.2　模型参数率定验证

8.2.1　参数率定和模型验证

为了定量检测模拟值与实测值的差异程度，利用 2018 年和 2019 年生育期实测地下水位、土壤水盐数据对模型进行率定和验证。采用纳什效率系数（NSE）、相对误差（RE）、平均残差比（MRR）和分散均方根比例（$RMSR$）四个指标对模拟结果进行评价。各指标的计算公式如下

$$NSE = 1 - \frac{\sum_{i=1}^{n}(S_i - O_i)^2}{\sum_{i=1}^{n}(O_i - O_{\text{ave}})^2} \qquad (8.1)$$

$$RE = \frac{\sum_{i=1}^{n}(S_i - O_i)}{\sum_{i=1}^{n}O_i} \times 100\% \qquad (8.2)$$

$$MRR = \frac{\frac{1}{n}\sum_{i=1}^{n}|S_i - O_i|}{O_{\max} - O_{\min}} \times 100\% \qquad (8.3)$$

$$RMSR = \frac{\sqrt{\frac{1}{n}\sum_{i=1}^{n}(S_i - O_i)^2}}{O_{\max} - O_{\min}} \times 100\% \qquad (8.4)$$

式中：n 为实测值总数；S_i 为第 i 个模拟值；O_i 为第 i 个实测值；O_{ave} 为实测值的平均值；$O_{\max}$ 为实测值中的最大值；$O_{\min}$ 为实测值中的最小值。NSE 取值范围为 $(-\infty, 1)$，靠近 1 表示模拟效果较好，模拟值接近实测值，靠近 0 表示模拟值接近实测值的平均水平，小于 0 则表示模拟效果较差。RE、MRR 和 $RMSR$ 描述模拟值相对实测值的误差大小，越接近 0，说明模拟效果越好。

8.2.1.1　地下水埋深

对比 21 个测点所有的实测地下水埋深与对应位置对应时间的模拟值，如图 8.4 所示。

可以看出，模拟值与实测值有较好的对应关系。在 2019 年结果中，当地下水埋深较浅时，模拟得到的地下水埋深偏大，主要原因是灌溉信息不足，导致原本分区灌溉的水量被均摊到整个区域上，且灌溉时间统一延长到一轮灌水周期，单位面积田块上的灌溉速率下降，相应的对地下水的补给减弱，模拟得到的地下水位涨幅偏小。图 8.5 给出了其中一个测点的模拟和实测地下水位变化过程对比，可以看出模拟值与实测值的变化趋势是吻合的。

8.2.1.2　土壤含水量

对比 13 个测点不同土层所有的实测土壤含水率与对应位置对应时间的模拟值，如图 8.6 所示，其中图 8.6（a）为率定结果，图 8.6（b）为验证结果。可以看出，模拟值与实测值有较好的对应关系。图 8.7 给出其中一个测点不同土层的模拟土壤含水率与实测值的变化过程对比，可以看出，表层的土壤含水率较低，随着埋深增大，土壤含水率也逐渐增大，因降水和灌溉造成的土壤含水率波动在往下传递的过程逐渐变得平缓。

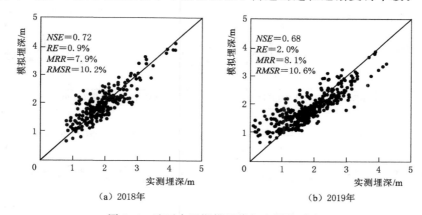

图 8.4　地下水埋深模拟值与实测值对比

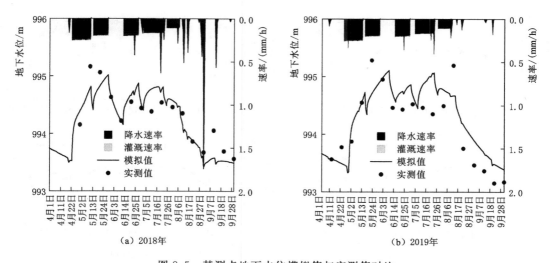

图 8.5　某测点地下水位模拟值与实测值对比

177

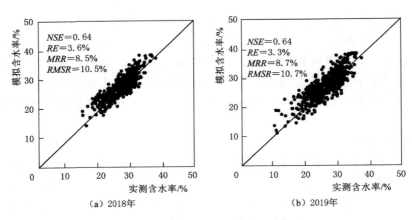

（a）2018年　　　　　　　（b）2019年

图 8.6　土壤含水率模拟值与实测值对比

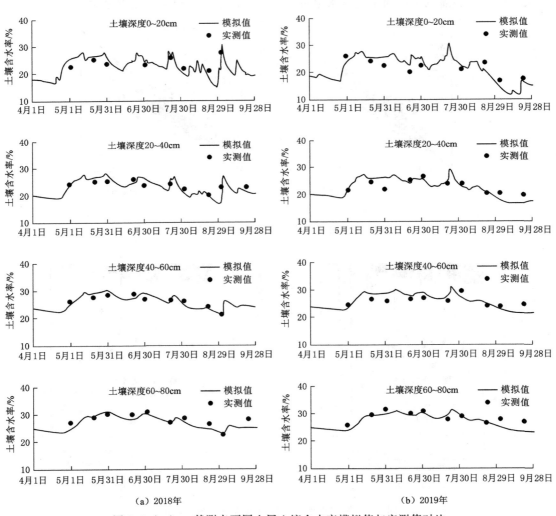

（a）2018年　　　　　　　（b）2019年

图 8.7（一）　某测点不同土层土壤含水率模拟值与实测值对比

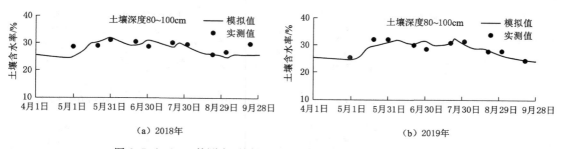

（a）2018年   （b）2019年

图8.7（二）　某测点不同土层土壤含水率模拟值与实测值对比

8.2.1.3　土壤含盐量

对比 13 个测点不同土层所有的实测土壤含盐率与对应位置对应时间的模拟值，如图 8.8 所示，其中图 8.8（a）为率定结果，图 8.8（b）为验证结果。可以看出，模拟值与实测值有较好的对应关系。图 8.9 给出其中一个测点不同土层的模拟土壤含盐率与实测值的变化过程对比，可以看出，表层初始含盐率较高，到 4 月底灌溉以后含盐率迅速下降，盐分转移到 20～40cm 土层，随后进一步向下转移到 40～60cm 土层，后期 40～60cm 土层逐渐积盐，60～80cm 土层少量积盐，80～100cm 土层盐分变化相对平稳。2019 年因降水偏少，第五轮灌水结束后，20～40cm 土层开始明显积盐，40～60cm 土层盐分有所减少，说明 40～60cm 土层在向 20～40cm 土层补给水分，同时也带去了盐分。

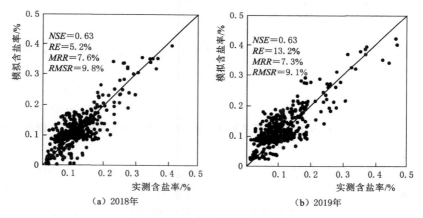

（a）2018年   （b）2019年

图 8.8　土壤含盐率模拟值与实测值对比

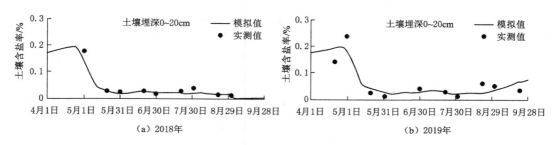

（a）2018年   （b）2019年

图 8.9（一）　2018 年和 2019 年某测点不同土层土壤含盐率模拟值与实测值对比

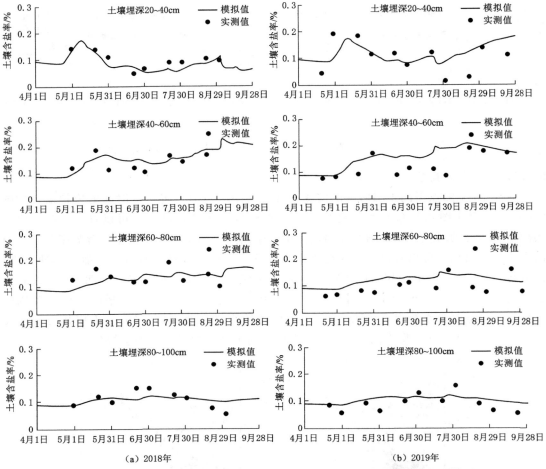

图 8.9（二）　2018 年和 2019 年某测点不同土层土壤含盐率模拟值与实测值对比

8.2.1.4　并行计算效果

模型在计算土柱单元的水盐运动时采用了多线程并行处理，利用 2018 年的数据测试并行计算效果，结果见表 8.3，可以看出，并行化处理之后的土壤模块耗时明显减少，速度有较大幅度的提升，但整体提速效果并不是随线程数线性变化的，从 1 线程到 4 线程速度提高了 1 倍，但从 4 线程到 8 线程，速度只提高了 0.4 倍。

表 8.3　　　　　　　　　　不同 CPU 线程的并行计算耗时　　　　　　　　　单位：min

耗　时　分　类	CPU 线程数量			
	1 个	2 个	4 个	8 个
总耗时	78.78	57.72	38.22	27.30
渠道模块计算耗时	0.78	0.78	0.78	0.78
沟道模块计算耗时	0.78	0.78	0.78	0.78
土壤模块计算耗时	63.18	43.68	25.74	14.82
地下模块计算耗时	6.24	6.24	6.24	6.24
结果输出耗时	7.80	6.24	4.68	4.68

8.2.2 现状水盐均衡分析

8.2.2.1 区域总体水均衡

分别统计率定年（2018 年）和验证年（2019 年）的总体水均衡项，见表 8.4，其中总体储水量包括土壤非饱和带储水和饱和带储水，其变化量相对于计算初始时刻，水均衡误差百分比相对于灌溉引水量。表中结果可以看出，两年的水均衡误差均小于 3%，在可接受范围内。2018 年有几次大的降水，计算周期内的降水量为 2019 年的两倍，直接导致了两年储水量变化差异较大。灌溉水量的分配在 2018 年和 2019 年基本一致。2018 年的区域腾发量（地面蒸发和作物蒸腾）明显多于 2019 年，受降水影响较大。地下排水量和边界流出量在两年内基本一致。

表 8.4　　　　　　　　　　**2018 年和 2019 年模拟结果总体水均衡**　　　　　　单位：万 m³

水均衡项	2018 年	2019 年	水均衡项	2018 年	2019 年
降水量	827.7	408.8	沟道总退排水量	220.8	263.7
灌溉引水量	1820.9	1834.3	地面蒸发量	883.8	856.8
灌溉入田水量	1197.3	1210.7	作物蒸腾量	1335.0	1241.8
渠道渗漏量	513.3	513.5	地下排水量	218.8	222.4
渠道蒸发量	18.7	11.4	地下侧向边界流出量	119.7	119.9
渠道退水量	93.8	100.9	总体储水量变化	−71.1	−337.1
沟道蒸发量	91.8	59.6	水均衡误差	52.1（2.9%）	29.1（1.6%）

8.2.2.2 1m 土层水均衡

单独分析 1m 土层的水均衡，结果见表 8.5，其中 1m 埋深净补给量是指由 1m 土层以下部分向 1m 土层的净补给水量。结合总体水均衡，绘制 2018 年和 2019 年的水均衡示意图如图 8.10 和图 8.11 所示。可以看出，2019 年由于降水量偏少，1m 土层对下层补给的依赖更大，同时储水量也明显减少。

表 8.5　　　　　　　　　**2018 年和 2019 年 1m 土层水均衡模拟结果**　　　　　　单位：万 m³

水均衡项	2018 年	2019 年	水均衡项	2018 年	2019 年
降水量	827.7	408.8	1m 埋深净补给量	196.5	309.5
灌水量	1197.3	1210.7	储水变化量	2.7	−169.6
腾发量	2218.8	2098.6			

8.2.2.3 1m 土层盐均衡

两年 1m 土层的盐均衡模拟结果见表 8.6，其中 1m 埋深排盐量是指 1m 土层向下输运的盐分净通量，负值代表由下向上输运。可以看出，两年灌溉引盐量大致相当，2018 年 1m 埋深处排走部分盐分，但整个 1m 土层仍然呈现积盐状态，2019 年因降水偏少，地下水大量补给到 1m 土层，导致 1m 埋深处的盐分净通量向上输运，最终 1m 土层积盐较多。

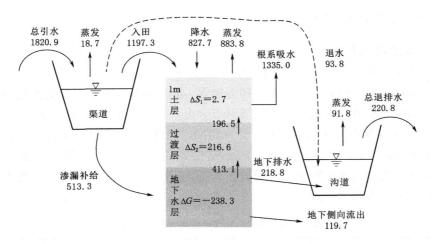

图 8.10　2018 年水均衡示意图（单位：万 m³）

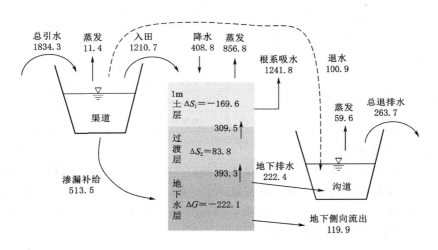

图 8.11　2019 年水均衡示意图（单位：万 m³）

表 8.6		2018 年和 2019 年 1m 土层盐均衡模拟结果			单位：万 t	
盐均衡项	2018 年	2019 年	盐均衡项	2018 年	2019 年
灌溉引盐量	0.718	0.726	盐量变化	0.324	0.801
1m 埋深排盐量	0.394	−0.075			

8.3　农业水管理方案设置

以 2018 年的现状条件作为标准工况，每种调控措施作为一种情景，每种情景设置若干工况，除了指定因素区别于标准工况外，其余参数均与标准工况一致。具体情景方案及工况设置见表 8.7。

表 8.7 情景方案及工况设置

情景编号	情 景 说 明	工 况 设 置	工况编号
○	现状条件（渠道进口总引水量 1820.9 万 m^3，田间灌溉定额 1197.3 万 m^3，渠系水利用系数 65.8%，无井灌，末级沟平均间距 200m）	标准工况	S0
一	保持田间灌溉定额不变的条件下调整渠系水利用系数	渠系水利用系数调整到 60%	S1-1
一	保持田间灌溉定额不变的条件下调整渠系水利用系数	渠系水利用系数调整到 70%	S1-2
一	保持田间灌溉定额不变的条件下调整渠系水利用系数	渠系水利用系数调整到 75%	S1-3
二	保持渠道进口总引水量不变的条件下调整渠系水利用系数	渠系水利用系数调整到 60%	S2-1
二	保持渠道进口总引水量不变的条件下调整渠系水利用系数	渠系水利用系数调整到 70%	S2-2
二	保持渠道进口总引水量不变的条件下调整渠系水利用系数	渠系水利用系数调整到 75%	S2-3
三	调整渠道进口总引水量	引水量调整为标准工况的 80%	S3-1
三	调整渠道进口总引水量	引水量调整为标准工况的 90%	S3-2
三	调整渠道进口总引水量	引水量调整为标准工况的 110%	S3-3
三	调整渠道进口总引水量	引水量调整为标准工况的 120%	S3-4
四	保持田间灌溉定额不变的条件下调整井渠用水比例（渠道水平均矿化度 0.6g/L，地下水平均矿化度 2.46g/L）	井渠用水比例调整为 1:1	S4-1
四	保持田间灌溉定额不变的条件下调整井渠用水比例（渠道水平均矿化度 0.6g/L，地下水平均矿化度 2.46g/L）	井渠用水比例调整为 1:2	S4-2
四	保持田间灌溉定额不变的条件下调整井渠用水比例（渠道水平均矿化度 0.6g/L，地下水平均矿化度 2.46g/L）	井渠用水比例调整为 1:3	S4-3
四	保持田间灌溉定额不变的条件下调整井渠用水比例（渠道水平均矿化度 0.6g/L，地下水平均矿化度 2.46g/L）	井渠用水比例调整为 1:4	S4-4
五	调整排水沟道深度	统一挖深 0.1m	S5-1
五	调整排水沟道深度	统一挖深 0.2m	S5-2
五	调整排水沟道深度	统一变浅 0.1m	S5-3
五	调整排水沟道深度	统一变浅 0.2m	S5-4
六	调整末级沟平均间距	调整末级沟平均间距为 50m	S6-1
六	调整末级沟平均间距	调整末级沟平均间距为 100m	S6-2
六	调整末级沟平均间距	调整末级沟平均间距为 150m	S6-3
七	调整土地利用结构（现状葵花占 56.6%，玉米占 17.7%，小麦占 2.3%，瓜菜类占 6.1%，荒地占 5.1%，其他用地占 12.1%）	耕地全部种植葵花	S7-1
七	调整土地利用结构（现状葵花占 56.6%，玉米占 17.7%，小麦占 2.3%，瓜菜类占 6.1%，荒地占 5.1%，其他用地占 12.1%）	耕地一半种葵花一半种玉米	S7-2
七	调整土地利用结构（现状葵花占 56.6%，玉米占 17.7%，小麦占 2.3%，瓜菜类占 6.1%，荒地占 5.1%，其他用地占 12.1%）	荒地全部改耕地	S7-3
七	调整土地利用结构（现状葵花占 56.6%，玉米占 17.7%，小麦占 2.3%，瓜菜类占 6.1%，荒地占 5.1%，其他用地占 12.1%）	荒地面积扩大至 10%	S7-4

8.4 不同管理措施对作物生育期水盐均衡的影响

8.4.1 对灌溉排水的影响

渠道进口引入的水量经渠系分配灌至田间，各级渠道会有一部分水量渗漏补给到地下水，还有一部分水面蒸发损失，灌溉过剩的水量经特定的退水口排至沟道。标准工况的累积灌溉过程如图 8.12 所示，从进口水量可以明显看出五轮灌水过程，自 4 月 23 日第一轮灌水开始到 8 月 10 日第五轮灌水结束，每一轮都有一个明显的上升阶梯，前两轮灌水量较大，灌水速率较快，后三轮灌水逐渐放缓。灌入田间和渗漏的水量变化曲线相对平滑，主要原因是渠道会有一定的槽蓄量，当渠道进口关闸以后，渠道内剩余的水量会继续向田间灌溉以及蒸发渗漏，直至渠道内的水量全部耗尽。由于前两轮灌水较多，会产生一定量的弃水退至沟道排走，占引水量的 5% 左右。渠道内的水面蒸发量相对较小，只占引水量的 1% 左右。在进行灌溉调控的情景中，渠道灌溉的累积变化过程整体上与标准工况规律一致，不同点在于最终的引水量大小以及入田水量和渗漏水量之间的调节，退水和蒸发由于基数较小，本身变化幅度不大。

沟道的累积排水及蒸发过程如图 8.13 所示，其中排水量主要为地下排水，不包括渠道退水以及外边界引入的水量。沟道的排水和蒸发均呈稳步上升的趋势，从 5 月初至 7 月底，排水累积量的斜率相对其他时段要大一些，说明排水速率较大，这与五轮灌水的时间相合，说明灌溉引入水量的同时也加快了区域排水。沟道的蒸发量较渠道大很多，因为沟道排水是一个缓慢持续的过程，沟道中持续有积水，蒸发过程就会持续发生，而渠道只在特定的灌溉时期有积水，灌溉完成以后渠道干涸，自然不会有水面蒸发，因此渠道的蒸发量要小很多。各情景方案中的沟道排水过程与标准工况类似，区别在于排水速率不同造成的最终累积排水量不同，整体变化规律仍然是一致的。

区域灌溉量和排水量的空间分布如图 8.14 所示。由于每个网格单元可能包含多种土地利用类型，不同作物的灌溉时间又各不相同，导致单元上的平均灌水量呈现如图所示的“插花式”分布。从灌水量分布可以看出，耕地主要集中在沙壕渠中下游（北侧），也正是渠系密集分布的区域。由于排水只能通过邻近的沟道进行，对大部分网格单元而言没有直接的排水量，这些单元通过地下水运动，将水量转移至沟道两侧的单元，再排至沟道，排水量分布图中展示的排水单元也都集中在沟道两侧，靠近西沙分干沟（东北角）的几个单元出现反渗，沟道水补给到了地下水，原因是分干沟接收外部区域的排水，沟道水位超过了邻近单元的地下水位。

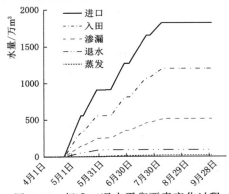

图 8.12 标准工况水平衡要素变化过程   图 8.13 标准工况沟道累积排水及蒸发过程

各情景方案中，灌溉调控情景改变了灌溉用水的总量与分配比例，但土地利用没有改变，因此各单元接收到的灌溉水量只有数量上的差别，基本的空间分布仍然是一致的；排水调控情景只影响排水过程，对灌溉用水的分配没有影响；土地利用调整则会影响整个灌溉过程，图 8.15 和图 8.16 分别展示了情景七的 4 个工况对应的灌水量空间分布。耕地全部种

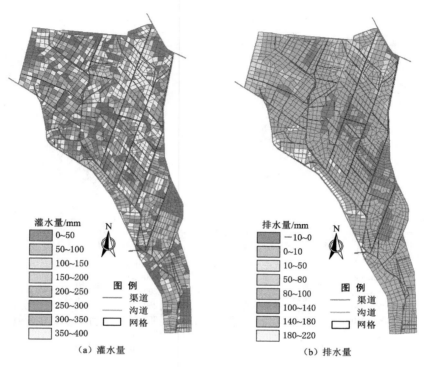

图 8.14　标准工况灌水量和排水量空间分布图

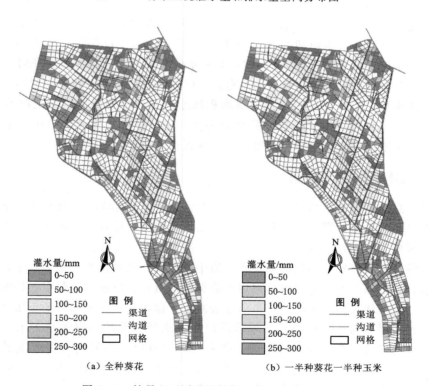

图 8.15　情景七不同种植结构下灌水量空间分布图

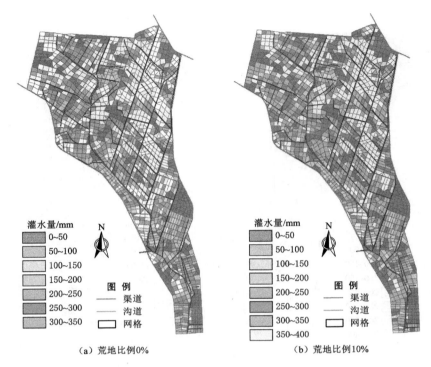

图8.16 情景七不同荒地比例灌水量空间分布图

植葵花（工况S7-1）以后，作物的灌溉时间不再影响水量分配，对于全耕地的单元，灌水量的分配都是一致的，耕地和荒地/居工地混合单元的灌水量则随耕地比例变化。耕地一半种葵花一半种玉米（工况S7-2）时，其灌水分配效果与全部种植葵花时一致，因此得到的灌水量分布与全部种植葵花时的分布是一样的。改变荒地面积的同时也改变了耕地的面积，而灌水量是一致的，因此当荒地面积减小时，分配到每个单元的灌水量相应减少，当荒地面积增大时，相应的耕地灌水量增大。由于排水过程都集中在沟道两侧的单元，各情景方案下的排水量空间分布差异主要体现在数量上。

8.4.2 对总体水均衡的影响

各工况的总体水均衡结果见表8.8，其中降水系指整个区域接收到的降水量；灌溉入田系指灌入田间的水量，即田间灌溉定额，包括渠道灌溉水量和地下水井灌溉水量；渠道渗漏系指各级渠系渗漏补给到地下水的水量；蒸腾蒸发包含了作物种植区的腾发以及荒地居工地等区域的裸地蒸发，不包括渠道和沟道中的蒸发；区域排水主要为地下排水，不包含渠道退水；地下侧向流出系指地下侧边界的交换水量；区域储水变化以初始时刻的储水量作为基准，正值代表储水量增多，负值代表减少，储水包括非饱和带的土壤水和饱和带的地下水；相对误差为水均衡误差与渠道进口总引水量和井灌抽取的地下水量之和的低值。将整个区域视为一个系统，降水量、灌溉入田以及渠道渗漏均为进入该系统的水量（井灌水量为内部转移），蒸腾蒸发、区域排水以及地下侧向流出则为流出该系统的水量，区域储水变化即为系统进出水量之间平衡的结果。

从表 8.8 中结果可以看出，除个别工况的水均衡相对误差超过 3.0% 以外，其余大部分工况均在 3.0% 以下，在可接受范围内。降水量由气象资料决定，各情景方案均没有改变气象条件，因此各工况的降水量是一致的。地下水侧边界以地下水位梯度形式给出，由于给定的地下含水层厚度远大于地下水位波动的幅度，因此计算得到的边界侧向交换水量基本一致，各工况条件下的地下水边界侧向流出量最大相差 1.1 万 m^3，占侧向流出量的 0.9%，可以认为基本不变。其他水均衡项则因情景方案及工况设置的不同而各有差异。

表 8.8　　　　　　　　　　　　各工况的总体水均衡结果

工况编号	降水量/万 m^3	灌溉入田/万 m^3	渠道渗漏/万 m^3	蒸腾蒸发/万 m^3	区域排水/万 m^3	地下侧向流出/万 m^3	区域储水变化/万 m^3	相对误差/%
S0	827.7	1197.3	513.3	2218.8	219.0	119.7	−71.1	2.8
S1-1	827.7	1197.2	684.5	2180.4	250.2	120.0	96.2	3.1
S1-2	827.7	1197.6	404.7	2232.7	200.9	119.6	−167.3	2.6
S1-3	827.7	1197.4	293.7	2244.4	182.1	119.4	−265.8	2.4
S2-1	827.7	1093.0	621.6	2198.3	219.1	119.8	−48.4	2.9
S2-2	827.7	1273.4	434.1	2231.6	219.2	119.7	−84.1	2.7
S2-3	827.7	1364.3	339.4	2243.4	220.7	119.6	−100.3	2.6
S3-1	827.7	952.1	411.9	2197.4	160.8	119.4	−324.3	2.6
S3-2	827.7	1074.8	462.8	2214.6	189.3	119.6	−201.2	2.6
S3-3	827.7	1320.1	564.0	2197.3	252.6	119.9	80.7	3.1
S3-4	827.7	1442.5	614.4	2134.7	295.8	120.0	264.5	3.2
S4-1	827.7	1199.3	266.3	2202.5	56.4	118.9	−714.8	2.0
S4-2	827.7	1198.7	348.8	2226.8	107.1	119.2	−510.9	2.1
S4-3	827.7	1197.3	398.7	2235.1	133.6	119.3	−408.4	2.7
S4-4	827.7	1198.1	414.7	2238.3	150.5	119.4	−345.3	2.2
S5-1	827.7	1197.3	513.3	2220.9	233.3	119.7	−85.5	2.7
S5-2	827.7	1197.3	513.3	2223.0	246.1	119.7	−99.9	2.7
S5-3	827.7	1197.3	513.3	2216.3	203.5	119.7	−52.4	2.8
S5-4	827.7	1197.3	513.3	2213.5	187.3	119.8	−34.7	2.9
S6-1	827.7	1197.3	513.3	2257.9	639.3	119.3	−514.4	2.0
S6-2	827.7	1197.3	513.3	2257.7	481.3	119.6	−361.9	2.3
S6-3	827.7	1197.3	513.3	2237.5	324.8	119.6	−189.8	2.5
S7-1	827.7	1204.9	509.9	2237.5	219.5	119.9	−90.3	3.1
S7-2	827.7	1204.8	509.8	2275.7	206.1	119.8	−106.8	2.6
S7-3	827.7	1196.6	513.4	2282.5	211.8	119.7	−125.3	2.7
S7-4	827.7	1197.3	513.2	2152.0	226.0	119.7	−11.5	2.9

　　情景一和情景二均为调整渠系水利用系数，前者维持现状田间灌溉定额不变，后者维持渠道进口总引水量不变。渠道灌溉过程中存在渗漏和蒸发损失，多余的灌水会直接退至

沟道排走，因而渠系水利用系数是一个受多方面因素影响的综合系数。模拟过程中会经历反复试算过程才能达到预定的渠系水利用系数，从而导致设定不变的量较标准工况有微小的偏差，如情景一（S1-1、S1-2、S1-3）中的灌溉入田量（即田间灌溉定额），通常这一偏差控制在 0.1% 左右，可以忽略。当田间灌溉定额不变时，随着渠系水利用系数的提高，渠首引入的水量自然减少，相应的渠系渗漏损失减少，整个区域的蒸腾蒸发量呈增加的趋势，区域排水明显减少，区域储水也由净增加 96.2 万 m^3（60% 渠系水利用系数）变化至净减少 265.8 万 m^3（75% 渠系水利用系数）。说明田间灌溉定额不变时，因渠系水利用系数提高而少引入的灌水量直接影响了整个区域的水平衡动态，标准工况下的作物根系吸水受到一定程度湿胁迫，随着引入区域水量的减少，地下水位下降，胁迫减轻，区域蒸腾蒸发量有所增加。当渠道进口总引水量不变时，随着渠系水利用系数的提高，田间灌溉定额随之增加，渠系渗漏损失相应减少，整个区域的蒸腾蒸发量同样呈增加的趋势，区域排水则没有明显变化，区域储水呈下降趋势，但变化幅度远小于情景一中的储水变化。说明在当前条件下，不改变总的引水量，只在有限范围内调节渠系水利用系数，对整个区域的水均衡影响相对较小。

情景三只改变了渠道进口总引水量，相应的田间灌溉定额以及渠道渗漏损失也是成比例变化，区域蒸腾蒸发量略有减少，尤其是总引水量达到标准工况的 120% 时（S3-4），减少幅度达 4%，区域排水则随着总引水量的增加而显著增加，相应的区域储水量由净减少 324.3 万 m^3（80% 总引水量）变化至净增加 264.5 万 m^3（120% 总引水量）。结合情景一和情景二可以看出，区域储水受总引水量影响较大，沟道排水同样随总引水量的增加而显著增加，区域蒸腾蒸发量基本稳定，但总引水量过大时（120% 总引水量），蒸腾蒸发量反而减小，说明作物因水分过多而受到胁迫，作物耗水反而有所下降。

情景四采用井渠结合的方式引入微咸水灌溉，地下水井直接将地下水抽至对应田块进行灌溉，不经历渠道的分水过程，因而不考虑损失，井渠结合灌溉用水比例以实际入田水量为准。情景四下设的 4 个工况，井渠用水比例依次从 1:1 减小至 1:4，渠道灌溉用水依次增多，由于田间灌溉定额保持不变，相应的渠道进口总引水量也是依次增多的。从总体水量均衡结果可以看出，随着井灌用水比例的减小，渠道灌溉用水及渗漏损失逐渐增多，整个区域的蒸腾蒸发量变幅较小（1% 左右），基本稳定，沟道排水逐渐增多，区域储水由净减少 714.8 万 m^3 变化至净减少 345.3 万 m^3，说明区域储水仍然受渠道进口总引水量影响强烈。

情景一至情景四均为灌溉调控，渠道进口总引水量及这些水量在灌溉入田和渗漏损失之间的分配为主要调控手段。以标准工况为基准，计算四种情景下的蒸腾蒸发、区域排水以及区域储水变化相对于标准工况的差异，并绘制其与渠道进口总引水量的关系图，如图 8.17 所示。可以看出，区域储水变化受渠道进口总引水量的

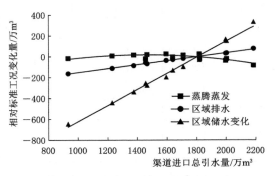

图 8.17　蒸腾蒸发、区域排水及区域储水变化相对标准工况变化量与渠道进口总引水量关系图

影响最为明显,其次为区域排水,这两者均随着总引水量的增加而增加,且具有较好的线性关系。蒸腾蒸发量则变化幅度较小,只在总引水量特别大的情况下有明显减少,适当减少总引水量反而有小幅增加的趋势,最大蒸腾蒸发量出现在总引水量 1400 万 m³ 左右。

情景五和情景六为排水调控,前者调整排水沟的深度,后者调整末级沟平均间距。由于灌溉条件没有发生变化,各工况下的田间灌溉定额及渠道渗漏损失均保持不变。变化量只有蒸腾蒸发和区域排水,以及由它们引起的区域储水变化,这三者相对标准工况的变化量与沟道深度变化量以及末级沟平均间距的关系如图 8.18 和图 8.19 所示。可以看出,随着沟道深度的增大和末级沟间距的缩小,区域排水逐渐增多,蒸腾蒸发有小幅度上涨,从而导致区域储水随之减少。相比增大沟道深度,缩小末级沟间距能更有效地增加区域排水。

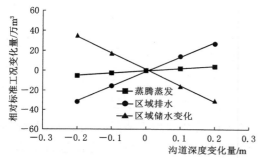

图 8.18 蒸腾蒸发、区域排水及区域储水变化相对标准工况变化量与沟道深度变化量关系图

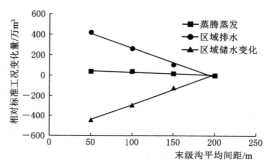

图 8.19 蒸腾蒸发、区域排水及区域储水变化相对标准工况变化量与末级沟平均间距关系图

情景七调整了作物种植结构及荒地比例,工况 S7-1 将耕地全部改种葵花;工况 S7-2 用一半耕地种植葵花,另一半种植玉米;工况 S7-3 将所有荒地改作耕地,并按荒地所在单元的其他作物种植比例分配给相应作物;工况 S7-4 扩大荒地比例到 10%,相应的在各个荒地单元将耕地面积按比例削减。工况 S7-1 和 S7-2 调整作物种植结构,种植结构的变化会导致灌溉水分配的变化,从而引起渠道中水量分配的细微差别,两个工况的灌溉入田量有着相同幅度的增长,渠道渗漏量则相应减少,但渠道进口总引水量与标准工况基本一致。整个区域的蒸腾蒸发量在工况 S7-1 和 S7-2 中均相对标准工况有所增加,且工况 S7-2 中增加的幅度较为明显。区域排水在工况 S7-1 中基本稳定,但在工况 S7-2 中有小幅减少。说明相同条件下,玉米的耗水略多于葵花,主要原因是玉米的生长周期较葵花长一个月左右。工况 S7-3 和 S7-4 调整荒地比例,灌溉条件基本没有受到影响,蒸腾蒸发受影响较大,荒地比例越小,作物种植比例越大,相应的耗水也有所增加,区域排水的变化则与蒸腾蒸发相反,荒地比例越小,区域排水量也越小。

8.4.3 对地下水位的影响

8.4.3.1 对生育期地下水位变幅的影响

将各个单元的地下水埋深按面积加权计算得到整个区域的平均地下水埋深,分别统计各个工况初始时刻和结束时刻的平均地下水埋深,得到地下水位的平均变化幅度,结果见表 8.9,其中地下水位变化为负时代表下降。

表 8.9　　　　　　　　　　　　　地 下 水 位 变 化　　　　　　　　　　　　单位：m

工况编号	初始埋深	结束埋深	地下水位变化	工况编号	初始埋深	结束埋深	地下水位变化
S0	2.11	2.24	−0.13	S4−3	2.11	2.71	−0.60
S1−1	2.11	2.00	0.11	S4−4	2.11	2.63	−0.52
S1−2	2.11	2.38	−0.27	S5−1	2.11	2.27	−0.16
S1−3	2.11	2.52	−0.41	S5−2	2.11	2.29	−0.18
S2−1	2.11	2.21	−0.10	S5−3	2.10	2.21	−0.11
S2−2	2.11	2.26	−0.15	S5−4	2.10	2.18	−0.08
S2−3	2.11	2.29	−0.18	S6−1	2.42	3.00	−0.58
S3−1	2.11	2.59	−0.48	S6−2	2.21	2.70	−0.49
S3−2	2.11	2.43	−0.32	S6−3	2.14	2.43	−0.29
S3−3	2.11	2.02	0.09	S7−1	2.11	2.25	−0.14
S3−4	2.11	1.77	0.34	S7−2	2.11	2.28	−0.17
S4−1	2.11	3.11	−1.00	S7−3	2.11	2.31	−0.20
S4−2	2.11	2.85	−0.74	S7−4	2.11	2.16	−0.05

　　从表中结果可以看出，除了情景五和情景六各工况的初始地下水埋深略有不同之外，其余各工况的初始地下水埋深均为 2.11m，主要原因是在正式模拟计算之前进行了为期 15d 的预热计算，预热计算阶段没有灌溉和作物生长的影响，但土壤水和地下水会进行适应性微调，情景五和情景六改变了排水条件，尤其是情景六调整末级沟间距对排水影响较大，从而导致预热计算过后的地下水位与标准工况不一致。情景一随着渠系水利用系数的提高，地下水位呈下降趋势，主要原因是田间灌溉定额固定的条件下，渠道进口总引水量减少，相应的渠道渗漏补给到地下水的水量减少。情景二随着渠系水利用系数的提高，地下水位也有降低的趋势，原因是进口总引水量固定的条件下，更多的水进入田间，渠道渗漏补给到地下的水量减少。情景三则可以明显看出，随着总引水量的增加，地下水位呈上升趋势。情景四采用井渠结合灌溉，井灌用水比例越高，抽取的地下水越多，地下水位降幅也越大，与其他情景相比，井渠结合灌溉一方面利用了地下水，另一方面减少了外部引水，对地下水位的影响更为强烈。情景五随着沟道深度的增大，排水增多，地下水位降幅也逐渐增大。情景六改变末级沟间距，对排水的影响更为明显，相应的地下水位变化更为显著。情景七调整作物种植结构对地下水位的影响相对较小，改变荒地面积带来的影响则相对较大，荒地面积越小，种植的作物面积越大，作物耗水增多，地下水位的降幅也越大。

　　比较不同灌溉调控措施（情景一至情景四）下的渠道引水量与地下水位变化之间的关系，如图 8.20 所示，可以看出，在不改变其他条件的情况下，地下水位变化与渠道引水量（外部引水）之间有着较好的线性关系，引进区域的水量越多，最终的地下水位也越高。在相同排水条件下（除情景五、情景六以外），初始地下水埋深一致，分析区域排水与地下水位变化之间的关系，如图 8.21 所示，可以看出，区域排水量与地下水位变化幅度也有较好的线性关系，地下水位越是呈上升趋势，相应的区域排水量也越多。

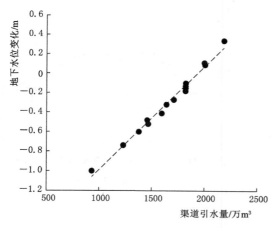

图 8.20 地下水位变化与渠道引水量关系图

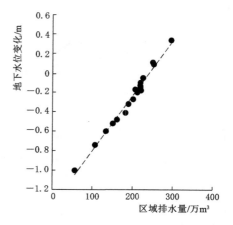

图 8.21 地下水位变化与区域排水量关系图

8.4.3.2 对地下水位时间过程的影响

地下水位受区域来水影响较大，灌溉和降水会直接影响地下水位的波动过程，图 8.22 给出了计算周期内标准工况的区域平均地下水位变化过程，以及相应的降水和灌溉速率变化过程。图 8.22 中可以看出，在灌溉之前，地下水位因地面蒸发和作物蒸腾耗水而逐渐下降；随着前两轮灌水的持续进行，大量水分经作物根系层补给到地下，造成地下水位大幅上涨；在第二、三轮灌水的间隙，地下水位又逐渐下降；从第三轮灌水开始，地下水位上升并维持在一个较高的水平；7 月下旬开始逐渐下降，虽然后面有第五轮灌水和几次降水，但地下水位没有上涨的趋势，主要原因是占地面积最大的葵花在 8 月达到生长高峰，土壤耗水增多，地下水不断补给到根系层供作物吸收利用；8 月底的一次大降水又导致地下水位迅速抬升，到 9 月以后，作物陆续收割，作物的耗水减少，地下水位的下降速度较 8 月期间有所放缓；最终的地下水位较初始时刻只有小幅下降。

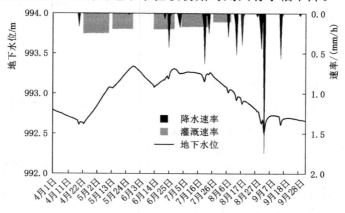

图 8.22 区域平均地下水位与灌溉、降水速率过程图

各情景下的平均地下水位过程如图 8.23～图 8.29 所示。情景一和情景三的渠道进口总引水量发生变化，不同渠系水利用系数的地下水位波动从第一轮灌溉开始逐渐拉开差距，随着灌溉的持续进行，各工况的地下水位波动规律基本一致，只是变化幅度略有不

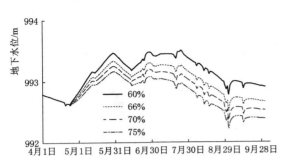

图 8.23　情景一不同渠系水利用系数下的
区域平均地下水位过程图

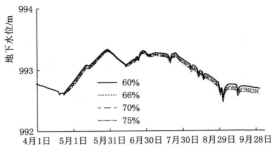

图 8.24　情景二不同渠系水利用系数下的
区域平均地下水位过程图

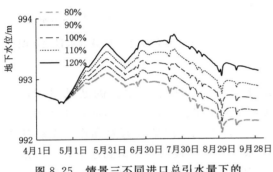

图 8.25　情景三不同进口总引水量下的
区域平均地下水位过程图

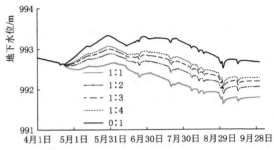

图 8.26　情景四不同井渠用水比例下的
区域平均地下水位过程图

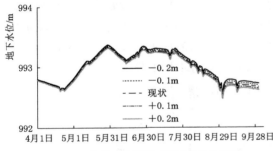

图 8.27　情景五不同沟道深度变化下的
区域平均地下水位过程图

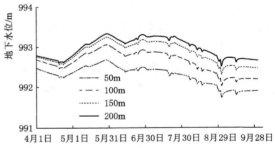

图 8.28　情景六不同末级沟间距下的
区域平均地下水位过程图

同，各工况间的差异到 8 月之后基本稳定。情景二由于没有改变总引水量，各工况的地下水位波动过程差异较小。情景四抽取地下水灌溉，对地下水位的影响较为强烈，尤其是井渠用水比例为 1：1 时，第一轮灌水开始以后地下水位呈现先下降后回升的趋势。情景五改变沟道深度对地下水位波动的影响相对较小，各工况的地下水位过程线较为接近。情景六改变末级

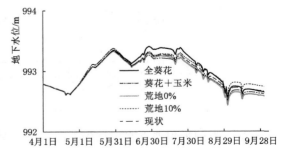

图 8.29　情景七不同土地利用情况下的
区域平均地下水位过程图

沟平均间距对地下水位影响较大，预热计算后的地下水位就已经拉开差距，第三轮灌水过后各工况的地下水位差距达到最大，后面基本保持稳定。情景七全部种植葵花时，地下水位在7月底之前一直维持较高的水平（高于其他工况），8月以后才逐渐回落，原因是葵花在7月底才开始进入生长高峰，整个区域的耗水随着葵花的生长而迅速增大，地下水大量补给到作物根系层；当荒地面积扩大到10％时，8月中旬和下旬的几场大雨导致地下水位迅速上涨，尤其是9月1日最大的那场降水过后，地下水位明显高于其他工况，说明降水通过荒地能更快补给到地下水。

8.4.3.3 对地下水位空间分布的影响

由于前两轮灌水连续进行，对比第一轮灌水之前（4月23日）和第二轮灌水之后（5月30日）的地下水位空间分布，如图8.30所示。图中可以看出，灌水之前地下水位的空间分布相对均匀，由南向北地下水位逐渐下降，东北角由于紧挨着西沙分干沟，地下水位控制得较低，整个区域的地下水位在海拔991.06～993.74m之间。灌水开始以后，水流自南部渠首引入，沿渠道分布一路向北输送，沿途渗漏损失补给到地下，到第二轮灌水结束以后，整个区域的地下水位均有明显抬升（海拔991.43～994.94m），尤其是渠道沿线，说明渠道渗漏对局部地下水位的影响较为强烈。虽然渗漏量不到入田水量的一半，但渗漏集中发生在渠道附近，灌溉入田的水量则分散到整个耕地面积上，从而造成渠道附近的地下水位抬升幅度大于其他地方。到计算截止时刻（10月1日），整个区域的地下水位分布及其相对于初始时刻（4月1日）的变幅如图8.31所示。图中可以看出，最终的地下水位以沙壕分干渠的上游和中游为中心，向下游及分支方向呈递降趋势，与渠道灌水方向一致。区域平均地下水位下降了13cm，但仍有部分地区地下水位抬升，主要集中在沙

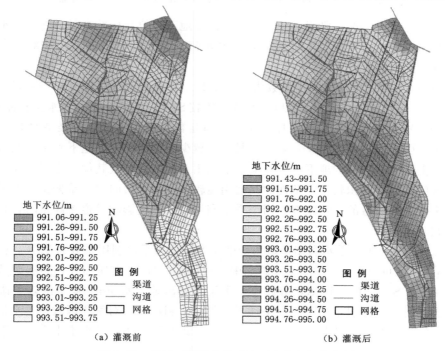

图8.30 标准工况灌水前后地下水位空间分布图

壕分干渠的中下游区域，该区域是耕地分布的主要区域，灌水量较大，同时密布的渠道网络为地下水提供了更多的渗漏补给。

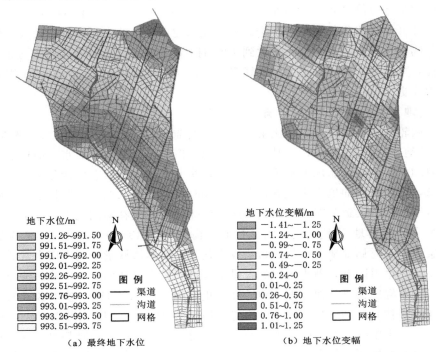

图 8.31　标准工况最终（10 月 1 日）地下水位与地下水位变幅分布图

在各情景方案中，选取典型工况，计算其最终地下水位与标准工况最终地下水位的差别，并绘制相应的空间分布图，如图 8.32～图 8.39 所示，相差为正代表相对标准工况地下水位抬升，为负则代表下降。

情景一中，S1-1 渠系水利用系数为 60%，S1-2 渠系水利用系数为 70%，标准工况 S0 为 66%。对比可以看出，S1-1 地下水位整体较 S0 抬升，S1-2 地下水位整体较 S0 下降，尤其是在沙壕分干渠沿线。在控制田间灌溉定额不变的情况下，渠系水利用系数越大，渠道进口引入的水量就越少，渠道渗漏也就越少，渠道附近的地下水位自然有较为明显的变化。上游（南部）的地下水位受渠系水利用系数的影响较其他地方明显大一些，主要原因是该区域耕地面积较小，荒地和其他用地较多，灌入田间的水量偏少，渠道渗漏水量对地下水位的影响占的比重较大，当渠系水利用系数改变影响渠道渗漏量时，相应的地下水位也跟着波动。

情景二中，S2-1 渠系水利用系数为 60%，S2-2 渠系水利用系数为 70%，标准工况 S0 为 66%。对比可以看出，S2-1 上游和中游地下水位较 S0 有所抬升，到下游基本不变甚至略有下降，S2-2 的规律则正好相反，上游和中游地下水位较 S0 下降，下游基本不变甚至略有抬升。在总引水量不变的条件下，渠系水利用系数对整个区域地下水位的影响从上游到下游逐渐减弱，从分干渠到支（斗）渠逐渐减弱，中下游渠道末端的地下水位相对稳定。

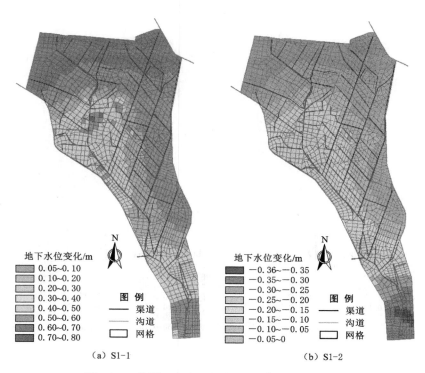

图 8.32 情景一最终地下水位相对标准工况差异

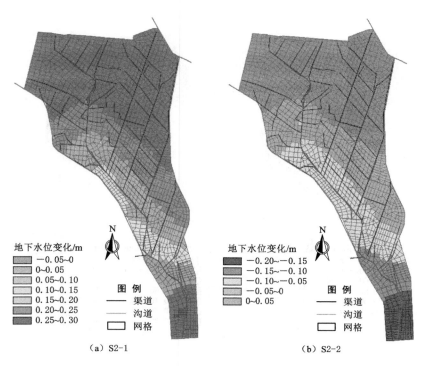

图 8.33 情景二最终地下水位相对标准工况差异

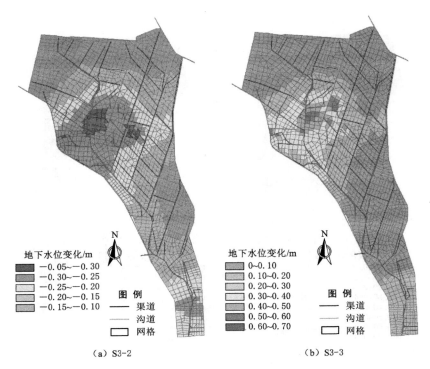

（a）S3-2   （b）S3-3

图 8.34　情景三最终地下水位相对标准工况差异

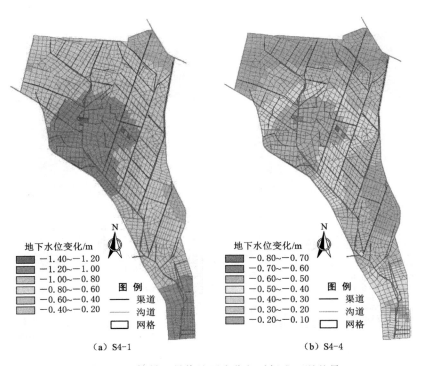

（a）S4-1   （b）S4-4

图 8.35　情景四最终地下水位相对标准工况差异

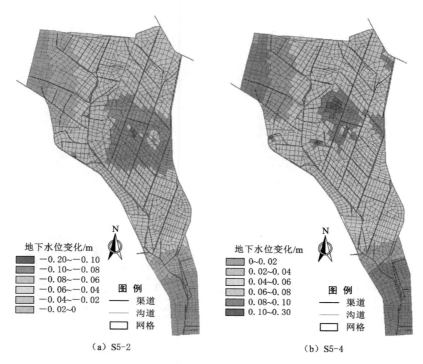

（a）S5-2　　　　　　　　　　　　（b）S5-4

图 8.36　情景五最终地下水位相对标准工况差异

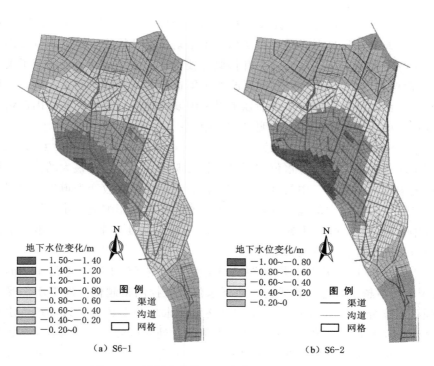

（a）S6-1　　　　　　　　　　　　（b）S6-2

图 8.37　情景六最终地下水位相对标准工况差异

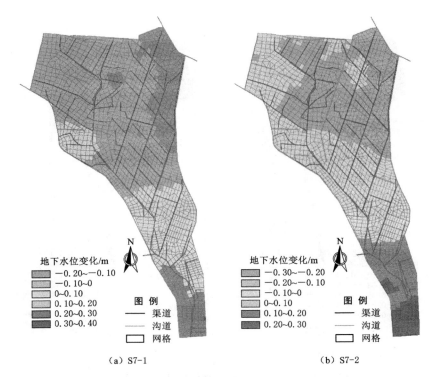

（a）S7-1　　　　　　　　　　　　　　（b）S7-2

图 8.38　情景七调整耕地最终地下水位相对标准工况差异

　　情景三中，S3-2 渠道进口总引水量为 S0 的 90％，S3-3 为 S0 的 110％。减少引水量，整个区域的地下水位呈下降趋势，增加引水量则呈上升趋势。地下水位受影响最强烈的位置在沙壕分干渠的末端，与情景一有相似之处，不同的是情景一只改变了渠道渗漏量（田间灌溉定额保持不变），而情景三同时改变了渠道渗漏量和田间灌溉定额，下游区域正是耕地集中区，田间灌溉定额的变化加强了渠道渗漏对地下水位的影响，因此情景三中地下水位影响最大的位置较情景一更为明显和集中。

　　情景四中，S4-1 井渠用水比例为 1∶1，S4-4 井渠用水比例为 1∶4，S0 无井灌。随着井灌用水比例的增大，地下水位的下降也越发明显，下降幅度最大的位置同样集中在沙壕分干渠的末端，同情景三中的规律。相比情景三，井灌在改变渠道进口总引水量的同时，还抽取了耕地对应位置的地下水，使得地下水位受到的影响进一步加剧。

　　情景五中，S5-2 沟道深度增大 0.2m，S5-4 沟道深度减小 0.2m。地下水位受沟深影响强烈的位置集中在沟道密集的地方。

　　情景六中，S6-1 末级沟平均间距 50m，S6-2 末级沟平均间距 100m，S0 间距 200m。末级沟间距越小，排水越通畅，地下水位也就控制得越低。地下水位受末级沟间距影响的强烈程度分布与图 8.31 中所示的最终地下水位分布较为一致，地下水位越高的地方降幅越大，尤其是在沙壕分干渠中部西南侧，此处沙壕分干渠与边界上的沙园分干沟离得较近，原本因渠道渗漏导致这一区域地下水位上升得较高，缩小末级沟间距后这些水量被迅速排至沟中，导致地下水位与标准工况相比变化较大。

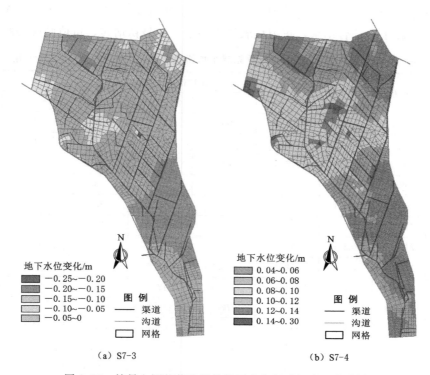

（a）S7-3　　　　　　　　　　　（b）S7-4

图 8.39　情景七调整荒地最终地下水位相对标准工况差异

情景七中，S7-1 耕地全部种植葵花，S7-2 耕地一半种葵花一半种玉米，S7-3 荒地面积为 0%，S7-4 荒地面积为 10%，现状荒地 5.1%。从调整种植结构后的地下水位变化（图 8.38）可以看出，相对标准工况而言，上游区域地下水位普遍抬升，下游则有所下降。标准工况中，上游耕地以小麦种植为主，葵花和玉米主要集中在中下游区域，小麦在 7 月中旬就准备收割了，因此只有前三轮灌水灌小麦地，调整种植结构以后，由于葵花接受五轮灌水，玉米接受后三轮灌水，上游区域的灌水量较标准工况增多，因此地下水位有所抬升，而且全种葵花（S7-1）时抬升的幅度更大一些。到下游区域，S7-2 较 S7-1 的地下水位降幅更为明显，原因是多种植的玉米耗水量更大一些。当荒地面积变小以后（S7-3），整个区域的地下水位呈下降趋势，因为有更多的作物种植，而作物腾发耗水较荒地蒸发要大。当荒地面积变大以后（S7-4），相应的地下水位呈抬升趋势，尤其是在荒地比例变化较大的地方。

8.4.4　对根层土壤水分的影响

8.4.4.1　对根层土壤水均衡要素的影响

作物根系主要分布在地面以下 1m 土层范围内，将其划分成 5 层，每层 20cm，分别统计各层的吸水量，结果汇总于表 8.10～表 8.12。表 8.10 统计了不同土层的作物根系吸水以及地面蒸发，是土壤的主要耗水项，降水灌溉系指降水量与灌溉入田水量之和，包括井灌水量。表 8.11 统计了不同土层之间水分转移的净通量，取向下通量（入渗方向）为

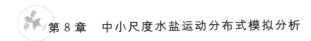

正，地面净通量即蒸发和入渗的累积效应。表 8.12 统计了不同土层的储水量变化，是层间通量与层内耗水的综合结果，正值代表最终储水量较最初增多，负值则代表减少。

表 8.10　　　　　　　　　　　　　　作物根系层水均衡（一）　　　　　　　　　　单位：万 m³

工况编号	降水灌溉	地面蒸发	作物根系分层吸水量					作物根系吸水总量
			0～20cm	20～40cm	40～60cm	60～80cm	80～100cm	
S0	2025.0	883.8	573.8	380.7	221.3	124.2	33.0	1333.0
S1－1	2024.9	884.3	561.8	370.2	213.6	117.7	31.0	1294.3
S1－2	2025.3	883.4	578.6	384.2	223.9	126.8	33.9	1347.4
S1－3	2025.1	882.9	583.3	387.8	225.3	128.5	34.7	1359.6
S2－1	1920.7	884.1	568.3	370.4	215.4	125.0	33.2	1312.3
S2－2	2101.1	883.5	577.5	386.1	225.7	124.1	32.8	1346.2
S2－3	2192.0	883.1	581.1	391.0	229.5	124.3	32.5	1358.4
S3－1	1779.8	883.4	572.4	358.3	212.5	133.1	35.7	1312.0
S3－2	1902.5	883.6	574.4	373.5	217.2	129.2	34.7	1329.0
S3－3	2147.8	884.0	566.8	377.1	219.2	117.5	30.7	1311.3
S3－4	2270.1	884.3	545.9	360.0	208.1	107.6	27.0	1248.6
S4－1	2027.0	881.3	575.5	365.6	214.4	127.8	35.8	1319.1
S4－2	2026.4	882.2	580.9	376.4	220.0	129.4	35.8	1342.5
S4－3	2025.0	882.6	582.6	380.6	222.1	129.6	35.6	1350.5
S4－4	2025.8	882.9	583.2	382.4	223.0	129.4	35.4	1353.4
S5－1	2025.0	883.7	574.5	381.3	221.7	124.6	33.2	1335.3
S5－2	2025.0	883.6	575.2	381.9	222.1	124.9	33.3	1337.4
S5－3	2025.0	883.9	573.2	379.9	220.8	123.7	32.8	1330.4
S5－4	2025.0	884.0	572.5	379.1	220.2	123.2	32.6	1327.6
S6－1	2025.0	878.4	589.9	394.1	227.3	130.1	36.0	1377.4
S6－2	2025.0	881.9	588.0	392.2	227.7	130.4	35.5	1373.8
S6－3	2025.0	883.2	579.8	385.8	224.9	127.6	34.3	1352.4
S7－1	2032.6	922.2	541.4	379.4	223.1	133.7	37.7	1315.3
S7－2	2032.5	839.0	623.8	389.5	252.6	140.8	29.9	1436.6
S7－3	2024.3	877.7	600.8	399.4	233.4	133.3	35.8	1402.7
S7－4	2025.0	888.5	544.5	361.3	209.9	115.5	30.5	1261.7

表 8.11　　　　　　　　　　　　　　作物根系层水均衡（二）　　　　　　　　　　单位：万 m³

工况编号	层间净通量（向下为正，向上为负）					
	地面	埋深 20cm	埋深 40cm	埋深 60cm	埋深 80cm	埋深 100cm
S0	1134.1	552.8	170.1	−50.7	−172.5	−201.6
S1－1	1169.4	587.4	202.1	−25.3	−155.8	−198.4

工况编号	层间净通量（向下为正，向上为负）					
	地面	埋深 20cm	埋深 40cm	埋深 60cm	埋深 80cm	埋深 100cm
S1－2	1134.1	554.3	174.6	−41.5	−158.2	−179.9
S1－3	1135.7	556.8	179.4	−31.6	−143.0	−157.9
S2－1	1038.3	461.3	87.6	−128.7	−252.8	−283.8
S2－2	1208.0	623.7	236.2	11.7	−109.2	−137.3
S2－3	1298.2	710.6	318.6	90.6	−30.1	−57.3
S3－1	896.2	332.2	−11.4	−204.9	−315.6	−325.7
S3－2	1014.6	441.6	75.4	−131.0	−246.9	−265.9
S3－3	1279.7	693.5	302.3	70.2	−58.9	−100.0
S3－4	1438.3	858.0	468.5	230.9	95.0	41.3
S4－1	1145.6	593.8	258.8	81.3	−3.7	9.2
S4－2	1143.6	579.8	227.1	36.1	−59.7	−57.4
S4－3	1141.2	571.3	210.0	11.7	−90.0	−94.1
S4－4	1141.7	568.3	201.8	−0.9	−106.4	−114.7
S5－1	1134.5	553.6	171.4	−48.5	−169.4	−197.3
S5－2	1134.8	554.1	172.4	−46.9	−167.0	−193.8
S5－3	1134.6	552.6	169.5	−52.2	−175.1	−205.6
S5－4	1135.5	552.9	169.2	−53.4	−177.3	−209.2
S6－1	1146.6	573.7	202.9	3.3	−95.2	−95.4
S6－2	1144.4	566.9	191.3	−15.6	−121.9	−130.2
S6－3	1134.8	555.8	176.6	−38.3	−153.6	−173.4
S7－1	1123.0	577.2	198.9	−20.8	−149.3	−180.5
S7－2	1193.8	566.1	178.0	−70.3	−204.8	−226.7
S7－3	1140.2	536.0	139.0	−89.2	−215.1	−241.7
S7－4	1130.4	573.9	205.9	−8.6	−127.2	−159.4

表 8.12　　　　　　　　　**作物根系层水均衡（三）**　　　　　　单位：万 m³

工况编号	土壤分层储水量					土壤储水总量
	0～20cm	20～40cm	40～60cm	60～80cm	80～100cm	
S0	7.5	2.0	−0.5	−2.4	−3.9	2.7
S1－1	20.2	15.1	13.9	12.7	11.7	73.6
S1－2	1.2	−4.6	−7.7	−10.1	−12.2	−33.4
S1－3	−4.4	−10.4	−14.2	−17.1	−19.8	−65.9
S2－1	8.7	3.2	0.9	−0.9	−2.2	9.7
S2－2	6.9	1.3	−1.2	−3.1	−4.8	−0.9

续表

工况编号	土壤分层储水量					土壤储水总量
	0～20cm	20～40cm	40～60cm	60～80cm	80～100cm	
S2－3	6.6	1.0	−1.6	−3.6	−5.3	−2.9
S3－1	−8.4	−14.7	−19.0	−22.5	−25.6	−90.2
S3－2	−1.4	−7.3	−10.8	−13.4	−15.7	−48.6
S3－3	19.3	14.1	12.8	11.6	10.4	68.2
S3－4	34.5	29.5	29.5	28.3	26.7	148.5
S4－1	−23.7	−30.7	−36.9	−42.8	−48.7	−182.8
S4－2	−17.1	−23.7	−29.0	−33.6	−38.1	−141.5
S4－3	−12.7	−19.2	−23.9	−27.9	−31.5	−115.2
S4－4	−9.7	−16.0	−20.4	−23.9	−27.1	−97.1
S5－1	6.4	0.9	−1.7	−3.7	−5.3	−3.4
S5－2	5.5	−0.1	−2.8	−4.8	−6.5	−8.7
S5－3	8.7	3.3	0.9	−0.9	−2.3	9.7
S5－4	10.1	4.6	2.4	0.7	−0.7	17.1
S6－1	−17.1	−23.3	−27.7	−31.7	−35.7	−135.5
S6－2	−10.5	−16.6	−20.8	−24.1	−27.2	−99.2
S6－3	−0.8	−6.6	−9.9	−12.3	−14.4	−44.0
S7－1	4.4	−1.1	−3.4	−5.1	−6.5	−11.7
S7－2	4.0	−1.5	−4.3	−6.3	−8.0	−16.1
S7－3	3.3	−2.4	−5.2	−7.4	−9.2	−20.9
S7－4	12.1	6.7	4.6	3.0	1.7	28.1

　　作物根系吸水主要集中在土壤上层，随着埋深增大，根系吸水逐渐减少，0～20cm 土层的根系吸水占整个根系层吸水的 40％以上，0～40cm 土层则占到 70％以上。0～40cm 土层的净通量以下渗为主，40～60cm 土层为过渡层，60～100cm 土层的净通量以上升为主，各层之间的净通量之差则正好用于作物根系吸水，从而导致各土层的储水量基本不变。灌溉和降水带来的水量不足以维持地面蒸发和根系吸水，需要根系层以下土层的水分补给，而这部分补给主要来自地下水。

　　情景一在调整渠系水利用系数时保持田间灌溉定额不变，比较不同渠系水利用系数对根系吸水及层间通量的影响。可以看出，不同土层的根系吸水及层间通量受渠系水利用系数影响较小，相应的土壤储水也有小幅变化，主要原因是在田间灌溉定额保持不变的情况下，田间接收到的水量不变，土壤上边界条件基本稳定，而土壤上边界是整个根系层最主要的水分来源，因而根系层的水分动态相对稳定。在稳定的基础之上，随着渠系水利用系数的提高，作物根系吸水有小幅度的增加，土壤储水则有小幅度的减少。

　　情景二在调整渠系水利用系数时保持渠道进口总引水量不变，相应的田间灌溉定额会随渠系水利用系数的提高而增大，比较不同渠系水利用系数对根系吸水及层间通量的影响。可以看出，作物根系吸水受渠系水利用系数影响不大，而随着渠系水利用系数提高，田间灌溉定额增大，地面入渗量有了明显增加，进而影响下面各层的水通量，根系层接收下层土壤水分补给也明显减少。

情景三调整渠道进口总引水量，对比不同引水量下的根系吸水与层间通量。可以看出，作物根系吸水基本不受影响，只在引水量达到 120% 时有一定减少。层间通量的变化规律与情景二类似，随着引水量的增多，地面入渗明显增多，进而影响下面各层间的通量，土壤储水量有一定幅度的上涨，当引水量达到 120% 时，根系层多余的水分反而补给到下层土壤。

情景四调整井渠结合灌溉的用水比例，对比不同用水比例下的根系吸水和层间通量关系。可以看出，作物根系吸水没有受到明显影响。由于调整井渠用水比例并未改变田间灌溉定额，因此地面入渗量基本不受影响。但随着井灌用水比例的增大，根系层下方对根系层的补给明显减少，当井渠用水比例为 1:1 时，出现了根系层向下层土壤补给的情况，主要原因是井灌抽取地下水造成地下水位下降（最大降幅达 1m），地下水距根系层距离增大，进而对根系层补给能力减弱。对于根系层而言，上边界来流条件不变，下边界补给减少，作物根系吸水不变，自然导致根系层的储水随井灌用水比例的上升而减少。

情景五调整排水沟深度，情景六调整末级沟平均间距，两种情景都只影响地下排水情况，对作物根系层没有直接影响，但可以通过地下水位间接影响根系层下边界的补给量。由于调整排水沟深度对地下水位影响相对较小，根系层下方土壤对根系层的补给变化不明显，而末级沟平均间距对地下水位影响较大，相应的补给量随地下水位降幅的增大而减少。

情景七调整种植结构和荒地比例，在全部种植葵花的条件下，作物根系吸水较现状有小幅度减少，而一半种葵花一半种玉米的条件下，作物根系吸水明显增多，将荒地全部改为耕地以后，作物种植面积增大，根系吸水也有较为明显的增加，而扩大荒地面积，根系吸水则相应减少。上层土壤（0~40cm）的根系吸水占整个根系层吸水的 70% 以上，不同土地利用造成的根系吸水差异也主要体现在这一区域，但其对应的层间通量变化相对较小，层间通量的差异集中到了根系下层（60~100cm），主要原因是不同土地利用条件下的灌溉情况基本一致，土壤上边界受到的影响相对较小，根系吸水的变化带动根系层下边界的补给发生变化。

情景一、四、五、六均保持田间灌溉定额不变，即根系层上边界条件基本一致。除了工况 S1-1 中地下水位上升条件下的补给量与其他工况规律不一致外，地下水位下降条件下的补给量与地下水位降幅近似呈线性关系，地下水位降幅越大，根系层以下部分对根系层的补给量越小，当降幅达到 1.0m 时，甚至出现反向补给。说明地下水位控制得越低，作物根系层对地下水的利用也越少。

8.4.4.2 对土壤水分时间变化的影响

图 8.40 所示为标准工况根系层不同土层之间的累积通量随时间的变化过程，通量取向下为正，随着时间推进，累积通量增大说明水分向下运动，减小则说明向上运动；图 8.41 所示为不同土层中的作物根系累积吸水量随时间的变化过程；图 8.42 所示为不同土层的水量相对初始时刻的变化过程，随着时间推进，变化量增大代表水量在增多；图 8.43 所示为不同土层的平均质量含水率随时间的变化过程。

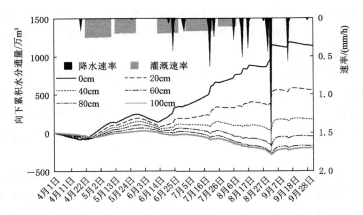

图 8.40　标准工况根系层不同土层向下累积水分通量变化过程图

图 8.40 中的层间通量及降水灌溉速率的变化过程可以看出，地面通量受上边界影响最为强烈，在灌溉和降水之前，地面处于蒸发状态，地面累积通量不断减小（负通量），随着灌溉和降水的发生，地面累积通量明显增大，说明有大量水分入渗到作物根系层，灌溉、降水以及蒸发的综合作用使得地面累积通量呈"波折"式上升。随着埋深的增大，各土层间的累积通量逐层递减，波动幅度也逐渐减小，说明地面入渗水量在向下运动的过程中逐渐减

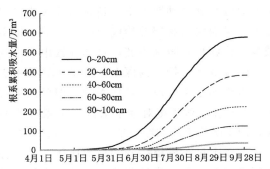

图 8.41　标准工况不同土层根系累积吸水量变化过程图

少，变化的峰值逐渐被抹平。第五轮灌水过后，40cm 埋深以下土层的累积通量逐渐减少，说明有水分由下层土壤向上层土壤补给，尤其是 60cm 以下土层，最终的累积通量为负，说明根系层底部的最终净通量是向上的，即接收下层土壤的水分补给。

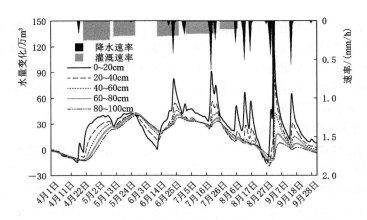

图 8.42　标准工况不同土层相对初始时刻水量变化过程图

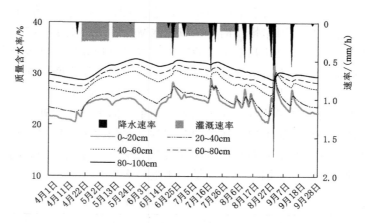

图 8.43　标准工况不同土层平均质量含水率变化过程图

　　根系累积吸水量变化过程（图 8.41）有效地印证了各土层层间通量变化的差异，0～20cm 土层的根系吸水最多，随埋深增大逐层递减，因而地面通量与 20cm 埋深处的通量差异最大，随着埋深增大，这一差异逐渐缩小，由于根系吸水作用，地面入渗的水量在向下运动的过程中会被不断消耗，最后还需要下层土壤向上补给水分以供作物根系吸收利用。0～20cm 土层的根系吸水从 5 月底开始加速上涨，到 7 月中旬吸水速率逐渐稳定，8 月初吸水速率又开始逐渐下降，9 月以后根系吸水趋于停止，这与作物的生长周期相符，大面积种植的玉米和葵花分别在 6 月底和 7 月下旬达到生长高峰，到 8 月底 9 月初开始准备收割。下部土层的根系吸水变化相对上部土层有一定滞后，因为根系是由表层逐渐向下生长的。

　　作物根系层的层间通量与根系吸水之间的动态平衡决定了对应土层内的水量变化，图 8.42 所示的各土层水量变化过程可以看出，不同土层的水量变化在数量上较为统一，不同的是 0～20cm 土层受地面边界条件的影响较大，外加根系吸水主要分布在表层，使得 0～20cm 土层的水量变化起伏较大，越往下层走，水量变化的起伏过程也越缓和，且相应的起伏时间点较上层土壤滞后。第一、二轮灌水导致 0～20cm 土层水量迅速增多，下面各土层的水量则逐渐增多，到二轮灌水结束后，0～20cm 土层因地面蒸发和作物吸水，水量迅速下降，下面各土层的水量则在其之后缓慢下降。对比不同土层的含水率变化（图 8.43）可以看出，各层土壤含水率的变化规律基本一致，埋深越大，含水率也越大，地面的灌溉和降水会对表层土壤含水率造成扰动，这一扰动随着埋深增大而逐渐减弱。

　　从土层间的累积通量过程（图 8.41）可以看出，根系层下边界，即 100cm 埋深处的累积通量有以下几个关键的转折点：一是在第一轮灌水刚开始影响根系层下边界时（约 5 月 1 日）；二是第二轮灌水结束累积通量达到峰值时（约 6 月 1 日）；三是最大的降水发生之前（约 9 月 1 日）。5 月 1 日之前，累积通量持续减小，下层土壤向根系层补给；5 月 1 日—6 月 1 日期间受灌溉影响，累积通量逐渐增大并达到峰值，根系层向下层土壤补给；6 月 1 日—9 月 1 日期间，累积通量波动式减小，灌溉降水后会有部分水量从根系层补给到下层土壤，但总体依然是下层土壤向根系层补给；9 月 1 日受大雨影响，大量水分经根系层补给到下层土壤，后期因作物收割，区域耗水减少，下层土壤向根系层的补给明显减少，累积通量基本持平。选取这几个关键的时间节点以及计算周期结束时刻（10 月 1 日）的根系层下边界通量，分析不同情景方案对根系层与下层土壤之间的交互造成的影响，结果列于表 8.13，表中累积通量为负表示从 4 月 1 日到当前时刻，穿过 100cm 埋深的净通量朝上，即下层土壤向根系层补水，为正则表示根系层向下层土壤补水。从表中结果可以看出，各工况条件下的根系层下边界通量随时间的变化规律是一致的。将各工况的结果与标准工况对比可以发现，情景五调整沟道深度对根系层下边界通量的影响最小，情景四采用井渠结合灌溉的方式对根系层下边界通量的影响最大。

表 8.13　　　　　　　　　　　　　　根系层下边界累积通量　　　　　　　　单位：万 m³

工况编号	2018 年 5 月 1 日	2018 年 6 月 1 日	2018 年 9 月 1 日	2018 年 10 月 1 日
S0	−53.46	22.23	−282.97	−201.62
S1−1	−59.10	−17.14	−282.91	−198.37
S1−2	−50.26	47.20	−258.12	−179.89
S1−3	−47.19	71.46	−231.62	−157.87
S2−1	−58.44	−26.65	−367.97	−283.75
S2−2	−49.83	58.02	−216.25	−137.25
S2−3	−45.44	100.61	−133.07	−57.30
S3−1	−53.69	−10.97	−402.78	−325.72
S3−2	−53.72	5.96	−346.23	−265.88
S3−3	−52.92	38.47	−181.95	−99.96
S3−4	−52.02	56.22	−54.19	41.34
S4−1	−30.88	188.08	−54.78	9.25
S4−2	−37.13	140.03	−125.73	−57.42
S4−3	−40.91	112.75	−165.65	−94.08
S4−4	−43.25	95.95	−188.72	−114.74
S5−1	−52.36	25.20	−279.48	−197.32
S5−2	−51.42	27.59	−276.73	−193.81
S5−3	−54.77	18.80	−286.03	−205.57
S5−4	−56.09	15.08	−288.53	−209.20
S6−1	−27.71	141.21	−152.08	−95.41
S6−2	−39.09	84.00	−203.22	−130.20
S6−3	−48.32	43.36	−256.01	−173.39
S7−1	−53.59	31.95	−240.01	−180.51
S7−2	−46.79	47.26	−306.31	−226.71
S7−3	−53.83	19.33	−316.11	−241.69
S7−4	−53.10	24.99	−247.42	−159.39

标准工况不同土地利用类型 1m 土层的平均质量含水率如图 8.44 所示。荒地和其他用地不受灌溉直接影响，其土壤含水率主要受降水和地下水位波动的影响。图中可以看出，每次降水都会造成荒地和其他用地的土壤含水率迅速升高，降水过后则因地面蒸发而缓慢减小，第一轮和第二轮灌水期间只有一次很小的降水，但荒地和其他用地的土壤含水率仍然有缓慢上升的过程，主要原因是这两轮灌水造成地下水位大幅抬升，大量水分经潜水蒸发补给到了 1m 土层。小麦地只接收前三轮灌水，因此前三轮灌水期间土壤含水率有较大幅度的上升，第二轮和第三轮灌水的间歇期，小麦的土壤含水率下降幅度较为明显，主要原因是小麦在 5 月和 6 月进入生长高峰期，作物耗水显著增大，到 7 月以后开始收割，后续不再灌水，其土壤含水率主要受降水和地下水位的影响，整体变化规律与荒地类似。玉米地只接收后三轮灌水，因此前两轮灌水期间的土壤含水率变化与荒地接近，4 月底玉米播种以后到 5 月底根系吸水逐渐增多，6 月上旬的土壤含水率与荒地拉开了一段距离，但随着第三轮灌水的进行，玉米地的土壤含水率迅速回升，后期因玉米根系吸水影响，其土壤含水率动态下降，到 8 月底那场大雨之前降到了最低点。葵花地每轮灌水都有灌溉，且葵花是在 5 月底播种，前两轮灌水属于播前灌，因而葵花地的土壤含水率在 6 月之前上升较为明显，后期随着葵花的生长，根系吸水逐渐增多，葵花地的土壤含水率也在 8 月底降到了最低点。瓜菜的生长周期较短，只有第一轮灌水对瓜菜地进行灌溉，因此其土壤含水率在第一轮灌水过后上升得较高，后期也是动态下降的过程，7 月收割完以后，瓜菜地的土壤含水率变化规律与荒地类似。

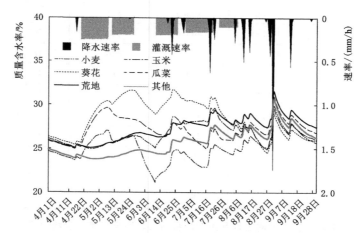

图 8.44　标准工况不同土地利用 1m 土层平均质量含水率变化过程图

8.4.4.3　对不同地类土壤水分的影响

按照不同的土地利用类型，分别统计各类作物、荒地及其他用地的根系层耗水及根系层与下层土壤的水量交换情况，由于荒地和其他用地没有作物生长，为统一表示，以根系层代指其对应的 1m 土层，其耗水主要为地面蒸发，各类土地利用面积不一样，为方便比较，水量单位以毫米计（单位面积）。表 8.14 给出了不同工况下不同土地利用对应根系层的耗水量，表 8.15 给出了不同工况下不同土地利用对应根系层与下层土壤的交换水量，取向下为正，负值代表下层土壤向根系层补水。

表8.14 不同工况下不同土地利用对应根系层的耗水量 单位：mm

工况编号	小麦	玉米	葵花	瓜菜	荒地	其他
S0	468.5	462.9	487.3	323.3	185.4	185.1
S1－1	467.4	455.1	476.6	326.2	185.4	185.2
S1－2	468.6	465.6	491.3	321.5	185.4	185.1
S1－3	468.5	468.3	494.4	321.6	185.4	185.1
S2－1	465.1	458.5	482.5	318.7	185.4	185.2
S2－2	470.7	466.3	490.0	327.1	185.4	185.1
S2－3	473.0	470.4	492.2	331.3	185.4	185.1
S3－1	459.1	459.1	483.2	309.0	185.4	185.1
S3－2	464.6	461.6	487.4	314.5	185.4	185.1
S3－3	471.0	460.9	479.9	330.5	185.4	185.2
S3－4	472.4	450.4	461.7	334.7	185.4	185.2
S4－1	464.3	460.1	485.3	300.8	185.4	185.1
S4－2	466.7	465.4	490.9	307.9	185.4	185.1
S4－3	467.6	467.2	492.6	312.7	185.4	185.1
S4－4	468.0	467.9	493.1	315.4	185.4	185.1
S5－1	468.7	463.3	487.9	323.0	185.4	185.1
S5－2	468.9	463.8	488.5	322.7	185.4	185.1
S5－3	468.3	462.4	486.6	323.7	185.4	185.2
S5－4	468.1	462.0	485.8	324.1	185.5	185.2
S6－1	471.2	470.3	499.4	310.5	185.3	185.0
S6－2	471.0	472.2	497.8	319.1	185.3	185.1
S6－3	469.8	466.9	492.6	320.5	185.4	185.1
S7－1	无	无	474.1	无	185.4	185.2
S7－2	无	468.2	497.5	无	185.4	185.2
S7－3	455.4	461.2	485.0	318.7	无	185.1
S7－4	470.7	464.7	489.3	326.3	185.6	185.1

表8.15 不同工况下不同土地利用对应根系层与下层土壤的交换水量 单位：mm

工况编号	小麦	玉米	葵花	瓜菜	荒地	其他
S0	−83.0	−149.8	3.5	−71.4	−43.5	−42.5
S1－1	−98.0	−143.2	2.6	−60.6	−43.0	−45.9
S1－2	−78.0	−146.4	8.0	−68.2	−40.2	−38.7
S1－3	−73.3	−142.6	12.9	−67.6	−36.5	−35.2
S2－1	−104.0	−157.6	−20.3	−72.8	−43.7	−43.8
S2－2	−68.0	−142.9	21.7	−68.9	−42.8	−41.7

续表

工况编号	小麦	玉米	葵花	瓜菜	荒地	其他
S2-3	-49.1	-134.5	44.4	-65.3	-41.5	-40.7
S3-1	-113.3	-159.8	-36.6	-72.7	-32.6	-33.5
S3-2	-99.0	-155.3	-17.3	-70.5	-38.1	-37.6
S3-3	-68.7	-135.5	32.0	-59.5	-44.2	-46.2
S3-4	-55.9	-110.6	69.0	-42.3	-43.1	-45.9
S4-1	-62.3	-113.5	51.5	-32.6	-19.4	-23.8
S4-2	-68.2	-126.0	36.2	-46.0	-25.3	-28.1
S4-3	-71.9	-132.6	28.0	-54.3	-29.0	-30.7
S4-4	-74.0	-136.3	23.4	-58.7	-31.5	-32.6
S5-1	-82.8	-149.1	4.4	-70.7	-42.9	-42.0
S5-2	-83.0	-148.6	5.2	-69.9	-42.4	-41.5
S5-3	-82.9	-150.3	2.5	-72.0	-44.2	-43.2
S5-4	-82.6	-150.8	1.7	-72.6	-44.7	-43.8
S6-1	-81.1	-132.1	27.8	-51.2	-29.4	-32.8
S6-2	-82.7	-139.5	20.3	-60.7	-32.3	-34.6
S6-3	-83.7	-145.6	9.9	-66.1	-38.9	-38.9
S7-1	无	无	-33.0	无	-38.3	-40.8
S7-2	无	-162.4	75.9	无	-40.7	-42.1
S7-3	-103.6	-152.9	-8.4	-73.8	无	-40.3
S7-4	-73.1	-146.1	20.0	-70.8	-45.4	-44.9

各工况下，荒地和其他用地的耗水基本保持不变，原因是灌溉调控措施只针对耕地，排水调控措施不会对荒地和其他用地的地面蒸发产生直接影响，土地利用的调整只影响用地总面积，不会对单位面积上地面蒸发产生影响。

情景一改变渠系水利用系数，田间灌溉定额不变，从表中结果可以看出，小麦的腾发量基本不受影响，只在60%渠系水利用系数（S1-1）时有微小的减少，玉米和葵花的腾发量则随着渠系水利用系数的提高而增大，工况S1-1对玉米和葵花的腾发量影响较大，瓜菜受渠系水利用系数的影响则恰好相反，工况S1-1反而让瓜菜的腾发量有所增加。在田间灌溉定额一定的情况下，耕地上边界条件一致，作物根系层的土壤水环境主要受下方地下水位的影响，由前面分析可知，渠系水利用系数越大，渠道进口引入的水量越少，地下水位也就越低，地下水位降低以后有利于玉米和葵花的生长，但瓜菜根系较短，主要分布在0.5m埋深以内，适当抬高地下水位，有利于瓜菜根系吸水，因此得出前面的结果。

情景二保持引水量不变，渠系水利用系数越高，灌入田间的水量就越多，由前面分析的根系吸水分布可知，越靠近上层，根系越密集，吸水越多，因而灌入田间的水量将对作物腾发产生较大影响。表中结果也证明了这一点，随着渠系水利用系数的提高，各作物的腾发量均有提高。

情景三改变了渠道进口总引水量，根据情景二中的结论，引水量越多，作物腾发量应该越大，小麦和瓜菜符合这一结论，但玉米和葵花的腾发量却随着引水量的增多呈现先增后减的趋势，说明标准工况的引水量对玉米和葵花来说已经是一个较优的引水量。其原因仍然和地下水位有关，虽然灌入田间的水量增大有利于根系吸水，但过高的地下水位会提高根系层的含水率，这对玉米和葵花的根系而言会造成胁迫，从而使其腾发量减少。此外，小麦腾发量随引水量增加而增加的幅度也在放缓，说明小麦也快接近它的最优引水量了。

情景四采用井渠结合的灌溉方式，随着井灌用水比例的增加，瓜菜的腾发量有明显减少，小麦的腾发量也有小幅度减少，标准工况不使用地下水灌溉对瓜菜和小麦来说是最优的，但少量使用地下水灌溉反而有利于玉米和葵花的根系吸水，除了井渠用水比例为1：1时（S4-1）玉米和葵花的腾发量较标准工况有所减少，其他几个工况的腾发量都比标准工况的高，且随着井灌用水比例的减小而逐渐提高。考虑有井灌的条件下，各作物的腾发量都是随着井灌用水比例的增加而减少的，说明井灌带来的盐分对作物根系吸水产生了胁迫。

情景五调整沟道深度，由前面结论可知，调整沟深对地下水位的影响相对较小，相应的各作物的腾发量变化幅度也较小，对小麦、玉米和葵花而言，增大沟道深度有助于根系吸水，对瓜菜而言则相反，原因是瓜菜根系埋深较浅，地下水位下降不利于瓜菜的根系吸水。

情景六调整末级沟间距，对地下水位的影响最为明显，末级沟间距越小，地下水位控制得越低，小麦、玉米和葵花的腾发量有所增加，但地下水位过低（S6-1）时玉米的腾发量又开始出现减小的趋势，瓜菜的腾发量则随地下水位的下降而明显减少。

情景七调整土地利用，S7-1耕地全种葵花，葵花的腾发量较标准工况有所减少，原因是其他作物的灌水量没有葵花多，当葵花种植面积扩大以后，平分到的灌水量反而有所减少，因而根系吸水量相应减少；S7-2耕地一半种葵花一半种玉米，可以看出玉米和葵花的腾发量均较标准工况提高了；S7-3缩小了荒地面积，耕地面积扩大以后，接收到的平均灌水量有所减少，因而各作物的腾发量都有所减少；S7-4扩大了荒地面积，相应的作物腾发量也有所增加。

从根系层与下层土壤交换水量的累积结果看，玉米地的下层土壤向根系层补水最多，其次是小麦和瓜菜，葵花地因为有前两轮的播前灌，前期有大量水分向下补给，虽然后期也会接收下层土壤向上补给的水分，最终的累积结果还是以向下补给为主，只在部分灌水较少的工况中出现了向上补给，荒地和其他用地接收下层补给用于地面蒸发。从各情景的工况比较中可以看出，总体规律是田间灌水越多，根系层对下层土壤供水的依赖就越小。

8.4.5 对根层土壤盐分的影响

8.4.5.1 对根层总体盐分均衡的影响

作物根系层盐均衡的结果见表 8.16 和表 8.17，表 8.16 统计了盐分的来源和不同土层间的盐分转移，表 8.17 统计了不同土层的积/脱盐状况。盐分运移依托于水分运动，根系层的盐分动态变化取决于相应的水分运动规律。地面灌溉是区域盐分的主要来源，灌溉水入渗的同时将盐分带入根系层，尤其是采用微咸水灌溉时，地下水中的盐分会直接经地面进入根系层。地面蒸发和作物根系吸水则只消耗土壤中的水分，将盐分留下，逐渐形成盐分累积效应。根系层在与下层土壤的水量交换过程中也会交换盐分，由于盐分无法通过地面排出，根系层的排盐过程主要通过与下层土壤的水盐交换过程实现。

表 8.16   作物根系层盐均衡（一）   单位：万 t

工况编号	渠灌引盐	井灌引盐	层间净通量（向下为正，向上为负）					
			地面	埋深 20cm	埋深 40cm	埋深 60cm	埋深 80cm	埋深 100cm
S0	0.72	0.00	0.72	2.64	2.61	1.36	0.57	0.39
S1-1	0.72	0.00	0.72	2.58	2.49	1.28	0.56	0.39
S1-2	0.72	0.00	0.72	2.67	2.70	1.44	0.63	0.47
S1-3	0.72	0.00	0.72	2.70	2.78	1.54	0.71	0.55
S2-1	0.66	0.00	0.66	2.56	2.42	1.04	0.28	0.12
S2-2	0.76	0.00	0.76	2.70	2.74	1.60	0.81	0.61
S2-3	0.82	0.00	0.82	2.76	2.88	1.88	1.11	0.89
S3-1	0.57	0.00	0.57	2.54	2.41	0.88	0.11	0.01
S3-2	0.64	0.00	0.64	2.60	2.52	1.10	0.31	0.18
S3-3	0.79	0.00	0.79	2.67	2.69	1.65	0.91	0.70
S3-4	0.87	0.00	0.87	2.68	2.74	1.92	1.30	1.08
S4-1	0.36	1.48	1.83	3.84	3.85	2.39	1.37	1.19
S4-2	0.48	0.98	1.46	3.45	3.45	2.04	1.09	0.92
S4-3	0.54	0.74	1.27	3.25	3.24	1.86	0.94	0.78
S4-4	0.58	0.59	1.16	3.13	3.12	1.76	0.86	0.70
S5-1	0.72	0.00	0.72	2.65	2.63	1.37	0.58	0.40
S5-2	0.72	0.00	0.72	2.65	2.64	1.38	0.59	0.41
S5-3	0.72	0.00	0.72	2.64	2.60	1.34	0.56	0.38
S5-4	0.72	0.00	0.72	2.63	2.58	1.33	0.55	0.37
S6-1	0.72	0.00	0.72	2.75	3.07	1.93	1.05	0.90
S6-2	0.72	0.00	0.72	2.72	2.89	1.67	0.81	0.66
S6-3	0.72	0.00	0.72	2.68	2.72	1.47	0.65	0.48
S7-1	0.72	0.00	0.72	2.63	2.48	1.11	0.45	0.34
S7-2	0.72	0.00	0.72	2.70	2.69	1.40	0.58	0.39
S7-3	0.72	0.00	0.72	2.66	2.63	1.28	0.46	0.29
S7-4	0.72	0.00	0.72	2.61	2.59	1.45	0.70	0.51

表 8.17   作物根系层盐均衡（二）   单位：万 t

工况编号	分层含盐量					含盐量合计
	0～20cm	20～40cm	40～60cm	60～80cm	80～100cm	
S0	−1.92	0.03	1.26	0.79	0.17	0.33
S1-1	−1.86	0.09	1.20	0.72	0.17	0.33

工况编号	分层含盐量					含盐量合计
	0～20cm	20～40cm	40～60cm	60～80cm	80～100cm	
S1－2	−1.95	−0.02	1.25	0.81	0.17	0.26
S1－3	−1.98	−0.08	1.24	0.83	0.16	0.17
S2－1	−1.91	0.14	1.38	0.76	0.15	0.52
S2－2	−1.93	−0.05	1.14	0.79	0.20	0.15
S2－3	−1.94	−0.12	1.00	0.77	0.22	−0.07
S3－1	−1.97	0.12	1.54	0.77	0.09	0.55
S3－2	−1.95	0.08	1.42	0.79	0.13	0.47
S3－3	−1.88	−0.09	1.05	0.73	0.21	0.09
S3－4	−1.82	−0.05	0.82	0.62	0.22	−0.21
S4－1	−2.00	−0.01	1.46	1.02	0.18	0.65
S4－2	−1.99	0.00	1.41	0.95	0.17	0.54
S4－3	−1.97	0.01	1.38	0.91	0.17	0.50
S4－4	−1.97	0.01	1.36	0.89	0.17	0.46
S5－1	−1.93	0.02	1.26	0.79	0.17	0.31
S5－2	−1.93	0.01	1.26	0.80	0.17	0.31
S5－3	−1.92	0.04	1.26	0.78	0.18	0.34
S5－4	−1.91	0.05	1.25	0.78	0.18	0.35
S6－1	−2.03	−0.32	1.14	0.88	0.14	−0.19
S6－2	−2.00	−0.17	1.22	0.85	0.15	0.05
S6－3	−1.96	−0.04	1.26	0.82	0.17	0.25
S7－1	−1.91	0.15	1.36	0.66	0.11	0.37
S7－2	−1.97	0.01	1.29	0.82	0.19	0.34
S7－3	−1.95	0.03	1.35	0.82	0.17	0.42
S7－4	−1.89	0.02	1.14	0.75	0.19	0.21

8.4.5.2　对不同土层积盐的影响

标准工况下，绘制各土层的含盐量变化及层间盐分转移如图 8.45 所示，其中层间通量为正代表向下转移，盐量变化为正代表该土层在积盐，为负则代表脱盐。图中可以看出，整个根系层的盐分都在往下推移，尤其是 0～20cm 土层，虽然地面灌溉引入一部分盐量，但灌溉的淋洗作用将 0～20cm 土层原有的大量盐分带到了 20～40cm 土层，并进一步往下层土壤推移，最终结果是盐分大量累积在 40～60cm 土层，60～80cm 土层也累积了部分盐分，80～100cm 土层积盐则相对较少。对比初始时刻和结束时刻的土壤含盐量分布，如图 8.46 所示，可以明显看出，根系层由初始时刻的表层积盐状态，经作物生育期的灌溉、降水、腾发、排水等一系列水盐运动过程后，变为最终的表层脱盐、中下层积盐状态。作物根系层的盐分整体下移，部分盐分通过根系层下边界排到下层土壤中，但排出盐量少于灌溉引入的盐量，整个根系层依然是积盐的。

情景一在调整渠系水利用系数时保持田间灌溉定额不变，比较不同渠系水利用系数对各土层盐量变化及层间通量的影响，如图 8.47 所示。可以看出，由于灌溉定额不变，地面灌溉引入的盐量不变，但随着渠系水利用系数的提高，40cm 埋深处的盐分通量明显增大，下面各层的盐分通量也相应有所增大。总体效果为 0～40cm 土层盐量随着渠系水利用系数的增大而减少，40～100cm 土层盐量则呈增大趋势，整个根系层的盐量呈减少趋势。由于根系层上边界条件一致，造成这一现象的主要原因在于下边界，即根系层与下层土壤之间的水盐交换，具体在后面分析。

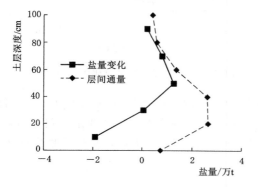

图 8.45 标准工况盐量变化及层间通量

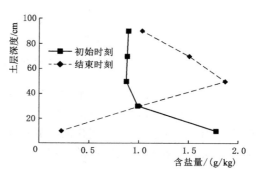

图 8.46 标准工况初始时刻和结束时刻 1m
土壤剖面含盐量

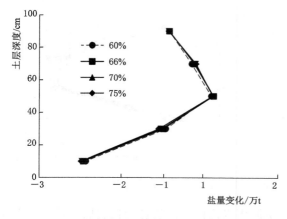

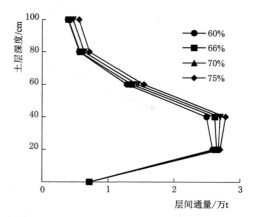

图 8.47 情景一不同渠系水利用系数下的盐量变化与层间通量对比图

情景二在调整渠系水利用系数时保持渠道进口总引水量不变，各工况不同土层的盐量变化及层间通量比较如图 8.48 所示。由于田间灌溉定额发生变化，地面入渗的盐量有小幅度变化。随着埋深增大，层间盐分通量随渠系水利用系数增大也逐渐增大，100cm 埋深处向下的盐分通量由 0.12 万 t（60％渠系水利用系数）增大到 0.89 万 t（75％渠系水利用系数），作物根系层的盐量变化也由积盐 0.53 万 t（60％渠系水利用系数）变化至脱盐 0.07 万 t（75％渠系水利用系数），且在 40～60cm 土层变化最为明显。0～20cm 土层和 80～100cm 土层的盐量变化受渠系水利用系数的影响则相对较小。

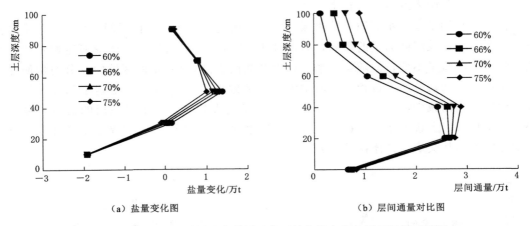

图 8.48 情景二不同渠系水利用系数下的盐量变化与层间通量对比图

情景三调整渠道进口总引水量，各土层的盐量变化及层间通量如图 8.49 所示。可以看出，其变化规律与情景二类似，随着渠道进口总引水量的增大，层间通量的差异随着埋深的增大而变得明显，盐量变化的差异也主要体现在 40～60cm 土层，总体呈现出灌水量越大根系层积盐越少甚至脱盐的规律。

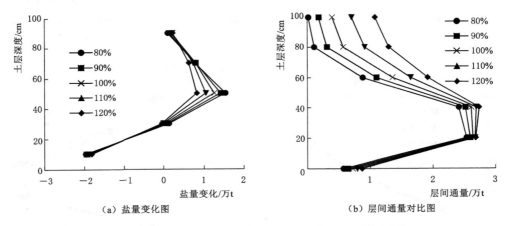

图 8.49 情景三不同引水量下的盐量变化与层间通量对比图

情景四调整井渠结合灌溉的用水比例，不同用水比例下的盐量变化和层间通量关系如图 8.50 所示。由于井灌抽取的地下水矿化度（约 2.46g/L）大于渠道水的矿化度（约 0.6g/L），井灌用水比例越大，相同田间灌溉定额条件下的灌溉引盐量越大，地面入渗的盐量也越大，进而影响整个根系层的盐分通量。40～80cm 土层的盐量变化受井渠用水比例影响较大，井灌用水越多，40～80cm 土层的积盐也越多，其他土层的盐量变化相对标准工况而言没有明显改变。

情景五调整排水沟深度，情景六调整末级沟平均间距，两种情景对根系层的盐量变化及层间通量影响分别如图 8.51 和图 8.52 所示。可以看出，调整排水沟深度对根系层的盐量变化及层间通量影响都较小，而调整末级沟间距会造成一定影响。随着末级沟平均间距

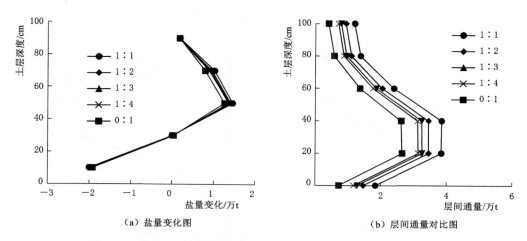

（a）盐量变化图　　　　　　　　（b）层间通量对比图

图 8.50　情景四不同井渠用水比例下的盐量变化与层间通量对比图

的减小，排水变得通畅，20cm 以下土层的盐分通量明显增多，除了 60～80cm 土层的盐量稍有增多外，其余土层的盐量均在减少。

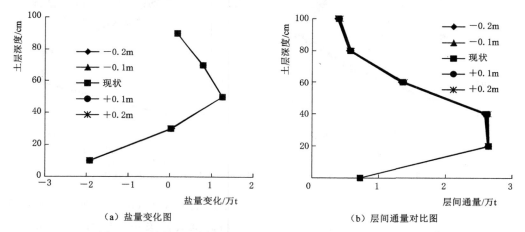

（a）盐量变化图　　　　　　　　（b）层间通量对比图

图 8.51　情景五不同排沟深度下的盐量变化与层间通量对比图

　　情景七调整土地利用，各工况的盐量变化及层间通量如图 8.53 所示。灌溉条件不变，地面入渗的盐量保持不变。耕地全部种植葵花的条件下，层间通量较现状条件有所减少，相应的根系层中的盐量有所增多，而一半种葵花一半种玉米的条件下，0～40cm 土层的盐分向 40～100cm 土层转移了一部分，总体与现状持平。无荒地条件下根系层盐分有所增加，根系层向下层土壤排盐减少，而增大荒地面积以后，根系层积盐减少，荒地增大，旱排盐，盐分转移到荒地，这与人们常规认识的荒地积盐的规律相反，原因是 2018 年 8—9 月期间有大量降水，荒地积累的盐分被大量淋洗排至下层土壤，而同样面积的耕地因作物根系吸水，淋洗效果不如荒地。

　　上述各类情景对作物根系层的盐分运动影响各不相同，由于土壤中的盐分无法经地面排出，根系层与下层土壤的水盐交换成为影响根系层盐分动态的关键因素。绘制根系层与

215

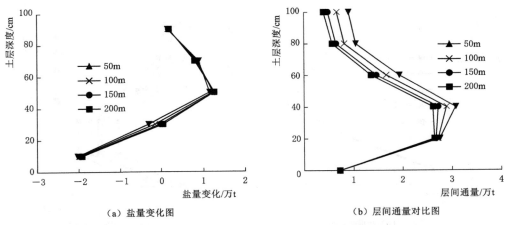

图 8.52　情景六不同末级沟间距下的盐量变化与层间通量对比图

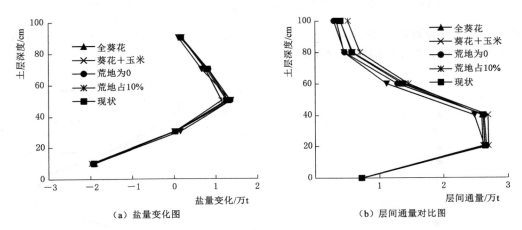

图 8.53　情景七不同土地利用下的盐量变化与层间通量对比图

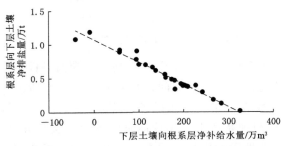

图 8.54　根系层与下层土壤的水量交换与
盐量交换关系图

下层土壤（100cm 埋深处）的水量交换与盐量交换关系，如图 8.54 所示，可以看出，各工况根系层与下层土壤的水量交换与盐量交换近似满足线性关系，下层土壤对根系层的水分净补给越少，根系层向下层土壤的净排盐量也就越多。这符合人们的常规认识，下层土壤补给到根系层的水分主要来自地下水，而地下水矿化度较高，地下水中的盐分会随着水分补给带入根系层，根系层的排盐效果自然减弱。地面灌溉虽然也会带来一定的盐分，但渠道灌溉水的矿化度较低，对整个根系层来说仍具有淋洗作用，降水对根系层的淋洗作用则更强，因此在大多数工况中，虽然地下水补给到根系层造成盐分上移，但根系层整体仍体现出向下排盐的效果。

8.4.5.3 对土壤盐分时间变化过程的影响

分析标准工况不同土层之间盐分转移随时间的变化过程，图 8.55 展示了层间盐分累积通量的时间过程线，通量取向下为正。图中可以看出，地面的盐分通量与灌溉相关，每轮灌水都会引入一定量的盐分，但蒸发不会带走盐分，因此地面的累积过程线呈阶梯式上涨。刚开始由于表层（0～20cm）土壤含盐量较高，第一轮灌水将大量盐分淋洗至 20～40cm 土层，并继续向下到 40～60cm 土层，到第二轮灌水时，0～20cm 土层淋洗下来的盐分相对较少，但 20～40cm 土层的盐分继续向下淋洗，并持续影响下面各土层。第二轮灌水结束后，由于作物腾发耗水，下层土壤的水分开始往上层流动，并携带盐分上移，尤其是在 40～60cm 埋深之间。后续伴随着灌溉降水及根系吸水，各土层间的盐分通量动态变化。由于雨水盐分含量很小，每次降水对上层土壤的淋洗效果比较明显，越到下层，淋洗效果逐渐减弱，9 月 1 日最大的那场降水对整个根系层的盐分都产生了较大的改变。

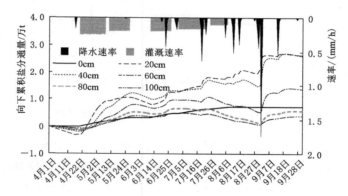

图 8.55　标准工况不同土层向下累积盐分通量变化过程图

图 8.56 展示了各土层的盐量相对初始时刻的变化过程，正值代表盐量较初始时刻增加，负值则代表减少。可以看出，在第一轮灌水之前，由于地面蒸发作用，0～20cm 土层的盐分迅速累积，其他土层的盐分变化则相对较小；第一轮灌水开始后，0～20cm 土层的盐分迅速向下转移，导致 20～40cm 土层的盐分增多；到第一轮灌水后期及第二轮灌

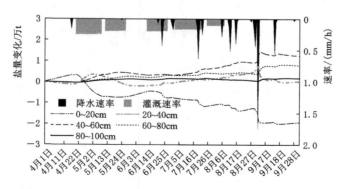

图 8.56　标准工况不同土层相对初始时刻盐量变化过程图

水期间，20～40cm 土层的盐分大量转移到 40～60cm 土层，小部分盐分进一步向下转移到 60～80cm 土层；从第三轮灌水开始到 8 月底，表层土壤的含盐量波动式下降，20～80cm 土层的含盐量则稳步上升，80～100cm 土层的含盐量变化不大；9 月 1 日大雨过后，表层土壤又有大量盐分淋洗下来，连带 20～40cm 土层的部分盐分，转移到了 40～80cm 土层，80～100cm 土层的含盐量也有小幅上升。

观察各土层的平均含盐率变化过程，如图 8.57 所示，可以看出，表层土壤的含盐率整体下降了，20～40cm 土层的含盐率在 9 月 1 日大雨之前是上升的，大雨过后也迅速下降，盐分累积到了 40～80cm 土层，80～100cm 土层则只有少量盐分累积。

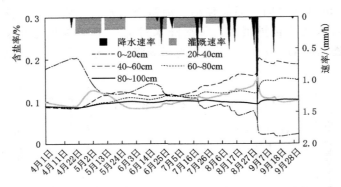

图 8.57　标准工况不同土层平均含盐率变化过程图

对于不同土地利用类型，各土层的平均含盐率如图 8.58～图 8.63 所示，整个根系层的平均含盐率如图 8.64 所示。对于小麦地，前三轮的灌水将表层盐分淋洗至 40～60cm 土层，7 月收割完以后无根系吸水，耗水减少，受降水影响，盐分逐渐向 60～80cm 土层转移，9 月 1 日大雨过后，盐分被大量淋洗至 60～100cm 土层，整个根系层的盐分在收割之前不断积累，收割完以后基本稳定，到最后一场大雨过后开始脱盐，最终仍有部分盐分累积。对于玉米地，由于是从第三轮开始灌溉，之前盐分不断向表层累积，第三轮灌水过后盐分开始大量淋洗到 20～40cm 土层，接着向 40～60cm 土层转移，最后一场大雨又将盐分淋洗到了 60～80cm 土层，整个根系层的盐分在 9 月之前不断累积，9 月之后因雨水淋洗，有少量盐分转移到根系层以下，最终整个根系层依然累积了大量盐分。对于葵花

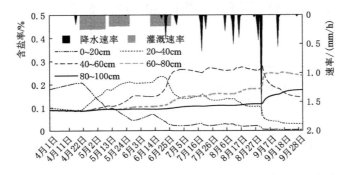

图 8.58　标准工况小麦地不同土层平均含盐率变化过程图

地，由于每轮都有灌溉，表层盐分被迅速淋洗至下层土壤，并不断向下转移，从第一次灌水到 7 月之前，整个根系层呈脱盐状态，后面因作物耗水增多，大量盐分从根系层以下随补给水分转移上来，最终根系层有少量盐分累积。对于瓜菜地，第一轮灌水将表层盐分淋洗到 20～60cm 土层后，因无后续灌水，表层盐分又开始累积，后期连续的降水将表层盐分再次淋洗到 20～60cm 土层，最终根系层少量积盐。对于荒地和其他用地，7 月之前降水少，表层土壤不断积盐，7 月之后陆陆续续的降水使得表层盐分开始向 20～40cm 土层转移，最后一场大雨又将大量盐分转移到 20～60cm 土层，最终整个 1m 土层荒地有微量积盐，其他用地微量脱盐。

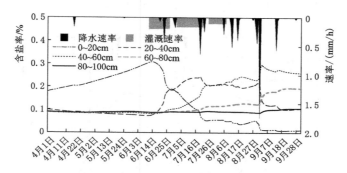

图 8.59　标准工况玉米地不同土层平均含盐率变化过程图

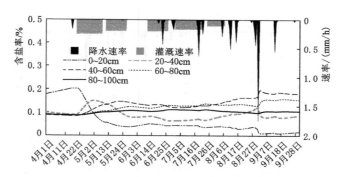

图 8.60　标准工况葵花地不同土层平均含盐率变化过程图

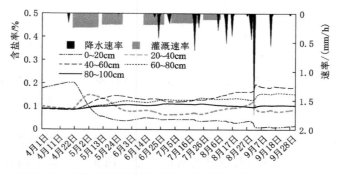

图 8.61　标准工况瓜菜地不同土层平均含盐率变化过程图

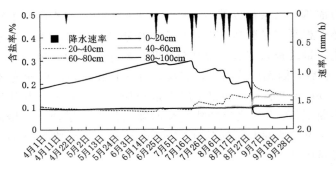

图 8.62 标准工况荒地不同土层平均含盐率变化过程图

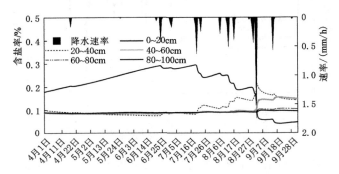

图 8.63 标准工况其他用地不同土层平均含盐率变化过程图

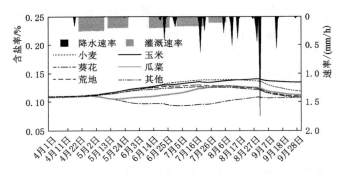

图 8.64 标准工况不同土地利用根系层平均含盐率变化过程图

8.5 小结

本章主要介绍了模型使用过程中的数据准备以及在研究区的测试应用，对模型输入参数进行了率定和验证。并通过模拟分析不同情景条件下的灌区水盐动态，得出以下基本结论：

（1）利用沙壕渠分干灌域 2018 年和 2019 年的试验数据分别对模型进行率定和验证，结果显示模型模拟值与实测值具有较好的对应关系。两年的总体水均衡误差均小于 3%，地下水埋深的纳什效率系数 NSE 分别为 0.72 和 0.68，土壤含水率的纳什效率系数均为

0.64，土壤含盐率的纳什效率系数均为 0.63，证明了模型在灌区应用的可行性。

（2）对模型并行计算的效果进行了对比，随着启用线程数的增多，土壤水模块的计算耗时明显减少，整体计算速度有较明显的提升。

（3）在灌溉调控情景中，区域排水量和区域储水变化与渠道进口总引水量之间存在较好的线性关系，外部引水越多，相应的排水和储水也越多。区域蒸腾蒸发量整体变化幅度不大，但在适当减少引水量的情况有小幅度增加，增加引水量或过多减少引水量时则呈下降趋势。地下水位变化与引水量和排水量之间都有较好的线性关系，渠道引水量越多，地下水位上升越大。

（4）在田间灌溉定额不变的条件下，根系层与下层土壤的水量交换与地下水位的变化幅度呈较好的线性关系，地下水位控制得越低，下层土壤对根系层的水分补给就越少，甚至出现反向补给。

（5）根系层在灌溉或降水时会有多余的水分补给到下层土壤，同时排出一部分盐分，缺水的时候则接收下层土壤的水分补给，并引入一部分盐分，总体看根系层接收下层土壤向上的补水量要多于根系层向下补水量，但排出的盐分要多于引入的盐分，因此根系层接收下层土壤水分净补给，但向下层土壤净排盐，且两者之间存在较好的线性关系，向上水分净补给越少，向下净排盐越多。

第 9 章
河套灌区尺度水盐均衡模拟分析

本章以河套灌区为研究对象，首先对 SahysMod 模型进行率定和验证，然后基于率定和验证后的 SahysMod 分布式模型开展模拟研究。以 2016 年为基准年，结合灌区实际情况及未来发展，设置不同的情景方案（现状、不同排水水平、不同节水程度），预测不同情景模式下区域地下水盐、排水排盐、地下水埋深等动态变化，并对比不同情景方案效果，综合考虑灌区节水、排水、乌梁素海生态环境需水要求等，研究提出适宜的灌区灌排发展模式，为灌区农业与生态可持续发展提供理论依据。

9.1 河套灌区空间离散和水盐运动模型构建

9.1.1 研究区网格划分

本章节中，在给定研究区域地理坐标的情况下，首先通过 GIS 建立多边形网格，确定网格之间的相邻关系，然后在 SahysMod 模型中输入各网格坐标、相邻关系等数据，最后在 SahysMod 模型中共设置了 299 个多边形网格。图 9.1 为研究区网格划分图，每个网格面积 7800m×7800m。其中网格编号 1～216 为研究区内部多边形网格，共 216 个，并假设每个

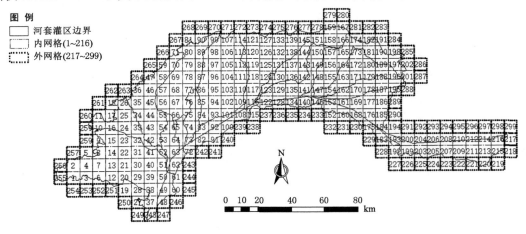

图 9.1　研究区网格划分

监测点位于网格中心点，网格编号 217～299 为研究区外部多边形网格，共 83 个。部分多边形网格缺少监测点数据，其输入值主要通过空间插值获取或者参考邻近区域监测点数据。

9.1.2 模型参数概化

本研究主要考虑了区域地表高程、初始土壤盐分、地下水埋深、地下水电导率、种植结构、含水层水平导水率等空间变异性。并采用矩形多边形结构的节点网格来定义研究区的作物种植、灌溉排水、地下水盐等空间变化。将每一个网格的质心作为整个单元网格的代表，每个网格作为一个单独的土壤单元处理，将每个网格中心点坐标、含水层底部高程、网格相邻关系、地表高程、根层和过渡层厚度、水力传导率等输入模型，假设每个内部多边形网格的基本参数一致。

由于只收集到按灌区各灌域统计的作物种植面积数据，因此，假设在同一灌域内的每个网格作物种植结构比例是相同的。外部多边形网格为研究区边界，假设研究区外部边界条件为定水头边界条件（Inam et al.，2017）。模型中多边形网格的比例尺设定为 1∶10000，模型预测周期设置为未来 10 年。根据河套灌区的灌溉时间及气象条件，将全年划分为三个模拟时期，即生育期（5—9 月）、秋浇期（10—11 月）和非生育期（12 月至翌年 4 月）。根据河套灌区管理总局种植结构统计数据，研究区内耕地面积约为 52.6 万 hm^2，主要种植作物类型为葵花、小麦、玉米、瓜菜、油料等，均为一年一作。概化研究区 A 为灌溉用地、B 为盐荒地、U 为非灌溉用地，包括建设用地、水域、非利用土地等，根据灌区实际及农业区划分情况，将 K_r 取为 0，认为每年所有分区种植方式均相同，所有农业用地类型不轮作。模型需要输入的网格数据，如土壤盐分、地下水埋深、地下水电导率、水力传导率等，取每年观测点实际监测数据；或基于区域实测数据进行空间插值。模型输入的季节性数据，如降水量，采用研究区气象站实测数据；蒸散发量通过 FAO-56PM 公式（Allen et al.，1998）或者其他公式进行计算；灌溉水量通过各灌溉控制面积单元末级渠道放水量确定。

9.1.3 模型网格输入数据确定

9.1.3.1 DEM 数据处理

基于河套灌区 DEM 高程图提取研究区网格中心点高程，其中河套灌区高程图来源于地理空间数据云平台，分辨率为 30m。从 DEM 数据来看，研究区地势平坦，西南高东北低，起伏不大。

以灌区 248 眼常规地下水位观测井高程数据为实测值，首先基于 DEM 数字高程图采用 GIS 数据提取功能提取相应井点高程值，然后计算 DEM 提取的高程值与实际高程值的误差，进而评价 DEM 高程图的精度。观测井点 DEM 提取值与实测值拟合结果如图 9.2 所示，结果表明，

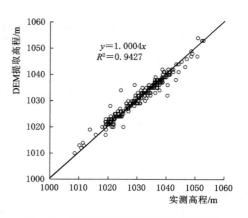

图 9.2　DEM 提取值与实测值拟合图

DEM 提取值与实测值呈直线相关，R^2 高达 0.94，拟合效果较好。然后利用研究区 DEM 高程图，提取不同单元网格中心点 DEM 数据，并将此值作为每个单元网格中心点代表值。

9.1.3.2　地下水埋深确定

基于灌区内部 248 眼地下水常规观测井监测数据获得 2006—2016 年月均地下水埋深系列数据，根据 SahysMod 分布式模型模拟季节划分及数据输入需求，首先采用 GS+地统计学软件对 2006—2016 年 4 月、9 月、11 月的地下水埋深数据进行半方差函数拟合，依据决定系数和残差平方和 RSS 选取最佳半方差函数模型，半方差函数拟合结果见表 9.1～表 9.3。然后基于拟合结果在 ArcGIS 中采用普通克里金（Kriging）插值法对 4 月、9 月、11 月地下水埋深数据进行插值（图 9.3～图 9.5），在空间插值图的基础上提取每个单元网格中心点地下水埋深值作为整个单元网格地下水埋深代表值。采用提取的网格中心点 DEM 高程值减去地下水埋深值最终获得相应点的地下水位分布数据。

表 9.1　　　　　　　　2006—2016 年 4 月地下水埋深数据半方差函数拟合结果

时　间	模型	C_0 /m²	C_0+C /m²	$C/(C_0+C)$ /m²	A_0 /km	R^2	RSS
2006 年 4 月	指数	0.127	0.323	0.607	404.6	0.908	3.53×10^{-4}
2007 年 4 月	指数	0.165	0.332	0.502	411.0	0.759	7.03×10^{-4}
2008 年 4 月	指数	0.155	0.500	0.690	407.5	0.944	6.54×10^{-4}
2009 年 4 月	高斯	0.557	1.377	0.595	411.0	0.804	4.42×10^{-2}
2010 年 4 月	球状	0.710	1.517	0.532	408.4	0.912	0.0172
2011 年 4 月	球状	0.128	0.321	0.603	406.1	0.901	1.17×10^{-3}
2012 年 4 月	球状	0.104	0.233	0.552	411.0	0.897	5.15×10^{-4}
2013 年 4 月	指数	0.124	0.248	0.502	282.4	0.740	7.51×10^{-4}
2014 年 4 月	指数	0.131	0.263	0.502	411.0	0.618	5.66×10^{-4}
2015 年 4 月	指数	0.210	0.402	0.501	329.9	0.204	1.64×10^{-2}
2016 年 4 月	高斯	0.850	1.701	0.500	411.0	0.507	0.369

表 9.2　　　　　　　　2006—2016 年 9 月地下水埋深数据半方差函数拟合结果

时　间	模型	C_0 /m²	C_0+C /m²	$C/(C_0+C)$ /m²	A_0 /km	R^2	RSS
2006 年 9 月	球状	0.091	0.183	0.503	411.0	0.771	6.82×10^{-4}
2007 年 9 月	指数	0.100	0.206	0.512	411.0	0.362	1.68×10^{-3}
2008 年 9 月	线性	0.188	0.188	0.000	167.9	0.090	9.82×10^{-3}
2009 年 9 月	球状	0.071	0.215	0.668	411.0	0.706	4.42×10^{-2}
2010 年 9 月	球状	0.084	0.212	0.603	411.0	0.774	2.34×10^{-3}
2011 年 9 月	球状	0.106	0.241	0.558	411.0	0.685	2.25×10^{-3}

续表

时　间	模型	C_0 /m²	C_0+C /m²	$C/(C_0+C)$ /m²	A_0 /km	R^2	RSS
2012 年 9 月	球状	0.105	0.235	0.553	411.0	0.803	1.08×10^{-3}
2013 年 9 月	指数	0.078	0.185	0.578	411.0	0.646	5.40×10^{-4}
2014 年 9 月	线性	0.109	0.116	0.060	173.3	0.039	1.26×10^{-3}
2015 年 9 月	球状	0.074	0.260	0.713	411.0	0.767	2.71×10^{-3}
2016 年 9 月	球状	0.671	1.990	0.663	411.0	0.827	0.0931

表 9.3　　　　　　2006—2016 年 11 月地下水埋深数据半方差函数拟合结果

时　间	模型	C_0 /m²	C_0+C /m²	$C/(C_0+C)$ /m²	A_0 /km	R^2	RSS
2006 年 11 月	指数	0.451	0.903	0.501	411.0	0.479	1.30×10^{-2}
2007 年 11 月	指数	0.584	1.169	0.500	411.0	0.580	1.31×10^{-2}
2008 年 11 月	指数	0.704	1.409	0.500	411.0	0.351	3.75×10^{-2}
2009 年 11 月	指数	0.820	1.997	0.589	411.0	0.763	1.10×10^{-2}
2010 年 11 月	指数	0.554	1.109	0.500	411.0	0.698	8.30×10^{-3}
2011 年 11 月	指数	0.596	1.193	0.500	411.0	0.756	9.23×10^{-3}
2012 年 11 月	指数	0.564	1.129	0.500	411.0	0.499	1.37×10^{-2}
2013 年 11 月	指数	0.409	0.819	0.501	411.0	0.687	4.44×10^{-3}
2014 年 11 月	线性	0.471	0.494	0.045	173.3	0.056	9.55×10^{-3}
2015 年 11 月	球状	0.808	1.724	0.531	384.9	0.738	8.48×10^{-3}
2016 年 11 月	球状	1.070	2.380	0.551	411.0	0.784	0.122

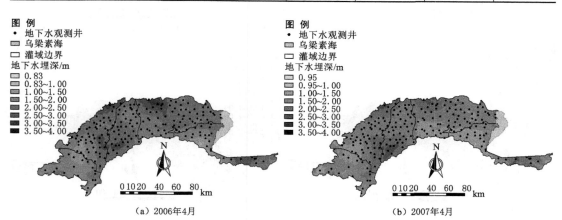

（a）2006年4月　　　　　　　　（b）2007年4月

图 9.3（一）　2006—2016 年 4 月地下水埋深插值结果图

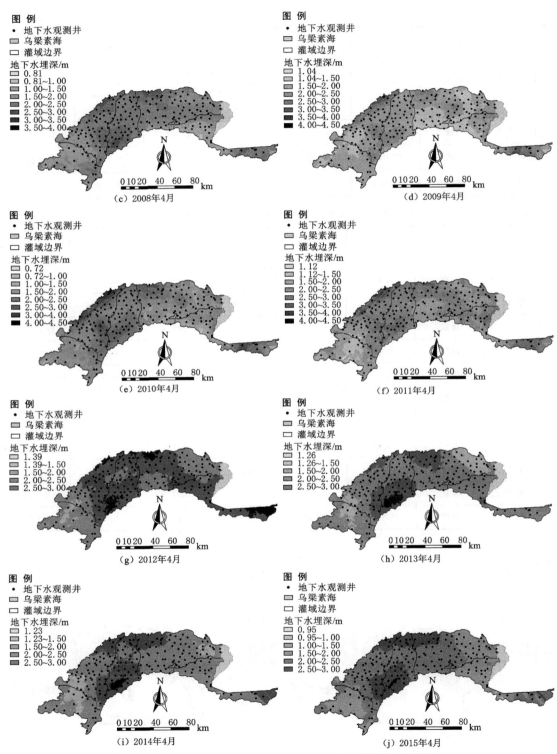

图 9.3（二） 2006—2016 年 4 月地下水埋深插值结果图

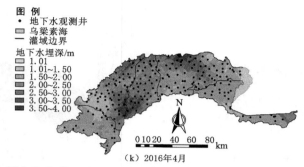

图 9.3（三）　　2006—2016 年 4 月地下水埋深插值结果图

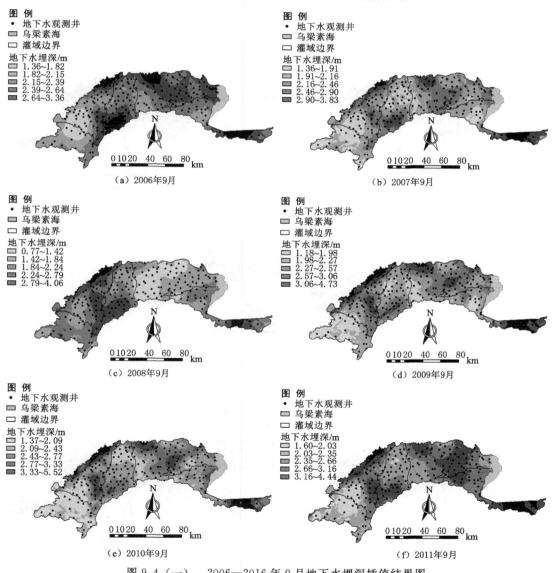

图 9.4（一）　　2006—2016 年 9 月地下水埋深插值结果图

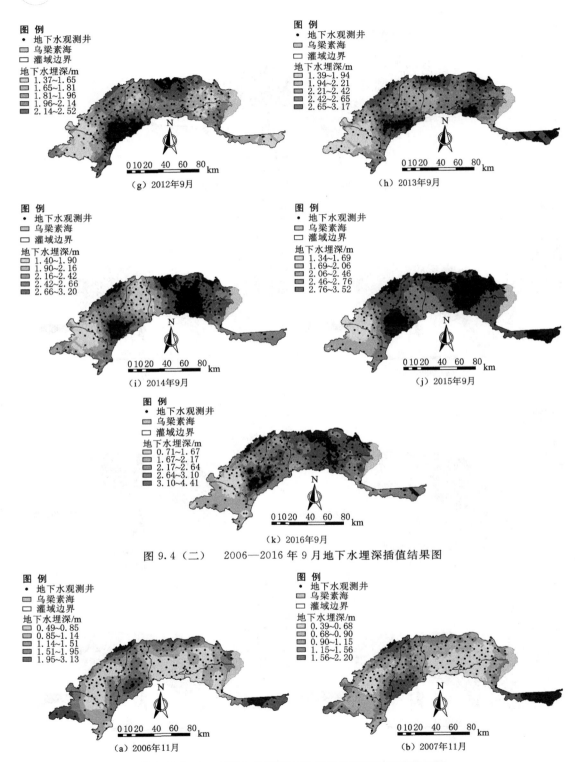

（g）2012年9月

（h）2013年9月

（i）2014年9月

（j）2015年9月

（k）2016年9月

图 9.4（二） 2006—2016 年 9 月地下水埋深插值结果图

（a）2006年11月

（b）2007年11月

图 9.5（一） 2006—2016 年 11 月地下水埋深插值结果图

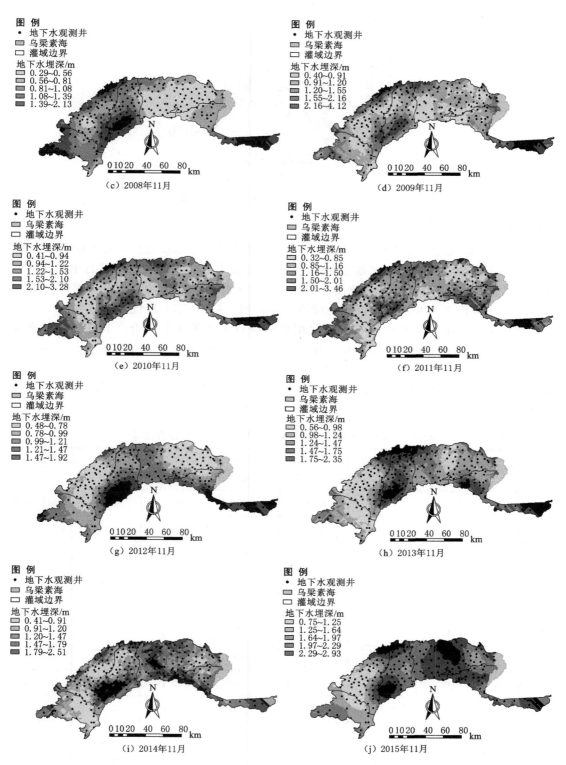

图 9.5 (二) 2006—2016 年 11 月地下水埋深插值结果图

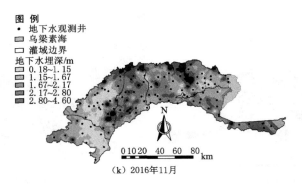

图 例
- 地下水观测井
- 乌梁素海
- 灌域边界

地下水埋深/m
- 0.18~1.15
- 1.15~1.67
- 1.67~2.17
- 2.17~2.80
- 2.80~4.60

0 10 20　40　60　80 km

(k) 2016 年 11 月

图 9.5（三）　2006—2016 年 11 月地下水埋深插值结果图

9.1.3.3　地下水电导率确定

在灌区 248 眼地下水观测井中，有 91 眼井同步监测地下水矿化度，监测频率为 1 次/50d，采用同样的方法对研究区地下水矿化度进行空间插值，进而获取区域每个单元网格地下水矿化度值。由于地下水矿化度监测取样时间为每年 1 月、3 月、5 月、7 月、9 月、11 月，本研究以 3 月 6 日监测值作为模拟季初始值。采用 GS＋地统计学软件对 2006—2016 年 3 月、9 月、11 月的地下水矿化度数据进行半方差函数拟合，基于拟合结果在 ArcGIS 中采用普通克里格插值法对 3 月、9 月、11 月地下水矿化度进行插值，并展布到整个研究区。在空间插值图的基础上提取每个网格中心点地下水矿化度作为整个网格单元地下水矿化度代表值，然后将矿化度值转换为电导率输入模型。每年 3 月地下水矿化度插值结果如表 9.4 和图 9.6 所示。

表 9.4　　　　　2006—2016 年 3 月地下水矿化度数据半方差函数拟合结果

时　间	模型	C_0 /m²	C_0+C /m²	$C/(C_0+C)$ /m²	A_0 /km	R^2	RSS
2006 年 3 月	线性	1.047	1.047	0.000	168.1	0.007	1.31×10^{-2}
2007 年 3 月	线性	1.000	1.000	0.000	168.1	0.048	3.38×10^{-2}
2008 年 3 月	线性	0.876	0.876	0.000	168.2	0.090	4.98×10^{-2}
2009 年 3 月	线性	0.835	0.891	0.062	168.1	0.077	4.07×10^{-2}
2010 年 3 月	线性	0.816	0.837	0.026	168.0	0.011	0.035
2011 年 3 月	线性	0.947	1.015	0.067	168.0	0.074	6.29×10^{-2}
2012 年 3 月	指数	0.906	1.813	0.500	411.0	0.459	5.95×10^{-2}
2013 年 3 月	线性	0.788	0.788	0.000	162.1	0.198	1.34×10^{-2}
2014 年 3 月	指数	0.665	1.331	0.500	411.0	0.239	6.93×10^{-2}
2015 年 3 月	线性	0.729	0.729	0.000	162.2	0.013	0.139
2016 年 3 月	指数	0.651	1.303	0.500	411.0	0.149	0.0743

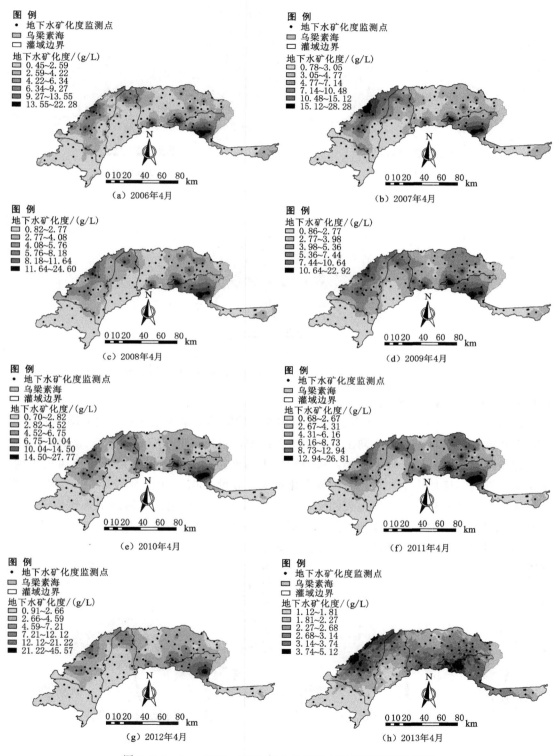

图 9.6 （一） 2006—2016 年 3 月地下水电导率插值结果图

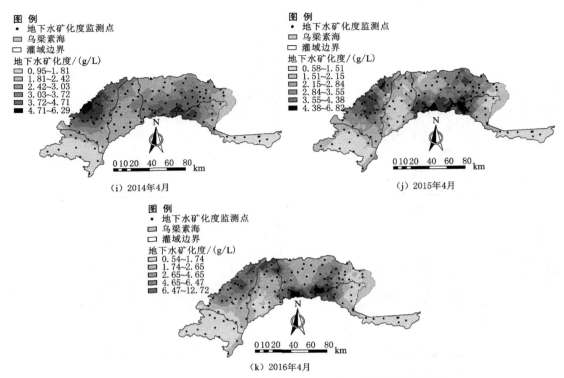

（i）2014年4月　　　　　　　　　　　　（j）2015年4月

（k）2016年4月

图 9.6（二）　2006—2016 年 3 月地下水电导率插值结果图

9.1.3.4　土地利用类型确定

以河套灌区 2007 年、2016 年土地利用类型遥感解译结果为基础，通过 GIS 数据处理及提取功能，提取每个网格不同土地利用类型面积，包括耕地、草地、林地、水域、盐荒地、建设用地、非利用土地七大类，进而确定不同网格灌溉用地、非灌溉用地面积比例。由于短时期内，区域土地利用类型整体变化不大，假设 2007—2011 年及 2012—2016 年灌区土地利用类型面积基本不发生大的变化，以 2007 年土地利用遥感解译结果作为 2007—2011 年代表，以 2016 年土地利用遥感解译结果作为 2012—2016 年代表，图 9.7 为河套灌区 2007 年及 2016 年土地利用类型遥感解译结果。

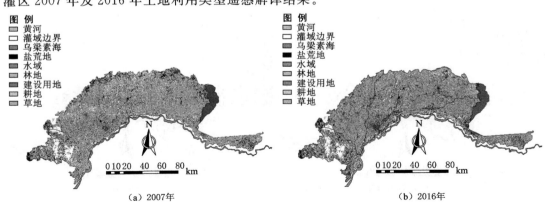

（a）2007年　　　　　　　　　　　　　（b）2016年

图 9.7　2007 年、2016 年河套灌区土地利用类型解译图

9.3.1.5 其他数据确定

单元网格土壤含盐量的确定以网格范围内或邻近网格土壤盐分监测点均值作为该单元网格土壤盐分代表值。区域长时间序列土壤盐分监测包含解放闸灌域22个监测点数据，均匀分布在解放闸灌域内；永济灌域隆盛试验站8个监测点主要分布在网格93、94、102，而其余灌域缺少长时间序列土壤盐分含量数据。因此，以所有盐分监测点均值作为灌区其余网格土壤盐分代表值。

通过实际调研及相关文献研究成果，研究区根层深度取1m、过渡层厚度取4m、含水层厚度取90m，临界地下水埋深取2.3~2.5m，参考《内蒙古河套灌区灌溉排水与盐碱化防治》，排水沟深取1.5m，排水沟间距取100m，根层对降水量和灌水量的储存效率取0.7~0.8。

9.1.4 模型季节输入数据确定

9.1.4.1 降水量的确定

河套灌区分为五个灌域，根据灌区雨量站的分布情况，一干灌域、解放闸灌域、永济灌域、义长灌域及乌拉特灌域的降水量分别采用磴口县、杭锦后旗、临河区、五原县、乌拉特前旗气象站数据。模型率定验证时降水量数据采用五个站点2006—2016年对应值。表9.5为河套灌区各气象站2006—2016年降水量均值。各站点生育期多年降水量均值为169mm，大部分降水量集中在生育期，而秋浇期和非生育期降水量较小，约为10.2mm和9.8mm。图9.8所示为各气象站2006—2016年降水量变化，可看出不同灌域降水量值略有差异，其中磴口县、杭锦后旗、临河区降水量大小较为接近，五原县、乌拉特前旗站降水量比其他灌域略大。

表9.5　　　　　　　　河套灌区各气象站2006—2016年降水量均值　　　　　　　　单位：mm

站点	年降水量	生育期降水量 (5—9月)	秋浇期降水量 (10—11月)	非生育期降水量 (12月至翌年4月)
磴口县	138.8	124.0	7.2	7.6
杭锦后旗	142.3	125.4	7.2	9.7
临河区	142.2	119.8	10.5	11.9
五原县	177.9	159.3	12.3	6.3
乌拉特前旗	242.4	215.7	14.0	12.7

9.1.4.2 蒸发量的确定

（1）作物潜在腾发量的确定。由于研究区种植作物主要包括小麦、玉米、葵花及瓜菜，其余作物种类繁多，且各自所占面积相对较小，不同种植作物的作物系数不同，需水量也有所不同。本研究概化以上几种作物面积比例之和为100%，首先根据作物系数法计算出各种作物生育期不同阶段的逐日腾发量，然后根据各种作物种植面积占总面积的比例计算研究区综合作物腾发量。计算方法如下：

潜在蒸散量通过参考作物腾发量ET_0乘以作物系数K_c求得，其中ET_0采用联合国粮农组织推荐的修正彭曼-蒙特斯公式计算，以日为计算时段，计算公式为

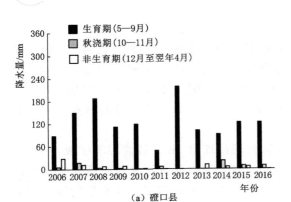

（a）磴口县

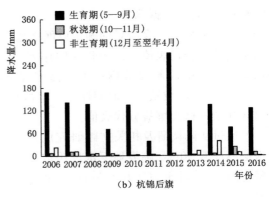

（b）杭锦后旗

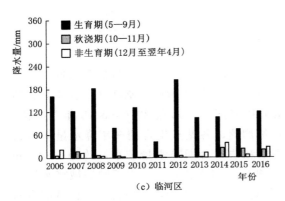

（c）临河区

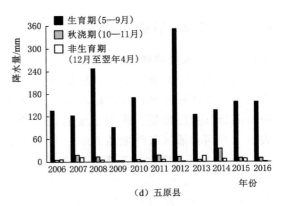

（d）五原县

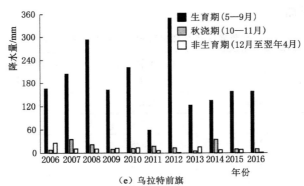

（e）乌拉特前旗

图 9.8　各气象站 2006—2016 年降水量变化图

$$ET_c = K_c \times ET_0 \tag{9.1}$$

式中：ET_c 为作物腾发量，mm/d；K_c 为作物系数（无量纲）；ET_0 为参考作物腾发量，mm/d，计算公式为

$$ET_0 = \frac{0.408\Delta(R_n - G) + \gamma \dfrac{900}{T+273} U_2(e_a - e_d)}{\Delta + \gamma(1 + 0.34U_2)} \tag{9.2}$$

式中：ET_0 为参考作物腾发量，mm/d；T 为 2m 高处的空气温度，℃；Δ 为温度-饱和水汽压关系曲线在 T 处的切线斜率，kPa/℃；e_a 和 e_d 分别为饱和水汽压和实际水汽压，

kPa；R_n 为作物冠层表面的净辐射，$MJ/(m^2 \cdot d)$；G 为土壤热通量，$MJ/(m^2 \cdot d)$；γ 为湿度计常数，$kPa/℃$；U_2 为 2m 高度处的风速，m/s。

然后将不同作物种植比例作为权重因子，对各种作物的蒸散量进行加权平均，计算研究区种植面积上的综合腾发量，其计算公式为

$$ET'_c = \frac{f_1 \cdot ET_{c1} + f_2 \cdot ET_{c2} + \cdots + f_n \cdot ET_{cn}}{f_1 + f_2 + \cdots + f_n} \tag{9.3}$$

式中：f_1，f_2，$\cdots$，f_n 为不同作物种植面积百分比，%；ET_{c1}，ET_{c2}，$\cdots$，ET_{cn} 为各种作物对应的作物需水量，mm/d。

（2）潜水蒸发强度的确定。潜水蒸发量采用相同时段的水面蒸发量乘以潜水蒸发系数进行计算，水面蒸发量一般采用气象站蒸发观测值乘以水面蒸发量的换算系数获取。根据河套灌区磴口县、杭锦后旗、临河区、五原县及乌拉特前旗气象站 20cm 蒸发皿统计值，河套灌区年均蒸发强度约为 2368.52mm，20cm 蒸发皿观测值与水面蒸发量的换算系数取0.56（王亚东，2002），则灌区多年平均水面蒸发量为 1326.37mm/a。潜水蒸发系数与地表水面蒸发强度、土壤、植被、地下水埋深等有关，因此，不同地区取值有所差异（李金柱，2008），灌区潜水蒸发系数的确定参考解放闸灌域沙壕渠地中渗透仪已有测定结果。

（3）非灌溉用地蒸发强度的确定。对于研究区非灌溉用地，如盐荒地、水域、建设用地、非利用土地、林牧草地等的蒸发计算，主要采用以下几种方法确定（任东阳，2018）。

荒地和沙丘类土地利用类型，主要以天然植被为主，且生育期无灌溉，覆盖度年际变化不大，因此采用潜水蒸发公式及土壤水均衡方程确定 ET_i 值（王伦平等，1993），计算公式如下

$$ET_i = C_i E_0 + P - \Delta S_i - Pa \tag{9.4}$$

$$\Delta S_i \approx S_y \Delta H \tag{9.5}$$

式中：C_i 为潜水蒸发系数，根据研究区地下水埋深值与潜水蒸发系数拟合结果确定；E_0 为水面蒸发量，可通过 20cm 蒸发皿蒸发量乘以水面蒸发量的换算系数 0.56 确定；ΔS_i 为土壤储水量变化，采用计算时段地下水位变化的 $\frac{1}{2}\Delta H$ 按式（9.5）确定；ΔH 为地下水位的变化；S_y 为给水度；a 为降雨入渗补给系数，参考以往研究取 a 为 0.1（贾书惠等，2013；于兵等，2016）。

对于水域来水，腾发量即为水面蒸发量；对于居民用地以及非利用土地，主要包括建筑物及道路等，地表水与土壤水、地下水的交换量几乎为零，同时考虑到该地区降水量少、蒸发量大，因此，腾发量近似等于降水量。由于研究区不同单元网格非灌溉用地中各土地利用类型面积比例不同，因此，不同单元网格非灌溉用地蒸散发量不同。本研究中非灌溉用地蒸散发量按网格分别计算，先分别计算出非灌溉用地中各种土地利用类型的蒸散发量，然后按不同土地利用面积占网格非灌溉用地总面积的比例，采用加权平均法计算网格非灌溉用地蒸散发综合值，其中网格非灌溉用地土地利用面积通过遥感解译数据获取。

9.1.4.3　灌溉量的确定

考虑到河套灌区控制面积大、种植结构复杂等情况，不同区域灌溉水量也有所差异。首先根据总干渠上直接引水的干渠、分干渠灌溉控制范围，将研究区划分为 20 个灌溉控

制区域，图 9.9 为研究区灌溉单元划分图，包括一干渠、大滩分干渠、乌拉河干渠、杨家河干渠、清惠分干渠、黄济干渠、黄羊分干渠、南一分干渠、永济干渠、合济分干渠、南边分干渠、北边分干渠、南三支分干渠、丰济干渠、义和干渠、通济干渠、复兴干渠（皂火＋沙河干渠控制区）、长塔干渠（长济＋塔布干渠控制区）、华惠分干渠、三湖河干渠 20 个控制区。

　　干渠控制单元的单位面积引水量采用控制区域渠道总引水量除以控制区域面积所得，大部分控制区单位面积引水量为 250～600mm，见表 9.6。其中，北边分干渠、华惠分干渠、三湖河干渠、黄羊分干渠、南三支分干渠单位面积引水量偏小。

表 9.6　　　　　　　　　　研究区各干渠控制面积及引水量

渠　名	引水量/亿 m³	控制面积/万 hm²	灌溉面积/万 hm²	单位面积引水量/mm
一干渠	3.97	20.64	5.12	192.34
大滩分干渠	0.58	1.33	0.74	436.09
乌拉河干渠	2.19	3.52	2.03	622.16
杨家河干渠	4.05	6.40	4.37	632.81
清惠分干渠	0.79	2.08	1.49	379.81
黄济干渠	5.10	8.30	5.41	614.46
黄羊分干渠	0.18	0.81	0.62	222.22
南一分干渠	0.04	0.28	0.16	142.86
永济干渠	6.78	13.15	8.57	515.59
合济分干渠	1.28	2.25	1.69	568.89
南边分干渠	0.83	1.39	0.97	597.12
北边分干渠	0.11	0.80	0.42	137.50
南三支分干渠	0.61	0.93	0.48	655.91
丰济干渠	4.06	9.70	5.15	418.56
义和干渠	2.64	6.03	3.14	437.81
通济干渠	2.57	5.41	2.93	475.05
复兴干渠（皂火＋沙河干渠控制区）	4.91	9.31	5.39	527.39
长塔干渠（长济＋塔布干渠控制区）	3.62	7.64	4.60	473.82
华惠分干渠	0.32	1.19	0.47	268.91
三湖河干渠	0.63	5.42	2.99	116.24
总计	45.26	106.58	56.73	424.66

9.1.4.4　渠系水利用系数确定

　　模型中灌溉水量的输入值采用渠首引水量扣除渠道损失量后末级渠道的配水值，根据河套灌区总干渠直接引水的干渠或分干渠 2006—2016 年引水量数据，乘以相应年份渠系水利用系数，求得生育期和秋浇期末级渠道配水量值，将其作为区域相应时期进入田间的灌溉水量。其中研究区渠系水利用系数参考《内蒙古引黄灌区灌溉水效率测试分析与评估》报告，见表 9.7。

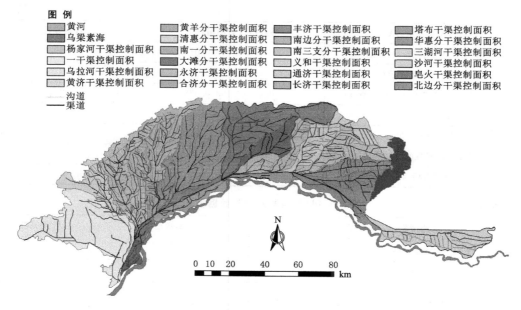

图例

黄河	黄羊分干渠控制面积	丰济干渠控制面积	塔布干渠控制面积
乌梁素海	清惠分干渠控制面积	南边分干渠控制面积	华惠分干渠控制面积
杨家河干渠控制面积	南一分干渠控制面积	南三支分干渠控制面积	三湖河干渠控制面积
一干渠控制面积	大滩分干渠控制面积	义和干渠控制面积	沙河干渠控制面积
乌拉河干渠控制面积	永济干渠控制面积	通济干渠控制面积	皂火干渠控制面积
黄济干渠控制面积	合济分干渠控制面积	长济干渠控制面积	北边分干渠控制面积

沟道
渠道

图 9.9　研究区灌溉单元划分图

表 9.7　　　　　　　　　　内蒙古河套灌区渠系水利用系数表

年　份	河套灌区	一干灌域	解放闸灌域	永济灌域	义长灌域	乌拉特灌域
2009	0.459	0.440	0.480	0.476	0.452	0.432
2010	0.476	0.457	0.497	0.493	0.469	0.449
2011	0.494	0.484	0.515	0.520	0.504	0.481
2012	0.511	0.519	0.532	0.555	0.556	0.528

9.2　参数率定和模型验证

9.2.1　主要参数确定

各个时期（季节）气象、灌溉排水、土壤盐分、地下水盐分、地下水埋深等初始值输入数据采用研究区实际观测值。影响土壤盐分、地下水埋深、排水量水质等的储存效率、地下水临界深度、排水率等参数参考相关地区经验值或者有关文献成果，SahysMod 模型季节性输入值和基本参数输入值见表 9.8 和表 9.9。

表 9.8　　　　　　　　　　SahysMod 模型季节性输入数据

多边形网格输入参数	参数值（取网格均值）	数据来源
第一季	5—9 月	S
第二季	10—11 月	S
第三季	12 月至翌年 4 月	S

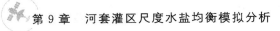

续表

多边形网格输入参数	参数值（取网格均值）	数据来源
第一季/第二季/第三季降水量/m	0.119/0.010/0.011	S
第一季/第二季灌溉量/m	0.258/0.151	S
第一季/第二季/第三季潜在蒸发量/m	0.695/0.103/0.075	S
灌溉水盐分浓度/(dS/m)	1.02	S
季节性地表径流量/m	0	S
根区对降水和灌溉的存储效率	0.8	S/G
含水层抽水量	0	S

表 9.9　　　　　SahysMod 模型基本参数数据输入表

多边形网格输入参数	参数值	数据来源
地表水层厚度/m	0	S
根层厚度/m	1	S
过渡层厚度/m	4	S
含水层厚度/m	90	S
第一季灌溉面积比例（网格均值）	0.57	R
第二季灌溉面积比例（网格均值）	0.57	R
轮作指数	1	S
根区总孔隙度	0.48	G
过渡区总孔隙度	0.48	G
含水层总孔隙度	0.4	G
根区有效孔隙度	0.07	G
过渡区有效孔隙度	0.07	G
含水层有效孔隙度	0.1	G
根区淋洗效率	0.85	C
过渡层淋洗效率	0.65	C
含水层淋洗效率	0.9	C
含水层水平导水率/(m/d)	6.08~13.66	S
根区初始土壤盐分/(dS/m)	5.47~6.99（耕地）	S
过渡层初始土壤盐分/(dS/m)	4.14~5.70	S
含水层初始土壤盐分/(dS/m)	3.86~6.75	S/K
初始地下水水位/m	1005~1211	S/K
流入含水层的水量/(m/a)	0	S/G
流出含水层的水量/(m/a)	0.1	S/G
自然排水量/(m/a)	0.1	S/G

多边形网格输入参数	参数值	数据来源
产生毛管水上升水的地下水埋深临界深度/m	2.3～2.5	S
排水沟深/m	1.5	S
排水沟间距/m	100	S
排水率与排水水头的比值/[m/(d·m)]	0.001	S
排水率与排水水头平方的比值/[m/(d·m²)]	0.0001	S

注 S表示实测资料或调研资料计算数据获取；G表示通过参考文献获取；C表示通过模型率定获取；R表通过遥感解译获取；K表通过空间插值获取。

9.2.2 根层/过渡层淋洗率 F_{lr} 和 F_{lx} 的确定

采用 SahysMod 分布式模型，将研究区尺度拓展到整个河套灌区尺度上，鉴于灌区尺度上部分区域 0～100cm 深土壤盐分监测点长时间序列数据欠缺，考虑到其他灌域与解放闸灌域的灌溉模式、排水系统、种植结构较为相近，在灌域尺度上，以解放闸灌域为研究对象，采用 SaltMod 模型将其看作一个整体（网格）开展模拟研究，并对相应的参数做了率定验证，解放闸灌域作为河套灌区具有典型代表性的灌域，其率定的参数有一定的参考意义。以 2010—2014 年实测灌溉量、降水量、蒸发量等季节性数据为输入，以地下水埋深、土壤含盐量、排水电导率、排水量等实测数据为基础，对模型参数进行率定。先确定模型 F_{lr} 和 F_{lx} 等参数的合理范围，然后输入不同参数值，模拟研究区地下水埋深、根层土壤盐分、排水量及排水电导率动态变化，并与对应时期的实测值进行对比，进而确定研究区适宜的 F_{lr} 和 F_{lx} 值。以 2015—2016 年数据为基础，对模型进行验证，并通过统计指标评价等方法评估模型模拟结果。

9.2.2.1 根层淋洗率 F_{lr} 的确定

根层淋洗率 F_{lr} 定义为根层渗漏水盐分浓度与饱和土壤水平均盐分浓度的比值，F_{lr} 可取 0.0～1.0 范围内的任何值，取不同的根层淋洗率值（F_{lr}＝0.2，0.4，0.6，0.8，1.0），模拟计算根层土壤盐分，并将模拟值与实测值进行比较，吻合最好的淋洗率值即为研究区实际淋洗率值。图 9.10 为根层淋洗率 F_{lr} 的确定结果，通过土壤盐分含量模拟值与实测值对比，得出淋洗率为 0.8～1.0 时，模拟结果与实测值拟合效果较好（图 9.11）。

表 9.10 为根层土壤盐分观测值与模拟值对比，其中第一季和第二季的根层土壤盐分分别表示每年 4 月底和 9 月底耕地 0～100cm 深土层土壤含盐量均值。当 F_{lr} 取 0.85 时，根层盐分实测值与模拟值误差最小，率定期相对误差 RE 在 0.28%～7.69% 之间，除 2011 年 9 月为 7.69%，其余均小于 6.00%；验证期 RE 在 0.85%～5.44% 之间，除 2015 年 4 月为 5.44%，其余均小于 3.00%；2012 年第二季（9 月）根层含盐量模拟值大于实测值，差异较大，可能是由于 2012 年 5 月河套遇 50 年一遇较强降水，相当于对灌区进行了一次较大的冲洗，根层土壤含盐量减小，导致 2012 年实测含盐量小于模拟值。

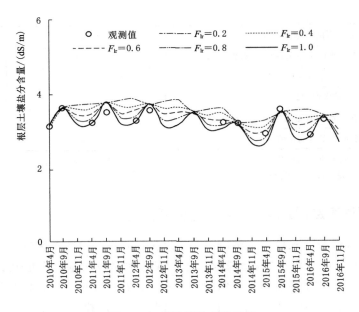

图 9.10　根层淋洗率的确定

表 9.10　　　　　　　　　　　根层土壤盐分观测值与模拟值对比

模拟期	时　　间	根 层 土 壤 盐 分		
		观测值/(dS/m)	模拟值/(dS/m)	$RE/\%$
率定期	2010 年第一季	3.12	3.12	0.00
	2010 年第二季	3.63	3.64	0.28
	2011 年第一季	3.20	3.31	3.44
	2011 年第二季	3.51	3.78	7.69
	2012 年第一季	3.30	3.36	1.82
	2012 年第二季	3.53	3.73	5.67
	2013 年第一季	缺测	3.30	—
	2013 年第二季	缺测	3.51	—
	2014 年第一季	3.20	3.15	1.56
	2014 年第二季	3.18	3.21	0.94
验证期	2015 年第一季	2.94	2.78	5.44
	2015 年第二季	3.54	3.51	0.85
	2016 年第一季	2.89	2.97	2.77
	2016 年第二季	3.32	3.38	1.81

　　总的来看，土壤盐分模拟效果较好，误差在可接受范围之内，根层土壤盐分实测值与模拟值拟合的 R^2 达到 0.89，确定了研究区根层淋洗率 F_{lr} 为 0.85。这与以往研究基本一致，Ferjani et al.（2013）认为在突尼斯灌区中，F_{lr} 值约为 0.80，陈艳梅等（2014）认

为在河套灌区沙壕渠灌域中，F_{lr} 值约为 0.85。

9.2.2.2 过渡层淋洗率 F_{lx} 的确定

过渡层淋洗率 F_{lx} 定义为过渡层渗漏水盐分浓度与饱和土壤水平均盐分浓度的比值，F_{lx} 可取 0.0~1.0 范围内的任意值。设置过渡层不同淋洗率值（$F_{lx}=0.2$，0.4，0.6，0.8，1.0），模拟计算排水电导率，将排水电导率的模拟值与实测值进行对比，确定研究区实际过渡层淋洗率值。图 9.12 为过渡层淋洗率 F_{lx} 的确定结果，通过排水电导率实测值和模拟值对比，看出实测值淋洗率在 0.6~0.8 之间。排水电导率观测值与模拟值对比见表 9.11，其中第一季和第二季的排水电导率分别表示 5—9 月和 10—11 月的排水电导率平均值。当 $F_{lx}=0.65$ 时，排水电导率实测值与模拟值误差最小，其中率定期相对误差 RE 在 0~16.48% 之间，验证期在 11.60%~20.45% 之间，因此得到过渡层淋洗率 F_{lx} 为 0.65。部分年份排水电导率实测值与模拟值差异较大，这可能是由于排水受外界条件干扰较大，如非灌溉期间排干沟水中可能存在中小企业废污水排水量，但整体来看，率定期和验证期排水电导率相对误差平均值小于 10%，误差在可接受范围之内。

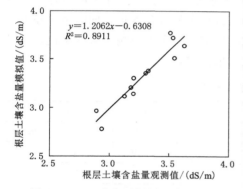

图 9.11 F_{lr} 率定后根层土壤含盐量
观测值与模拟值拟合图

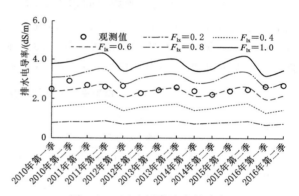

图 9.12 过渡层淋洗率的确定

表 9.11 　　　　　　　　　　　　　排水电导率观测值与模拟值对比

模拟期	时　间	排水电导率均值		RE/%
		观测值/(dS/m)	模拟值/(dS/m)	
率定期	2010 年第一季	2.52	2.52	0.00
	2010 年第二季	3.02	2.63	12.91
	2011 年第一季	2.77	2.73	1.44
	2011 年第二季	2.68	2.89	7.84
	2012 年第一季	2.73	2.28	16.48
	2012 年第二季	2.28	2.53	10.96
	2013 年第一季	2.46	2.64	7.32
	2013 年第二季	2.63	2.73	3.80
	2014 年第一季	2.41	2.31	4.15
	2014 年第二季	2.19	2.42	10.50

续表

模拟期	时　间	排水电导率均值		RE/%
		观测值/(dS/m)	模拟值/(dS/m)	
验证期	2015 年第一季	2.41	2.66	10.37
	2015 年第二季	2.5	2.79	11.60
	2016 年第一季	2.69	2.14	20.45
	2016 年第二季	2.76	2.35	14.86

表 9.12 为模型率定验证统计指标评价汇总表，采用研究区地下水埋深、年排水量、根层土壤盐分含量、排水电导率模拟值与实测值进行对比分析。总体来看，除率定期年排水量误差较大外，其余均方根误差 RMSE、平均误差 ME 整体相对较小，主要是由于 2011 年排水量观测值与模拟值差异较大导致。除验证期地下水埋深外，归一化均方根误差 NRMSE 均小于 16%。除排水电导率外，R^2 均大于 0.73，主要是由于排水电导率（季节平均值）模拟均值与观测时间不完全同步，模拟值是通过季节盐分平衡而得，而观测的排水电导率是每 10d 值，无法完全体现连续排水过程中的盐分含量，同时由于模型本身不能考虑区域排污水的排放情况，这可能对排水电导率有一定的影响。总的来说，统计指标结果显示观测值与模拟值变化较为一致，模拟结果比较合理。

表 9.12　　　　　　　　　　　　模型率定验证统计指标评价汇总表

模拟期	监测项目	RMSE	NRMSE/%	ME	MRE/%	R^2
率定期 （2010—2014 年）	地下水埋深/m	0.25	16	0.11	8	0.81
	年排水量/(mm/a)	9.02	11	−4.39	−4	0.90
	根层土壤盐分/(dS/m)	0.13	4	−0.08	−2	0.88
	排水电导率/(dS/m)	0.24	9	0.00	−1	0.14
验证期 （2015—2016 年）	地下水埋深/m	0.41	26	0.23	18	0.73
	年排水量/(mm/a)	1.75	2	0.25	0	1.00
	根层土壤盐分/(dS/m)	0.09	3	0.01	0	0.91
	排水电导率/(dS/m)	0.39	15	0.11	3	0.65

通过以上分析，采用 2010—2014 年解放闸灌域季节地下水埋深、根层土壤含盐量、排水电导率均值以及年均排水量数据对 SaltMod 模型进行参数率定，以 2015—2016 年数据进行验证，确定了解放闸灌域 SaltMod 模型参数。根层淋洗率 F_{lr} 为 0.85，过渡层淋洗率 F_{lx} 为 0.65。误差分析结果表明，模型参数经过实测数据率定验证后，误差在可接受范围内，模型率定参数可用于预测区域不同用水管理措施条件下土壤水盐、地下水盐、排水排盐、地下水埋深等动态变化。

9.2.2.3　模型参数敏感性分析

由于不同参数对模拟结果的影响程度存在一定的差异，采用敏感性分析法识别不同输入参数对 SaltMod 模型中土壤水盐、排水排盐、地下水埋深等的影响。在对参数进行敏感性分析时，认为 SaltMod 模型中的其他参数基本不变，参考以往研究（Ting et al.，

1998)，采用对已选的参数值增减 25％评定其参数敏感性，进而确定对模型输出结果产生较大影响的参数。图 9.13 为模型参数敏感性分析结果图。通过模拟分析确定土壤盐分和排水量对根层及过渡层的一些参数较为敏感，因此，主要对根层淋洗率 F_{lr}、根层有效孔隙率 P_{er}、过渡层淋洗率 F_{lx} 及过渡层有效孔隙率 P_{ex} 等参数进行敏感性分析。

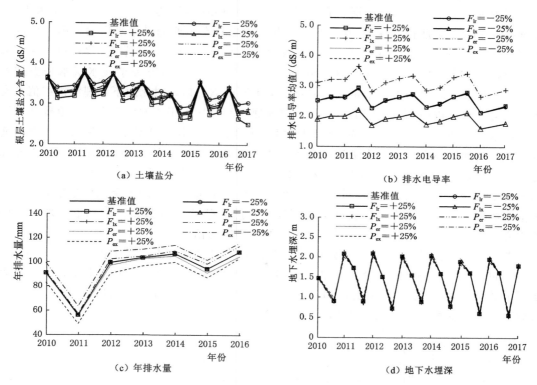

图 9.13 SaltMod 模型参数敏感性分析

根据模拟结果可看出，根区土壤盐分对 F_{lr} 最为敏感，当根层淋洗率 F_{lr} 增加时（＋25％），根区土壤盐分降低，F_{lr} 减小时（－25％），根区土壤盐分增加；而 F_{lr} 对地下水埋深、排水电导率、年排水量均无影响。排水电导率对过渡层淋洗率 F_{lx} 最为敏感，对 F_{lr}、P_{ex} 不敏感，当 F_{lx} 增加时（＋25％），排水电导率增加，当 F_{lx} 减小时（－25％），排水电导率减小；F_{lx} 对根区土壤盐分略有轻微的影响，对地下水埋深无影响。而根层有效孔隙率 P_{er} 和过渡层有效孔隙率 P_{ex} 对土壤盐分和排水电导率影响不大，对地下水埋深及排水量影响较为明显，当 P_{er} 和 P_{ex} 减小时，排水量增加，地下水埋深略微减小，Sing 和 Panda（2012）的研究发现有效孔隙率值较小时，通常区域地下水位也较高。过渡层有效孔隙率 P_{ex} 对研究区排水量影响较大，当 P_{ex} 增加时（＋25％），排水量减小，当 P_{ex} 减小时（－25％），排水量增大。这与以往研究基本一致，Yao et al.（2017）研究表明地下水埋深对根层淋洗率 F_{lr} 不敏感，对根层有效孔隙率 P_{er} 呈中度敏感。通过敏感性分析得出土壤含盐量对根层淋洗率 F_{lr} 最为敏感，其次是过渡层淋洗率 F_{lx}；排水电导率对 F_{lx} 最敏感；排水量和地下水埋深对根层有效孔隙率 P_{er} 和过渡层有效孔隙率 P_{ex} 较为敏感，而土壤盐分和排水电导率对 P_{er} 和 P_{ex} 敏感性较小。

9.2.3　含水层水平渗透系数确定

河套灌区在垂向上有 2 个含水层组，其中第一含水层组可分为 3 层，第一层以黏性土夹薄层粉细砂为主，为弱透水层，底板埋深为 20～30m；第二层以湖积层半承压水为主，厚度在 5～120m，底板埋深为 80～150m，此含水层具有主要的供排水作用；第三层以湖积层承压水为主，厚度为 40～100m，底板埋深为 100～250m（杨洋等，2018）。参考以往研究，假设含水层厚度为 90m（Mao et al.，2017）。以往研究关于含水层水平渗透系数 K_{aq} 值的确定多采用参数率定法，通过设置不同的 K_{aq} 值，对比地下水埋深模拟值与实测值吻合效果，进而确定适宜的 K_{aq} 值。黄亚捷（2017）采用此方法确定了宁夏银北灌区含水层水平渗透系数 K_{aq} 的值为 10m/d，但并未考虑含水层水平渗透系数 K_{aq} 的空间变异性。河套灌区整个含水层水平渗透系数整体从南到北呈减小的趋势，数值在 3～13m/d 之间变化（杨洋等，2018），不同区域条件下，含水层水平渗透系数可能存在一定的差异。因此本章根据研究区均匀分布的钻孔资料数据，将抽水试验确定的水文地质参数 K_{aq} 值作为基础数据，采用普通克里金法进行空间插值，然后基于 GIS 数据提取功能提取每个网格中心点的 K_{aq} 值，将其作为单元网格 K_{aq} 的模型输入值。

图 9.14 为研究区钻孔点位置分布图，共布设有 78 个钻孔点，其中包含磴口县 10 个、杭锦后旗 16 个、临河区 14 个、五原县 22 个、乌拉特前旗 16 个，相应的各县区钻孔点含水层水平渗透系数 K_{aq} 均值分别为 11.18m/d、6.08m/d、13.66m/d、11.37m/d、8.89m/d，研究区 K_{aq} 空间插值结果如图 9.15 所示。

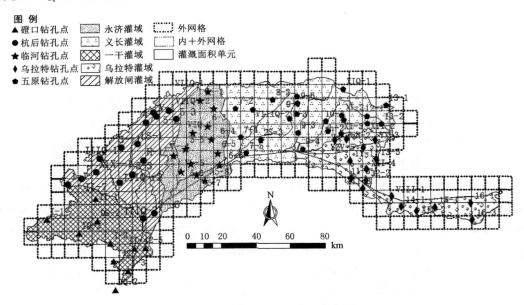

图 9.14　研究区钻孔点位置分布图

由于研究区不同单元网格相互联系，且不同单元网格之间存在水平向的交换量，而含水层发挥着重要的水平向交换作用。部分研究结果表明，地下水埋深对含水层水平渗透系

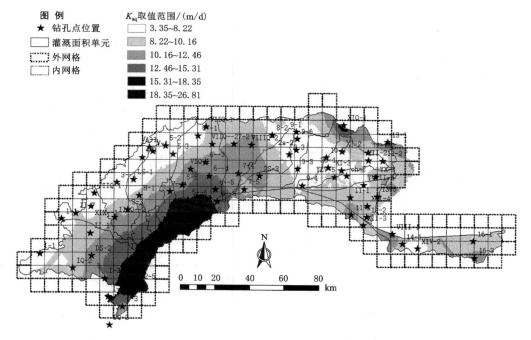

图 9.15　研究区含水层水平渗透系数 K_{aq} 空间插值结果

数 K_{aq} 比较敏感，地下水埋深随 K_{aq} 值的增大而增大（Yao et al.，2017）。Sing 和 Panda （2012）研究中也提出在地下水埋深较浅的盐渍化区域，K_{aq} 值较小。由于含水层水平渗透系数对地下水埋深及排水量影响较大，因此，本章考虑了 K_{aq} 的空间变异性，直接采用前面基于 K_{aq} 空间插值提取的网格 K_{aq} 数据作为模型参数输入。

9.2.4　含水层淋洗率确定

采用河套灌区 2007—2016 年各干渠渠首引水量、排水量、排水电导率、地下水埋深、地下水电导率、种植结构等数据资料，结合 5 个气象站降水量、蒸发量等数据，采用 2007—2012 年数据对模型进行率定，采用 2013—2016 年数据对模型进行验证。Sahys-Mod 分布式模型输出季节末地下水埋深，地下水埋深及排水电导率取每年 9 月底、11 月底、4 月底模拟值与实测值进行对比，排水量采用灌区年排水量模拟值与实测值进行对比。含水层淋洗率 F_{lq} 定义为含水层渗透水的盐分浓度与含水层中饱和土壤水的平均盐分浓度的比值。SahysMod 模型中含水层淋洗率 F_{lq} 的取值范围为 $0.01\sim2.0$（Yao et al.，2017），基于含水层不同的淋洗率 F_{lq} 值（F_{lq} 取 0.4、0.6、0.8、1.0、1.2），模拟计算地下水电导率，并将其转化为矿化度值，将地下水矿化度实测值与模拟值进行对比，进而确定研究区适宜的淋洗率值。随机选取多边形网格 29、33、140 和 183 率定含水层淋洗率 F_{lq} 值，如图 9.16 所示。

模拟结果表明，在含水层淋洗率 $0.8\sim1.2$ 之间，特别是 F_{lq} 为 1.0 时，地下水矿化度模拟值与实测值吻合更好。这和以往研究略有差异，Yao et al.（2017）认为在江苏雨养农田试验区的含水层淋洗率 F_{lq} 为 1.2 时，地下水盐分模拟值与实测值吻合度最好，黄

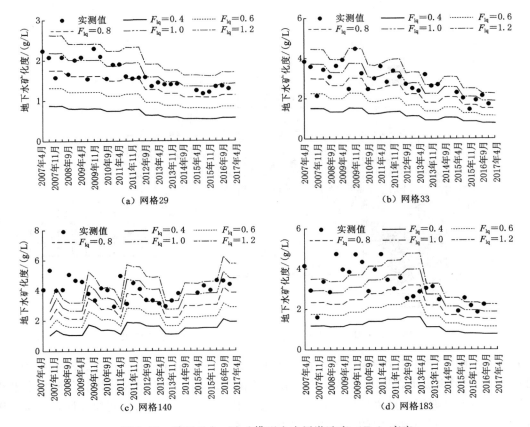

图 9.16　基于 SahysMod 模型含水层淋洗率（F_{lq}）率定

亚捷（2017）在宁夏银北灌区设置不同的含水层淋洗率值，发现当 F_{lq} 取 1.2 时，地下水埋深的模拟值与实测值吻合最好。通过 SahysMod 模型模拟发现，F_{lq} 值越大，地下水矿化度越高，而不同 F_{lq} 值对研究区地下水埋深和排水量均无影响，这与以往的研究较为一致，Yao et al.（2017）研究发现含水层淋洗率对地下水埋深没有影响。

随机选取多边形网格 14、29、105 和 118 对比分析网格地下水埋深模拟值与实测值，如图 9.17 所示，统计指标分析见表 9.13。率定期网格地下水埋深全年的 $RMSE$ 为 $0.17 \sim 0.55$m，平均相对误差 MRE 为 $-1.35\% \sim 12.84\%$，验证期网格地下水埋深全年的 $RMSE$ 为 $0.22 \sim 1.35$m，MRE 为 $-8.14\% \sim 31.07\%$。

整体来看，地下水埋深的拟值与实测值较为接近。而在不同季节中差异相对较大，主要受灌区秋浇和冻融等过程的影响所致。冻融期主要发生在每年 11 月下旬到翌年 5 月中旬左右，在第一季（5—9 月），灌区 5 月排水量中有一部分可能是来自前一年秋浇的冻融量；而在秋浇期（10—11 月），部分秋浇灌溉水可能在 11 月下旬开始冻结在土壤层中，而模型本身没有考虑冻融问题。因此，第一季地下水埋深模拟值整体小于实测值，第二季地下水埋深模拟值略小于实测值，第三季地下水埋深模拟值整体大于实测值。

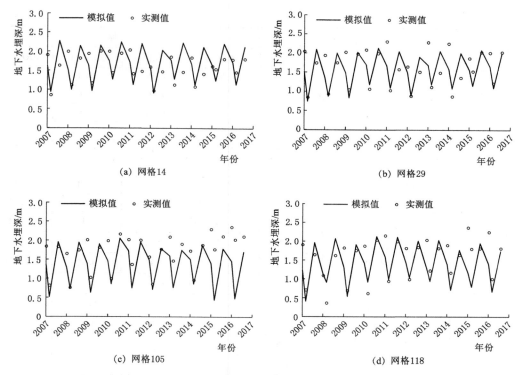

图 9.17 研究区网格地下水埋深实测值与模拟值对比

表 9.13 率定期和验证期地下水埋深实测值与模拟值对比

网　格	模　拟　期	时　间	地　下　水　埋　深			
			实测值/m	模拟值/m	$RMSE$/m	MRE/%
网格 14	率定期 (2007—2012 年)	第一季	1.90	1.63	0.39	14.28
		第二季	1.15	1.04	0.35	10.08
		第三季	1.72	2.17	0.71	−26.30
		全年	1.59	1.61	0.17	−1.35
	验证期 (2013—2016 年)	第一季	1.77	1.70	0.11	3.94
		第二季	1.29	1.20	0.36	7.64
		第三季	1.61	2.16	0.72	−34.04
		全年	1.56	1.69	0.22	−8.14
网格 29	率定期 (2007—2012 年)	第一季	2.00	1.54	1.21	23.30
		第二季	0.96	0.93	0.27	2.58
		第三季	1.75	2.03	0.77	−15.88
		全年	1.57	1.50	0.29	4.52
	验证期 (2013—2016 年)	第一季	2.10	1.62	1.00	22.83
		第二季	1.17	1.13	0.45	4.22
		第三季	1.72	2.03	0.86	−18.08
		全年	1.67	1.59	0.28	4.36

续表

网 格	模 拟 期	时 间	地 下 水 埋 深			
			实测值/m	模拟值/m	RMSE/m	MRE/%
网格 105	率定期 (2007—2012 年)	第一季	1.84	1.45	1.04	21.06
		第二季	0.96	0.70	0.80	27.14
		第三季	1.88	1.93	0.29	−2.50
		全年	1.56	1.36	0.55	12.84
	验证期 (2013—2016 年)	第一季	2.11	1.49	1.37	29.58
		第二季	1.55	0.64	2.14	58.83
		第三季	1.99	1.77	0.54	11.12
		全年	1.88	1.30	1.35	31.07
网格 118	率定期 (2007—2012 年)	第一季	2.11	1.58	1.48	25.04
		第二季	0.88	1.12	0.69	−27.27
		第三季	1.85	1.97	0.42	−6.79
		全年	1.61	1.56	0.34	3.34
	验证期 (2013—2016 年)	第一季	2.75	1.52	2.63	44.67
		第二季	1.63	1.31	0.92	19.23
		第三季	1.77	2.00	0.57	−13.37
		全年	2.05	1.61	1.03	21.24

同时从表 9.14 看出，2007—2016 年年均地下水埋深模拟值与实测值相对误差 ARE 的绝对值小于等于 30% 的网格占全部网格的比例为 51.5% 左右，ARE 绝对值大于 30% 的网格占全部网格的比例为 48.5%。部分网格地下水埋深的模拟值与实测值误差较大，原因是网格单元划分面积相对较大，受微地形等影响，部分网格中心点地下水埋深值不能很好地反映该网格所有属性。

表 9.14　地下水埋深相对误差绝对值范围内的网格数占全部网格的百分比

年份	ARE≤10%	10%<ARE≤20%	20%<ARE≤30%	30%<ARE≤40%	40%<ARE≤50%	ARE>50%
2007	15.28	23.15	18.52	23.15	14.35	5.56
2008	21.76	23.15	26.85	12.96	9.26	6.02
2009	10.19	15.28	18.98	23.15	22.69	9.72
2010	16.67	23.15	19.44	16.67	18.06	6.02
2011	13.89	16.67	18.06	29.63	17.13	4.63
2012	20.83	27.78	24.07	16.20	6.48	4.63
2013	14.35	13.89	20.37	33.33	12.50	5.56
2014	13.89	20.37	13.89	17.59	25.46	8.80
2015	11.57	12.04	11.57	10.65	20.83	33.33
2016	11.57	10.65	6.94	15.74	19.91	35.19
年均值	15.00	18.61	17.87	19.91	16.67	11.94

如前所述,受灌区冻融与消融的影响,各季节排水量差异较大,因此,采用年排水量模拟值与实测值进行对比分析。研究区年排水量实测值与模拟值对比见表 9.15,模拟的排水量值与观测值拟合度较好,R^2 为 0.945,RE 为 0.24%～9.08%,误差较小。总体来说,SahysMod 模型可以较好地模拟研究区地下水埋深、排水量等动态变化。

表 9.15　　　　　　　　　研究区年排水量实测值与模拟值对比

模拟期	年份	实测值/亿 m³	模拟值/亿 m³	RE/%
率定期	2007	5.17	5.63	9.08
	2008	6.28	6.12	2.52
	2009	4.97	5.34	7.53
	2010	5.52	5.68	3.02
	2011	5.00	4.82	3.53
	2012	7.30	7.28	0.24
验证期	2013	5.96	6.05	1.56
	2014	7.45	7.47	0.30
	2015	6.13	6.17	0.70
	2016	6.25	6.20	0.76

　　网格 196 位于灌区总排干沟出口附近,以网格 196 排水电导率模拟值作为灌区排水电导率代表,对比分析灌区排水电导率模拟值与实测值。如表 9.16 所示排水电导率,率定期相对误差 RE 在 0.05%～12.48%,验证期 RE 在 1.70%～14.83%。由于灌区排水电导率受外界干扰较大,部分年份排水电导率模拟值与实测值差异较大,但整体来看,率定期和验证期排水电导率 RE 均值为 7.07%,误差在可接受范围之内。

表 9.16　　　　　　率定期和验证期研究区年排水电导率实测值与模拟值对比

模拟期	年份	观测值/(dS/m)	模拟值/(dS/m)	RE/%
率定期	2007	4.45	4.36	2.11
	2008	4.47	3.91	12.48
	2009	4.47	4.47	0.05
	2010	4.34	3.94	9.22
	2011	3.94	4.08	3.54
	2012	3.92	3.71	5.40
验证期	2013	3.86	3.79	1.70
	2014	2.67	3.03	13.37
	2015	3.28	3.46	5.62
	2016	2.55	2.93	14.83

9.3 现状灌排模式下灌区水盐动态模拟

以 2016 年为基准年,结合灌区实际情况及未来发展,基于率定和验证后的 Sahys-Mod 分布式模型开展模拟研究。设置不同的情景方案(考虑现状、不同排水水平、不同节水程度),预测不同情景模式下区域土壤水盐、地下水盐、排水排盐、地下水埋深等动态变化,并对比不同情景方案水盐变化趋势,综合考虑灌区节水、排水、乌梁素海生态环境需水要求等,研究提出适宜的灌区灌排发展模式,为灌区农业与生态可持续发展提供理论依据。

现状灌溉水量采用 2014—2016 年各灌溉控制区内灌溉水量的平均值,生育期和秋浇期 216 个网格灌溉水量均值分别为 2580m³/hm² 和 1510m³/hm²。各单元网格因所属控制区域不同,灌溉水量也有所差异,在模型输入中按每个网格灌溉水量分别输入。蒸发量采用 2014—2016 年各网格平均值,降水量采用研究区各气象站 2007—2016 年多年平均降水量值。种植结构、土壤盐分、地下水盐分、地下水位采用 2016 年 4 月数据为基准值,引黄灌溉水矿化度约为 0.62g/L(1.07dS/m),末级排水沟深为 1.5m,排水沟间距为100m。其他资料与模型验证期相同。

基于率定和验证后的 SahysMod 分布式模型预测现状灌排管理模式下未来 10 年灌区排水量、排水电导率、地下水埋深动态变化情况。图 9.18 所示为现有灌排模式下灌区未来 10 年排水量及排水电导率变化,结果表明,在灌溉水量、降水量等条件不变的情况下,未来 10 年灌区年排水量呈先减小后逐渐稳定的趋势,年排水量均值为 5.31 亿 m³,而灌区排水电导率呈轻微增加趋势。

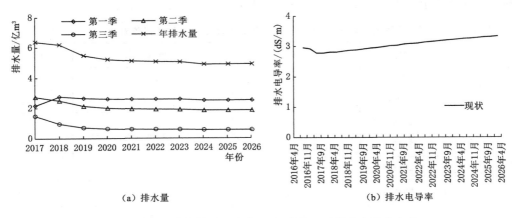

(a)排水量   (b)排水电导率

图 9.18   现有灌排模式下未来 10 年排水量及排水电导率变化

将网格 44、77、109、141、155、179 作为不同灌域的代表,模拟现状灌排条件下未来 10 年区域耕地及盐荒地 0~100cm 土层盐分变化情况(图 9.19)。可看出,位于灌区中上游的耕地(网格 44、77、109)土壤盐分呈轻微减小或基本稳定的变化趋势,这与前面解放闸灌域耕地及盐荒地土壤盐分模拟结果较为一致。而位于灌区下游的耕地（网格141、155、179）土壤盐分呈明显增加的趋势，这也与河套灌区盐分空间变化情况较为吻合，受排水、地下水埋深等影响，灌区下游盐渍化较为严重。同时可看出，耕地土壤盐分呈明显季节性波动，每年秋浇期土壤盐分呈明显减小趋势。盐荒地盐分整体呈持续增加趋势。

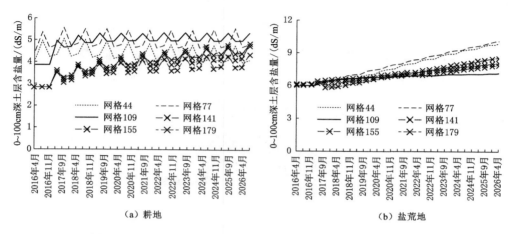

（a）耕地 （b）盐荒地

图 9.19　现有灌排模式下未来 10 年灌区耕地及盐荒地盐分变化

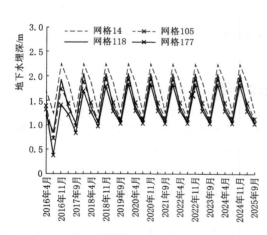

图 9.20　现有灌排模式下 2016—2025 年代表网格地下水埋深变化图

随机选取多边形网格 14、105、118 和 177 分别作为一干灌域、永济灌域、义长灌域及乌拉特灌域的代表，图 9.20 所示为网格现状灌排模式下未来 10 年地下水埋深变化情况。模拟结果表明，在预测前期，地下水埋深年际变化波动较大，埋深相对较浅；在预测后期，地下水埋深逐渐趋于稳定，原因是随着时间的推移，地下水补给量逐渐趋于稳定，地下水埋深变化幅度减少。

图 9.21 为现状条件下第一、二、三季地下水埋深空间分布图，整体来看，第三季地下水埋深较大，第二季地下水埋深相对较小，这与灌区季节地下水埋深的周期性变化相一致。受秋浇灌溉制度的影响，灌区地下水埋深在 11 月左右达到全年最小值，而非生育期降水量较小，加之受灌区冻融影响，地下水埋深在 3 月左右达到最大值。而模型本身不能考虑季节性冻融影响，季节性地下水埋深模拟值与实测值存在一定的误差，第三季地下水埋深模拟值较实测值偏大，而第二季偏小，但地下水埋深全年变幅模拟值与实测数据较为接近。

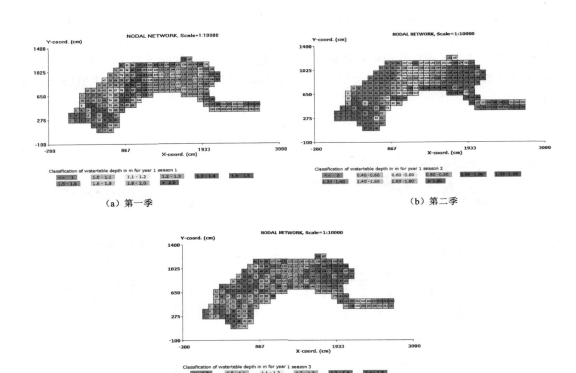

（a）第一季　　　　　　　　　　　　（b）第二季

（c）第三季

图 9.21　计算机模拟现状灌排模式下研究区地下水埋深空间分布图

9.4　总引水量减少对灌区水盐动态影响

由于黄河水资源的日益紧缺，分配给河套灌区的黄河水量在逐渐减小，自 2000 年以来，河套灌区引黄水量从 50 亿 m^3 左右缩减至目前的 40 多亿 m^3。假设灌区现状种植结构、渠道衬砌率、田间节水措施等条件不变，设置灌区总引水量分别减小 5％、10％、15％、20％几种方案。研究未来引水量的减少程度对灌区排水量、排水电导率、土壤水盐、地下水埋深的影响。

图 9.22 为引水量变化条件下灌区未来 10 年排水量及排水电导率变化，结果表明，当灌区总引水量减小 20％后，未来 10 年排水量由现状条件下的 5.31 亿 m^3 减小到 3.96 亿 m^3 左右。在现状渠道衬砌率不变的情况下，灌区总引水量减小，渠系渗漏水量减小，末级渠道进入田间的配水量也相应减小，导致地下水补给量减小，灌区排水量减小，而排水电导率随引水量的减小呈增加趋势。

图 9.23 为不同引水量下未来 10 年灌区耕地及盐荒地土壤盐分变化情况。可看出，耕地土壤盐分呈明显季节性波动，同一时期耕地土壤盐分随渠首引水量的减小而增大。原因是灌区总引水量减小，渠系渗漏水量减小，用于淋洗盐分的秋浇灌溉量也相应减

小，灌区脱盐效果不明显。盐荒地土壤盐分受引水量影响不大，均呈持续增加趋势。

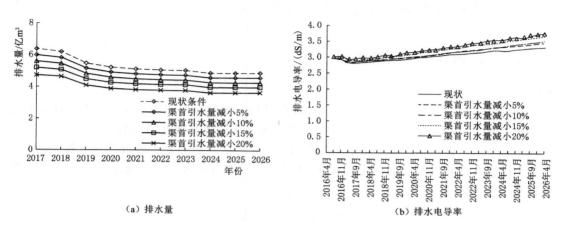

图 9.22 不同引水量条件下灌区排水量及排水电导率变化

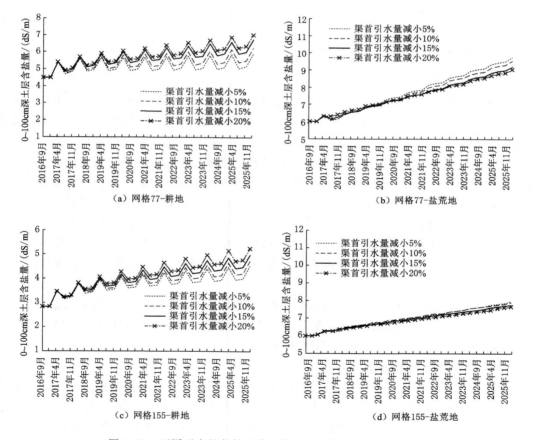

图 9.23 不同引水量条件下灌区耕地及盐荒地土壤盐分变化

253

9.5　不同节水方案对灌区水盐动态影响

9.5.1　不同渠系水利用系数

9.5.1.1　渠系水利用系数提高

保持灌区总引水量及其他条件不变，在各灌域现状渠系水利用系数基础上，设置渠系水利用系数分别增加 10%、20%、30%，研究渠系水利用系数（η）提高程度对灌区排水量、土壤水盐、地下水埋深及排水电导率的影响。灌区现状渠系水利用系数参考《内蒙古引黄灌区灌溉水利用系数效率测试分析与评估》报告中的取值，渠系水利用系数设置方案见表 9.17。

表 9.17　　　　　　　　　　　　　　渠系水利用系数设置方案

方　案	一干灌域	解放闸灌域	永济灌域	义长灌域	乌拉特灌域
渠系水利用系数现状	0.519	0.532	0.555	0.556	0.528
渠系水利用系数提高 10%	0.571	0.585	0.611	0.612	0.581
渠系水利用系数提高 20%	0.623	0.638	0.666	0.667	0.634
渠系水利用系数提高 30%	0.675	0.692	0.722	0.723	0.686

灌区总引水量不变的情况下，渠系水利用系数不同，渠道渗漏水量损失及末级渠道进入田间的灌溉水量均会发生变化。图 9.24 为不同渠系水利用系数条件下灌区排水量及排水电导率变化图。随着时间的推移，灌区排水量呈先减小后逐渐稳定的变化趋势，在预测初期，排水量减少幅度较大，在预测后期，排水量逐渐趋于稳定。当总引水量不变时，提高渠系水利用系数，渠系渗漏量减小，而末级渠道进入田间的灌溉量和田间渗漏量相应增大，但同一时期排水量随渠系水利用系数的提高而减小。因此，渠系渗漏量对灌区排水量影响较大。在预测后期，排水量基本保持稳定，说明当渠系水利用系数提高到一定程度后，灌区排水量受渠系水利用系数的影响程度逐渐减小，主要由于随着时间的推移，地下水埋深逐渐趋于稳定所致。同时可看出，灌区排水电导率随渠系水利用系数的提高而增加。

图 9.25 为渠首引水量不变，不同渠系水利用系数下灌区未来 10 年耕地及盐荒地 0～100cm 土层盐分动态变化情况。可看出，耕地土壤盐分呈明显季节性波动，同一时期耕地土壤盐分随渠系水利用系数的提高而减小。

9.5.1.2　不同节水组合方案

灌区总引水量减少、渠系水利用系数提高情景方案下，渠道渗漏水量及末级渠道进入田间的灌溉水量均会随之发生变化。假设灌区种植结构不变，田间节水措施等不变的情况下，固定末级渠道进入田间的灌溉水量。渠系水利用系数越高，灌区所需总引水量越小，渠道渗漏水量也越小。综合考虑灌区总引水量和渠系水利用系数，分别设置 6 种不同的渠系水利用系数值，基于现有渠系水利用系数基础上分别提高 5.3%、10.0%、17.6%、20.0%、25.0%、30.0%，假定灌溉水量不变时，灌区总引水量相

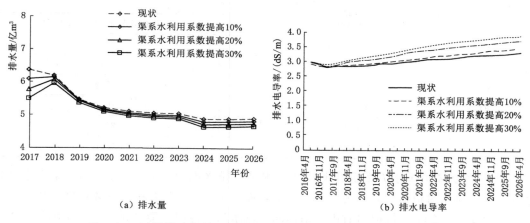

（a）排水量　　　　　　　　　　　（b）排水电导率

图 9.24　不同渠系水利用系数条件下灌区排水量及排水电导率变化

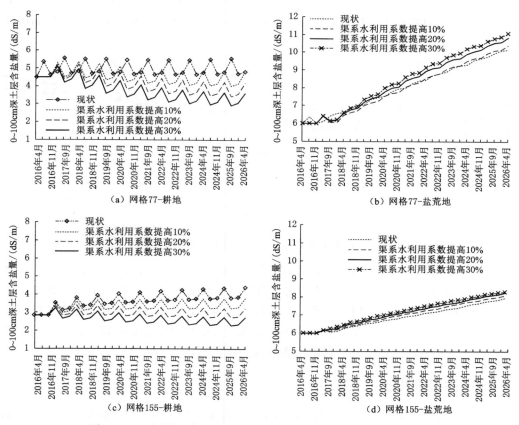

（a）网格77-耕地　　　　　　　　　　（b）网格77-盐荒地

（c）网格155-耕地　　　　　　　　　　（d）网格155-盐荒地

图 9.25　不同渠系水利用系数条件下灌区耕地及盐荒地盐分变化

应可减少 5.0%、9.0%、15.0%、16.7%、20%、23.1%，6 种不同节水组合方案见表 9.18。

表 9.18　　　　　　　　　　　　节 水 方 案 组 合 表

节水方案	渠系水利用系数（η）提高	渠首总引水量（W）减小/%
F1	0.566（η+5.3%）	5.0
F2	0.592（η+10.0%）	9.0
F3	0.632（η+17.6%）	15.0
F4	0.646（η+20.0%）	16.7
F5	0.673（η+25.0%）	20.0
F6	0.699（η+30.0%）	23.1

　　图 9.26 为不同节水方案组合下灌区排水量及排水电导率变化。方案 F6 渠系水利用系数最高，排水量值最小，约为 2.92 亿 m³，而方案 F1 渠系水利用系数最低，排水量最大，约为 4.95 亿 m³。同时可看出，当田间灌溉水量一定时，灌区排水电导率随渠系水利用系数的提高而增大。

　　假设灌溉定额不变时，田间渗漏量不变，灌区排水量和地下水埋深主要受渠系渗漏量的影响。而在不同渠系水利用系数方案设置中，总引水量保持不变，渠系渗漏量和田间渗漏量同时对排水量和地下水埋深产生影响。

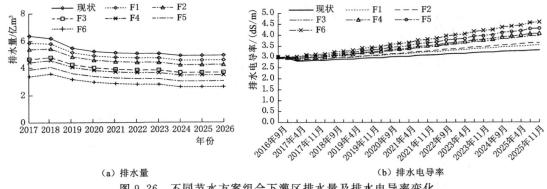

（a）排水量　　　　　　　　　　　　　　（b）排水电导率

图 9.26　不同节水方案组合下灌区排水量及排水电导率变化

　　图 9.27 为灌溉定额不变，不同渠系水利用系数和渠首引水量下灌区未来 10 年耕地和盐荒地 0～100cm 土层盐分动态变化情况。当田间灌溉量一定时，不同节水组合方案下耕地土壤盐分差异相对较小，同一时期，节水程度越高，耕地土壤盐分相对越小。原因是渠系水利用系数越高，渠首所需总引水越小，灌溉引入的盐分量也相对较小。这也与解放闸灌域灌溉定额不变，提高渠系水利用系数方案的模拟结果较为一致。

9.5.2　不同灌溉和秋浇定额

　　假设渠系水利用系数等条件不变，设置不同的灌溉定额，即假设末级渠道进入田间的灌溉水量不同，模拟不同灌溉定额对灌区排水量、排水电导率、地下水埋深以及土壤盐分的影响。在渠系水利用系数保持不变时，灌溉定额越大，所需引水量也越大，渠系渗漏水量也越大。各网格因所属控制区域不同，灌溉水量有所差异，在网格现有灌溉定额基础上，设置各网格生育期和秋浇期灌溉定额分别减少 20% 和 10%、增加 10% 和 20% 四种方案，研究灌溉

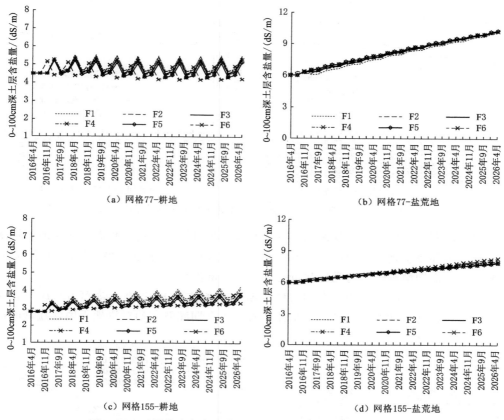

图 9.27 不同节水方案组合下灌区耕地及盐荒地土壤盐分变化

定额变化对区域排水量、排水电导率、地下水埋深以及土壤盐分的变化情况。

图 9.28 为生育期和秋浇期不同灌溉定额下灌区排水量及排水电导率变化。随生育期和秋浇期灌溉定额的增加，灌区排水量呈增加趋势，灌溉定额越大，灌区排水量越大。同一灌溉定额下，未来 10 年灌区排水量变化整体上呈先减小后趋于平稳的变化趋势，这

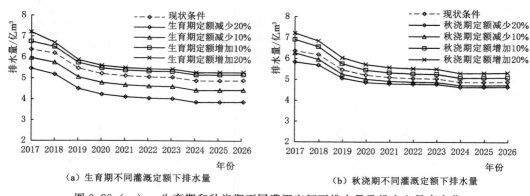

图 9.28 (一) 生育期和秋浇期不同灌溉定额下排水量及排水电导率变化

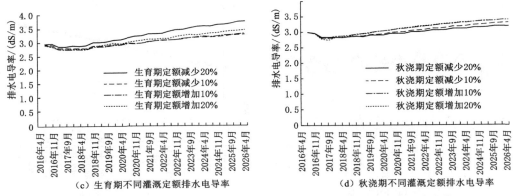

（c）生育期不同灌溉定额排水电导率

（d）秋浇期不同灌溉定额排水电导率

图 9.28（二） 生育期和秋浇期不同灌溉定额下排水量及排水电导率变化

可能与渠系渗漏量及田间深层渗漏量的变化有关。生育期灌溉定额越大，相应的年排水量越大，排水电导率也越小，而秋浇灌溉定额越大，盐分淋洗量越充足，排水电导率越大，短期较大的秋浇期灌溉量会对灌区盐分起到一定的淋洗作用。

图 9.29 和图 9.30 分别为生育期与秋浇期不同条件下未来 10 年灌区 0～100cm 耕地及盐荒地土层含盐量动态变化情况。整体来看，生育期灌溉定额对耕地土壤含盐量的影响

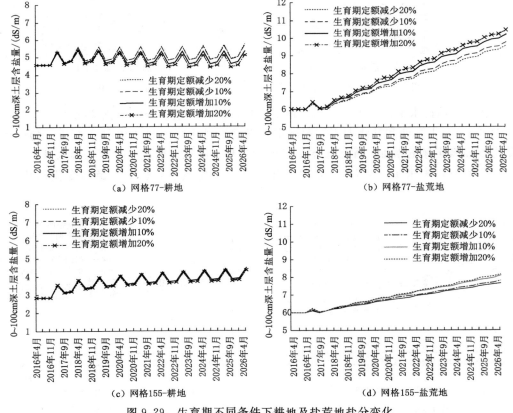

（a）网格77-耕地

（b）网格77-盐荒地

（c）网格155-耕地

（d）网格155-盐荒地

图 9.29 生育期不同条件下耕地及盐荒地盐分变化

相对较小，而秋浇期灌溉定额越大，土壤脱盐效果越好。当秋浇期灌溉定额太大时，土壤脱盐效果略微减弱。盐荒地土壤盐分整体呈持续增加趋势。

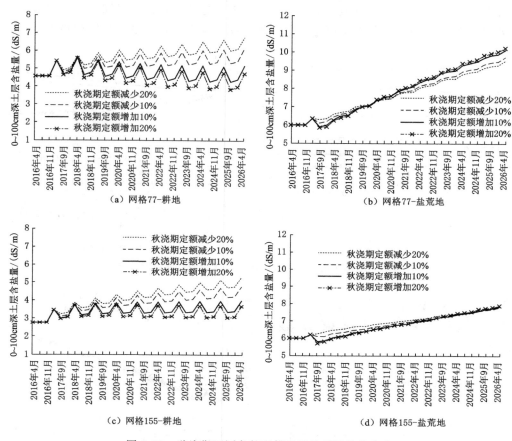

图9.30 秋浇期不同条件下耕地及盐荒地盐分变化

9.6 不同排水沟深对灌区水盐动态影响

假设其他条件不变，改变排水沟深度，设计排水沟深度分别为1.3m、1.5m、1.7m、2.0m和2.2m，研究不同排水沟深对区域水盐动态变化的影响。图9.31为不同排水沟深条件下灌区排水量及排水电导率变化，结果表明，排水量随着排水沟的加深而增大，在保持排水沟深恒定的情况下，排水量年际变化较为稳定。同一时期，排水沟越深，排水电导率越小；当沟深小于1.7m时，排水电导率呈明显增加趋势，当沟深大于1.7m时，排水电导率呈减小趋势，原因是排水沟越深，灌区排水效果越好，较大排水量会对排水中的盐分浓度起到一定的稀释作用。现状条件下（沟深$D_d = 1.5$m），灌区排水量约为5.31亿m³，当排水沟深增加到2.0m后，灌区排水量大约会增加1倍，仅从排水效果来看，沟深越大排水效果越显著，但灌区排水系统的设计应综合考虑水文地质条件、工程投资、维修养护等实际情况，加大排水沟深度需增加工程量和投资成本。

将网格 77 作为灌区上游代表，将网格 155 作为灌区下游代表，分析不同排水沟深下未来 10 年耕地及盐荒地 0～100cm 土层盐分动态变化情况（图 9.32）。灌区上游耕地土壤盐分呈轻微减小趋势，下游耕地土壤盐分呈明显增加趋势，且同一时期耕地土壤盐分随排水沟深的加深而减小。盐荒地土壤盐分受排水沟深影响不大，均呈持续增加趋势。

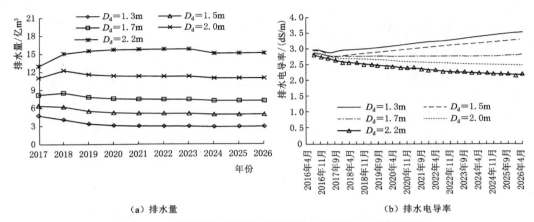

（a）排水量　　　　　　　　　　　　　　　（b）排水电导率

图 9.31　不同排水沟深条件下灌区排水量及排水电导率变化

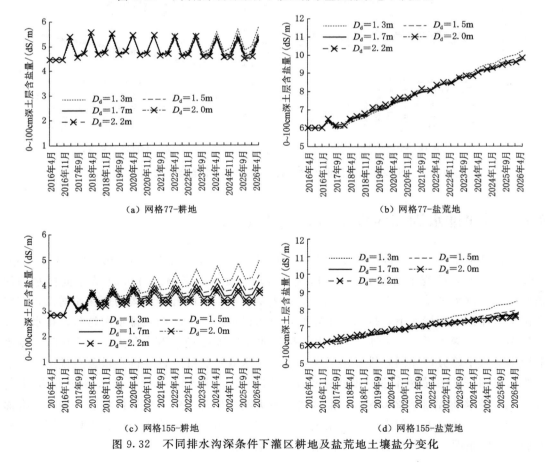

（a）网格77-耕地　　　　　　　　　　　　　（b）网格77-盐荒地

（c）网格155-耕地　　　　　　　　　　　　　（d）网格155-盐荒地

图 9.32　不同排水沟深条件下灌区耕地及盐荒地土壤盐分变化

9.7　方案对比分析

　　河套灌区引用黄河水除了发展农业之外，还具有改善和维系区域生态系统环境的功能，灌区节水策略和措施不但影响灌溉用水量，也会影响区域湖泊湿地面积和生态环境的变化。而乌梁素海作为河套灌区内最大的湖泊湿地，其水量补给主要来源于河套灌区农田退水。从灌区实际情况出发，对比分析不同节水方案效果，综合考虑灌区节水、排水、乌梁素海生态环境需水要求等，研究提出适宜的灌区灌排发展模式，为灌区农业与生态可持续发展提供理论依据。

　　河套灌区排水量包括排入乌梁素海水量、十排干排水量以及直接排入黄河的分干沟排水量。排入乌梁素海的水量主要包括总排干沟、八排干、九排干及新安扬水站排水量；灌区排入黄河的水量主要包括一些直接排入黄河的分干沟水量（干南、南一等分干沟）以及西山咀断面（乌梁素海退水量）的排退水量。计算排入乌梁素海水量的模拟值时，需采用灌区排水量模拟值减去十排干以及一些直接排入黄河的分干沟排水量值，其中十排干及直接排入黄河的分干沟排水量之和参考 2000—2016 年数据资料，取为 0.305 亿 m³。湖泊生态环境需水量与生态环境保护和改善目标等有关，本章乌梁素海生态需水量主要以已有研究成果作为参考。

9.7.1　不同方案水盐引排量与积盐量对比

　　以现状条件下灌区引水量、田间灌溉水量、渠系渗漏水量及灌区排水量等为基准，对比不同方案下灌区引水量、排水量、节水量等情况。参考乌梁素海生态需水量阈值，分析不同方案效果，进而提出适宜的节水策略及方案措施。不同节水方案对比见表 9.19。

　　在现状条件下，渠首总年引水量为 43.10 亿 m³，年均排水量约为 5.31 亿 m³，排水矿化度为 1.93g/L。维持现状乌梁素海水面面积及盐分需要的最小生态补水量为 0.61 亿 m³，未来 10 年灌区年均引盐量、排盐量、积盐量分别为 258.59 万 t、95.00 万 t、163.59 万 t，引用黄河水带入的盐分有 37% 可通过排水排出，63% 左右积累在灌区内部。现状排水量基本能满足乌梁素海最小生态需水要求，但未能满足改善乌梁素海生态环境目标下的需水要求，需利用灌溉间歇期或黄河凌汛期向乌梁素海补入一定的水量来改善乌梁素海水体环境。2012 年以来，灌区开展了乌梁素海抢救性保护措施，加大了乌梁素海生态补水量，在 2013—2016 年期间，乌梁素海生态补水量约为 2.56 亿 m³/a，有效提高了乌梁素海水体自净能力。

　　未来渠首总引水量继续减少时，需通过提高渠系水利用系数或改进田间节水措施来满足田间作物需水要求。同时灌区排水量、排盐量及维持乌梁素海水面面积所需最小生态补水量也会发生相应的变化。当灌区渠系水利用系数不变时，随着引水量的减小，渠系渗漏量减小，末级渠道进入田间的灌溉量也减小，灌区排水量减小，维持乌梁素海生态环境所需的最小生态补水量增加。当引水量减小 20% 时，可节约 8.62 亿 m³ 总水量，末级渠道进入田间的灌溉量由现状条件下 23.19 亿 m³ 减少到 18.55 亿 m³，乌梁素海所需最小补水量增加到 1.96 亿 m³。随着引水量的减小，灌区引盐量、排盐量和积盐量均呈减小趋势。

表9.19 不同节水方案对比

方案设置		变化量/%	渠首总引水量/亿m³	渠系渗漏量/亿m³	灌溉量/亿m³	灌区排水量/亿m³	灌区排水矿化度/(g/L)	乌海需补水量/亿m³	引盐量/万t	排盐量/万t	积盐量/万t	与现状相比变化量/%			与现状相比引水量变化/%
												引盐量	排盐量/%	积盐量/%	水量变化/%
现状条件		0	43.10	19.91	23.19	5.31	1.93	0.61	258.59	95.00	163.59				
渠首总引水量W减少		5	40.94	18.92	22.03	4.99	1.91	0.93	245.66	89.19	156.47	−5.00	−6.12	−4.35	−2.15
		10	38.79	17.92	20.87	4.67	2.04	1.26	232.73	87.75	144.98	−10.00	−7.63	−11.38	−4.31
		15	36.63	16.92	19.71	4.34	1.96	1.58	219.80	78.74	141.06	−15.00	−17.11	−13.77	−6.46
		20	34.48	15.93	18.55	3.97	2.01	1.96	206.87	84.32	122.55	−20.00	−11.24	−25.09	−8.62
渠系水利用系数η提高		10	43.10	17.59	25.51	5.23	1.98	0.70	258.59	95.61	162.98	0.00	0.65	−0.38	0.00
		20	43.10	15.27	27.82	5.15	2.02	0.77	258.59	95.84	162.75	0.00	0.89	−0.51	0.00
		30	43.10	12.96	30.14	5.06	2.06	0.86	258.59	96.38	162.20	0.00	1.46	−0.85	0.00
灌溉定额改变	生育期灌定额A生	−20	37.41	17.28	20.13	4.31	2.11	1.61	224.47	82.04	142.43	−13.19	−13.64	−12.93	−5.69
		−10	40.26	18.60	21.66	4.87	1.95	1.05	241.53	86.17	155.36	−6.60	−9.29	−5.03	−2.84
		+10	45.94	21.22	24.72	5.60	1.96	0.32	275.65	100.91	174.73	6.60	6.22	6.81	2.84
		+20	48.78	22.54	26.25	5.76	1.98	0.17	292.71	105.07	187.64	13.19	10.60	14.70	5.69
	秋浇期灌定额A秋	−20	40.16	18.56	21.61	4.97	1.84	0.95	240.99	86.00	154.99	−6.81	−9.47	−5.26	−2.93
		−10	41.63	19.23	22.40	5.13	1.90	0.79	249.79	90.24	159.55	−3.40	−5.01	−2.47	−1.47
		+10	44.56	20.59	23.98	5.58	1.95	0.34	267.39	100.06	167.33	3.40	5.33	2.29	1.47
		+20	46.03	21.27	24.77	5.84	1.96	0.09	276.19	104.52	171.67	6.81	10.02	4.94	2.93
不同节水组合	F1		40.94	17.75	23.19	4.94	1.93	0.98	245.66	88.16	157.50	−5.00	−7.20	−3.72	−2.15
	F2		39.22	16.01	23.21	4.60	1.97	1.32	235.32	83.31	152.01	−9.00	−12.31	−7.08	−3.88
	F3		36.63	13.46	23.18	4.01	2.15	1.91	219.80	79.03	140.77	−15.00	−16.81	−13.95	−6.46
	F4		35.90	12.72	23.18	3.81	2.20	2.11	215.40	76.80	138.61	−16.70	−19.16	−15.27	−7.20
	F5		34.48	11.29	23.19	3.36	2.33	2.56	206.87	71.18	135.69	−20.00	−25.07	−17.06	−8.62
	F6		33.14	9.96	23.18	2.93	2.33	3.00	198.86	65.07	133.78	−23.10	−31.50	−18.22	−9.96

排入乌梁素海的水量减少，排水矿化度增加，会对乌梁素海水体矿化度产生影响，同时田间灌溉量减小后，需采取一定的田间节水措施或调整种植结构来满足作物正常需水要求。

若保持田间灌溉量不变，当未来引水量减少 5％后，渠系水利用系数需提高 5.3％（方案 F1），10 年后灌区排水量为 4.94 亿 m³、排水矿化度为 1.93g/L、积盐量减少百分比（与现状相比）为 3.72％；若保持渠系水利用系数不变，总引水量减少 2.15 亿 m³（W 减少 5％），10 年后灌区排水量为 4.99 亿 m³、排水矿化度为 1.91g/L、积盐量减少 4.36％（与现状相比），W 减少 5％优于方案 F1。当引水量减少 15％时，保持田间灌溉量不变，渠系水利用系数需提高 17.6％（方案 F3），10 年后灌区排水量为 4.01 亿 m³、排水矿化度为 2.15g/L、积盐量减少 13.95％（与现状相比）；若保持渠系水利用系数不变，总引水量减少 6.46 亿 m³（W 减少 15％），10 年后灌区排水量为 4.34 亿 m³、排水矿化度为 1.96g/L、积盐量减少 13.77％（与现状相比）。总引水量减少量相同，渠系水利用系数越大，灌区排水量减少幅度越大，同时灌区排水矿化度增加量也越大，W 减少 15％优于方案 F3。当引水量减少 20％，也得到 W 减少 20％优于方案 F5。

当总引水量不变时，提高渠系水利用系数，渠系渗漏量减小，而末级渠道进入田间的灌溉量和田间渗漏量相应增大，但同一时期排水量随渠系水利用系数的提高而减小。因此，渠系渗漏量对灌区排水量影响较大。在引入盐分量不变的情况下，渠系水利用系数提高 30％以后，10 年后灌区积盐量较现状灌排条件下可减少 0.86％。同时，因用于田间的灌溉水量增大，可适当增大灌溉面积。从灌区积盐量及乌梁素海生态需水量角度考虑，渠系水利用系数越高，效果越好。然而提高渠系水利用系数需要的工程量、工程投资、运行维护费用等较高。

当灌区渠系水利用系数不变时，生育期和秋浇期灌溉定额不同，所需总引水量不同。排水量随灌溉定额的减小而减少，排水矿化度随生育期灌溉定额增加而减少，随秋浇期灌溉定额增加而增大。生育期灌溉定额减少 10％（$A_生$ 减少 10％）与秋浇期灌溉定额减少 20％（$A_秋$ 减少 20％）时，灌区所需总引水量相差不大。此时，$A_生$ 减少 10％对应的灌区排水量为 4.87 亿 m³、排水矿化度为 1.95g/L、灌区积盐量减少 5.03％，而 $A_秋$ 减少 20％对应的灌区排水量为 4.97 亿 m³、排水矿化度为 1.84g/L、灌区积盐量减少 5.26％。从排水量较大及灌区积盐量较小角度考虑时，当引水量减少量一定时，可优先考虑采取田间节水措施减少生育期灌溉定额，其次考虑减少秋浇期灌溉定额。

在现有种植结构及田间节水措施维持不变时，即末级渠道进入田间的灌溉量保持不变，灌区渠系水利用系数越高，所需总引水量越小，渠系渗漏量越小，相应的灌区排水量也越小，乌梁素海所需生态补水量越大。方案 F1 中渠系水利用系数增加 5.3％时，所需引水量减小 5％，灌区排水量及排水矿化度为 4.94 亿 m³、1.93g/L，所需生态补水量为 0.98 亿 m³。方案 F6 中当渠系水利用系数增加 30％时，在保持现有灌溉量不变情况下，所需引水量减小 23.1％，与现状引水量相比可节约 9.96 亿 m³ 的水量，灌区排水量由现状 5.31 亿 m³ 减小到 2.93 亿 m³，排水矿化度增加到 2.33g/L，乌梁素海所需最小生态补水量为 3.00 亿 m³。总之，随着节水量的增大，灌区排入乌梁素海水量减小，排水矿化度增大。

综上所述，基于现状条件，考虑灌区下游维持乌梁素海现有水面面积的最小生态需水量（5.62 亿 m³）及生态补水条件，未来引水量最多减少 15％，即最多节约 6.5 亿 m³ 水量为宜。当总引水量在现状基础上减少不到 5% 时（低水平），灌区所需总引水量最小为 40.94 亿 m³，可节约 2.15 亿 m³ 的水量，灌区排水量为 4.94 亿～4.99 亿 m³，乌梁素海所需生态补水量为 0.93 亿～0.98 亿 m³，若保持田间灌溉量不变时，渠系水利用系数需提高 5.3%（0.566）。总引水量减少 5%～10% 时（中水平），灌区所需总引水量为 38.79 亿～40.94 亿 m³，可节约 2.15 亿～4.31 亿 m³ 的水量，灌区排水量为 4.60 亿～4.99 亿 m³，乌梁素海所需生态补水量为 0.93 亿～1.32 亿 m³，若保持田间灌溉量不变时，渠系水利用系数需提高 5.3%～10%（0.566～0.592）。总引水量减少 10%～15% 时（高水平），灌区所需总引水量为 36.63 亿～38.79 亿 m³，可节约 4.31 亿～6.46 亿 m³ 的水量，灌区排水量为 4.01 亿～4.67 亿 m³，乌梁素海所需生态补水量为 1.26 亿～1.91 亿 m³，若保持田间灌溉量不变时，渠系水利用系数需提高 10.0%～17.6%（0.592～0.632）。当引水量减少量不大时，可优先考虑通过改进田间节水技术或调整作物种植结构减少田间灌溉水量。当引水量减少量较大时，可将田间节水措施与渠道衬砌等工程措施综合考虑。

通过以上方案对比，分析了各种方案设置条件下灌区排水量及乌梁素海所需生态补水量变化情况。灌区排水量随总引水量减小而减小，尽管通过各种措施可节约一定的水量，但同时需综合考虑下游维持乌梁素海现有水面面积和盐分所需的最小生态需水要求，并结合灌区实际生态补水能力全面综合考虑。本章节只考虑了维持乌梁素海现状水面面积和盐分的最小生态需水量，如从保护水质、改善水质角度出发，乌梁素海所需的生态补水量将更大。节水灌溉会改变灌区的水循环过程，影响水循环伴生的生态和环境过程，同时灌区水量可能存在上游排下游用、农业排生态用的现象，需将灌区节水与生态环境综合考虑。

9.7.2 不同方案水盐定量分析

河套灌区不同情景方案下水盐动态变化平衡分析情况见表 9.20。

现状条件下，河套灌区 2016—2026 年引盐量为 2504.11 万 t，1m 土层内储盐量变化为 383.92 万 t，其中耕地 122.85 万 t，盐荒地 261.07 万 t；2016—2026 年 1m 以下土层储盐量 2120.19 万 t，通过排水排出盐分 948.76 万 t，2026 年后 1m 以下土层储盐量 1171.44 万 t。现状灌排条件下，整个河套灌区耕地土壤盐分呈缓慢积聚趋势，灌区年均引盐量 250.41 万 t/a，其中，耕地年均积盐量变化为 12.28 万 t/a，盐荒地年均积盐量变化为 26.10 万 t/a。每年 1m 以下土层储盐量为 212.01 万 t/a，排水排出盐量 94.87 万 t/a，1m 以下土层储盐量变化量为 117.14 万 t/a。随着渠首总引水量减少、灌溉制度调整、节水改造工程以及盐碱地改良工程的实施，灌区水盐时空动态分布也会发生新的变化。

假设灌区渠系水利用系数、种植结构等不变，渠首总引水量减少 5%～20% 时，灌区引盐量及排盐量均随总引水量的减少而减少，2016—2026 年间引盐量由 2378.61 万 t 减少到 2003.29 万 t，排盐量由 913.36 万 t 减少到 763.74 万 t。2026 年耕地 1m 土层内储盐量变化由 515.23 万 t 增加到 936.95 万 t，盐荒地 1m 土层内储盐量变化由 235.91 万 t 减少到 191.87 万 t，1m 以下土层储盐量变化由 714.12 万 t 减少到 110.72 万 t。随着总引水量的减少，耕地 1m 土层盐分增加，1m 以下土层储盐量减少。可能原因是当渠首总引水量减少时，渠系渗漏量减少，末级渠道进入田间的灌溉量减少，用于淋洗盐分的秋浇量也相应减少，

表9.20　河套灌区不同情景方案下水盐动态变化平衡分析情况

方案	2016—2026年引盐量/万t	2026年1m土层内储盐量变化/万t		2026年1m以下土层储盐量/万t	2016—2026年排水排出盐分/万t	2026年1m以下土层储盐量变化/万t
		耕地	盐荒地			
现状条件	2504.11	122.85	261.07	2120.19	948.76	1171.44
渠首总引水量减少5%	2378.61	515.23	235.91	1627.48	913.36	714.12
渠首总引水量减少10%	2253.70	643.58	223.32	1386.80	851.10	535.70
渠首总引水量减少15%	2128.20	826.93	201.31	1099.96	821.32	278.65
渠首总引水量减少20%	2003.29	936.95	191.87	874.47	763.74	110.72
渠系水利用系数提高10%	2504.11	128.35	276.80	2098.96	951.51	1147.45
渠系水利用系数提高20%	2504.11	-106.35	305.11	2305.35	994.86	1310.49
渠系水利用系数提高30%	2504.11	-320.87	320.83	2504.15	1011.41	1492.74
生育期灌溉定额减少20%	2173.52	460.22	223.32	1489.97	831.97	658.00
生育期灌溉定额减少10%	2339.11	441.89	235.91	1661.31	893.18	768.14
生育期灌溉定额增加10%	2669.11	295.20	279.94	2093.97	998.39	1095.57
生育期灌溉定额增加20%	2834.12	203.52	279.94	2350.65	1022.97	1327.68
秋浇期灌溉定额减少20%	2333.30	808.60	223.32	1301.37	871.10	430.27
秋浇期灌溉定额减少10%	2418.70	588.57	235.91	1594.22	904.74	689.49
秋浇期灌溉定额增加10%	2588.94	221.86	261.07	2106.01	1000.26	1105.75
秋浇期灌溉定额增加20%	2674.34	60.51	267.36	2346.48	1056.90	1289.58
F1	2378.61	368.55	257.92	1752.14	919.88	832.27
F2	2278.68	368.55	264.21	1645.92	866.20	779.72
F3	2128.20	350.21	267.36	1510.63	794.58	716.05
F4	2085.79	295.20	267.36	1523.23	766.99	756.23
F5	2003.29	240.20	270.51	1492.59	699.70	792.89
F6	1925.43	-95.35	267.36	1753.42	634.05	1119.37

不利于耕地土壤脱盐，耕地土壤积盐严重。因此，灌区未来引黄水量配额继续减少时，需通过提高渠系水利用系数或改进田间节水措施来满足田间作物需水要求，同时，也需考虑灌区耕地土壤积盐以及灌区下游排水排盐情况。

　　假设渠系水利用系数等条件不变，设置不同的生育期/秋浇期灌溉定额，随生育期/秋浇期灌溉定额增加，灌区总引水量、引盐量以及排水排盐量均增大，耕地 1m 土层盐分减少，盐荒地盐分略微增加，1m 以下储盐量也增加。其中增加秋浇期灌溉定额，耕地 1m 土层储盐量变化量减小幅度较大。现状生育期灌溉定额量由 −10% 增加到 10% 时，2026 年耕地 1m 土层储盐量变化对应为 441.89 万 t 和 295.20 万 t，储盐量变化量减少 33.2%；而现状秋浇期灌溉定额量由 −10% 增加到 10% 时，2026 年储盐量变化对应为 588.57 万 t 和 221.86 万 t，储盐量变化减少 62.3%，说明秋浇淋洗更利用耕地土壤脱盐。短期内大量的秋浇灌溉可使土壤中的盐分溶解于水中，并通过排水将盐分排出灌区之外或进入到更深层土壤中，从而降低耕地土壤盐分。整体来看生育期灌溉定额对耕地土壤盐分的影响相对较小，而秋浇期灌溉定额对耕地土壤盐分影响较大，秋浇期灌溉定额越大，土壤脱盐效果越好。但当生育期/秋浇期灌溉定额太大时，地下水位升高，在强烈蒸发作用下，盐分随地下水向上运移，逐渐积累在土壤表层，容易造成土壤表层积盐。

　　假设灌区种植结构、田间节水措施等不变的情况下，末级渠道进入田间的灌水量不变。渠系水利用系数越高，灌区所需总引水量越小，渠道渗漏水量也越小，总引水量、引盐量以及排水排盐量均减少。在 F1～F6 情景方案下，2016—2026 年耕地 1m 土层储盐量变化由 368.55 万 t 减少到 95.35 万 t，盐荒地 1m 土层盐量变化不大，在 267 万 t 左右。

　　综上所述，在河套灌区水盐动态模拟分析过程中发现，现状灌排条件下，整个河套灌区耕地土壤盐分呈缓慢积聚趋势。当渠首总引水量一定时，未来渠系水利用系数越高，田间灌溉量越大，耕地土壤脱盐效果越好。史海滨等（2020）认为灌溉可以对土壤盐分进行有针对性的调控，进而达到脱盐效果。同时根据不同生育期灌溉定额和秋浇期灌溉定额模拟结果发现，随着秋浇期灌溉定额的增加，土壤脱盐效果变好。当秋浇期灌溉定额在现状基础上减少 10% 和 20%，增加 10% 和 20% 时，耕地土壤盐分 2026 年分别增加 32.4% 和 16.8%、减少 6.5% 和 16.1%，但当秋浇期灌溉定额太大时，土壤脱盐效果略微减弱，这和以往研究一致。李瑞平等（2009）提出秋浇灌溉可以起到淋洗盐分、蓄水保墒的作用，但对于不同程度的盐渍化土壤，需根据春播及苗期需水、耐盐的要求，定量确定不同盐渍化程度土壤的秋浇节水灌溉制度。不适宜的秋浇时间和水量或许还会加剧土壤次生盐渍化并危害作物生长。秋浇是河套灌区传统的秋后淋盐、春季保墒的一种特殊灌溉制度，它有正面的淋盐保墒作用，若秋浇期灌溉定额过大，不仅造成水资源浪费，而且还会助长土壤表层积盐，影响春小麦播种及增加苗期受到盐害的风险。

9.8　小结

　　本章基于率定和验证后的 SahysMod 模型，以 2016 年为基准年，结合灌区实际情况及未来发展，设置不同的情景方案，预测和对比分析不同情景方案下区域水盐动态。以

2003—2016 年乌梁素海生态补水量年均值（1.92 亿 m³）作为现状可补水量值，综合考虑灌区节约水量、保障灌溉农业发展、改善乌梁素海生态环境等因素，得出不同情况下的最佳用水管理及节水措施方案。主要得出以下结论：

（1）在现有灌排模式下，未来 10 年灌区年排水量呈先减小后逐渐稳定的趋势，年排水量均值为 5.31 亿 m³。灌区中上游耕地土壤盐分呈轻微减小趋势，而灌区下游耕地土壤盐分呈明显增加趋势。在预测前期，地下水埋深年际变化波动较大，埋深相对较浅，而在预测后期，地下水埋深逐渐趋于稳定。现状灌区排水量基本能满足乌梁素海最小生态需水要求，但未能满足改善乌梁素海生态环境目标下的需水要求，需利用灌溉间歇期或黄河凌汛期向乌梁素海补入一定的水量来改善乌梁素海水体环境。因此，灌区因地制宜的秋浇制度应综合考虑灌区节水增效、盐分淋洗、储水保墒等效果。

（2）加大排水沟深度可有效改善灌区排水效果，控制灌区地下水位，进而达到控制土壤盐分的目的。当排水沟深增加到 2.0m 后，灌区排水量大约会增加一倍。仅从排水及土壤脱盐效果来看，排水沟越深，排水及控盐效果越显著，但加大排水沟深需增加工程量和投资成本。

（3）随着引水量的减小，灌区引盐量、排盐量和积盐量均呈减小趋势，但排入乌梁素海的排水电导率呈升高趋势，这会对乌梁素海水体矿化度产生一定的影响。尽管通过各种节水策略和措施可节约一定的水量，但需综合考虑下游乌梁素海生态需水要求，并结合灌区实际生态补水能力等。

（4）未来引水量继续减少时，若灌区渠系水利用系数保持不变，则进入田间的灌溉量减小，需通过改进田间节水技术（如增加高效节水灌溉面积）或调整种植结构（如减少高耗水量作物种植面积）来满足作物用水需求。若灌区田间节水技术及作物种植结构不变时（灌溉量不变），需通过渠道衬砌等工程措施提高灌区渠系水利用系数。基于现状条件，同时考虑灌区下游维持乌梁素海现有面积的最小生态需水量（5.62 亿 m³）及生态补水条件，未来引水量最多减少 15%，即最多节约 6.5 亿 m³ 水量为宜。若田间灌溉量维持不变，渠系水利用系数可提高 17.6%。

（5）灌区排水量受渠系渗漏补给量的影响要大于田间渗漏补给量，当灌区总引水量减少量不大时，可优先考虑通过改进田间节水技术或调整作物种植结构减少田间灌溉水量，使得渠首总引水量一定条件下尽可能增加排入乌梁素海的排水量。当引水量减少量较大时，为保证作物需水要求，可综合考虑渠系与田间节水措施。

第 10 章

土地利用演变和种植结构调整对灌区
盐渍化格局的影响

本章在土地利用现状调查基础上，利用历史时期的遥感影像，通过构建分类系统与分类训练样本，采用监督分类法划分研究区土地利用格局，并对 1986—2016 年河套灌区土地利用格局时空演变特征进行分析。然后利用 CLUE - S 模型完成了研究区不同土地利用类型空间演变驱动因子的选取，并通过模型参数的设置，以 1986 年土地利用格局为基准，在 10 年和 30 年尺度上，分别对 1996 年和 2016 年土地类型进行模拟。最后利用经过验证的 CLUE - S 模型，分析主要作物种植结构调整、加大节水力度等措施对土壤盐渍化演变状况的影响，以 2016 年土地类型为基础，模拟预测河套灌区不同发展模式下 2026 年、2046 年的土壤盐渍化空间分布格局。

10.1　基于遥感的河套灌区土地利用格局时空演变

河套灌区土地利用系统复杂，类型繁多，由于特殊的气候、水文、土壤质地等条件，加之频繁的农业活动，河套灌区耕地长期以来遭受土壤盐渍化威胁，给农业生产及生态环境演变带来许多不利影响。基于遥感的土地利用分类研究是根据影像中不同土地利用像元的光谱差异性以及空间变化信息，通过选择合理的分类特征，按照某种规则对影像中不同土地类型像元进行区分，相同土地类型进行聚类，获得影像与真实地表的对应信息的过程。土地利用分类方法、分类系统以及分类训练样本是土地利用分类研究的关键环节。

10.1.1　数据来源和处理

10.1.1.1　地面调查

在利用遥感影像进行土地利用分类之前，首先对河套灌区进行实地考察，了解研究区土地利用现状，获取各类地物分类样本及分类精度评价验证区。野外实地考察时间为 2016 年 8 月 1—11 日，沿规划线路对研究区土地利用现状进行实地考察。在每个采样点处，利用手持 GPS 记录其经纬度，分别从四个方位对地物进行拍照，并记录摄影方位和主要地物类型，特别是耕地、林地、草地等在遥感影像中不易区分的类型，以及本研究重点关注地类，如盐荒地等，为建立土地利用分类样本及精度评价区提供地表真值。

10.1.1.2　遥感影像源和预处理

遥感影像通过亮度值或像元值来反映地物的光谱特征，是地表各种因子共同作用的综合结果。为了实现对研究区土地利用格局时空演变的长序列监测，选择与野外数据采集时间相近的遥感影像。综合考虑遥感影像的空间分辨率、数据质量及影像获得的难易程度等因素，选用 Landsat TM/ETM＋/OLI 卫星 1986 年、1990 年、1996 年、2002 年、2007 年、2010 年、2016 年和 2020 年与地面采样时间接近的影像。空间分辨率为 30m。同时相行列号为 128/32、129/31 和 129/32 三景影像即可完全覆盖整个河套灌区。本研究选用的遥感影像由美国地质勘探局网站和中国科学院计算机网络信息中心地理空间数据云平台提供。

基于 ENVI 5.1 软件平台，对获取的 8 个时相遥感影像进行几何校正、辐射定标与大气校正、影像镶嵌与裁剪、图像增强等预处理。

10.1.2　土地利用分类和时空演变分析方法

10.1.2.1　土地利用分类

根据研究目的及研究区土地利用特点，建立合理的土地利用分类系统是进行土地利用类型划分的重要依据，同时影响分类结果的表现形式以及应用领域（宫攀等，2006）。根据影像特征及土地利用类型的调查结果，并参考 2017 年修订的《土地利用现状分类》（GB/T 21010—2017），将河套灌区土地利用划分为耕地、草地、林地、水域、建设用地、盐荒地及未利用地 7 类。

分类方法是土地利用分类研究的核心，为划分不同土地利用类型提供判别规则。监督分类法是目前应用最广泛的土地利用分类方法之一，依据野外调查获得的地物先验知识与影像光谱特征，建立数量充足的分类训练样本，计算各种训练样本的统计信息，用土地类型判别规则对每个未分类像元与各类训练样本进行比较，最终将其划分到最接近的样本类别中，实现对研究区土地利用类型的划分（韩超峰，2008）。监督分类可以有效地减轻分类过程中的"同物异谱、异物同谱"现象，进而提高分类精度，获得较满意的分类结果（郭姝姝等，2016）。所以本研究选用监督分类法。

分类训练样本在监督分类中起关键作用，一方面，训练样本会对分类规则进行训练，使其更适合各种类别的分类要求；另一方面，训练样本是土地利用分类判别的参照标准（邓书斌，2014）。在土地利用分类过程中，分类训练样本的准确性将对分类结果产生重要影响，合理地选取分类样本是保证分类精度的前提。在野外实地考察基础上，参照遥感影像特征，根据定点调查记录的土地利用类型、经纬度等，通过人机交互式目视解译，在影像上建立数量充足的感兴趣区。按照 3∶1 的比例将感兴趣区分为训练样本和精度评价样本，使训练样本和精度评价样本均匀分布于研究区内，且涵盖所有类型。

分类训练样本选好后，采用 Jeffrries–Matusita 距离和转换分离度评价分类样本的分离性，这两个参数的值介于 0～2，大于 1.9 说明样本可分离性好，如果参数值低于 1.8，需要调整或重新选取分类样本，以提高不同类型样本间的可分离性（邓书斌，2014）。表 10.1 所示为土地利用初步分类中 7 类样本间的分离性参数，绝大部分参数值大于 1.9，说明不同类别样本之间可以很好地分离，但是，由于光谱特征的相似性，耕地、草地与林

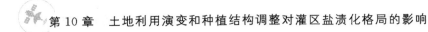

地，盐荒地与未利用地训练样本分离性略低（最小值为 1.84）。

表 10.1　　　　　　　　　　　　　　　　　　土地利用分类样本分离性参数

训练样本类型		Jeffrries – Matusita 距离	转换分离度
耕地	林地	1.88	1.98
	草地	1.84	1.96
	水域	1.99	2.00
	建设用地	1.99	1.99
	盐荒地	1.97	1.99
	未利用地	2.00	2.00
林地	草地	1.90	1.98
	水域	1.99	2.00
	建设用地	1.98	2.00
	盐荒地	1.96	2.00
	未利用地	2.00	2.00
草地	水域	2.00	2.00
	建设用地	1.98	1.99
	盐荒地	1.98	1.99
	未利用地	1.99	2.00
水域	建设用地	1.99	2.00
	盐荒地	2.00	2.00
	未利用地	2.00	2.00
建设用地	盐荒地	1.93	1.98
	未利用地	1.95	1.97
盐荒地	未利用地	1.87	1.92

　　精度评价是对土地利用分类结果的准确性进行评价，在一定程度上反映出研究方法的合理性以及分类结果的应用价值。本研究采用误差矩阵法对分类结果进行精度评价。误差矩阵通过统计指标来判别遥感影像分类结果与真实地表之间一致性，一致性越高，分类精度越高，反之亦然。由于现实中获取真实地表难度很大，所以，通常采用事先实地调查获取的精度评价样本与遥感分类结果进行对比分析，计算有多少像元被正确地归入各自所属类别。误差矩阵各行记录了真实地表验证区信息，数值等于地面真实像元在影像分类结果中属于相应类型的个数（或百分比），而各列记录着遥感影像的分类结果，数值为遥感影像分类结果中像元在地面真实像元相应类型中的个数（或百分比）（安永清等，2008；赵英时，2003）。误差矩阵还给出分类总体精度、Kappa 系数、制图精度、用户精度等评价指标。

　　以 2016 年为例，利用 2016 年野外调查获取的精度评价样本对土地利用分类结果进行精度评价，评价结果误差矩阵如表 10.2 所示。2016 年影像总体分类精度为 85.80%，Kappa 指数为 0.83，分类结果较满意。其中，分类精度最高的为水域，由于土地利用分类选用影像正值植被生长旺盛阶段，虽然进行了充分的实地考察，但影像分类过程中耕地、林地和草地像元间存在一定程度的互相干扰，影响了分类精度。建设用地的组成复杂，可涵盖景观用草地、林地，以及城市未利用地等，易与这些地类混淆，影响分类精度。盐荒地与未利用地中沙丘有相似的光谱特征，在分类过程中两者存在一定程度的混淆，影响分类精度。由于以前的实地调查数据已无法获取，而整个序列采用的分类方法相同，所以 2016 年的精度评价结果对其他年份的影像分类结果也具有参考价值。

表 10.2　　　　　　　　2016 年土地利用分类精度评价误差矩阵　　　　　　　　%

土地利用分类	耕地	草地	林地	盐荒地	建设用地	水域	未利用地	制图精度	用户精度
耕地	86.90	8.23	4.89	0.88	0.22	0.05	0.00	86.90	85.41
草地	11.74	82.91	10.92	0.12	0.19	0.00	5.98	82.91	81.40
林地	1.22	4.10	82.06	0.00	1.08	0.00	0.00	82.06	87.80
盐荒地	0.02	0.68	0.00	88.68	1.81	0.00	3.77	88.68	87.26
建设用地	0.09	2.24	1.71	2.02	87.51	0.34	4.34	87.51	82.68
水域	0.00	0.00	0.00	0.00	0.88	99.61	0.00	99.61	97.66
未利用地	0.03	1.84	0.42	8.30	8.31	0.00	85.91	85.91	89.47

10.1.2.2　土地利格局演变分析方法

（1）土地利用动态度。在土地利用分类基础上，引入土地利用动态度来表示各类土地利用面积逐年的变化情况。土地利用动态度是指研究区在一定时期内某种土地利用类型在数量上的变化情况。按照下式计算：

$$K = \frac{U_2 - U_1}{U_1} \frac{1}{T} \times 100\%$$　　　　　　　　（10.1）

式中：K 为研究时段内某一土地利用类型动态度；U_1、U_2 分别为某种土地利用类型在选定研究时段的初始时刻和结束时刻的面积；T 为研究时段长度，当研究时段设置为以年为单位时，K 的值等于研究区该种土地利用类型的逐年变化率（张叶等，2006；郝振纯等，2013）。

（2）土地利用转入率及转出率。某种土地利用类型在一定时期内的变化包括该类型转为其他类型（转出）与由其他类型转为该类型（转入）。根据式（10.2）和式（10.3）分析每种土地利用类型在各个时期的转移率（转入率和转出率）：

$$I_i = \frac{\sum\limits_{j=1}^{n-1} I_{ji}}{L_{tk}} \times 100\%$$　　　　　　　　（10.2）

式中：I_i 为土地利用类型 i 在 $t_0 \sim t_k$ 时间段内的土地利用转入率；I_{ji} 为在 $t_0 \sim t_k$ 时间段内由土地利用类型 j 转化为类型 i 的面积；L_{tk} 为土地利用类型 i 在 t_k 时点的面积；n 为研究区土地利用类型总数。

$$O_i = \frac{\sum\limits_{j=1}^{n-1} O_{ij}}{L_{t0}} \times 100\%$$　　　　　　　　（10.3）

式中：O_i 为土地利用类型 i 在 $t_0 \sim t_k$ 时间段内的土地利用转出率；O_{ij} 为在 $t_0 \sim t_k$ 时间段内由土地利用类型 i 转化为类型 j 的面积；L_{t0} 为土地利用类型 i 在 t_0 时点的面积；n 为

研究区土地利用类型总数（陈学渊，2015）。

10.1.3　灌区土地利用动态分析

10.1.3.1　土地利用空间格局

基于 ArcGIS 10.1 空间数据可视化表达功能，将河套灌区不同时期土地利用分布制作成系列专题图，结合河套灌区五大灌域（一干灌域、解放闸灌域、永济灌域、义长灌域和乌拉特灌域）矢量边界，分析 1986—2020 年河套灌区土地利用空间格局（图 10.1）。

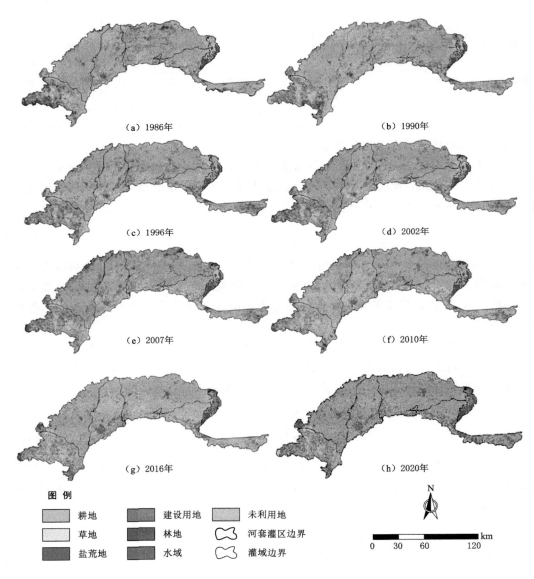

图 10.1　1986—2020 年河套灌区土地利用空间格局

总体来说，河套灌区不同土地利用类型在空间上呈交叉分布格局。1986—2020 年，灌区土地类型以耕地、未利用地和草地为主，其中河套灌区 2020 年土地利用面积见表 10.3。耕地在灌区范围内分布广泛，其中 93% 以上分布于解放闸、永济、义长和乌拉特灌域。未利用地规模较大，以一干灌域的乌兰布和沙漠为主，其余零散分布于研究区内。草地主要分布在耕地周边，且南部多于北部，这主要与南部靠近黄河，水源较充足有关。盐荒地多以斑块状零散分布于研究区，空间上多与草地、耕地及沙漠相邻，且在灌区西部乌兰布和沙漠边缘地带、灌区中部以及东北部形成盐荒地分布集中带，大范围的盐渍化斑块相连，成连续片状分布。建设用地主要与临河、杭锦后旗、五原、乌拉特前旗等旗县区重合，此外，农村居民点零散分布，且多与耕地相邻，这主要是为了方便田间劳作。水域以灌区东部乌梁素海为主，其余小水体零散分布于耕地、建设用地周边。林地占地面积最小，且分布极为零散。河套灌区土地利用空间分布规律与野外实地调查结果相符。

表 10.3　　　　　　　　　　　　　　河套灌区 2020 年土地利用情况

土地利用类型	面积/km²	比例/%	土地利用类型	面积/km²	比例/%
耕地	5583.86	48.19	水域	413.18	3.57
草地	1644.15	14.19	建设用地	1464.85	12.64
林地	226.64	1.96	未利用地	1339.95	11.56
盐荒地	914.09	7.89	合计	11586.72	100.00

10.1.3.2　不同土地利用时间变化

总体来看，各个时期河套灌区所有土地类型均发生了转入和转出，见表 10.4 和图 10.2。年均转出量为 679.72km²，其中，2007—2010 年间，土地面积年均转出量最大，为 905.37km²，2010—2016 年期间，年均转出量最小，为 467.40km²。未利用地和耕地的相互转移量占总转移面积的 65% 左右，而林地、建设用地和水域面积转移量不足总转移量的 8%。从不同时期的转入转出量变化来看，未利用地和林地的年均转出量呈现略微减小的趋势，年均转入量略有增加；耕地和盐荒地年均转入转出量均略有减少；草地和水域年均转出量增加，年均转入量减少；建设用地年均转入量明显增加。

表 10.4　　　　　　　　　　　　　　不同土地利用动态转变

土地类型	面积变幅/%	主要转入的土地利用面积占总转入的面积比例	主要转出的土地利用面积占总转出的面积比例
耕地	18.74	未利用地 64%，盐荒地 27.72%	未利用地 61.34%，盐荒地 26.05%
盐荒地	-24.06	耕地 63.46%	耕地 40.93%，草地 33.16%，未利用地 19.17%
林地	34.96	未利用地 76%	未利用地 77%
草地	25.89	1986—2007 年未利用地 62.1%，盐荒地 25.95%；2007 年以后，未利用地 60.38%，耕地 30.19%	1986—2002 年未利用地 70%；2002—2010 年盐荒地 60.33%，耕地 21.49%；2010 年后耕地 54.55%
建设用地	55.17	1986—2007 年耕地 67.83%；2007 年后未利用地 65%	未利用地

续表

土地类型	面积变幅/%	主要转入的土地利用面积占总转入的面积比例	主要转出的土地利用面积占总转出的面积比例
水域	−44.55	耕地、草地、未利用地和盐荒地	1986—2010 年耕地 55.65%，草地 26.61%；2010 年后未利用地 84.83%
未利用地	−32.02	—	1986—2007 年耕地 68.71%，草地 22.09%

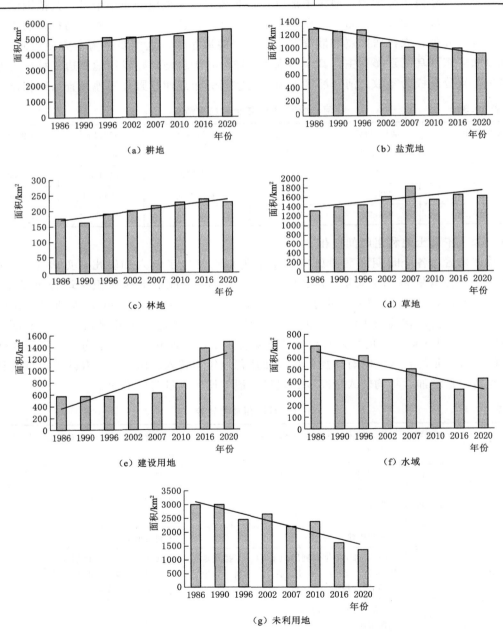

图 10.2　1986—2020 年不同土地利用面积变化

10.2 基于 CLUE－S 模型的河套灌区土地利用格局模拟

10.2.1 CLUE－S 模型介绍

10.2.1.1 模型原理与结构

CLUE－S 模型假设研究区的土地利用类型变化始终受该区域土地利用需求驱动，且土地利用空间格局总是和研究区的自然条件、社会经济发展状况处于动态平衡中。CLUE－S 模型基于系统理论，以栅格为基本单元，分析基准年份土地利用空间格局与各个驱动因子之间的关系，结合逐年土地类型面积需求，通过设置相应的土地类型转移规则，分别计算目标年份每个栅格中各种土地类型出现的概率。以占据主导地位的某一土地类型作为该栅格单元的土地类型，进而得出整个研究区模拟年份的土地利用空间格局（Verburg et al.，2002）。

CLUE－S 模型包括非空间分析模块和空间分析模块两部分（图 10.3）。其中，非空间分析模块用于计算研究区逐年各种土地类型需求量，即土地面积，这部分是独立于 CLUE－S 模型运行的。通过分析研究区土地利用面积变化的各类驱动因子，根据研究需要，采用线性内插、趋势外推、系统动力学模型预测等方法，计算逐年各类土地面积，作为土地需求输入数据序列（卞子浩等，2017）。空间分析模块是依据基准年份土地利用空间格局与驱动因子之间的关系，根据设置的转换规则，将各类土地面积在研究区栅格单元上进行空间分配，从而实现对目标年份土地空间格局的模拟研究（岳智慧，2017；杭云飞，2014）。

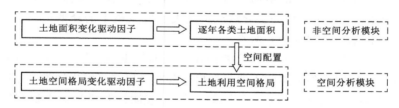

图 10.3 CLUE－S 模型结构

10.2.1.2 空间限制转换区

根据研究区实际情况，在 CLUE－S 模型运行过程中，将空间限制转换区考虑在内。对于有确定范围的限制区，例如自然保护区、基本农田保护区、水源保护区等，将限制区域制作成栅格文件输入 CLUE－S 模型，保障这些限制区在土地利用模拟过程中不发生转化。对于不易确定空间范围的限制区，例如林地禁伐区、草地封育区等，可以通过设置合理的转换规则来限定这类限制区的转化。

10.2.1.3 土地类型转换规则

CLUE－S 模型土地类型转换规则包括不同土地类型之间的转移次序与转移弹性系数 *ELAS*。本研究将河套灌区土地类型分为 11 类，通过 11×11 阶矩阵来设定不同土地类型之间的转移次序，其中，能发生转换设置为 1，否则，设置为 0。

土地利用转移弹性系数 *ELAS* 是指在某种情形下，各种土地类型保持自身稳定性的难易程度。由于各种土地类型的稳定度不同，*ELAS* 值介于 0～1。当 *ELAS* 值接近 0 时，土地类型稳定性差，极易向其他地类转移；当 *ELAS* 值接近 1 时，土地类型的稳定性好，向其他类型转移的难度大（陈学渊，2015）。

　　ELAS 值的设置对模拟结果影响较大，需要在详细分析研究区不同土地类型转移的历史基础上，参照模拟预测时期的土地利用规划，通过反复调试来设定。

10.2.1.4　土地类型空间适宜性

　　土地类型空间适宜性分析一般采用二元 Logistic 回归法。Logistic 回归通过对一个因变量和多个自变量进行多元线性回归分析，实现对因变量发生概率的预测。由于土地利用空间格局受研究区的自然条件、社会经济发展状况等多种因素的影响，分别建立各种土地类型与驱动因子之间的定量模型，计算每个栅格单元中出现各种土地类型的概率大小，将概率最大的土地类型确定为栅格的模拟结果（陈学渊，2015）。Logistic 回归模型结构如下：

$$\log\left(\frac{P_i}{1-P_i}\right) = \beta_0 + \beta_1 X_{1i} + \beta_2 X_{2i} + \cdots + \beta_n X_{ni} \tag{10.4}$$

式中：P_i 为栅格单元可能出现土地类型 i 的概率；β_0 为回归模型的常数项；X_{1i}，X_{2i}，$\cdots$，X_{ni} 为土地利用空间格局的各个驱动因子；β_1，β_2，$\cdots$，β_n 为各个驱动因子对应的回归系数；n 为驱动因子个数。

　　Logistic 模型的回归系数 β_i 说明了驱动因子 i 变化时土地类型的变化情况。当 $\beta_i > 0$ 时，表示栅格单元上某种土地类型的发生概率与驱动因子 i 呈正相关，即驱动因子 i 的增加会导致该土地类型发生概率的增加；当 $\beta_i < 0$ 时，表示土地类型的发生概率与驱动因子 i 呈负相关，即驱动因子 i 的增加会导致该土地类型发生概率的降低；当 $\beta_i = 0$ 时，表示土地类型的发生概率与驱动因子 i 无关。

　　对 Logistic 回归分析结果进行接收者操作特征曲线 ROC 检验，通过 ROC 曲线下的面积大小来评估由回归模型模拟的土地类型概率分布格局与真实土地类型空间格局之间的一致性。ROC 值一般介于 0.5～1，该值越接近 1，表明回归模型对土地利用格局的解释能力越强。通常 ROC 值大于 0.7 时，说明回归模型的模拟结果与地表真实土地利用格局具有较好的一致性。如果 ROC 值偏小，即接近 0.5，说明研究所选取的驱动因子不能很好地解释土地利用格局变化，需要重新选取土地利用变化的驱动因子。

10.2.2　土地利用变化驱动因子分析

　　筛选土地利用变化的驱动因子，进而探索其驱动机制，有利于更好地了解研究区土地利用变化过程，分析土地利用变化的内在机理，并为当前及未来土地利用格局演变提供基础支撑。

10.2.2.1　驱动因子选取

　　土地利用变化的驱动因子可分为自然因子和社会因子。自然因子一般较稳定，包括高程、坡度、坡向等；社会因子则具有动态性，易随时间发生演变，包括人口、经济、科技等方面。本研究综合考虑自然和社会因子，遵循如下原则进行驱动因子选取。

　　（1）数据的可获取性。驱动因子的选取是基于数据的可获取性进行的，通过查阅摘录统计年鉴、分析处理卫星遥感数据、地图矢量化以及实地考察等方式，获取研究所需驱动因子数据，并对数据的可靠性进行必要的核实。

（2）数据的一致性。数据的一致性包括时间尺度和空间尺度上的一致性。时间尺度的一致性是为了避免数据的缺失，保证在土地利用变化模拟的每个时间节点上都有相同的驱动因子数据资料。空间尺度的一致性是为了保证相同驱动因子的统计尺度相同，以及栅格化的驱动因子数据与土地利用数据空间分辨率、坐标体系等相同。

（3）数据可量化。驱动因子的选取要充分考虑因子的可量化性，经过量化的数据才能输入 CLUE-S 模型进行模拟预测，对于现阶段难以量化的因子，比如政策法规，虽然对土地利用类型变化影响大，但不可选作驱动因子参与模型运算。

（4）空间变异性。所选的驱动因子需要在空间位置上具有一定的变异性，才能体现出因子对土地利用分布格局的驱动作用。在研究区内各处取值都相同的因子不可作为土地利用的驱动因子。

（5）对土地利用类型影响显著。根据研究区土地利用格局的实际情况，选取对土地利用影响显著的因子，舍弃影响较小的因子，避免冗余，有助于提高模型模拟精度，保障模拟结果的精度和可靠性。

（6）全面性。研究区土地利用格局及演变是自然和社会双重影响的结果，一方面，坡度、坡向等自然因子对土地利用格局影响大；另一方面，在几十年的时间尺度上，社会经济发展会带动土地利用格局的演变。因此，驱动因子的选取需要综合考虑自然和社会因子（冯仕超等，2013）。

根据上述选取原则，在对研究区实地考察的基础上，共选取 10 个土地利用驱动因子，分别是高程、坡度、距主要城镇的距离、距主要道路的距离、距渠系的距离、距排水沟的距离、多年平均地下水埋深等自然因子，以及生产总值、人口密度、农业总产值等社会因子，见表 10.5。

表 10.5 土地利用变化驱动因子

驱动因子	驱动因子描述
高程	通过 DEM 数据获取的每个栅格中心的高程值
坡度	每个栅格表面与水平面的夹角
距主要城镇的距离	计算每个栅格中心距最近的主要城镇的距离
距主要道路的距离	计算每个栅格中心距最近的主要道路的距离
距渠系的距离	计算每个栅格中心距最近的总干渠和干渠的距离
距排水沟的距离	计算每个栅格中心距最近的总干沟和干沟的距离
多年平均地下水埋深	1986—2016 年平均地下水埋深经克里格插值所得栅格数据
生产总值	以旗县区为单元的总产值统计数据，旗县区包括磴口、杭锦后旗、临河、五原、乌拉特前旗
人口密度	以旗县区为单元，根据统计数据计算的人口密度数据
农业总产值	以旗县区为单元的农业总产值统计数据

10.2.2.2　空间分析

1. 确定模拟栅格单元

CLUE-S 模型对土地利用格局的模拟是基于栅格数据进行的，因此，在模拟之前，需要基于 ArcGIS 平台，将各个驱动因子数据进行栅格化处理。首先，确定模拟栅格大小。以往大部分研究所确定的栅格单元大小通常介于 100～500m，栅格单元越小，越能充分地体现出研究区土地利用格局的空间差异性，模拟精度越高；但若研究区范围大，设置栅格单元太小，容易造成数据冗余，进而影响模型模拟效率（Zhou et al.，2013）。由于本研究区范围较大，为了兼顾模型的模拟效率和精度，在其他参数采用默认值的情况下，在 100m×100m 栅格单元基础上，以 50m 为步长逐渐加大栅格尺寸，对比不同栅格尺寸下的模拟结果。经对比发现，模型在 250m×250m 的栅格单元下，Logistic 回归分析、模拟效率和精度均表现出较好的结果，所以，选定 250m×250m 的栅格单元进行模拟预测，将河套灌区分为 496 行、1094 列，共 178341 个栅格单元进行研究。

2. 驱动因子空间分析

（1）高程、坡度。河套灌区地面高程数据来源于地理空间数据云平台，空间分辨率为 30m，将其重采样至 250m×250m，转为 ASCII 文件，根据模型要求命名为 sc1gr0.fil。

基于 ArcGIS 10.1 3D 分析功能，在获取 DEM 的基础上，计算每个栅格单元的坡度，反映出栅格所在地面的倾斜程度。将坡度计算结果转为 ASCII 文件，根据模型要求命名为 sc1gr1.fil。

（2）距离因子。在基准年的土地利用分类结果中提取主要城镇、主要道路、渠系、排水沟，基于 ArcGIS 10.1 空间分析功能，应用欧氏距离，计算每个栅格单元中心到主要城镇的距离、到主要道路的距离、到渠系的距离、到排水沟的距离。将结果转换为 250m×250m 栅格单元，根据模型要求命名为 sc1gr2.fil、sc1gr3.fil、sc1gr4.fil、sc1gr5.fil。

（3）多年平均地下水埋深。将河套灌区管理总局提供的 1986—2016 年 219 眼观测井实测地下水埋深数据进行汇总，对每个站点数据取多年平均值，导入 ArcGIS 10.1 平台，并对其进行空间克里金插值，利用研究区矢量边界进行裁剪，得到研究区多年平均地下水埋深空间分布。将栅格数据转换为 250m×250m 的单元，根据模型要求命名为 sc1gr6.fil。

（4）社会经济因子。以旗县区为单元进行社会经济数据的收集，数据来源于 1986 年统计年鉴。将数据导入研究区旗县图层，分别建立生产总值、人口密度、农业总产值属性，社会经济因子空间分布。将社会经济数据转换为 250m×250m 的栅格单元，根据模型要求命名为 sc1gr7.fil、sc1gr8.fil、sc1gr9.fil。

3. 土地利用类型空间分布

土壤盐渍化是河套灌区主要的生态环境问题，因此，本研究进行土地利用格局模拟时，将不同等级的盐渍化耕地考虑在内。参与土地利用模拟的地类包括：非盐渍化耕地、轻度盐渍化耕地、中度盐渍化耕地、重度盐渍化耕地、极重度盐渍化耕地、盐荒地、林地、草地、建设用地、水域、未利用地共 11 类，并对不同土地利用类型分别进行编码（0～10）。以 1986 年为基准年，提取各土地类型空间分布，将栅格单元转换为 250m×250m 尺寸，将地类编码数据转为 ASCII 文件，命名为模型所需文件 cov_all.0。

CLUE-S 模型需要将每种土地类型与各个驱动因子进行 Logistic 回归分析，来探索各种地类空间格局与驱动因子间的关系。因此，需要对编码后的土地利用数据进行重分类，生成单一土地类型二值图。在土地类型二值图中，单一地类设置为 1，其余各类合并为 0。分别将各类土地类型二值数据转为 ASCII 文件，依次命名为 cov0. asc～cov10. asc。

10.2.2.3 Logistic 回归分析

基于 SPSS 18.0 平台，采用二元 Logistic 回归分析方法，对 11 种土地类型与各驱动因子进行回归分析，得到每种土地类型空间格局的主要驱动因子。首先利用 CLUE－S 模型的 convert 工具将各种土地类型二值文件 cov0. asc～cov10. asc 以及驱动因素文件 sc1gr0. fil～sc1gr9. fil 转成 SPSS 软件可以识别的文件。在 Logistic 回归模型中，将土地类型设置为因变量，将所有驱动因子作为自变量，分别对 11 种土地类型建立回归模型，获得各驱动因子的 β 系数（表 10.6）。β 系数可以反映出驱动因子变化导致土地利用格局的空间变化过程。将 β 值整理为 CLUE－S 模型的输入文件 alloc. reg。

通过 ROC 验证结果得知，极重度盐渍化耕地的 ROC 值为 0.783，盐荒地的 ROC 值为 0.737，林地的 ROC 值为 0.756，草地的 ROC 值为 0.735，建设用地的 ROC 值为 0.879，水域的 ROC 值为 0.833，未利用地的 ROC 值为 0.717，说明进入 Logistic 回归方程的各个驱动因子对极重度盐渍化耕地、盐荒地、林地、草地、建设用地和水域的空间格局具有很强的解释能力。另外，非盐渍化耕地、轻度盐渍化耕地、中度盐渍化耕地和重度盐渍化耕地的 ROC 值介于 0.6～0.7，表明所选取的驱动因子对这些土地类型的空间格局也具有一定的解释能力。各土地类型与所选驱动因子构建的 Logistic 回归模型，总体上能较好地解释河套灌区各种土地类型的空间格局，与地表真实土地类型接近程度较高。

根据 Logistic 回归分析的 β 系数值可知，驱动因子对各种土地类型有以下影响：

（1）对非盐渍化耕地的空间格局影响较大的因子为多年平均地下水埋深和高程，且两者与非盐渍化耕地分布格局均呈正相关，说明随着地下水埋深的增加，非盐渍化耕地的分布范围变大，这与前面章节关于耕地土壤盐渍化的解释一致。同时，研究区地势较平坦，在地势相对较高的区域排水条件较好，有利于耕地土壤中盐分的排出，越适宜非盐渍化耕地分布。

（2）对轻度盐渍化耕地空间格局影响较大的因子为多年平均地下水埋深和距主要城镇的距离，且均呈现正相关。说明轻度盐渍化耕地多分布于地下水埋深较大、距离主要城镇较远的地方。

（3）对中度盐渍化耕地空间分布影响较大的因子为多年平均地下水埋深和距排水沟的距离，且均呈现负相关，说明中度盐渍化耕地多分布于地下水埋深较小、距离排水沟较近的区域。随着地下水埋深变浅，潜水蒸发变强烈，地下水携带的盐分易向地表聚集，加重土壤盐渍化；同时，距离排水沟越近的地方，排水中的盐分越易聚集。

（4）对重度、极重度盐渍化耕地和盐荒地的空间格局影响较大的因子相同，均为多年平均地下水埋深和高程，且均呈负相关。地下水埋深的影响同前文所述。由于盐分易随灌溉水流汇集在低洼的地方，所以，地势偏低的区域，土壤盐渍化状况越严重。

（5）对林地和草地空间格局影响较大的因子为多年平均地下水埋深和坡度，且均呈现负相关。在地下水埋深较浅的区域，便于植被根系吸收水分，有利于树木和草生长，所以，

表 10.6　1986 年河套灌区各土地类型二元 Logistic 回归 β 系数值

驱动因子	β 系 数										
	非盐渍耕地	轻度盐渍耕地	中度盐渍耕地	重度盐渍耕地	极重盐渍耕地	盐荒地	林地	草地	建设用地	水域	未利用地
高程	0.3471	0.0166	-0.1047	-0.2230	-0.3017	-0.2495	0.0508	0.0109	0.0144	-0.1900	-0.0175
坡度	0.0314	-0.0269	-0.0591	-0.0504	—	-0.1049	-0.1205	-0.0934	—	—	0.0599
距主要城镇的距离	—	0.1017	0.0982	—	—	—	0.0337	—	0.1028	0.0279	0.1074
距主要道路的距离	—	—	—	—	0.0188	0.0109	0.0961	0.0097	0.0322	0.0202	0.2917
距渠系的距离	—	-0.0015	-0.0081	-0.0104	-0.0112	—	-0.0037	—	—	-0.3074	0.2604
距排水沟的距离	0.2418	—	-0.1808	-0.2001	-0.2975	-0.2307	-0.1099	-0.2540	—	-0.3033	—
多年平均地下水埋深	0.4918	0.1649	-0.1203	-0.3086	-0.3317	-0.3962	-0.1099	-0.2540	0.0153	-0.4101	-0.0082
生产总值	0.0404	0.0076	-0.0128	-0.0260	-0.0302	-0.2388	0.0306	0.0114	0.3187	0.0163	-0.1202
人口密度	0.0064	-0.0282	-0.0256	-0.0203	0.0206	0.0085	0.0044	0.0126	0.4204	0.0774	-0.1988
农业总产值	0.0110	0.0174	-0.0299	-0.0094	-0.0026	-0.0138	0.0296	0.0178	0.2019	—	—
Logistic 回归方程常数项	-3.7415	-1.9218	2.4410	3.7579	1.2483	2.0802	-1.399	-2.8004	-1.7565	-2.0014	-3.3960

注 表中 "—" 表示该因子未进入二元 Logistic 回归模型。

林地和草地多分布于此。此外，研究区林地和草地多分布于坡度较小的区域。

（6）对建设用地的空间格局影响较大的因子为生产总值和人口密度，且均呈正相关，说明在人口密度大、总产值高的区域，对建设用地的需求大，分布范围较广。

（7）对水域的空间格局影响较大的因子为地下水埋深、距渠系的距离和距排水沟的距离，且均呈负相关关系。为了便于灌溉供水和排水，渠系、排水沟与水域空间距离较近。地下水埋深较浅的区域水域分布也较多。

（8）影响未利用地空间格局的因子主要为距渠系的距离和距主要道路的距离，且均为正相关。距渠系偏远的地方不利于灌溉，因此农林草业在这些区域土地利用率较低；距主要道路偏远的地方，由于交通运输不便，建设用地也较少分布，所以这些区域未利用地分布较广泛。

10.2.3　CLUE-S 模型构建和验证

10.2.3.1　模拟方法与步骤

1. 逐年土地面积计算

以 1986 年为模拟基准年，通过 CLUE-S 模型分别对 1996 年、2007 年、2016 年的土地利用空间格局进行模拟，并用相应年份的遥感影像解译及耕地盐碱化等级划分结果进行验证，从而评估 CLUE-S 模型在 10 年、30 年尺度的土地类型模拟精度是否满足需求。

在模拟时期内，以 1986 年、1990 年、1996 年、2002 年、2007 年、2010 年和 2016 年的遥感影像解译面积为基础，并假定各种土地类型的面积在各个时期内分别以恒定速率变化，利用线性内插法推算出 1986—2016 年间各种土地类型面积（表 10.7）。将内插所得 1986—1996 年与 1986—2016 年的逐年土地类型面积按模型要求分别保存为 demand.in1、demand.in2 文件。

2. 模型输入设置

（1）土地类型转移次序设置。根据 1986—2016 年土地利用遥感研究结果，研究区土地利用类型之间均可发生转变，所以土地类型转移次序文件为全部是 1 的矩阵，命名为 allow.txt。

（2）土地类型转移弹性设置。根据前面计算的各种土地类型的转出率，结合土地利用格局的演变历史，初步设置 1986—1996 年和 1986—2016 年的土地类型转移弹性系数 ELAS。对比 CLUE-S 模拟结果与对应年份遥感分类结果，最终确定 ELAS 见表 10.8。

以 1986 年模拟 1996 年土地格局为例，来说明 ELAS 的设置情况。1986—1996 年间，随着社会经济发展，对土地开发利用程度增加，加之未利用地发生转变成本低，大量未利用地转为其他地类，转出率高达 27.68%，先初步设置 ELAS 并运行 CLUE-S 模型，考察模拟面积与遥感解译结果的接近程度，经过多次调整，最终将 ELAS 设置为 0.45，用同样方法确定其他土地类型的 ELAS。草地和盐荒地的稳定性也偏低，且两者易发生相互转化，转出率分别为 22.84% 和 21.42%，将 ELAS 均设置为 0.55。河套灌区耕地面积大，分布广泛，由于灌排、季节等因素的影响，土壤含盐量处于动态变化中，因此，不同等级的盐渍化耕地容易发生相互转化，或转变为其他地类。不同等级耕地的转出

表 10.7　河套灌区 1986—2016 年各种土地类型面积内插结果

单位：hm²

年份	非盐渍化耕地	轻度盐渍化耕地	中度盐渍化耕地	重度盐渍化耕地	极重度盐渍化耕地	盐荒地	林地	草地	建设用地	水域	未利用地
1986	169334	130001	86000	67334	2667	129667	17733	132601	55267	56016	312053
1987	157501	139834	84667	71000	4333	128084	17417	134584	55850	56129	309273
1988	145667	149667	83334	74667	6000	126501	17100	136567	56434	56241	306494
1989	133834	159501	82000	78334	7667	124917	16783	138551	57017	56354	303714
1990	122001	169334	80667	82000	9333	123334	16467	140534	57600	56467	300935
1991	132667	166223	82000	80667	8889	124112	16956	141101	57300	56622	292135
1992	143334	163112	83334	79334	8444	124890	17445	141667	57000	56777	283336
1993	154001	160001	84667	78000	8000	125667	17933	142234	56700	56932	274536
1994	164667	156890	86000	76667	7556	126445	18422	142801	56400	57087	265737
1995	175334	153779	87334	75334	7111	127223	18911	143367	56100	57242	256937
1996	186001	150667	88667	74000	6667	128001	19400	143934	55800	57397	248138
1997	188112	152334	87112	72223	6444	124412	19478	146767	56389	56275	249126
1998	190223	154001	85556	70445	6222	120823	19556	149601	56978	55154	250115
1999	192334	155667	84000	68667	6000	117234	19633	152434	57567	54032	251103
2000	194445	157334	82445	66889	5778	113645	19711	155267	58156	52910	252091
2001	196557	159001	80889	65111	5556	110056	19789	158101	58745	51789	253080
2002	198668	160667	79334	63334	5333	106467	19867	160934	59334	50667	254068
2003	201068	161067	78667	62800	5867	105494	20227	165859	59747	50480	247396

续表

年份	非盐渍化耕地	轻度盐渍化耕地	中度盐渍化耕地	重度盐渍化耕地	极重度盐渍化耕地	盐荒地	林地	草地	建设用地	水域	未利用地
2004	203468	161467	78000	62267	6400	104521	20587	170785	60160	50294	240724
2005	205868	161867	77334	61734	6933	103547	20947	175710	60574	50107	234052
2006	208268	162267	76667	61200	7467	102574	21307	180636	60987	61285	216015
2007	210668	162667	76000	60667	8000	101601	21667	185561	61400	49734	220708
2008	214001	157779	79778	60667	6667	102867	21956	175708	66645	45800	226806
2009	217334	152890	83556	60667	5333	104134	22245	165854	71889	41867	232903
2010	220668	148001	87334	60667	4000	105401	22533	156001	77134	37934	239001
2011	221001	151667	85778	61223	4333	104245	22767	157823	78571	38669	232594
2012	221334	155334	84223	61778	4667	103089	23000	159645	80009	39405	226188
2013	221668	159001	82667	62334	5000	101934	23233	161467	81447	40141	219781
2014	222001	162667	81112	62889	5333	100778	23467	163290	82885	40877	213374
2015	222334	166334	79556	63445	5667	99623	23700	165112	84322	41612	206967
2016	222668	170001	78000	64000	6000	98467	23933	166934	85760	42348	200560

表 10.8　土地类型转移弹性系数 ELAS

土地类型	非盐渍化耕地	轻度盐渍化耕地	中度盐渍化耕地	重度盐渍化耕地	极重度盐渍化耕地	盐荒地	林地	草地	建设用地	水域	未利用地
1986 年模拟 1996 年	0.70	0.65	0.60	0.60	0.55	0.55	0.70	0.55	0.90	0.80	0.45
1986 年模拟 2016 年	0.60	0.60	0.65	0.60	0.60	0.50	0.75	0.60	0.90	0.75	0.30

率分别为非盐渍化 14.26％、轻度 18.97％、中度 18.43％、重度 16.41％和极重度 19.17％，经过反复调整，最终确定 ELAS 依次为 0.70、0.65、0.60、0.60 和 0.55。河套灌区林地面积小，转出率为 11.71％，将 ELAS 设置为 0.70。除了乌梁素海等稳定性较高的水域外，研究区还存在一些小坑塘、小水池等，在干旱半干旱气候下，这些小型水域较易向其他地类转化，故将水域的转移弹性设置为 0.80。随着人口的增加，对建设用地的需求量持续加大，在保持原有建设用地较高的稳定性基础上，面积不断增加，加上建设用地转出成本高，转出率最低，将 ELAS 设置为 0.90。

（3）区域限制文件。本研究不设置限制区域，故所需区域限制文件为全部是 0 的栅格数据，并将文件转化为 ASCII 文件，命名为 region_nopark.fil。

（4）主文件设置。按表 10.9 设置 CLUE-S 模型主文件 main.1，并将设置好的 main.1、cov_all.0、demand.in1 与 demand.in2、region_nopark.fil、allow.txt、sc1gr0.fil～sc1gr9.fil、alloc.reg 等七类文件保存于 CLUE-S 模型安装文件夹，即可进行模拟预测。

表 10.9　CLUE-S 模型主文件（main.1）参数设置（以 1986 年模拟 1996 年为例）

项　目	数据类型	参数设置
土地类型数量	整型	11
模拟区域数量	整型	1
Logistic 回归模型中驱动因子个数的最大值	整型	9
驱动因子数量	整型	10
模拟区域栅格行数	整型	496
模拟区域栅格列数	整型	1094
栅格单元大小/hm²	浮点型	6.4
原点横坐标/m	浮点型	609971.9
原点纵坐标/m	浮点型	4456148.1
各土地类型编号	整型	0, 1, 2, 3, 4, 5, 6, 7, 8, 9, 10
各土地类型转移弹性系数	浮点型	0.70, 0.65, 0.60, 0.60, 0.55, 0.55, 0.70, 0.55, 0.90, 0.80, 0.45
迭代变量系数	浮点型	0, 0.3, 1
模拟起止年份	整型	1986（起），1996（止）
动态驱动因子数量与编号	整型	0
输出文件选择	0、1、-2 或 2	1
特定区域回归选择	0、1 或 2	0
土地利用历史初值	0、1 或 2	1, 2
邻近区域计算选项	0、1 或 2	0
区域特定优先值	整型	0

10.2.3.2　模拟结果

1. 1996 年模拟结果

根据设定好的参数运行 CLUE-S 模型，以 1986 年河套灌区土地利用数据为基础，模拟 1996 年的土地利用空间格局如图 10.4 所示。

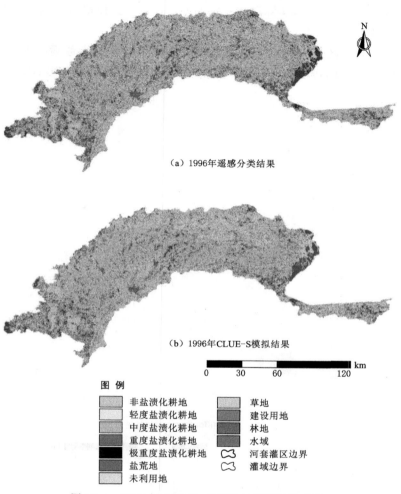

（a）1996年遥感分类结果

（b）1996年CLUE-S模拟结果

图 例

非盐渍化耕地	草地
轻度盐渍化耕地	建设用地
中度盐渍化耕地	林地
重度盐渍化耕地	水域
极重度盐渍化耕地	河套灌区边界
盐荒地	灌域边界
未利用地	

图 10.4　1996 年 CLUE-S 结果与遥感结果对比

将 CLUE-S 模拟结果与 1996 年遥感精细分类结果进行叠加分析，利用 ENVI 5.1 平台波段运算工具对两个图层进行相减运算，结果为 0 的栅格即为正确模拟栅格，统计正确模拟的栅格数量，并用模拟准确率和 Kappa 指数进行模拟精度评价。1996 年正确模拟的栅格数量为 130681，占研究区栅格总数的 73.28%，Kappa 指数为 0.71。

在河套灌区 11 类土地利用类型中，非盐渍化耕地、轻度盐渍化耕地、盐荒地、林地、草地、建设用地和水域模拟结果与遥感精细分类结果一致性较好，准确率均达到 80% 以上，这与驱动因子空间分析的 ROC 检验结果较一致，说明所选驱动因子对这些土地类型空间演变具有较好的解释能力。然而，中度和重度盐渍化耕地的模拟精度偏低，准确率仅为 69.74% 和 62.98%，与遥感分类结果相比，这两种地类的模拟结果在空间上集中程度偏低，多以小斑块分散分布，对研究区北部边界处中度和重度盐渍化耕地集中带的模拟效果较差。多年平均地下水埋深是驱动中度和重度盐渍化耕地空间演变的重要因子，本研究通过定点观测数据空间插值的方法获取每个栅格的地下水埋深，由于北部边界处观测点少，栅格插值的地下水埋深与实际存在一定偏差，这是导致模拟精度偏低的重要原因。

2. 2016 年模拟结果

以 1986 年河套灌区土地利用数据为基础，根据设定好的参数运行 CLUE-S 模型，模拟得到的 2016 年土地利用分布成果与遥感反演获得的分类结果对比如图 10.5 所示。

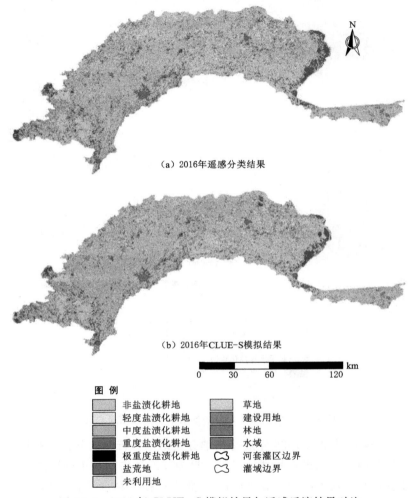

（a）2016年遥感分类结果

（b）2016年CLUE-S模拟结果

图 10.5　2016 年 CLUE-S 模拟结果与遥感反演结果对比

将 CLUE-S 模拟结果与 2016 年遥感精细分类结果进行叠加分析，利用 ENVI 5.1 平台波段运算工具对两图层进行相减运算，结果为 0 的栅格即为正确模拟栅格，统计正确模拟的栅格数量，并用模拟准确率和 Kappa 指数进行模拟精度评价。2016 年正确模拟栅格数量为 130681，占研究区栅格总数的 70.41%，Kappa 指数为 0.67。

与遥感分类结果对比分析可知，非盐渍化耕地、盐荒地、林地和建设用地模拟结果较好，准确率均高于 80%，说明设置的驱动因子与转换规则能够反映土地利用空间变化情况。但是，轻度和重度盐渍化耕地模拟精度偏低，准确率为 64.01% 和 61.52%。2016 年

CLUE-S模拟结果与遥感分类结果主要在以下方面存在差异：在模拟结果中，轻度和重度盐渍化耕地分布分散，对于研究区西北部、东北部、南部轻度和重度盐渍化耕地集中区域模拟效果不理想。模拟水域在研究区东北部、临河区附近偏大，西部边界和乌梁素海偏小。

通过利用CLUE-S模型，以1986年为基准年，对1996年和2016年的土地利用空间格局模拟结果较好，说明所选取的10类驱动因子对河套灌区土地利用格局空间演变具有较好的解释能力，设置的土地利用转换规则较贴近实际演变过程，应用CLUE-S模型能够在10年和30年尺度上对河套灌区的土地利用格局进行较好的模拟。

10.3　种植结构调整对土壤盐渍化空间格局的影响

10.3.1　种植结构调控情景设置

1986—2016年河套灌区主要作物种植结构发生了剧烈变化，由1986年以小麦、玉米、葵花和其他杂粮为主要作物类型，转变为2016年以葵花、小麦、玉米和瓜菜为主要作物类型；且种植面积最大的作物类型由小麦转变为葵花。由于种植不同作物会对土壤理化性质产生不同影响，因此，以引黄灌溉用水总量作为刚性约束，通过调整主要作物种植面积来驱动土壤盐渍化面积变化。

河套灌区灌溉用水量占全部用水量的98%，2000年研究区开始实施节水改造以来，灌溉用水量由51.68亿 m^3（1986—2000年平均值）降至45.29亿 m^3（2016年），灌区土壤盐渍化状况得到明显改善。但目前，研究区渠系输水渗漏仍然较重，灌水方法和技术依旧落后，农民节水意识还不强，导致渠系水利用系数和田间水利用系数偏低，在一定程度上限制了节水效果，同时也反映出研究区还存在较大的节水潜力。鉴于此，通过加大节水设施的改造力度、加强农田基本建设和灌溉用水科学管理、实行井渠结合等措施，降低灌溉水损失，进一步减少引黄灌溉水量，从而驱动土壤盐渍化面积变化。综上，构建五种土壤盐渍化分析情景，并根据后面的土壤盐渍化面积预测模型推算逐年土壤盐渍化面积。

情景一：1986—2016年河套灌区小麦种植面积平均每年减少3332.71hm²，若长期照此速度发展下去，很可能导致农业发展不平衡，危及区域粮食安全。假设2016—2046年研究区以最大速度扩大小麦种植面积，以尽快恢复种植结构均衡，因此，分别设置小麦增速为2000hm²/a、4000hm²/a、6000hm²/a和8000hm²/a共4种增长情景。根据下面土壤盐渍化面积预测模型推算逐年土壤盐渍化面积。以耕地承载能力及引黄灌溉用水总量作为刚性约束，根据各种作物生育期需水量的差异性，以水定作，确定其他主要作物种植面积。

情景二：1986—2016年河套灌区玉米种植面积平均每年增加3227.27hm²。假设2016—2046年研究区继续加大玉米的种植面积，分别设置玉米增速为4000hm²/a、6000hm²/a、8000hm²/a和10000hm²/a共4种增长情景。根据下面土壤盐渍化面积预测模型推算逐年土壤盐渍化面积。以引黄灌溉用水总量作为刚性约束，推求其他主要作物种植面积。

情景三：1986—2016年河套灌区葵花种植面积平均每年增加6923.90hm²。假设

2016—2046 年研究区继续增加葵花种植面积，分别设置增速为 4000hm²/a、6000hm²/a、8000hm²/a 和 10000hm²/a 共 4 种增长情景。根据下面土壤盐渍化面积预测模型推算逐年土壤盐渍化面积。以引黄灌溉用水总量作为刚性约束，推求其他主要作物种植面积。

情景四：1986—2016 年河套灌区瓜菜种植面积平均每年增加 4299.87hm²，且增速逐步放缓。分别假设 2016—2046 年瓜菜增速为 4000hm²/a、6000hm²/a、8000hm²/a 和 10000hm²/a 共 4 种情景。根据下面土壤盐渍化面积预测模型推算逐年土壤盐渍化面积。以引黄灌溉用水总量作为刚性约束，推求其他主要作物种植面积。

情景五：参考朱正全等（2016，2017）成果以及《内蒙古自治区巴彦淖尔市水资源综合规划报告（2005）》对节水潜力及目标的分析，假设河套灌区在保障主要作物灌溉面积维持 2016 年水平不变的前提下，通过加大节水力度，以 0.5 亿 m³/a 的速度进一步削减引黄灌溉用水量至 2030 年的 38 亿 m³、2046 年的 30 亿 m³。根据下面土壤盐渍化面积预测模型推算逐年土壤盐渍化面积。

其余已利用地按照 1986—2016 年平均速率演变，分别为林地逐年增加 206hm²，草地逐年增加 1144hm²，建设用地逐年增加 1016hm²，水域逐年减少 867hm²，未利用地随之减少。

10.3.2　土壤盐渍化面积预测方法

由于各种作物对土壤含盐量的敏感性不同，不同作物种植对土壤含盐量的影响也不同，因此，作物种植结构在一定程度上会影响土壤盐渍化面积与分布格局。利用 1986—2016 年河套灌区逐年气象、水文、种植结构等数据，构建不同盐渍化等级耕地和盐荒地面积预测模型。基于 DPS 数据处理系统，以降水量（x_1，mm）、蒸发量（x_2，mm）、小麦面积（x_3，hm²）、玉米面积（x_4，hm²）、葵花面积（x_5，hm²）、瓜菜面积（x_6，hm²）、引黄灌溉量（x_7，亿 m³）、平均地下水埋深（x_8，m）作为自变量，采用偏最小二乘回归法，分别建立不同等级盐渍化耕地和盐荒地面积预测回归模型。从 1986—2016 年共 31 组土地面积和影响因子数据中随机抽取 20 组用于模型构建，其余 11 组用于模型精度验证，结果见表 10.10。

表 10.10　　　　　　不同等级盐渍化耕地与盐荒地面积预测模型　　　　　　单位：hm²

地类名称	预测模型	R^2	
		模拟期	验证期
非盐渍化耕地	$y = 206526.119 - 19.162x_1 - 5.811x_2 - 0.062x_3 + 0.110x_4 + 0.072x_5 + 0.126x_6 - 923.884x_7 + 21343.925x_8$	0.71	0.67
轻度盐渍化耕地	$y = 166435.978 + 6.590x_1 - 1.372x_2 - 0.003x_3 + 0.013x_4 + 0.010x_5 + 0.014x_6 - 102.126x_7 + 2702.820x_8$	0.56	0.53
中度盐渍化耕地	$y = 83669.739 - 0.654x_1 - 0.043x_2 + 0.004x_3 - 0.006x_4 - 0.004x_5 - 0.010x_6 + 58.885x_7 - 1696.116x_8$	0.58	0.56

地类名称	预 测 模 型	R^2	
		模拟期	验证期
重度盐渍化耕地	$y = 67445.795 + 5.648x_1 + 0.738x_2 + 0.015x_3 - 0.022x_4 - 0.015x_5 + 0.030x_6 + 204.362x_7 - 5013.304x_8$	0.74	0.69
极重度盐渍化耕地	$y = 5465.905 + 2.019x_1 + 0.208x_2 + 0.002x_3 - 0.002x_4 - 0.002x_5 + 0.002x_6 + 22.894x_7 - 508.199x_8$	0.64	0.61
盐荒地	$y = 111969.938 + 5.955x_1 + 2.318x_2 + 0.025x_3 - 0.042x_4 - 0.028x_5 - 0.050x_6 + 355.464x_7 - 8976.541x_8$	0.85	0.79

在种植结构调整情景下，假设研究区 2016—2046 年气象、地下水文条件保持不变，蒸发量为 2170mm，降水量为 146mm，其中，小麦和瓜菜生育期降水量 64mm，玉米生育期降水量 119mm，葵花生育期降水量 109mm；地下水埋深为 2.26m。2016 年引黄灌溉水量为 45.29 亿 m^3，小麦种植面积 68223hm^2，玉米种植面积 127480hm^2，葵花种植面积 258969hm^2，瓜菜种植面积 85997hm^2。基于上述假设及基础数据，在 2016 年基础上，通过调整主要作物种植面积，以引黄灌溉用水总量控制作为刚性约束，根据各种作物生育期需水量的差异性，以水定作，从而根据回归模型预测 2026 年、2046 年的不同盐渍化等级耕地及盐荒地面积。

10.3.3　不同种植结构调整对盐渍化空间分布的影响

10.3.3.1　小麦种植面积增加情景

1. 不同类型土地面积预测

在分别以 2000hm^2/a、4000hm^2/a、6000hm^2/a 和 8000hm^2/a 的速度扩大小麦种植面积情景下，在小麦面积增加的同时，研究区小麦需水总量随之增加。根据前人的研究成果，小麦作物生育期需水量确定为 512mm（傅国斌等，2003；闫浩芳，2008；汪雨，2017），扣除小麦生育期降水量，由此推算 4 种增长速率下研究区小麦灌溉用水增加量。根据不同作物生育期需水量的差异性，在控制研究区灌溉用水总量不变前提下，其他主要作物灌溉水量分别按 2016 年各自灌溉用水量所占比例进行削减，从而确定玉米、葵花和瓜菜种植面积逐年减少量，依据表所示模型预测不同盐渍化等级耕地及盐荒地面积。

对比 4 种增速下预测的耕地总面积与主要作物种植面积，发现当小麦增速高于 4000hm^2/a 时，部分年份出现预测耕地总面积小于主要作物种植总面积的现象，说明研究区 2016—2046 年耕地最大可承载的小麦面积增长率为 4000hm^2/a。以 CLUE-S 预测结果计算研究区加权平均含盐量（表 10.11），可见随着小麦面积增加速度变大，研究区土壤平均含盐量增加，说明种植小麦会导致土壤盐渍化加重。综合上述两方面，在耕地承载能力及引黄灌溉用水总量约束下，2016—2046 年研究区小麦面积最佳增速为 4000hm^2/a，由此来预测 2026 年及 2046 年土地利用格局。

当小麦以 4000hm^2/a 的速度增加时，小麦灌溉水量每年增加 0.18 亿 m^3，玉米、葵花和瓜菜生育期需水量依次为 608mm、521mm 和 380mm（傅国斌等，2003；闫浩芳，

2008；汪雨，2017），分别扣除生育期降水量，计算各自 2016 年灌溉用水总量，按比例依次将灌溉用水总量逐年减少 0.06 亿 m³、0.10 亿 m³ 和 0.02 亿 m³，从而确定玉米、葵花和瓜菜种植面积逐年减少量分别为 1170hm²、2397hm² 和 760hm²。其余已利用土地面积按 1986—2016 年平均速率变化，未利用地面积随之变化。将预测的 2016—2026 年与 2016—2046 年的逐年土地类型面积按模型要求分别保存为 demand.in3、demand.in4 文件。

表 10.11　　　　　　　　　小麦面积不同增速下河套灌区加权平均含盐量　　　　　　单位：g/kg

年　份	小麦种植面积逐年增加量/hm²			
	2000	4000	6000	8000
2016	8.04	8.04	8.04	8.04
2026	8.03	8.07	8.10	8.18
2046	8.39	8.44	8.48	8.54

　　2. 土壤盐渍化空间格局预测结果

　　以 2016 年土地利用现状数据作为预测的初始文件 cov_all.0，分别以小麦种植面积调整方案计算的 2016—2026 年、2016—2046 年逐年土地类型面积作为需求方案 demand.in3、demand.in4，以及区域限制文件 region_nopark.fil 作为 CLUE-S 模型输入，2026 年和 2046 年小麦种植调整情景下土壤盐渍化预测结果如图 10.6 所示。

　　在以小麦面积逐年增加 4000hm² 为主导的种植结构调整情景下，2016—2046 年，河套灌区土壤盐渍化程度普遍加重，中度、重度和极重度盐渍化耕地和盐荒地面积持续增加，而非盐渍化和轻度盐渍化耕地面积呈减小趋势。其中，盐荒地变化幅度最大，面积增加量达 7506hm²，增长率为 7.62%，盐荒地空间扩张区域主要为研究区西部乌兰布和沙漠边缘地带、中部永济灌域以及义长灌域北部边界处。非盐渍化耕地面积减少 4866hm²，减少率为 2.19%，缩减区域主要分布于中度以上盐渍化耕地以及盐荒地周边，尤其以西部义长灌域减小量最大。中度和重度盐渍化耕地面积分别增加 3160hm² 和 3514hm²，增长率依次为 4.05% 和 5.49%，主要由非盐渍化和轻度盐渍化耕地转化而来。极重度和轻度盐渍化耕地变化幅度不大，变化率分别为 1.78% 和 0.35%。

　　经过 30 年持续扩大小麦种植面积，导致研究区平均含盐量由 8.04g/kg 增加至 8.44g/kg。不同等级盐渍化耕地比例变为：非盐渍化耕地 40.19%、轻度盐渍化耕地 31.26%、中度盐渍化耕地 14.97%、重度盐渍化耕地 12.46% 和极重度盐渍化耕地 1.12%。这主要是因为小麦生长影响了土壤理化性质，随着时间的推移，盐分离子不断在土壤中聚集，导致小麦种植区土壤含盐量不断增加，尤其是表层土壤含盐量增幅最大，因此，扩大小麦种植面积在一定程度上会加剧土壤盐渍化（张义强，2013）。

10.3.3.2　玉米种植面积增加情景

　　1. 不同类型土地面积预测

　　在以 4000hm²/a、6000hm²/a、8000 hm²/a 和 10000hm²/a 的增速扩大玉米种植面积的情景下，研究区玉米需水总量随玉米面积的增加而增加，根据玉米生育期需水量和降水量，推算 4 种增速下研究区玉米灌溉用水增加量。依据不同作物生育期需水量的差异，在

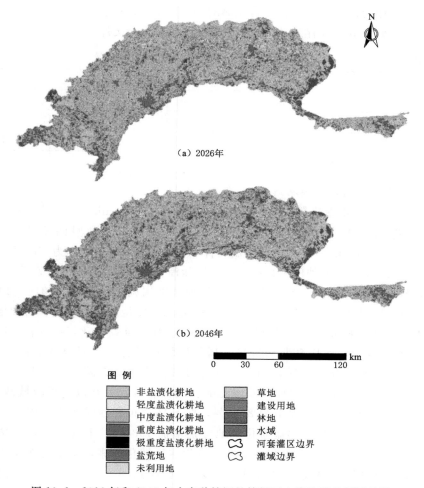

（a）2026年

（b）2046年

图　例

■	非盐渍化耕地	■	草地
■	轻度盐渍化耕地	■	建设用地
■	中度盐渍化耕地	■	林地
■	重度盐渍化耕地	■	水域
■	极重度盐渍化耕地	◇	河套灌区边界
■	盐荒地	◇	灌域边界
■	未利用地		

图 10.6　2026 年和 2046 年小麦种植调整情景下土壤盐渍化预测结果

控制研究区灌溉用水总量不变的前提下，其他主要作物灌溉水量分别按 2016 年各自灌溉用水量所占比例进行削减，从而确定小麦、葵花和瓜菜种植面积逐年减少量，依据表所示模型预测不同盐渍化等级耕地及盐荒地面积。

以 CLUE-S 预测结果计算研究区加权平均含盐量（表 10.12），可见随着玉米种植面积增速的加快，研究区土壤平均含盐量明显降低，说明大范围种植玉米可以有效地改良盐渍土。然而，当玉米增速高于 6000hm²/a 时，小麦和瓜菜种植比例均降至 5％以下，种植结构失衡，不利于区域农业发展，因此，在保障种植结构均衡发展前提下，2016—2046 年研究区玉米最佳增速为 6000hm²/a，且能较好地改善盐渍化状况，由此来预测 2026 年及2046 年土地利用格局。

当玉米以 6000hm²/a 的增速发展时，研究区玉米灌溉水量每年增加 0.29 亿 m³，小麦、葵花和瓜菜种植面积逐年减少量分别为 1190hm²、4688hm² 和 1486hm²，依据表所示模型预测不同盐渍化等级耕地及盐荒地面积。其余已利用土地面积按 1986—2016 年平均速率变化，未利用地面积随之变化。将预测的 2016—2026 年与 2016—2046 年的逐年土地类型面积按模型要求分别保存为 demand.in5、demand.in6 文件。

表 10.12　　　　玉米面积不同增速下河套灌区加权平均含盐量　　　　单位：g/kg

年　份	玉米种植面积逐年增加量/hm²			
	4000	6000	8000	10000
2016	8.04	8.04	8.04	8.04
2026	7.88	7.81	7.72	7.67
2046	7.79	7.70	7.64	7.58

2. 土壤盐渍化空间格局预测结果

以 2016 年土地利用现状数据作为预测的初始文件 cov_all.0，分别以玉米种植面积调整方案计算的 2016—2026 年、2016—2046 年逐年土地类型面积作为需求方案 demand.in5、demand.in6，以及区域限制文件 region_nopark.fil 作为 CLUE-S 模型输入，2026 年和 2046 年玉米种植调整情景下土壤盐渍化预测结果如图 10.7 所示。

在以玉米面积逐年增加 6000hm² 为主导的种植结构调整情景下，2016—2046 年，河套灌区土壤盐渍化程度普遍减轻，非盐渍化、轻度和中度盐渍化耕地面积持续增加，而重度、极重度盐渍化耕地和盐荒地面积呈减小趋势。其中，非盐渍化耕地变化幅度最大，面积增加量达 20822hm²，增长率为 9.35%，增加区域广泛分布于研究区，且主要由轻度、中度盐渍化耕地以及未利用地转化而来。重度盐渍化耕地面积减少 3396hm²，减少率为 5.31%，缩减区域主要分布于解放闸灌域北部、义长灌域，尤其以义长灌域减小量最大。盐荒地面积减少 2489hm²，减少率为 2.53%，西部乌兰布和沙漠边缘、中部永济灌域盐荒地面积显著缩小。轻度和中度盐渍化耕地分别增加 1934hm² 和 1761hm²，增加率依次为 1.14% 和 2.26%，主要由重度和极重度盐渍化耕地转化而来，主要分布于重度盐渍化耕地周围。极重度盐渍化耕地增加 698hm²，增长率为 11.64%，增加区域零散分布于盐荒地周边。

经过 30 年持续扩大玉米种植面积，研究区平均含盐量由 8.04g/kg 降至 7.70g/kg，且适宜玉米生长的耕地区域不断扩大，重度以上等级盐渍化耕地和盐荒地范围不断减小。不同等级盐渍化耕地比例变为：非盐渍化耕地 43.40%、轻度盐渍化耕地 30.64%、中度盐渍化耕地 14.22%、重度盐渍化耕地 10.80% 和极重度盐渍化耕地 0.94%。

10.3.3.3　葵花种植面积增加情景

1. 不同类型土地面积预测

在葵花以 4000hm²/a、6000hm²/a、8000 hm²/a 和 10000hm²/a 的增速扩大种植面积情景下，根据葵花种植面积增加值、生育期需水量和降水量，推算 4 种增速下研究区葵花灌溉用水增加量。依据不同作物生育期需水量的差异性，在控制研究区灌溉用水总量不变前提下，其他主要作物灌溉水量分别按 2016 年各自灌溉用水量所占比例进行削减，从而确定小麦、玉米和瓜菜种植面积逐年减少量，依据表所示模型预测不同盐渍化等级耕地及盐荒地面积。

以 CLUE-S 预测结果计算研究区加权平均含盐量（表 10.13），可见通过增加葵花种

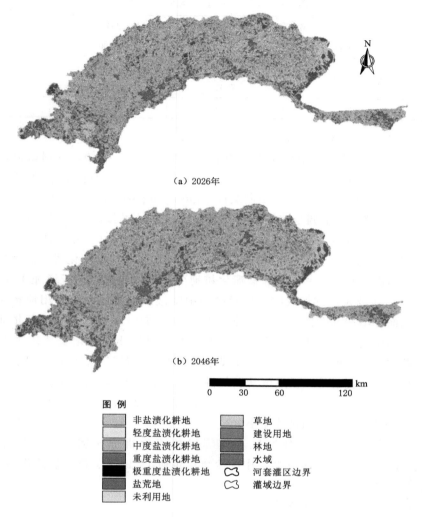

（a）2026年

（b）2046年

图 例

非盐渍化耕地　　草地
轻度盐渍化耕地　　建设用地
中度盐渍化耕地　　林地
重度盐渍化耕地　　水域
极重度盐渍化耕地　河套灌区边界
盐荒地　　　　　　灌域边界
未利用地

图 10.7　2026 年和 2046 年玉米种植调整情景下土壤盐渍化预测结果

植面积可以降低河套灌区土壤平均含盐量，但是随着面积增速变大，葵花对土壤盐渍化的改良效果不如玉米。CLUE-S 预测结果显示，若以大于 4000hm^2/a 的增速发展，到 2046 年，葵花在主要作物中的比例达 80% 以上，小麦、玉米和瓜菜种植比例降至 5% 以下，种植结构严重失衡，因此，在保障研究区种植结构均衡条件下，2016—2046 年葵花最大增速为 4000hm^2/a，以此来预测 2026 年及 2046 年土地利用格局。

当葵花面积增速为 4000hm^2/a 时，研究区葵花灌溉水量每年增加 0.16 亿 m^3，小麦、玉米和瓜菜种植面积逐年减少量分别为 924hm^2、1778hm^2 和 1154hm^2，依据表所示模型预测不同盐渍化等级耕地及盐荒地面积。其余已利用土地面积按 1986—2016 年平均速率变化，未利用地面积随之变化。将预测的 2016—2026 年与 2016—2046 年的逐年土地类型面积按模型要求分别保存为 demand.in7、demand.in8 文件。

表10.13 　　　　　　　　　葵花面积不同增速下河套灌区加权平均含盐量 　　　　　　　单位：g/kg

年份	葵花种植面积增速/(hm²/a)			
	4000	6000	8000	10000
2016	8.04	8.04	8.04	8.04
2026	7.82	7.80	7.77	7.72
2046	7.75	7.74	7.70	7.66

2. 土壤盐渍化空间格局预测结果

以2016年土地利用现状数据作为预测的初始文件cov_all.0，分别以葵花种植面积调整方案计算的2016—2026年、2016—2046年逐年土地类型面积作为需求方案demand.in7、demand.in8，以及区域限制文件region_nopark.fil作为CLUE-S模型输入，2026年和2046年葵花种植调整情景下土壤盐渍化预测结果如图10.8所示。在以葵花面积逐年增加4000hm²为主导的种植结构调整情景下，2016—2046年，研究区平均含盐量由8.04g/kg降至7.75g/kg，土壤盐渍化程度减轻，不同等级盐渍化耕地面积均呈现增加趋势，而盐荒地面积减小。其中，非盐渍化耕地变化幅度最大，面积增加18675hm²，增长率为8.39%，主要是西部解放闸灌域轻度和中度盐渍化耕地和未利用地转化而来。重度盐渍化耕地面积增加6332hm²，增长率为9.89%，主要由灌区中部、东北部盐荒地转化而来。轻度和中度盐渍化耕地分别增加1565hm²和1331hm²，增长率依次为0.92%和1.71%，来源主要为重度和极重度盐渍化耕地，此外，东南部乌拉特灌域部分非盐渍化耕地也转化成轻度盐渍化耕地。极重度盐渍化耕地增加239hm²，增长率为3.99%，主要为原分布范围的缩小。盐荒地面积减少2016hm²，减少率为2.05%，西部乌兰布和沙漠边缘、中部永济灌域盐荒地面积显著缩小。

经过30年演变，2046年研究区不同等级盐渍化耕地比例变为：非盐渍化耕地42.43%、轻度盐渍化耕地30.16%、中度盐渍化耕地13.95%、重度盐渍化耕地12.36%和极重度盐渍化耕地1.10%。

10.3.3.4　瓜菜种植面积增加情景

1. 土地利用面积预测

在瓜菜增速为4000hm²/a、6000hm²/a、8000hm²/a和10000hm²/a的情景下，根据瓜菜增加面积、生育期需水量和降水量，计算4种增速下研究区瓜菜灌溉用水增加量。依据不同作物生育期需水量的差异性，在控制研究区灌溉用水总量不变前提下，其他主要作物灌溉水量分别按2016年各自灌溉用水量所占比例进行削减，从而确定小麦、玉米和葵花面积逐年减少量，依据表所示模型预测不同盐渍化等级耕地及盐荒地面积。

以CLUE-S预测结果计算研究区加权平均含盐量（表10.14），可见随着瓜菜种植面积的增加，灌区土壤平均含盐量呈增加趋势，且瓜菜面积增速越大，土壤盐分增加程度越大，说明大规模种植瓜菜在一定程度上会加剧灌区土壤盐渍化状况。但是，当瓜菜增速大于4000hm²/a时，研究区瓜菜种植面积占到50%以上，高于粮食作物种植比例，照此速度发展下去，会威胁区域粮食安全，因此，以瓜菜增速4000hm²/a来预测2026年及2046年土地利用格局。

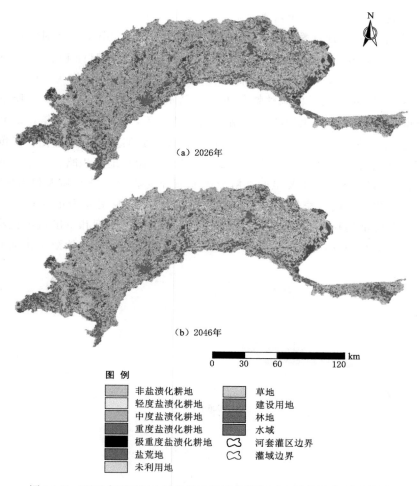

图 10.8　2026 年和 2046 年葵花种植调整情景下土壤盐渍化预测结果

当以 4000hm²/a 的速度增加瓜菜种植面积时，研究区瓜菜灌溉水量每年增加 0.13 亿 m³，相应地，小麦、玉米和葵花种植面积逐年减少量分别为 420hm²、1363hm² 和 3586hm²，依据表所示模型预测不同盐渍化等级耕地及盐荒地面积。其余已利用土地面积按 1986—2016 年平均速率变化，未利用地面积随之变化。将预测的 2016—2026 年与 2016—2046 年的逐年土地类型面积按模型要求分别保存为 demand.in9、demand.in10 文件。

表 10.14　　　　　　　　　瓜菜面积不同增速下河套灌区加权平均含盐量　　　　　　　单位：g/kg

年份	瓜菜种植面积增速/(hm²/a)			
	4000	6000	8000	10000
2016	8.04	8.04	8.04	8.04
2026	8.06	8.08	8.11	8.12
2046	8.09	8.12	8.15	8.18

2. 土壤盐渍化空间格局预测结果

以 2016 年土地利用现状数据作为预测的初始文件 cov_all.0，分别以瓜菜种植面积调整方案计算的 2016—2026 年、2016—2046 年逐年土地类型面积作为需求方案 demand.in9、demand.in10，以及区域限制文件 region_nopark.fil 作为 CLUE-S 模型输入，2026 年和 2046 年瓜菜种植调整情景下土壤盐渍化预测结果如图 10.9 所示。在以瓜菜面积逐年增加 4000hm² 为主导的种植结构调整情景下，2016—2046 年，研究区平均含盐量由 8.04g/kg 增加至 8.09g/kg，土壤盐渍化程度略微加重，非盐渍化、中度、重度和极重度盐渍化耕地面积持续增加，而轻度盐渍化耕地和盐荒地面积略微减小。其中，非盐渍化耕地增长率为 4.48%，主要是西部解放闸灌域轻度盐渍化耕地和未利用地转化而来。中度和重度盐渍化耕地增长率依次为 2.42% 和 2.59%，来源主要为重度和极重度盐渍化耕地，此外，东南部乌拉特灌域部分轻度盐渍化耕地也转为中度和重度盐渍化耕地。极重度盐渍化耕地和盐荒地变化较小，主要为永济灌域盐荒地向极重度盐渍化耕地的转化。

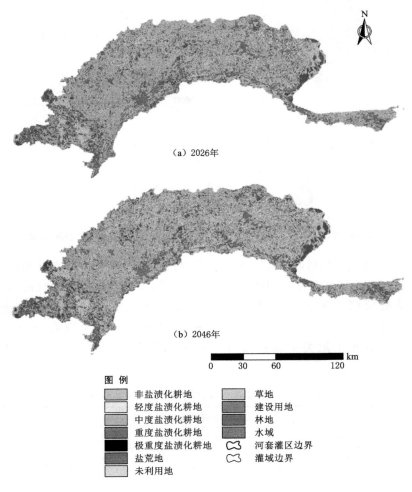

图 10.9　2026 年和 2046 年瓜菜种植调整情景下土壤盐渍化预测结果

经过 30 年演变，2046 年研究区不同等级盐渍化耕地比例变为：非盐渍化耕地 42.63%、轻度盐渍化耕地 30.81%、中度盐渍化耕地 14.36%、重度盐渍化耕地 11.21% 和极重度盐渍化耕地 0.99%。

10.3.3.5 节水情景下土地利用分析

1. 土地利用面积预测

由于地下水位与灌溉用水量关系密切，引黄灌溉用水量的减少对地下水埋深影响较大，因此，通过历史数据构建地下水埋深与灌溉水量、降水量以及主要作物需水量之间的回归关系，可以预测节水情景下地下水埋深对引黄灌溉量的响应。

基于 DPS 数据处理系统，以小麦需水总量、玉米需水总量、葵花需水总量、瓜菜需水总量、引黄灌溉量和降水量作为自变量，采用偏最小二乘回归法，构建地下水埋深预测模型 [式 (10.5)]。其中，主要作物需水总量采用作物需水量与种植面积的乘积计算，模型精度为 $R^2 = 0.86$，RMSE = 0.092m。

$$D_w = 2.189 - 0.336x_1 + 0.012x_2 + 0.017x_3 + 0.013x_4 + 0.029x_5 - 0.008x_6 \quad (10.5)$$

式中：D_w 为研究区平均地下水埋深，m；x_1 为研究区平均降水量，mm；x_2 为小麦需水总量，亿 m^3；x_3 为玉米需水总量，亿 m^3；x_4 为葵花需水总量，亿 m^3；x_5 为瓜菜需水总量，亿 m^3；x_6 为引黄灌溉水量，亿 m^3。

结果显示，随着灌溉水量逐年减少 0.5 亿 m^3，地下水埋深逐年增加 0.004m。根据式 (10.5) 所示模型，以 2016 年为基础，预测节水情景下 2016—2046 年逐年不同盐渍化等级耕地和盐荒地面积，其余已利用土地面积按 1986—2016 年平均速率变化，未利用地面积随之变化，并按 CLUE-S 模型要求分别保存为 demand.in11、demand.in12 文件。

2. 土壤盐渍化空间格局预测结果

以 2016 年土地利用现状数据作为预测的初始文件 cov_all.0，分别以节水方案计算的 2016—2026 年、2016—2046 年逐年土地类型面积作为需求方案 demand.in11、demand.in12，以及区域限制文件 region_nopark.fil 作为 CLUE-S 模型输入，2026 年和 2046 年节水情景下土壤盐渍化预测结果如图 10.10 所示。CLUE-S 模型预测结果显示，在节水情景下，2016—2046 年，河套灌区平均含盐量由 8.04g/kg 降至 2026 年的 7.72g/kg、2046 年的 7.43g/kg，土壤盐渍化程度显著减轻。耕地构成格局发生转变，由 2016 年轻度盐渍化占优势逐渐转变为 2046 年以非盐渍化耕地为主的空间格局。非盐渍化、轻度和中度盐渍化耕地面积持续增加，而重度、极重度盐渍化耕地和盐荒地面积呈减小趋势。其中，非盐渍化耕地变化最大，增加 30934hm²，增长率为 13.89%；轻度盐渍化耕地增加 3203hm²，增加率为 1.88%；中度盐渍化耕地增加 795hm²，增加率为 1.02%；盐荒地面积减少 6619hm²，减少率为 6.72%；重度盐渍化耕地面积减少 3178hm²，减少率为 4.97%；极重度盐渍化耕地减少 692hm²，减少率为 11.53%。主要转变发生于解放闸灌域北部、义长灌域的重度及极重度盐渍化耕地向轻度盐渍化耕地的转化，乌拉特灌域非盐渍化向轻度盐渍化耕地转化，乌兰布和沙漠边缘、永济灌域盐荒地向中度和重度盐渍化耕地转化。

经过 30 年演变，2046 年研究区不同等级盐渍化耕地比例变为：非盐渍化耕地 44.36%、轻度盐渍化耕地 30.29%、中度盐渍化耕地 13.78%、重度盐渍化耕地 10.64%

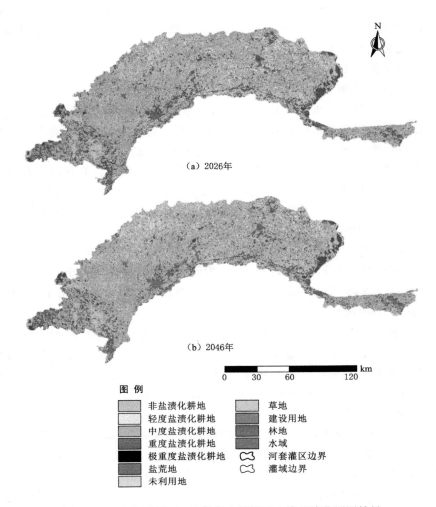

图 10.10　2026 年和 2046 年节水情景下土壤盐渍化预测结果

和极重度盐渍化耕地 0.93%。

10.3.4　主要作物种植空间布局

　　土壤盐渍化是阻碍河套灌区耕地高效利用的首要限制因子,研究主要作物适宜种植区对研究区作物布局、耕地规划具有重要指导意义。本小节通过对比不同情景预测的土壤盐渍化状况,参照作物对土壤含盐量的适应性,来探讨各种作物推荐种植区域。

　　对比不同情景预测结果可知,小麦和瓜菜种植均会加剧研究区土壤盐渍化,且随着时间推移和种植面积扩大,盐分在表层土壤中的积累速率迅速增加,尤其以小麦种植面积扩大对土壤盐渍化影响最大。然而,通过节水、扩大玉米种植面积和葵花种植面积均可有效地降低研究区平均含盐量,且三种情景下土壤盐渍化减轻速率逐步放缓,说明经过 30 年演变,河套灌区土壤盐渍化状况逐渐趋于稳定。其中,对土壤盐渍化改良最有力的为节水情景，玉米种植调整次之，葵花种植面积调整稍差，可见，通过节水来改善灌区土壤盐渍化状况能取得很好的结果。

实地调查发现，小麦和瓜菜主要种植在非盐渍化耕地和轻度盐渍化耕地上，玉米主要种植在非盐渍化、轻度和中度盐渍化耕地上，而葵花非盐渍化、轻度、中度、重度和极重度盐渍化耕地上均有分布。这主要是由于不同作物对土壤含盐量敏感性及适应性不同，葵花耐盐性较强，更能适应土壤盐渍化等级偏高的耕地，玉米次之，小麦和瓜菜耐盐性较差，需要种植在土壤盐渍化等级较低的耕地上（童文杰，2014；郗艳红等，2006）。据此，在对土壤盐渍化改良最有利的节水情景下，推荐2046年主要作物种植区：由于节水情景下小麦和瓜菜总面积小于研究区非盐渍化耕地面积，因此，推荐将其全部种植于非盐渍化耕地上，以确保产量和效益最大化；在多余非盐渍化耕地上优先种植玉米，其余玉米种植于轻度盐渍化耕地上（第二种植区），由于玉米面积小于非盐渍化和轻度盐渍化耕地总面积，在多余轻度盐渍化耕地上种植部分葵花，其余葵花依次布局于中度和重度盐渍化耕地上（第二、第三种植区），主要作物空间布局次序如图10.11所示。依据作物布局优先次序，可在充分发挥作物耐盐性的基础上，得到与研究区耕地土壤盐渍化格局相匹配的最佳作物空间布局。

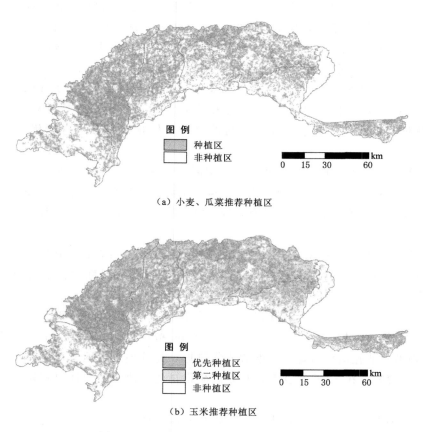

（a）小麦、瓜菜推荐种植区

（b）玉米推荐种植区

图 10.11 （一） 节水情景下种植布局优化

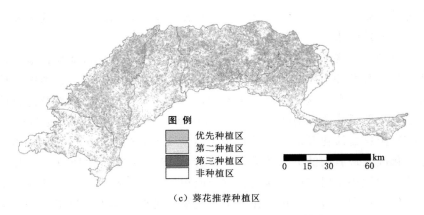

(c) 葵花推荐种植区

图 10.11 (二) 节水情景下种植布局优化

10.4 小结

在介绍 CLUE－S 模型结构与原理的基础上,将不同等级盐渍化耕地视为独立土地类型,选取了对研究区 11 类土地利用类型空间演变驱动因子,并通过模型参数的设置,以 1986 年土地利用格局为基准,在 10 年和 30 年尺度上,分别对 1996 年和 2016 年土地类型进行模拟。利用河套灌区气象、水文、种植结构等数据,构建不同盐渍化等级耕地和盐荒地面积预测模型;然后,通过设置主要作物种植结构调整情景、节水情景等,以 2016 年为基准年,利用经过验证的 CLUE－S 模型,预测河套灌区不同发展模式下 2026 年、2046 年的土地类型空间分布格局。在此基础上,利用加权平均含盐量对研究区土壤盐渍化进行评价,最后,根据不同作物耐盐性对主要作物空间布局进行优化。主要得出如下结论:

(1) 本研究选取的土地利用空间演变驱动因子包括高程、坡度、距主要城镇的距离、距主要道路的距离、距渠系的距离、距排水沟的距离、多年平均地下水埋深、总产值、人口、农业总产值,对各种土地类型具有较好的解释能力,是研究区土地利用格局演变的主要驱动力。

(2) 土地利用模拟结果对转移弹性的波动异常敏感,在设置转移弹性时,参考模拟时期内各种土地类型的转出率,通过不断微调,对比不同转移弹性设置下模拟结果的准确率,可以获得最佳转移弹性值。

(3) 以 1986 年土地格局为基准,对 1996 年的模拟准确率为 73.28%,Kappa 指数为 0.71;对 2016 年的模拟准确率为 70.41%,Kappa 指数为 0.67。在 10 年尺度上,利用 CLUE－S 模型对非盐渍化耕地、轻度盐渍化耕地、盐荒地、林地、草地、建设用地和水域的模拟效果较好;在 30 年尺度上,对非盐渍化耕地、盐荒地、林地和建设用地模拟结果较好。

(4) 利用小麦面积、玉米面积、葵花面积、瓜菜面积、引黄灌溉量、平均地下水埋深、蒸发量和降水量数据,采用偏最小二乘回归法建立的面积预测模型,对盐荒地、重度盐渍化、非盐渍化和极重度盐渍化耕地面积具有较好的预测能力，决定系数分别达到0.85、0.74、0.71 和 0.64；对轻度和中度盐渍化耕地面积也有一定的预测能力，决定系数依次为 0.56 和 0.58。

（5）扩大小麦和瓜菜种植面积均会加剧研究区土壤盐渍化，且随着时间推移和种植面积扩大，盐分在表层土壤中的积累速率迅速增加，尤其以小麦种植面积扩大对土壤盐渍化加剧作用最显著。然而，通过节水灌溉、扩大玉米种植面积和葵花面积均可有效地降低研究区平均含盐量，经过 30 年演变，三种情景可以将平均含盐量分别降低 7.59％、4.23％和 3.61％。对土壤盐渍化改良最有力的为节水灌溉，玉米种植调整次之。

（6）在节水灌溉基础上，充分利用作物耐盐性，将耐盐性最低的小麦和瓜菜全部种植于非盐渍化耕地上；在多余非盐渍化耕地上优先种植玉米，其余玉米种植于轻度盐渍化耕地上；在多余轻度盐渍化耕地上种植部分葵花，其余葵花依次布局于中度和重度盐渍化耕地上，可得到与研究区耕地土壤盐渍化格局相匹配的最佳作物空间布局。

参 考 文 献

安永清，屈永华，高鸿永，等. 2008. 内蒙古河套灌区土壤盐碱化遥感监测方法研究 [J]. 遥感技术与应用，23（3）：316-322.

卞子浩，马小雪，龚来存，等. 2017. 不同非空间模拟方法下 CLUE-S 模型土地利用预测：以秦淮河流域为例 [J]. 地理科学，37（2）：252-258.

蔡阿兴，宋荣华，常运诚，等. 1997. 糠醛渣防治碱土及增产效果的初步研究 [J]. 农业现代化研究，18（4）：240-243.

曹雷，丁建丽，玉米提·哈力克，等. 2016. 基于国产高分一号卫星数据的区域土壤盐渍化信息提取与建模 [J]. 土壤学报，53（6）：1399-1409.

曹肖奕，丁建丽，葛翔宇，等. 2020. 基于光谱指数与机器学习算法的土壤电导率估算研究 [J]. 土壤学报，57（4）：878-886.

陈策，邱元霖，韩佳，等. 2019. 解放闸灌域裸土期土壤盐分拟合模型研究 [J]. 节水灌溉，（10）：103-107，112.

陈皓锐，王少丽，管孝艳，等. 2014. 基于高光谱数据的土壤电导率估算模型：以河套灌区沙壕渠灌域沙壤土为例 [J]. 干旱区资源与环境，28（12）：172-177.

陈俊英，王新涛，张智韬，等. 2019. 基于无人机-卫星遥感升尺度的土壤盐渍化监测方法 [J]. 农业机械学报，50（12）：161-169.

陈俊英，陈硕博，张智韬，等. 2018. 无人机多光谱遥感反演花蕾期棉花光合参数研究 [J]. 农业机械学报，10（49）：230-239.

陈小兵，杨劲松，张奋东，等. 2007. 基于水盐生产函数的绿洲灌区水盐调控研究 [J]. 灌溉排水学报，26（4）：75-8.

陈艳梅，王少丽，高占义，等. 2014. 不同灌溉制度对根层土壤盐分影响的模拟 [J]. 排灌机械工程学报，32（3）：263-270.

程序. 2008. 能源牧草堪当未来生物能源之大任 [J]. 草业学报，17（3）：1-5.

戴佳信，李就好，史海滨，等. 2017. 河套灌区套种模式下综合作物系数的试验研究 [J]. 灌溉排水学报，36（1）：9-15.

戴佳信，史海滨，田德龙，等. 2011. 内蒙古河套灌区主要粮油作物系数的确定 [J]. 灌溉排水学报，30（3）：23-27.

邓书斌. 2014. ENVI 遥感图像处理方法 [M]. 2 版. 北京：高等教育出版社.

丁建丽，陈文倩，王璐. 2017. HYDRUS 模型与遥感集合卡尔曼滤波同化提高土壤水分监测精度 [J]. 农业工程学报，33（14）：166-172.

杜伟光，康立娟，董宁. 2010. 吉林省西部重度盐碱土糠醛渣复合改良剂配方研究 [J]. 河南农业科学，39（6）：76-78.

段信德，段晓罡，于燕，等. 2016. 粉煤灰改良碱性土壤的试验研究 [J]. 山西农经，（17）：31-32.

冯娟，丁建丽，杨爱霞，等. 2018. 干旱区土壤盐渍化信息遥感建模 [J]. 干旱地区农业研究，36（1）：266-273.

冯仕超，高小红，顾娟，等. 2013. 基于 CLUE-S 模型的湟水流域土地利用空间分布模拟 [J]. 生态学报，33（3）：985-997.

傅国斌，李丽娟，于静洁，等. 2003. 内蒙古河套灌区节水潜力的估算 [J]. 农业工程学报，19（1）：

54－58.

宫攀，陈仲新，唐华俊，等．2006．土地覆盖分类系统研究进展［J］．中国农业资源与区划，27（2）：35－40.

巩彩兰，尹球，匡定波，等．2006．黄浦江不同水质指标的光谱响应模型比较研究［J］．红外与毫米波学报，4（25）：282－286.

关红飞，张雷，张瑞庆．2017．粉煤灰在土壤改良和土地整治中的作用［J］．农业工程，7（5）：86－89.

郭姝姝，阮本清，管孝艳，等．2016．内蒙古河套灌区近30年盐碱化时空演变及驱动因素分析［J］．中国农村水利水电，（9）：159－162.

韩超峰．2008．唐山南部地区土地利用/覆盖变化及其驱动机制研究［D］．北京：中国农业科学院.

杭云飞．2014．基于改进的CLUE－S模型的土地利用变化动态模拟与情景分析［D］．南京：南京信息工程大学.

郝远远，徐旭，任东阳，等．2015．河套灌区土壤水盐和作物生长的HYDRUS－EPIC模型分布式模拟［J］．农业工程学报，31（11）：110－116.

郝振纯，宗博．2013．黑河上游土地利用与覆被变化特征［J］．中国农村水利水电，（10）：115－118.

黄大全，黄静．2017．CLUE－S模型应用与研究进展［J］．亚热带资源与环境学报，12（3）：77－87.

黄健熙，马鸿元，卓文，等．2018．遥感与作物生长模型数据同化应用综述［J］．农业工程学报，34（21）：144－156.

黄权中，徐旭，吕玲娇，等．2018．基于遥感反演河套灌区土壤盐分分布及对作物生长的影响［J］．农业工程学报，（1）：102－109.

黄亚捷．2017．土壤属性空间变异与灌区排盐空间配置研究［D］．北京：中国农业大学.

季洪亮，刘红丽，路艳，等．2017．滨海盐碱地乡土野生植物资源调查及应用［J］．山东农业大学学报（自然科学版），48（6）：813－818.

郏艳红，刘仲齐，金凤媚，等．2006．番茄耐盐性研究进展［J］．天津农业科学，12（2）：20－23.

贾书惠，岳卫峰，王金生，等．2013．内蒙古义长灌域近20年地下水均衡分析［J］．北京师范大学学报（自然科学版），49（Z1）：243－245.

蒋武燕，宋世杰．2011．粉煤灰在土壤修复与改良中的应用［J］．煤炭加工与综合利用，（3）：57－61.

康贻军，胡健，董必慧，等．2007．滩涂盐碱土壤微生物生态特征的研究［J］．农业环境科学学报，26（S1）：181－183.

柯英，李凤霞．2014．不同改良年限对银川平原盐碱地土壤微生物区系及多样性的影响［J］．河南农业科学，43（6）：75－79.

郎丹丽，鲁子伟．2010．脱硫石膏在盐碱地的应用改良效果［J］．现代园艺，（16）：9－10.

李彪，王耀强．2015．土壤盐渍化雷达反演模拟研究［J］．干旱区资源与环境，29（8）：180－184.

李家星，赵振兴．2001．水力学·上册［M］．南京：河海大学出版社.

李金娟，王运长，解田，等．2013．磷石膏改良基质中As和F在蔬菜内富集和迁移特征［J］．地球与环境，41（2）：150－154.

李金柱．2008．潜水蒸发系数综合分析［J］．地下水，（6）：27－30.

李开明，刘洪光，石培君，等．2018．明沟排水条件下的土壤水盐运移模拟［J］．干旱区研究，（6）：1299－1307.

李亮，李美艳，张军军，等．2014．基于HYDRUS－2D模型模拟耕荒地水盐运移规律［J］．干旱地区农业研究，32（1）：66－71.

李茜，刘松涛，李明，等．2018．碱化土壤改良后种植乔木红柳对比试验研究［J］．灌溉排水学报，37（1）：49－53.

李瑞平，史海滨，赤江刚夫，等．2009．基于水热耦合模型的干旱寒冷地区冻融土壤水热盐运移规律研究［J］．水利学报，40（4）：403－412.

李小军，辛晓洲，江涛，等．2017．卫星遥感地表温度降尺度的光谱归一化指数法［J］．测绘学报，3（46）：353－361．

李燕青，孙文彦，许建新，等．2013．华北盐碱地耐盐经济作物筛选［J］．华北农学报，（S1）：227－232．

李玉波，许清涛，高标，等．2015．脱硫石膏改良盐碱地对紫花苜蓿生长的影响［J］．江苏农业科学，47（3）：188－190．

廉毅，高枞亭，任红玲，等．1999．吉林省西部荒漠化发展的陆地卫星遥感监测分析［J］．气象学报，（6）：662－667．

蔺海明，贾恢先，张有福，等．2003．毛苕子对次生盐碱地抑盐效应的研究［J］．草业学报，12（4）：58－62．

刘全明，成秋明，王学，等．2016．河套灌区土壤盐渍化微波雷达反演［J］．农业工程学报，32（16）：109－114．

陆婉珍．2006．现代近红外光谱分析技术［M］．2版．北京：中国石化出版社．

吕二福良，乌力更．2003．石膏不同施用方法改良碱化土壤效果浅析［J］．内蒙古农业大学学报（自然科学版），24（4）：130－133．

马超颖，李小六，石洪凌，等．2010．常见的耐盐植物及应用［J］．北方园艺，（3）：191－196．

毛威，杨金忠，朱焱，等．2018．河套灌区井渠结合膜下滴灌土壤盐分演化规律［J］．农业工程学报，34（1）：93－101．

牛世全，杨婷婷，李君锋，等．2011．盐碱土微生物功能群季节动态与土壤理化因子的关系［J］．干旱区研究，28（2）：328－334．

浦瑞良，宫鹏．2003．高光谱遥感及其应用［M］．北京：高等教育出版社．

邱元霖，陈策，韩佳，等．2019．植被覆盖条件下的解放闸灌域土壤盐分卫星遥感估算模型［J］．节水灌溉，（10）：108－112．

任东阳．2018．灌区多尺度农业与生态水文过程模拟［D］．北京：中国农业大学．

石懿，杨培岭，张建国，等．2005．利用 SAR 和 pH 分析脱硫石膏改良碱（化）土壤的机理［J］．灌溉排水学报，24（4）：5－10．

石元春．1986．盐渍土的水盐运动［M］．北京：农业大学出版社．

史海滨，郭珈玮，周慧，等．2020．灌水量和地下水调控对干旱地区土壤水盐分布的影响［J］．农业机械学报，51（4）：268－278．

谭丹，谭芳．2009．明沟排水条件下盐碱地改良优化配水模式［J］．灌溉排水学报，28（1）：97－100．

唐华俊．2018．农业遥感研究进展与展望［J］．农学学报，（1）：167－171．

童文杰．2014．河套灌区作物耐盐性评价及种植制度优化研究［D］．北京：中国农业大学．

汪雨．2017．河套灌区灌溉水利用系数计算及农业用水总量分析［D］．扬州：扬州大学．

王飞，杨胜天，丁建丽，等．2018．环境敏感变量优选及机器学习算法预测绿洲土壤盐分［J］．农业工程学报，34（22）：102－110．

王改改，张玉龙，虞娜．2012．多数据源土壤传递函数模型在水分模拟中的不确定性［J］．农业机械学报，11（43）：45－50．

王海峰，张智韬，Arnon Karnieli，等．2018．基于灰度关联-岭回归的荒漠土壤有机质含量高光谱估算［J］．农业工程学报，34（14）：124－131．

王伦平，陈亚新，曾国芳，等．1993．内蒙古河套灌区灌溉排水与盐碱化防治［M］．北京：水利电力出版社．

王鹏新，刘郊，李俐，等．2017．应用中值融合模型条件植被温度指数降尺度转换研究［J］．农业机械学报，6（48）：100－108．

王擎，侯凤云，孙东红，等．2004．糠醛渣热解特性的研究［J］．燃料化学学报，32（2）：230－234．

王少丽，王兴奎，Prasher S O，等．2006．应用 DRAINMOD 农田排水模型对地下水位和排水量的模拟 [J]．农业工程学报，(2)：54－59．

王文，刘永伟，寇小华，等．2012．基于集合卡尔曼滤波和 HYDRUS－1D 模型的土壤剖面含水量同化试验 [J]．水利学报，43 (11)：1302－1311．

王学全，高前兆，卢琦，等．2006．内蒙古河套灌区水盐平衡与干排水脱盐分析 [J]．地理科学，26 (4)：455－460．

王亚东．2002．河套灌区节水改造工程实施前后区域地下水位变化的分析 [J]．节水灌溉，(1)：15－17．

王遵亲，祝寿泉，俞仁培，等．1993．中国盐渍土 [M]．北京：科学出版社．

吴骅，姜小光，习晓环，等．2009．两种普适性尺度转换方法比较与分析研究 [J]．遥感学报，13 (2)：183－189．

伍靖伟，杨洋，朱焱，等．2018．考虑季节性冻融的井渠结合灌区地下水位动态模拟及预测 [J]．农业工程学报，34 (18)：168－178．

徐存东，聂俊坤，刘辉，等．2015．基于 HYDRUS－2D 的田间土壤水盐运移过程研究 [J]．节水灌溉，(9)：57－60．

徐力刚，杨劲松，张妙仙，等．2003．微区作物种植条件下不同调控措施对土壤水盐动态的影响特征 [J]．土壤，35 (3)：227－31．

徐旭，黄冠华，黄权中．2013．农田水盐运移与作物生长模型耦合及验证 [J]．农业工程学报，29 (4)：110－117．

闫浩芳．2008．内蒙古河套灌区不同作物腾发量及作物系数的研究 [D]．呼和浩特：内蒙古农业大学．

闫侃，刘俊民，李继伟，等．2010．基于水盐平衡的灌区灌排系统合理性分析 [J]．干旱地区农业研究，28 (2)：146－149．

杨光，张锡义，宋志文．2005．黄河三角洲地区大米草入侵与防治对策 [J]．青岛理工大学学报，26 (2)：57－59．

杨树青．2005．基于 Visual－MODFLOW 和 SWAP 耦合模型干旱区微咸水灌溉的水-土环境效应预测研究 [D]．呼和浩特：内蒙古农业大学．

杨洋，朱焱，伍靖伟，等．2018．河套灌区井渠结合地下水数值模拟及均衡分析 [J]．排灌机械工程学报，36 (8)：732－737．

姚荣江，杨劲松，郑复乐，等．2019．基于表观电导率和 Hydrus 模型同化的土壤盐分估算 [J]．农业工程学报，35 (13)：91－101．

姚志华，陈俊英，张智韬，等．2019．覆膜对无人机多光谱遥感反演土壤含盐量精度的影响 [J]．农业工程学报，35 (19)：89－97．

于兵，蒋磊，尚松浩．2016．基于遥感蒸散发的河套灌区旱排作用分析 [J]．农业工程学报，32 (18)：1－8．

岳智慧．2017．基于 GIS 与 CLUE－S 模型的土地利用/土地覆被变化模拟研究 [D]．成都：四川师范大学．

曾莎，张炼，张玉平．2017．绿肥生产应用现状及绿肥还田研究进展 [J]．湖南农业科学，(9)：132－134．

张化，王静爱，张峰，等．2011．HYDRUS－2D 模型对海冰水灌溉情景下水盐迁移的模拟 [J]．资源科学，33 (2)：377－382．

张开祥，马宏秀，孟春梅，等．2018．明沟排水对盐渍化枣田土壤盐分的影响 [J]．水土保持通报，38 (2)：307－312．

张丽辉，孔东，张艺强．2001．磷石膏在碱化土壤改良中的应用及效果 [J]．内蒙古大学学报（自然版），22 (2)：97－100．

张小超，吴静珠，徐云．2012．近红外光谱分析技术及其在现代农业中的应用 [M]．北京：电子工业出版社．

张叶，江晓波，邱枫. 2006. LUCC 模型研究综述 [J]. 资源开发与市场，22（4）：311-314.

张义强. 2013. 河套灌区适宜地下水控制深度与秋浇覆膜节水灌溉技术研究 [D]. 呼和浩特：内蒙古农业大学.

张永宏，吴秀梅，班乃荣，等. 2009. 盐碱地的生物修复研究 [J]. 农业科技通讯，（7）：99-101.

张智韬，王海峰，Arnon Karnieli，等. 2018. 基于岭回归的土壤含水率高光谱反演研究 [J]. 农业机械学报，49（5）：240-248.

张智韬，王海峰，韩文霆，等. 2018. 基于无人机多光谱遥感的土壤含水率反演研究 [J]. 农业机械学报，49（2），173-181.

张智韬，魏广飞，姚志华，等. 2019. 基于无人机多光谱遥感的土壤含盐量反演模型研究 [J]. 农业机械学报，50（12）：151-160.

张展羽，张月珍，张洁，等. 2012. 基于 DRAIWMOD-S 模型的滨海盐碱地农田暗管排水模拟 [J]. 水科学进展，23（6）：782-788.

赵秋，高贤彪，吴迪，等. 2010. 越冬绿肥二月兰耐盐能力及在盐碱耕地上的培肥效果 [J]. 中国土壤与肥料，（4）：65-68.

赵旭，彭培好，李景吉. 2011. 盐碱地土壤改良试验研究：以粉煤灰和煤矸石改良盐碱土为例 [J]. 河南师范大学学报（自然科学版），39（4）：70-74.

赵英时. 2003. 遥感应用分析原理与方法 [M]. 北京：科学出版社.

周亮，苏涛，赵令. 2019. 不同土质的浅层土壤水盐运移规律模拟：以内蒙古解放闸灌域为例 [J]. 节水灌溉，（2）：91-95.

朱正全，冯绍元，王娟，等. 2016. 内蒙古河套灌区农业灌溉资源型节水潜力分析 [J]. 中国农村水利水电，（9）：77-80.

朱正全. 2017. 河套灌区农业节水途径分析与节水潜力估算 [D]. 扬州：扬州大学.

ABBAS A, KHAN S. 2007. Using remote sensing techniques for appraisal of irrigated soil salinity [C]. International Congress on Modelling and Simulation (MODSIM), Modelling and Simulation Society of Australia and New Zealand Brighton, 2632-2638.

ALKARAKI G N. 2000. Growth of mycorrhizal tomato and mineral acquisition under salt stress [J]. Mycorrhiza, 10（2）：51-54.

ALLBED A, KUMAR L, ALDAKHEEL Y Y. 2014. Assessing soil salinity using soil salinity and vegetation indices derived from IKONOS high-spatial resolution imageries: Applications in a date palm dominated region [J]. Geoderma, 230-231：1-8.

ALLEN R G, PEREIRA L S, RAES D, et al. 1998. Crop evapotranspiration-guidelines for computing crop water requirements-FAO Irrigation and drainage paper 56 [J]. FAO, Rome, 300（9）：D05109.

ARAUJO M C U, SALDANHA T C B, GALVAO R K H, et al. 2001. The successive projections algorithm for variable selection in spectroscopic multicomponent analysis [J]. Chemometrics & Intelligent Laboratory Systems, 57：65-73.

AZIZ M A, HASHEM M A. 2003. Role of cyanobacteria in improving fertility of saline soil [J]. Pakistan Journal of Biological Sciences, 6（20）：1751-1752.

BAHÇECI I, DINÇ N, TARÍ A F, et al. 2006. Water and salt balance studies, using SaltMod, to improve subsurface drainage design in the Konya-Çumra Plain, Turkey [J]. Agricultural Water Management, 85（3）：261-271.

BARASSI C A, AYRAULT G, CREUS C M, et al. 2006. Seed inoculation with spirillum mitigates NaCl effects on lettuce [J]. Scientia Horticulturae, 109（1）：8-14.

BIAN J, ZHANG Z, CHEN J, et al. 2019. Simplified evaluation of cotton water stress using high resolution unmanned aerial vehicle thermal imagery [J]. Remote Sensing, 11（3）：267.

BIRTH G S, MCVEY G R. 1968. Measuring the color of growing turf with a reflectance spectrophotometer [J]. Agronomy Journal, 60: 604 – 643.

CELIA M A, BOULOUTAS E T, ZARBA R L. 1990. A general mass – conservative numerical solution for the unsaturated flow equation [J]. Water Resources Research, 26 (7): 1483 – 1496.

CHEN H, ZHAO G, SUN L, et al. 2016. Prediction of soil salinity using near – infrared reflectance spectroscopy with nonnegative matrix factorization [J]. Applied Spectroscopy, 70 (9): 1589 – 1597.

CHEN J M. 1996. Evaluation of vegetation indices and a modified simple ratio for boreal applications [J]. Canadian Journal of Remote Sensing, 22 (3): 229 – 242.

CLARK R B, ZETO S K, RITCHEY K D, et al. 1997. Growth of forages on acid soil amended with flue gas desulfurization by – products [J]. Fuel, 76 (8): 771 – 775.

CLEMENT T P. 1999. A modular computer code for simulating reactive multi – species transport in 3 – dimensional groundwater systems [Z]. Office of Scientific and Technical Information Technical Reports.

CSILLAG F, PASZTOR L, BIEHL L L. 1993. Spectral band selection for the characterization of salinity status of soils [J]. Remote Sensing of Environment, 43 (3): 231 – 242.

DAN W W, WIDDOWSON M A. 2000. SEAM3D: A numerical model for three dimensional solute transport and sequential electron acceptor – based biodegradation in ground water [J]. American Society of Civil Engineers, 83 – 88.

DEHAAN R L, TAYLOR G R. 2002. Field – derived spectra of salinized soils and vegetation as indicators of irrigation – induced soil salinization [J]. Remote Sensing of Environment, 80 (3): 406 – 417.

DOUAOUI A E K, NICOLAS H, WALTER C. 2006. Detecting salinity hazards within a semiarid context by means of combining soil and remote – sensing data [J]. Geoderma, 134 (1 – 2): 217 – 230.

DUAN S B, LI Z L. 2016. Spatial Downscaling of MODIS land surface temperatures using geographically weighted regression: Case study in Northern China [J]. IEEE Transactions on Geoscience and Remote Sensing, 4 (11): 6458 – 6469.

EASTERDAY K, KISLIK C, DAWSON T E, et al. 2019. Remotely sensed water limitation in vegetation: Insights from an experiment with unmanned aerial vehicles (UAVs) [J]. Remote Sensing, 11: 1853.

ENAMORADO S, ABRIL J M, MAS J L, et al. 2009. Transfer of Cd, Pb, Ra and U from phosphogypsum amended soils to tomato plants [J]. Water Air & Soil Pollution, 203 (1 – 4): 65 – 77.

ENNAJI W, BARAKAT A, KARAOUI I, et al. 2018. Remote sensing approach to assess salt – affected soils in the north – east part of Tadla plain, Morocco [J]. Geology, Ecology, and Landscapes, 2 (1): 22 – 28.

ETIENNE M, HENRI D. 2000. Modeling soil moisture – reflectance [J]. Remote Sensing of Environment, 76 (2): 173 – 180.

FARIFTEH J, FARSHAD A, GEORGE R J. 2006. Assessing salt – affected soils using remote sensing, solute modelling, and geophysics [J]. Geoderma, 130 (3 – 4): 191 – 206.

FERJANI N, MORRI M, DAGHARI I. 2013. Estimation of root – zone salinity using SaltMod in the irrigated area of Kalaât El Andalous (Tunisia) [J]. Journal of Agricultural Science & Technology, 15: 1461 – 1477.

FRAMJI K K, GARG B C, KAUSHISH S P. 1987. Design practices for covered drains in an agricultural land drainage system [M]. New Delhi: ICID.

GAMAL M, ABDEL – FATTAH. 2012. Arbuscular mycorrhizal fungal application to improve growth and tolerance of wheat (Triticum aestivum L.) plants grown in saline soil [J]. Acta Physiologiae Plan-

tarum, 34 (1): 267 - 277.

GE X Y, WANG J Z, DING J L, et al. 2019. Combining UAV - based hyperspectral imagery and machine learning algorithms for soil moisture content monitoring [J]. PeerJ, 7: e6926.

GORDANA K, UGUR A. 2019. Evaluating the utilization of the rededge and radar bands from sentinel sensors for wetland classification [J]. Catena, 178: 109 - 119.

H GREENWAY A, MUNNS R. 2003. Mechanisms of salt tolerance in nonhalophytes [J]. Annual Review of Plant Physiol, 31 (4): 149 - 190.

HAMDIA A B E, SHADDAD M A K, DOAA M M. 2004. Mechanisms of salt tolerance and interactive effects of Azospirillum brasilense inoculation on maize cultivars grown under salt stress conditions [J]. Plant Growth Regulation, 44 (2), 165 - 174.

HU J, PENG J, ZHOU Y, et al. 2019. Quantitative estimation of soil salinity using UAV - borne hyperspectral and satellite multispectral images [J]. Remote Sensing, 11 (7): 736.

HUI Q L, HUETE A. 1995. A feedback based modification of the NDVI to minimize canopy background and atmospheric noise [J]. IEEE Transactions on Geoscience & Remote Sensing, 33 (2): 457 - 465.

HUI Z, HASTIE T. 2005. Regularization and variable selection via the elastic net [J]. Journal of the Royal Statistical Society, 67 (5): 768 - 768.

IBRAHIMI M K, MIYAZAKI T, NISHIMURA T, et al. 2014. Contribution of shallow groundwater rapid fluctuation to soil salinization under arid and semiarid climate [J]. Arabian Journal of Geosciences, 7 (9): 3901 - 3911.

INAM A, ADAMOWSKI J, PRASHER S, et al. 2017. Coupling of a distributed stakeholder - built system dynamics socio - economic model with SAHYSMOD for sustainable soil salinity management - Part 1: Model development [J]. Journal of Hydrology, 551: 596 - 618.

IVUSHKIN K, BARTHOLOMEUS H, BREGT A K, et al. 2019. Global mapping of soil salinity change [J]. Remote Sensing of Environment, 231: 111260.

JIANG J, FENG S, HUO Z, et al. 2011. Application of the swap model to simulate water - salt transport under deficit irrigation with saline water [J]. Mathematical and Computer Modelling, 54 (3 - 4): 902 - 911.

JIANG Z, HUETE A R, DIDAN K, et al. 2008. Development of a two - band enhanced vegetation index without a blue band [J]. Remote Sensing of Environment, 112 (10): 3833 - 3845.

JIN P, LI P, WANG Q, et al. 2015. Developing and applying novel spectral feature parameters for classifying soil salt types in arid land [J]. Ecological Indicators, 54: 116 - 123.

JORDAN C F. 1969. Derivation of Leaf - Area Index from quality of light on the forest floor [J]. Ecology, 50 (4): 663 - 666.

JUUSELA T. 1958. On the methods of protecting drain pipes and on the use of gravel as a protective material [J]. Acta Agriculturae Scandinavica, 8 (1): 62 - 87.

KAUFMAN Y J, TANRE D. 1992. Atmospherically resistant vegetation index (ARVI) for EOS - MODIS [J]. IEEE Transactions on Geoscience and Remote Sensing, 30 (2): 261 - 270.

KE Y, IM J, LEE J, et al. 2015. Characteristics of Landsat 8 OLI - derived NDVI by comparison with multiple satellite sensors and in - situ observations [J]. Remote Sensing of Environment, 164: 298 - 313.

KHAN N M, RASTOSKUEV V V, SATO Y, et al. 2005. Assessment of hydrosaline land degradation by using a simple approach of remote sensing indicators [J]. Agricultural Water Management, 77 (1): 96 - 109.

KHORSAND A, REZAVERDINEJAD V, SHAHIDI A. 2014. Comparison of FAO aquacrop and SWAP agro – hydrological models to simulate water and salt transport during growing season of winter wheat [J]. International Journal of Biosciences (IJB), 4 (11): 223 – 233.

KUMAR M, DAGAR J C, GURJAR D S, et al. 2011. Biodrainage: An ecofriendly innovative drainage tool for management of waterlogging and salinity in irrigated canal command areas [J]. Environment and Ecology, 29 (4A): 2006 – 2020.

LAGACHERIE P, RABOTIN M, COLIN F, et al. 2010. Geo – MHYDAS: A landscape discretization tool for distributed hydrological modeling of cultivated areas [J]. Computers & Geosciences, 36 (8): 1021 – 1032.

LANGEVIN C D. 2009. SEAWAT: A computer program for simulation of variable – density groundwater flow and multi – species solute and heat transport [R]. U. S. Geological Survey, Florida.

LAO C C, ZHANG Z T, CHEN J Y, et al. 2020. Determination of in – situ salinized soil moisture content from visible – near infrared (VIS – NIR) spectroscopy by fractional order derivative and spectral variable selection algorithms [J]. Int J Precis Agric Aviat, 3 (3): 21 – 34.

LAO C, CHEN J, ZHANG Z, et al. 2021. Predicting the contents of soil salt and major water – soluble ions with fractional – order derivative spectral indices and variable selection [J]. Computers and Electronics in Agriculture, 182: 106031.

LI L, BENSON C H, LAWSON E M. 2005. Impact of mineral fouling on hydraulic behavior of permeable reactive barriers [J]. Groundwater, 43 (4): 582 – 596.

LIU H Q, HUETE A. 1995. A feedback based modification of the NDVI to minimize canopy background and atmospheric noise [J]. IEEE Transactions on Geoscience and Remote Sensing, 33: 457 – 465.

LOBELL D B, ASNER G P. 2002. Moisture effects on soil reflectance [J]. Society of America Journal, 66 (3): 722 – 727.

MAES W H, STEPPE K. 2019. Perspectives for remote sensing with unmanned aerial vehicles in precision agriculture [J]. Trends in Plant Science, 24 (2): 152 – 164.

MAO W, YANG J, ZHU Y, et al. 2017. Loosely coupled SaltMod for simulating groundwater and salt dynamics under well – canal conjunctive irrigation in semi – arid areas [J]. Agricultural Water Management, 192: 209 – 220.

MCFEETERS S K. 2007. The use of the normalized difference water index (NDWI) in the delineation of open water features [J]. International Journal of Remote Sensing, 17 (7): 1425 – 1432.

MIAO Q F, ROSA R D, SHI H B, et al. 2016. Modeling water use, transpiration and soil evaporation of spring wheat – maize and spring wheat – sunflower relay intercropping using the dual crop coefficient approach [J]. Agricultural Water Management, 165: 211 – 229.

NOORY H, VAN DER ZEE S, LIAGHAT A M, et al. 2011. Distributed agro – hydrological modeling with SWAP to improve water and salt management of the Voshmgir Irrigation and Drainage Network in Northern Iran [J]. Agricultural Water Management, 98 (6): 1062 – 1070.

NUMAN M, BASHIR S, KHAN Y, et al. 2018. Plant growth promoting bacteria as an alternative strategy for salt tolerance in plants: A review [J]. Microbiological Research, 209: 21 – 32.

OOSTERBAAN R J. 1995. SAHYSMOD, Description of principles, user manual and case studies [J]. International insititue for land reclamation and improvement (ILRI): Wageningen, Netherlands, 93.

OOSTERBAAN R J. 2001. SALTMOD: description of principles, user manual and examples of application: version 1. 1 [J]. Special Report. International Inst. for Land Reclamation and Improvement (Netherlands).

PERIASAMY S, SHANMUGAM R S. 2017. Multispectral and microwave remote sensing models to survey soil moisture and salinity [J]. Land Degradation & Development, 28 (4): 1412 – 1425.

POLLOCK D W. 2012. User guide for MODPATH version 6—A particle – tracking model for MODF-LOW [R]. Techniques & Methods 6 – A41, U. S. Geological Survey, Reston, Virginia.

QI J G, CHEHBOUNI A R, HUETE A R, et al. 1994. A modified soil adjusted vegetation index [J]. Remote Sensing of Environment, 48 (2): 119 – 126.

QI Z, FENG H, ZHAO Y, et al. 2018. Spatial distribution and simulation of soil moisture and salinity under mulched drip irrigation combined with tillage in an arid saline irrigation district, northwest China [J]. Agricultural Water Management, 201: 219 – 231.

REN D, XU X, HAO Y, et al. 2016. Modeling and assessing field irrigation water use in a canal system of Hetao, upper Yellow River basin: Application to maize, sunflower and watermelon [J]. Journal of Hydrology, 532: 122 – 139.

RICHARDS L A. 1931. Capillary conduction of liquids through porous mediums [J]. Physics, 1 (5): 318 – 333.

RITZEMA H P. 2006. Drainage principles and applications [M]. Netherlands: International Institute for Land Reclamation and Improvement.

ROGERS S L, BURNS R G. 1994. Changes in aggregate stability, nutrient status, indigenous microbial populations, and seedling emergence, following inoculation of soil with Nostoc muscorum [J]. Biology and Fertility of Soils, 18 (3): 209 – 215.

ROUSE J W. 1973. Monitoring the vernal advancement and retrogradation (Green wave effect) of natural vegetation [R]. Retrieved from NASA/GSFCT TypeⅢ Final Report, Greenbelt, MD, USA.

ROYCHOUDHURY P, KAUSHIK B D, VENKATARAMAN G S. 1985. Response of tolypothrix ceylonica to sodium stress [J]. Current Science, 54 (20): 1181 – 1183.

SCUDIERO E, SKAGGS T H, CORWIN D L. 2014. Regional scale soil salinity evaluation using Landsat 7, western San Joaquin Valley, California, USA [J]. Geoderma Regional, 2 – 3: 82 – 90.

SHENG M, TANG M, CHEN H, et al. 2008. Influence of arbuscular mycorrhizae on photosynthesis and water status of maize plants under salt stress [J]. Mycorrhiza, 18 (6 – 7): 287 – 296.

SHIRAZI M, ZEHTABIAN G H, MATINFAR H R. 2010. Survey of capability of remote sensing indices for enhancement of land cover in arid areas (case study: najmabad) [J]. Iranian Journal of Range & Desert Research, 17 (2): 256 – 275.

SIMUNEK J, VAN GENUCHTEN M, SEJNA M. 2005. The HYDRUS – 1D software package for simulating the movement of water, heat, and multiple solutes in variably saturated medea [R]. University of California – Riverside Research Reports.

SINGH A, PANDA S N. 2012. Integrated salt and water balance modeling for the management of waterlogging and salinization. I: Validation of SAHYSMOD [J]. Journal of Irrigation and Drainage Engineering, 138 (11): 955 – 963.

SINGH A. 2016. Evaluating the effect of different management policies on the long – term sustainability of irrigated agriculture [J]. Land Use Policy, 54: 499 – 507.

SINGH N K, DHAR D W. 2010. Cyanobacterial reclamation of salt – affected soil [M] //Lichtfouse E. Genetic Engineering, Biofertilisation, Soil Quality and Organic Farming. Dordrecht: Springer: 243 – 275.

SINGH R N. 1950. Reclamation of usar lands in India through blue – green algae [J]. Nature, 765: 325 – 326.

SINGH R, KROES J G, VAN DAM J C, et al. 2006. Distributed cohydrological modelling to evaluate the performance of irrigation system in Sirsa district, India: I. Current water management and its productivity [J]. Journal of Hydrology, 329 (3 – 4): 692 – 713.

STUYT L C, DIERICKX W. 2006. Design and performance of materials for subsurface drainage systems in agriculture [J]. Agricultural Water Management, 86 (1 – 2): 50 – 59.

SUMNER M E, SHAHANDEH H, BOUTON J, et al. 1986. Amelioration of an acid soil profile through deep liming and surface application of gypsum 1 [J]. Soil Science Society of America Journal, 50 (5): 1254 – 1258.

TAGHADOSI M M, HASANLOU M, EFTEKHARI K. 2019. Retrieval of soil salinity from Sentinel – 2 multispectral imagery [J]. European Journal of Remote Sensing, 52 (1): 138 – 154.

THOMAS J, APTE S K. 1984. Sodium requirement and metabolism in nitrogen – fixing cyanobacteria [J]. Journal of Biosciences, 6 (5): 771 – 794.

TING C S, ZHOU Y, VRIES J J, et al. 1998. Development of a preliminary ground water flow model for water resources management in the Pingtung Plain, Taiwan [J]. Groundwater, 36 (1): 20 – 36.

TRIPATHI N K, BRIJESH K R. 1997. Spatial modelling of soil alkalinity in GIS environment using IRS data [C]. Paper presented at the the 18th Asian Conference in Remote Sensing.

TWARAKAVI N K, SIMUNEK J, SEO S. 2008. Evaluating interactions between groundwater and vadose zone using the HYDRUS – based flow package for MODFLOW [J]. Vadose Zone Journal, 7 (7): 757 – 768.

VAN GENUCHTEN M T. 1987. A numerical model for water and solute movernent in and below the root zone [R]. California: United States Department of Agriculture.

VERBURG P H, SOEPBOER W, VELDKAMP A, et al. 2002. Modeling the spatial dynamics of regional land use: the CLUE – S model [J]. Environmental Management, 30 (3): 391.

VISCARRA ROSSEL R A, WALVOORT D J, MCBRATNEY A B, et al. 2006. Visible, near infrared, mid infrared or combined diffuse reflectance spectroscopy for simultaneous assessment of various soil properties [J]. Geoderma, 131 (1 – 2): 59 – 75.

WALSUM P E, VELDHUIZEN A A, BAKEL P J, et al. 2004. SIMGRO 5.0.1; theory and model implementation [R]. Alterra.

WANG H, CHEN Y, ZHANG Z, et al. 2019. Quantitatively estimating main soil water – soluble salt ions content based on Visible – near infrared wavelength selected using GC, SR and VIP [J]. PeerJ, 7: e6310.

WANG J Z, DING J L, YU D L, et al. 2019. Capability of Sentinel – 2 MSI data for monitoring and mapping of soil salinity in dry and wet seasons in the Ebinur Lake region, Xinjiang, China [J]. Geoderma, 353: 172 – 187.

WANG Q, LI P, CHEN X. 2012. Modeling salinity effects on soil reflectance under various moisture conditions and its inverse application: A laboratory experiment [J]. Geoderma, 170: 0 – 111.

WEI G, LI Y, ZHANG Z, et al. 2020. Estimation of soil salt content by combining UAV – borne multispectral sensor and machine learning algorithms [J]. PeerJ, 8 (2): e9087.

WENDELL R R, RITCHEY K D. 1996. High – calcium flue gas desulfurization products reduce aluminum toxicity in an appalachian soil [J]. Journal of Environmental Quality, 25 (6): 1401 – 1410.

WENG Y, GONG P, ZHU Z. 2008. Reflectance spectroscopy for the assessment of soil salt content in soils of the Yellow River Delta of China [J]. International Journal of Remote Sensing, 29 (19): 5511 – 5531.

WOLD S, MARTENS H, WOLD H. 1983. The multivariate calibration problem in chemistry solved by the PLS method, Lecture Notes in Mathematics [J]. Matrix Pencils. Springer Berlin Heidelberg, 286 – 293.

WU J W, ZHAO L R, HUANG J S, et al. 2009. On the effectiveness of dry drainage in soil salinity con-

trol [J]. Science in China, 52 (11): 3328 – 3334.

XIA N, TIYIP T, KELIMU A, et al. 2017. Influence of fractional differential on correlation coefficient between EC1: 5 and reflectance spectra of saline soil [J]. Journal of Spectroscopy, 2017: 1236329.

XU X, HUANG G, SUN C, et al. 2013. Assessing the effects of water table depth on water use, soil salinity and wheat yield: Searching for a target depth for irrigated areas in the upper Yellow River basin [J]. Agricultural Water Management, 125: 46 – 60.

XU X, HUANG G, ZHAN H, et al. 2012. Integration of SWAP and MODFLOW – 2000 for modeling groundwater dynamics in shallow water table areas [J]. Journal of Hydrology, 412: 170 – 181.

XUE J, REN L. 2016. Evaluation of crop water productivity under sprinkler irrigation regime using a distributed agro – hydrological model in an irrigation district of China [J]. Agricultural Water Management, 178: 350 – 365.

YANG E, KIM H M. 2021. A comparison of variational, ensemble – based, and hybrid data assimilation methods over East Asia for two one – month periods [J]. Atmospheric Research, 249: 105257.

YANG X, YU Y. 2017. Estimating soil salinity under various moisture conditions: an experimental study [J]. IEEE Transactions on Geoscience & Remote Sensing, 55 (5): 2525 – 2533.

YAO R, YANG J, WU D, et al. 2017. Calibration and sensitivity analysis of SahysMod for modeling field soil and groundwater salinity dynamics in coastal rainfed farmland [J]. Irrigation and Drainage, 66 (3): 411 – 427.

YAO R, YANG J, WU D, et al. 2017. Scenario simulation of field soil water and salt balances using SahysMod for salinity management in a coastal rainfed farmland [J]. Irrigation and Drainage, 66 (5): 872 – 883.

YAO R, YANG J, ZHANG T, et al. 2014. Studies on soil water and salt balances and scenarios simulation using SaltMod in a coastal reclaimed farming area of eastern China [J]. Agricultural Water Management, 131: 115 – 123.

YUE W, ZHAN C. 2010. Study on sustainable utilization coupled management model for water resources in an arid irrigation district (China) [C] //2010 4th International Conference on Bioinformatics and Biomedical Engineering. 1 – 4.

ZENG W Z, XU C, WU J W, et al. 2014. Soil salt leaching under different irrigation regimes: HYDRUS – 1D modelling and analysis [J]. Journal of Arid Land, 6 (1): 44 – 58.

ZHENG C, WANG P P. 1999. MT3DMS: A modular three – dimensional multispecies transport model for simulation of advection, dispersion and chemical reactions of contaminants in groundwater systems [J]. Ajr American Journal of Roentgenology, 169 (4): 1196 – 1197.

ZHOU F, XU Y, CHEN Y, et al. 2013. Hydrological response to urbanization at different spatio – temporal scales simulated by coupling of CLUE – S and the SWAT model in the Yangtze River Delta region [J]. Journal of Hydrology, 485 (485): 113 – 125.

ZHOU J M, ZHANG S, YANG H, et al. 2018. The retrieval of 30 – m resolution LAI from landsat data by combining MODIS products [J]. Remote Sensing, 10 (8): 1187.

ZHU Y, ZHA Y Y, TONG J X, et al. 2011. Method of coupling 1 – D unsaturated flow with 3 – D saturated flow on large scale [J]. Water Science and Engineering, 4 (4): 357 – 373.

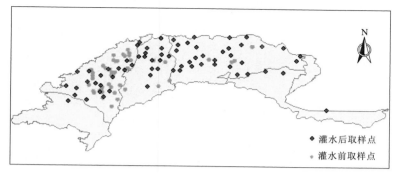

图 3.1　采样点分布图

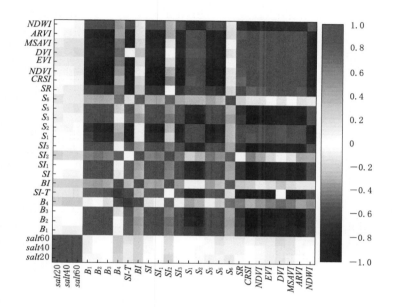

图 3.3　光谱协变量与土壤含盐量之间的 Pearson 相关系数

（方格红色颜色越深，正相关性越强；蓝色颜色越深，负相关性越强；白色颜色越深，相关性越弱）

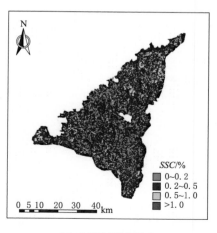

（a）未划分植被覆盖度

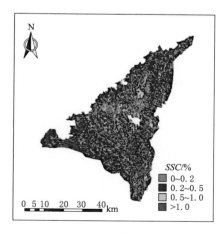

（b）划分植被覆盖度

图 3.8　解放闸灌域 2018 年 6 月土壤盐分分布图

（a）真彩色图像

（b）未划分植被覆盖度的土壤盐分分布图

（c）划分植被覆盖度的土壤盐分分布图

图 3.10　2018 年 6 月 GF－1 卫星图像

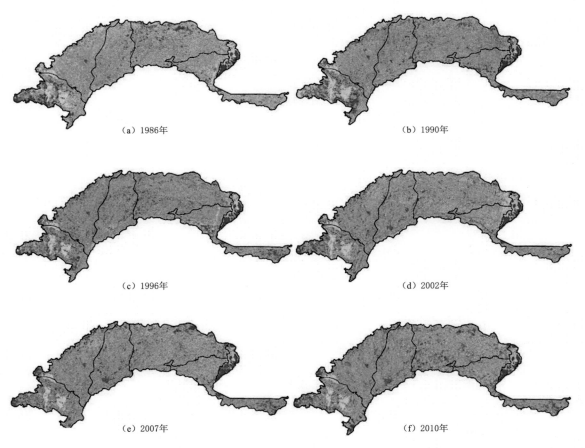

（a）1986年

（b）1990年

（c）1996年

（d）2002年

（e）2007年

（f）2010年

图 3.16（一）　1986—2020 年河套灌区盐渍化空间格局

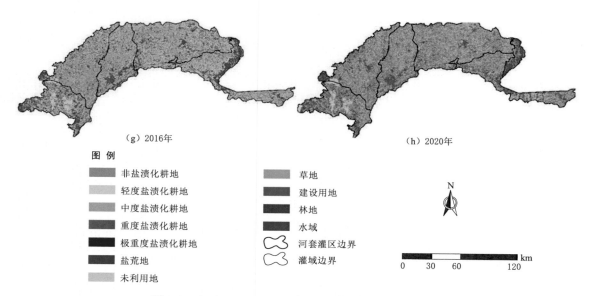

（g）2016年　　　　　　　　　　　　　　　　　（h）2020年

图　例

非盐渍化耕地	草地
轻度盐渍化耕地	建设用地
中度盐渍化耕地	林地
重度盐渍化耕地	水域
极重度盐渍化耕地	河套灌区边界
盐荒地	灌域边界
未利用地	

图 3.16（二）　1986—2020 年河套灌区盐渍化空间格局

图　例
1154m
938m

图 3.17　河套灌区 30m 分辨率数字高程

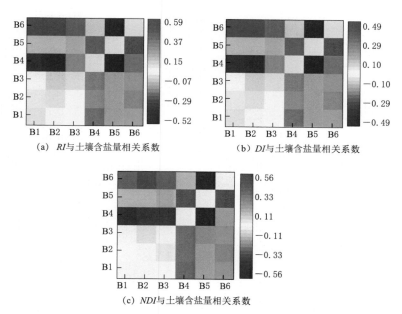

（a）*RI* 与土壤含盐量相关系数　　　　　　（b）*DI* 与土壤含盐量相关系数

（c）*NDI* 与土壤含盐量相关系数

图 4.3　二维指数与土壤含盐量的相关系数
（红色表示正相关，蓝色表示负相关，深红色与深蓝色表示相关性较高）

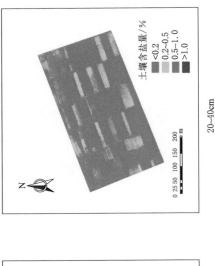

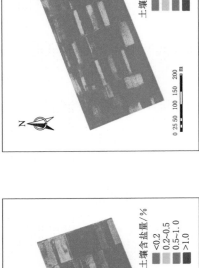

0~10cm   10~20cm   20~40cm

（a）研究区 A

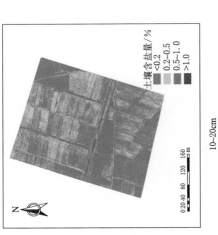

0~10cm   10~20cm   20~40cm

（b）研究区 B

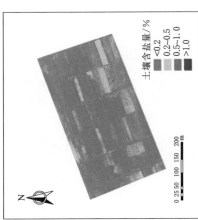

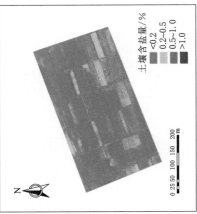

图 4.9 （一）　基于最佳估算模型的不同深度土壤含盐量分布图

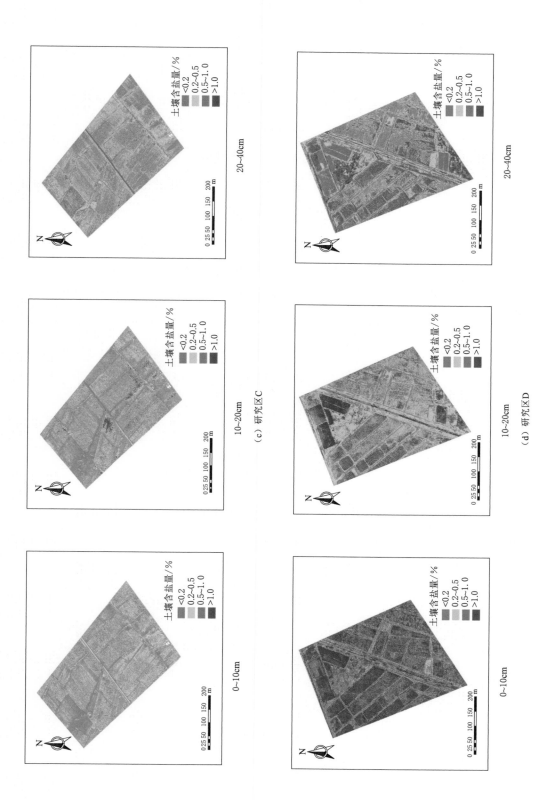

（c）研究区C

（d）研究区D

图 4.9（二） 基于最佳估算模型的不同深度土壤含盐量分布图

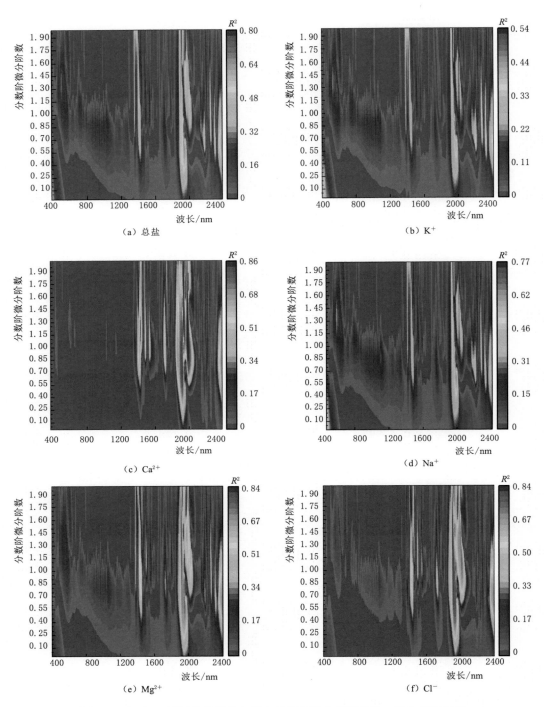

图 5.16（一）　不同盐分信息与各个分数阶微分光谱间的一维决定系数图

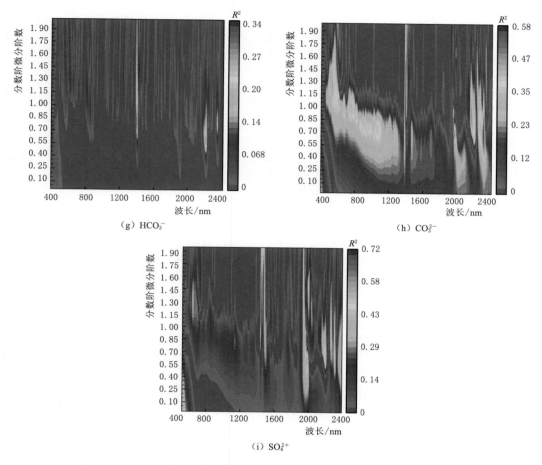

（g）HCO₃⁻   （h）CO₃²⁻

（i）SO₄²⁺

图 5.16（二）　不同盐分信息与各个分数阶微分光谱间的一维决定系数图

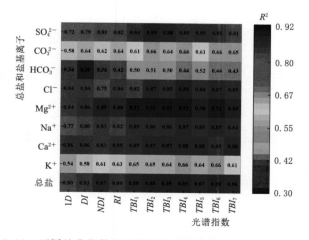

图 5.18　不同盐分指数和不同盐基离子浓度之间的决定系数 R^2

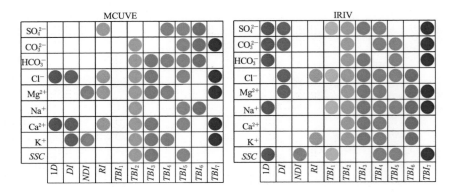

图 5.19　用于土壤盐分信息估算的 MCUVE、TRIV 和 BOSS 的变量组合优化结果
（圆点代表该筛选方法下盐分离子的优化变量组合包括该指数，各指数的颜色一致，不同指数的圆点颜色不同）

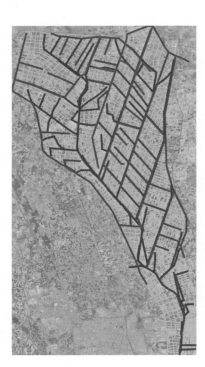

图 7.6　灌区网格划分示例
（红色为渠道，蓝色为沟道，黄色为网格线）

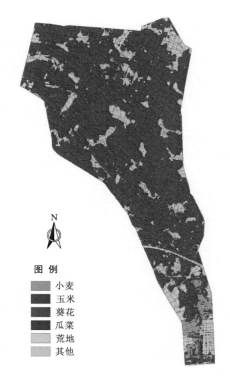

图 8.1　沙壕渠灌域土地利用和作物
种植分布图（2018 年）

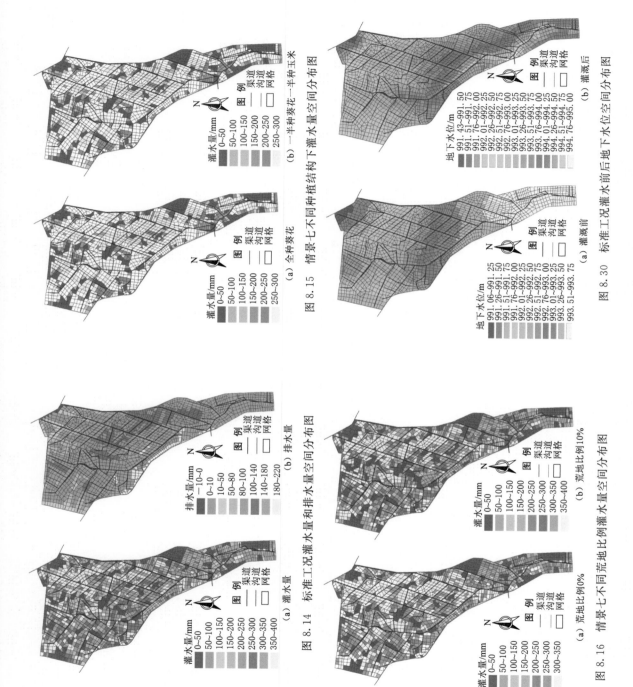

图例
渠道
沟道
网格

灌水量/mm
0~50
50~100
100~150
150~200
200~250
250~300
300~350
350~400

（a）灌水量

排水量/mm
-10~0
0~10
10~50
50~80
80~100
100~140
140~180
180~220

（b）排水量

图 8.14 标准工况灌水量和排水量空间分布图

灌水量/mm
0~50
50~100
100~150
150~200
200~250
250~300
300~350

（a）荒地比例0%

灌水量/mm
0~50
50~100
100~150
150~200
200~250
250~300
300~350
350~400

（b）荒地比例10%

图 8.16 情景七不同荒地比例灌水量空间分布图

灌水量/mm
0~50
50~100
100~150
150~200
200~250
250~300

（a）全种葵花

灌水量/mm
0~50
50~100
100~150
150~200
200~250
250~300

（b）一半种葵花一半种玉米

图 8.15 情景七不同种植结构下灌水量空间分布图

地下水位/m
991.06~991.25
991.26~991.50
991.51~991.75
991.76~992.00
992.01~992.25
992.26~992.50
992.51~992.75
992.76~993.00
993.01~993.25
993.26~993.50
993.51~993.75

（a）灌溉前

地下水位/m
991.43~991.50
991.51~991.75
991.76~992.00
992.01~992.25
992.26~992.50
992.51~992.75
992.76~993.00
993.01~993.25
993.26~993.50
993.51~993.75
993.76~994.00
994.01~994.25
994.26~994.50
994.51~994.75
994.76~995.00

（b）灌溉后

图 8.30 标准工况灌水前后地下水位空间分布图

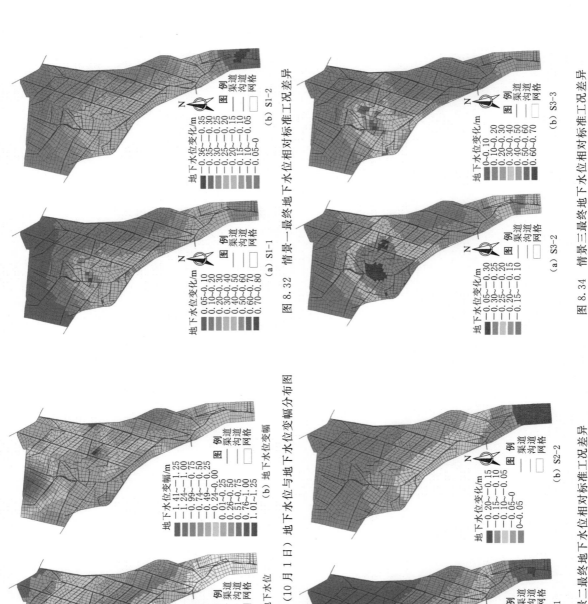

图 8.31　标准工况最终地下水位与地下水位变幅分布图

（a）最终地下水位　　　　（b）地下水位变幅

图 8.32　情景一最终地下水位相对标准工况差异

（a）S1-1　　　　（b）S1-2

图 8.33　情景二最终地下水位相对标准工况差异

（a）S2-1　　　　（b）S2-2

图 8.34　情景三最终地下水位相对标准工况差异

（a）S3-2　　　　（b）S3-3

图例 渠道 沟道 网格

地下水位变化/m
-1.40～-1.20
-1.20～-1.00
-1.00～-0.80
-0.80～-0.60
-0.60～-0.40
-0.40～-0.20

图例 渠道 沟道 网格

地下水位变化/m
-0.80～-0.70
-0.70～-0.60
-0.60～-0.50
-0.50～-0.40
-0.40～-0.30
-0.30～-0.20
-0.20～-0.10

（a）S4-1　　　（b）S4-4

图 8.35　情景四最终地下水位相对标准工况差异

图例 渠道 沟道 网格

地下水位变化/m
-1.50～-1.40
-1.40～-1.20
-1.20～-1.00
-1.00～-0.80
-0.80～-0.60
-0.60～-0.40
-0.40～-0.20
-0.20～0

图例 渠道 沟道 网格

地下水位变化/m
-1.00～-0.80
-0.80～-0.60
-0.60～-0.40
-0.40～-0.20
-0.20～0

（a）S6-1　　　（b）S6-2

图 8.37　情景六最终地下水位相对标准工况差异

图例 渠道 沟道 网格

地下水位变化/m
-0.20～-0.10
-0.10～-0.08
-0.08～-0.06
-0.06～-0.04
-0.04～-0.02
-0.02～0

图例 渠道 沟道 网格

地下水位变化/m
0～0.02
0.02～0.04
0.04～0.06
0.06～0.08
0.08～0.10
0.10～0.30

（a）S5-2　　　（b）S5-4

图 8.36　情景五最终地下水位相对标准工况差异

图例 渠道 沟道 网格

地下水位变化/m
-0.20～-0.10
-0.10～0
0～0.10
0.10～0.20
0.20～0.30
0.30～0.40

图例 渠道 沟道 网格

地下水位变化/m
-0.30～-0.20
-0.20～-0.10
-0.10～0
0～0.10
0.10～0.20
0.20～0.30

（a）S7-1　　　（b）S7-2

图 8.38　情景七调整耕地最终地下水位相对标准工况差异

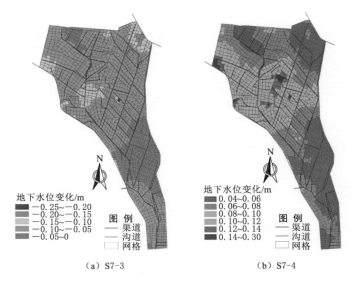

（a）S7-3 （b）S7-4

图 8.39 情景七调整荒地最终地下水位相对标准工况差异

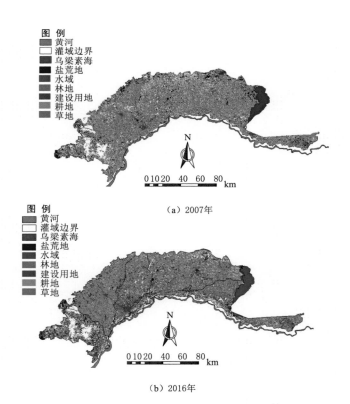

（a）2007年

（b）2016年

图 9.7 2007 年、2016 年河套灌区土地利用类型解译图

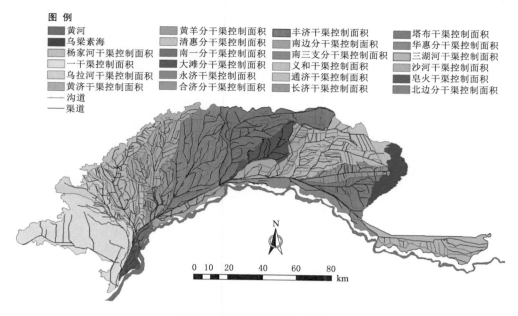

图 9.9 研究区灌溉单元划分图

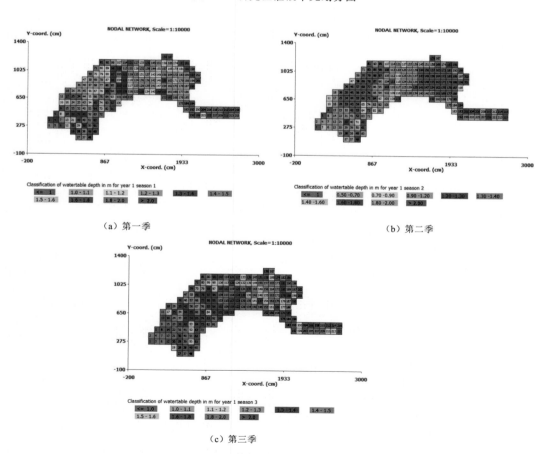

（a）第一季　　　　　　　　　　　　　　　（b）第二季

（c）第三季

图 9.21 计算机模拟现状灌排模式下研究区地下水埋深空间分布图

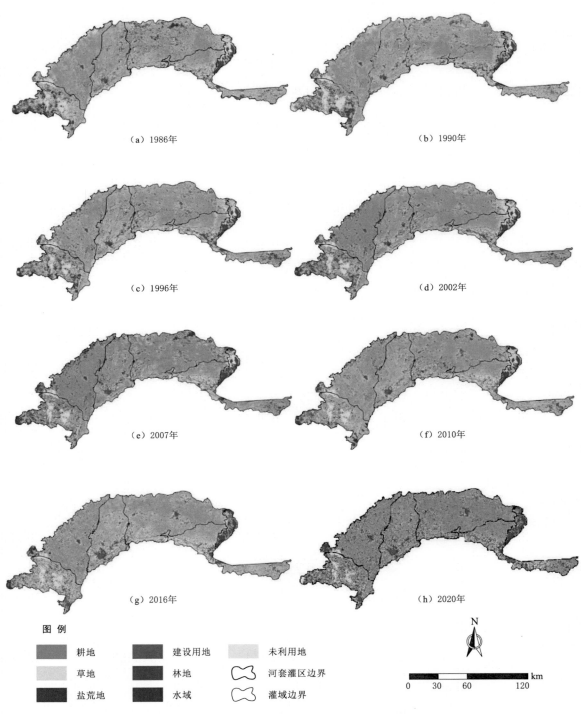

（a）1986年 　　　　　　　　　　　　　　　（b）1990年

（c）1996年 　　　　　　　　　　　　　　　（d）2002年

（e）2007年 　　　　　　　　　　　　　　　（f）2010年

（g）2016年 　　　　　　　　　　　　　　　（h）2020年

图 例

耕地　　　　　建设用地　　　　　未利用地

草地　　　　　林地　　　　　　河套灌区边界

盐荒地　　　　水域　　　　　　灌域边界

N

0　　30　　60　　　　120　km

图 10.1　1986—2020 年河套灌区土地利用空间格局